高级大数据人才培养丛书

U0275274

大 数 据

刘 鹏 主 编

张 燕 张重生 张志立 副主编

电子工业出版社·
Publishing House of Electronics Industry
北京·BEIJING

内 容 简 介

本书是国内大多数高校采用的知名教材《云计算》（1～3版）的姊妹篇，是中国大数据专家委员会刘鹏教授联合国内多位专家历时两年的心血之作。大数据领域一直缺乏一本合适的教材，希望本书能够填补空白。本书系统地介绍了大数据的理论知识和实战应用，包括大数据采集与预处理、数据挖掘算法与工具、深度学习以及大数据可视化等，并深度剖析了大数据在互联网、商业和典型行业的应用。本书的全部实验可以在大数据实验平台（https://bd.cstor.cn）上远程开展，也可在高校部署的 BDRack 大数据实验一体机上本地开展。

"让学习变得轻松"是本书的初衷。本书适合作为相关专业本科和研究生教材，高职高专学校也可以选用部分内容开展教学。本书也很适合作为大数据研发人员的自学书籍。

图书在版编目（CIP）数据

大数据 / 刘鹏主编. 一北京：电子工业出版社，2017.1
ISBN 978-7-121-30430-9

Ⅰ. ①大…　Ⅱ. ①刘…　Ⅲ. ①数据处理—高等学校—教材　Ⅳ. ①TP274

中国版本图书馆 CIP 数据核字（2016）第 284502 号

策划编辑：董亚峰

责任编辑：董亚峰　　特约编辑：刘广钦
印　　刷：北京天宇星印刷厂
装　　订：北京天宇星印刷厂
出版发行：电子工业出版社
　　　　　北京市海淀区万寿路 173 信箱　邮编：100036
开　　本：787×1092　1/16　印张：22.5　字数：550 千字
版　　次：2017 年 1 月第 1 版
印　　次：2023 年 2 月第 16 次印刷
定　　价：58.00 元

凡所购买电子工业出版社图书有缺损问题，请向购买书店调换。若书店售缺，请与本社发行部联系，联系及邮购电话：（010）88254888，88258888。

质量投诉请发邮件至zlts@phei.com.cn，盗版侵权举报请发邮件至dbqq@phei.com.cn。

本书咨询联系方式：（010）88254694。

编　写　组

主　编：刘　鹏

副主编：张　燕　　张重生　　张志立

编　委：黄运海　　翟洪军　　邵奇峰　　武郑浩　　吴　刚

　　　　叶　崧　　谢党恩　　陈会忠　　顾才东　　曹　骝

　　　　吴　伟　　胡　勇　　杨震宇　　沈大为　　蒋永和

　　　　车战斌　　郝　昱　　吴彩云　　秦恩泉　　高秀斌

　　　　王建林　　袁　科　　闫永航　　刘畅畅　　张　愿

　　　　戎新堃　　贾文周　　汪洲权　　马　慧

基金支持

2015 年度江苏高校优秀科技创新团队"大数据智能挖掘信息技术研究"

金陵科技学院高层次人才科研启动基金资助，项目编号：40610186

国家自然科学基金（61472005）资助

江苏省高校软件工程品牌专业建设项目系列教材

前 言

在未来 5～10 年，我国大数据市场规模年均增速将超过 30%。未来 5 年，国内大数据人才缺口将突破 150 万。在 BAT 发布的招聘职位中，目前大数据岗位占比已经超过60%。现在业界有一种观点：即使把全国所有计算机专业都做成大数据专业，仍然无法满足国内对大数据人才的需求量。

在快速膨胀的需求与国家扶植政策的推动下，全国高校、高职、中职院校纷纷启动大数据人才培养计划。然而，大数据专业建设却面临重重困难。首先，大数据是个新生事物，懂大数据的老师少之又少，院校缺"人"；其次，尚未形成完善的大数据人才培养和课程体系，院校缺"机制"；再次，大数据实验需要为每位学生提供集群计算机，院校缺"机器"；最后，院校不拥有海量数据，开展大数据教学科研工作缺"原材料"。

其实，在 2000 年网格计算兴起时和 2008 年云计算兴起时，我国科技工作者都曾遇到过类似的挑战问题，我有幸参与了这些问题的解决过程。

为了解决网格计算挑战问题，我在清华大学读博期间，于 2001 年创办了中国网格信息中转站（chinagrid.net）网站，每天花好几个小时收集和分享有价值的资料给学术界。于 2002 年与人合作出版了《网格计算》教材。并多次筹办和主持全国性的网格计算学术会议。

为了解决云计算挑战问题，我于 2008 年创办了中国云计算（chinacloud.cn）网站，于 2010 年出版了《云计算（第一版）》、2011 年出版了《云计算（第二版）》、2015 年出版了《云计算（第三版）》，每一版都花费大量成本制作并免费分享对应的几十个教学 PPT。这些 PPT 的下载总量达到了几百万次之多。早在 2010 年，我就在南京组织了全国高校云计算师资培训班，培养了国内第一批云计算老师。并通过与华为、中兴、360 等知名企业合作，输出云计算技术，培养云计算研发人才。为社区做贡献，收获是沉甸甸的：我获得了大家的好评与认可，担任了一些全国性专家委员会的专家，《云计算》教材成为国内高校的首选教材，中国云计算网站成为国内排名第一的云计算网站。

近几年，我用类似的办法来解决我们所面临的大数据挑战问题。为了解决大数据技术资料缺乏和存在交流障碍的问题，我于 2013 年创办了中国大数据（thebigdata.cn）网站，投入大量的人力每天维护，该网站已经在各大搜索引擎排名"大数据"关键词第一名；为了解决大数据师资匮乏的问题，我面向全国院校，陆续举办多期大数据教师培训班。最近在南京举办的全国高校/高职/中职大数据免费培训班，报名的老师已有 400 多位；为了解决缺乏权威大数据教材的问题，我所负责的南京大数据研究院，联合金陵科技学院、河南大学、中原工学院、南阳理工学院、云创大数据、许昌学院、安徽师范大学、杭州才云科技有限公司、中国地震局、南京公安研究院等多家单位，历时两年，编著了《大数据》教材和《大数据库》教材。并计划为高职和中职院校专门编写大数据专业系列教材。我们将在中国大数据（thebigdata.cn）、中国云计算（chinacloud.cn）和刘鹏看未来（lpoutlook）微信公众号等陆续免费提供配套 PPT 和其他资料；为了解决大数据实验难以开展的问题，我带领云创大数据（www.cstor.cn）的科研人员，成功研发 BDRack 大数据实验一体机和可远程访问的大数据实验平台（https://bd.cstor.cn），它打破虚拟化技术的性能瓶颈，可以为每位参加实验的人员虚拟出 Hadoop 集群、Spark 集群、MongoDB 集群、Storm 集群等，自带实验所需数据，并准备了详细的实验手册、PPT 和视频，可以开展大数据管理、大数据挖掘等各类实验，并可进行精确营销、信用分析等多种实战演练。目前该平台已经在郑州大学等高校成功应用。我们还开放了免费的物联网大数据托管平台万物云（wanwuyun.com）和环境大数据免费分享平台环境云（envicloud.cn）

在此，特别感谢我的硕士导师谢希仁教授和博士导师李三立院士。谢希仁教授出版的《计算机网络》已经更新到第 6 版，与时俱进且日臻完美，时时提醒学生要以这样的标准来写书。李三立院士是留苏博士，为我国计算机事业做出了杰出贡献，曾任国家攀登计划项目首席科学家。他的严谨治学带出了一大批杰出的学生。

本书是集体智慧的结晶，在此谨向付出辛勤劳动的各位作者致敬！书中难免会有不当之处，请读者不吝赐教。我的邮箱：gloud@126.com，微信公众号：刘鹏看未来（lpoutlook）。

刘鹏　教授
于南京大数据研究院
2017 年 6 月 26 日

目　录

第1章 大数据概念与应用

大数据的出现开启了大规模生产、分享和应用数据的时代，能让我们通过对海量数据进行分析，以一种前所未有的方式获得全新的产品、服务或独到的见解，最终形成变革之力，实现重大的时代转型。这就好比当我们感受浩瀚无垠的宇宙时，用望远镜只能看到宇宙的冰山一角，但更广阔的区域都在表面之后，等待着进一步的探索。云计算正是大数据探索过程中的动力源泉，通过对大数据进行检索、分析、挖掘、研判，可以使得决策更为精准，释放出数据背后隐藏的价值。大数据正在改变我们的生活及理解世界的方式，正在成为新发明和新服务的源泉，而更多的改变正蓄势待发……

1.1 大数据的概念与意义

1. 从"数据"到"大数据"

由于计量、记录、预测生产生活过程的需要，人类对数据探寻的脚步从未停歇，从原始数据的出现，到科学数据的形成，再到大数据的诞生，走过了漫漫长路。数据同人类相伴而生，人类有"与生俱来的数据偏好"，"人类的认识发展史就是对数据的认识史"[1]。

时至今日，"数据"变身"大数据"，"开启了一次重大的时代转型"[2]。带着种种好奇和疑问，本人利用两个月来几乎全部的业余时间，浏览了国内有关大数据的权威著作和文章，对大数据的特征、来源、流向、价值、意义、趋势、前景等问题也算略知一二。

"大数据"这一概念的形成，有三个标志性事件：

（1）2008 年 9 月，美国《自然》（Nature）杂志专刊——The next google，第一次正式提出"大数据"概念。

（2）2011 年 2 月 1 日，《科学》（Science）杂志专刊——Dealing with data，通过社会调查的方式，第一次综合分析了大数据对人们生活造成的影响，详细描述了人类面临的"数据困境"。

（3）2011 年 5 月，麦肯锡研究院发布报告——Big data: The next frontier for innovation, competition, and productivity，第一次给大数据做出相对清晰的定义："大数据是指其大小超出了常规数据库工具获取、储存、管理和分析能力的数据集。"

此外，大数据科学家 Rauser、大数据分析师 Merv Ddrian 等人从不同的视角，分别对大数据的内涵与外延进行具体表述。但至今，学界仍无统一公认的定义和解释。2015 年 8 月 31 日，国务院《促进大数据发展行动纲要》指出："大数据是以容量大、类型多、存取速度快、应用价值高为主要特征的数据集合，正快速发展为对数量巨大、来源分散、格式多样的数据进行采集、存储和关联分析，从中发现新知识、创造新价值、提升新能力的新一代信息技术和服务业态。"《大数据白皮书 2016》称："大数据是新资源、新技术和新理念的混合体。从资源视角看，大数据是新资源，体现了一种全新的资源观；从技术视角看，大数据代表了新一代数据管理与分析技术；从理念的视角看，大数据打开了一种全新的思维角度。"

无论学界和政府组织如何定义"大数据"的概念，大数据的内在特质始终就在那里。当前，业界公认的大数据有"4V"特征，即：Volume（体量大）、Variety（种类多）、Velocity（速度快）和 Value（价值高）。

（1）Volume（体量大）

大数据，顾名思义"大"，大是其主要特征。从文字记录出现到 21 世纪初，人类累积生成的数据总量，仅相当于现在全世界一两天内创造的数据量，"一天等于两千年"。根据 IDC（国际数据资讯公司）的报告预测，2013 年全球存储的数据预计达 1.2ZB，如果将其存储到只读光盘上分成 5 堆，每堆都可以延伸至月球。2013 年至 2020 年，人类的数据规模将扩大 50 倍，每年产生的数据量将增长到 44 万亿 GB，相当于美国国家图书馆数据量的数百万倍，且每 18 个月翻一番。

（2）Variety（种类多）

大数据与传统数据相比，数据来源广、维度多、类型杂，各种机器仪表在自动产生数据的同时，人自身的生活行为也在不断创造数据。不仅有企业组织内部的业务数据，还有海量相关的外部数据。除数字、符号等结构化数据外，更有大量包括网络日志、音频、视频、图片、地理位置信息等非结构化数据，且占数据总量的 90%以上。

（3）Velocity（速度快）

随着现代感测、互联网、计算机技术的发展，数据生成、储存、分析、处理的速度远远超出人们的想象，这是大数据区别于传统数据或小数据的显著特征。例如，欧洲核子研究中心 CERN 的离子对撞机每秒运行生成的数据高达 40TB；1 台波音喷气发动机每 30 分钟就会产生 10TB 的运行数据；Facebook 每天有 18 亿照片上传或被传播。过去需要历经 10 年破译的人体基因 30 亿对碱基数据，现在仅需 15 分钟即可完成。2016 年德国法兰克福国际超算大会（ISC）公布的全球超级计算机 500 强榜单中，由国家超级计算无锡中心研制的"神威·太湖之光"夺得第一，该系统峰值性能达 12.5 亿亿次/s，其 1 分钟的计算能力，相当于全球 70 亿人同时用计算器不间断计算 32 年。

（4）Value（价值高）

大数据有巨大的潜在价值，但同其呈几何指数爆发式的增长相比，某一对象或模块数据的价值密度较低，这无疑给我们开发海量数据增加了难度和成本。比如，一天 24 小时的监控录像，可用的关键数据也许仅为 1～2s。每天数十亿的搜索申请中，只有少数固定词条的搜索量会对某些分析研究有用。

2．大数据的技术支撑

存储成本的下降、计算速度的提高和人工智能水平的提升，是全球数据高速增长的重要支撑。下面将从计算、存储、智能这三大方面进行详细阐述，如图 1-1 所示。

1）存储：存储成本的下降

在云计算出现之前，数据存储的成本是非常高的。例如，公司要建设网站，需要购置和部署服务器，安排技术人员维护服务器，保证数据存储的安全性和数据传输的畅通性，还要定期清理数据，腾出空间以便存储新的数据，机房整体的人力和管理成本都很高。

云计算出现后，数据存储服务衍生出了新的商业模式，数据中心的出现降低了公司的计算和存储成本。例如，公司现在要建设网站，不需要购买服务器，不需要雇技术

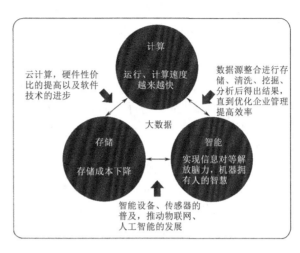

图 1-1　产生大数据的三大因素

人员维护服务器，可以通过租用硬件设备的方式解决问题。存储成本的下降，也改变了大家对数据的看法，更加愿意把 1 年、2 年甚至更久远的历史数据保存下来，有了历史数据的沉淀，才可以通过对比，发现数据之间的关联和价值。正是由于存储成本的下降，才能为大数据搭建最好的基础设施。

2）计算：运算速度越来越快

分布式系统基础架构 Hadoop 的出现，为大数据带来了新的曙光，HDFS 为海量的数据提供了存储，MapReduce 则为海量的数据提供了并行计算，从而大大提高了计算效率。同时，Spark、Storm、Impala 等各种各样的技术进入人们的视野。

海量数据从原始数据源到产生价值，期间会经过存储、清洗、挖掘、分析等多个环节，如果计算速度不够快，很多事情是无法实现的。所以，在大数据的发展过程中，计算速度是非常关键的因素。

3）智能：机器拥有理解数据的能力

大数据带来的最大价值就是"智慧"，今天我们看到的谷歌 AlphaGo 大胜世界围棋冠军李世石、阿里云小 Ai 成功预测出《我是歌手》的总决赛歌王、iPhone 上的智能化语音机器人 Siri、微信上与大家聊天的微软小冰等，背后都是由海量数据来支撑的。换句话说，大数据让机器变得有"智慧"，同时人工智能进一步提升了处理和理解数据的能力。

3．大数据的意义

在《大数据时代》一书中，将大数据及大数据时代的特征概括为：①要全体，不要抽样——"我们需要的是所有数据，样本＝总体"；②要混杂，不要精确——"要学会拥抱混乱，允许不精确"；③要相关，不要因果——"知道是什么就够了，没必要知道为什么"[2]。

大数据扑面而来，令常人不知所措。纵观人类科技发展史，似乎没有哪一次科技革命像大数据这样，从酝酿萌动到蔓延爆发，仅仅经历短短的数年时间。大数据作为一种

技术、工具、方法，对现代社会生活的影响和冲击日益凸显，在某些领域甚至是革命性与颠覆式的。联系自己所学专业，结合本职工作性质，试就大数据给人们认识与思维方式带来的影响及变化，谈点粗浅的学习体会。

用数据来说话。过去，人们习惯于"凭经验办事"，这是数据和信息有限条件下的无奈之举。而今，我们必须学会"用数据说话"，正如美国著名管理学家爱德华·戴明所言："我们信靠上帝。除了上帝，任何人都必须用数据来说话。"之所以要用数据来说话，是因为：

（1）有数据可说

在大数据时代，"万物皆数"，"量化一切"，"一切都将被数据化"。人类生活在一个海量、动态、多样的数据世界中，数据无处不在、无时不有、无人不用，数据就像阳光、空气、水分一样常见，好比放大镜、望远镜、显微镜那般重要。"过去，阿基米德说：给我支点，我就能撬动地球；现在，每个地球人都敢说：给我数据，就可以复制宇宙！"[1]

（2）说数据可靠

大数据中的"数据"真实可靠，它实质上是表征事物现象的一种符号语言和逻辑关系，其可靠性的数理哲学基础是世界同构原理。世界具有物质统一性，统一的世界中的一切事物都存在着时空一致性的同构关系。这意味着任何事物的属性和规律，只要通过适当编码，均可以通过统一的数字信号表达出来。换言之，一个事物的属性和运动规律可以通过适当编码表现在数据世界中，一个事物与其他事物的关系也可以通过适当编码反映在数据世界中。认识主体获得的不是对象本身的绝对映像，而是从对象中抽象出来的描述对象运动序列的数据。因此，大数据不过是反映人类接触到的外部事物的同构关系的数字模型而已，是客观世界中事物的多样性和关联性在计算机中的表达，且具有实时性、精确性、全面性、可逆性等特质。大数据专家克里斯·安德森曾指出："现在已经是一个有海量数据的时代，只要有足够的数据，数据就能说明问题了，如果你有 1PB的数据，一切就迎刃而解了。"

因此，"用数据说话""让数据发声"，已成为人类认识世界的一种全新方法。世界是物质，物质是数据的，数据正在重新定义世界的物质本原，并赋予"实事求是"新的时代内涵。我们必须善于用数据说话，用数据决策，用数据管理，用数据生活。

风马牛可相及。在大数据背景下，因海量无限、包罗万象的数据存在，让许多看似毫不相干的现象之间发生一定的关联，使人们能够更简捷、清晰地认识事物和把握局势。大数据的巨大潜能与作用现在难以估量，但揭示事物的相关关系无疑是其真正的价值所在。"相关关系可以帮助我们捕捉现在和预测未来"，"建立在相关关系分析法基础上的预测是大数据的核心"。相关关系的实质[2]是量化两个数值之间的数理关系，相关关系强是指当一个数据值变化时，另一个数据值很有可能也会随之发生有规律的变化；相关关系弱则意味着一个数据值变化时，另一个数据值不会因而发生有规律的变化。人们常用"风马牛不相及"这一成语，来形容两件八竿子打不着的事情，现如今，由于大数据、计算机、人工智能技术的发展，"风马牛可相及"的现象完全可能发生。

现实生活中，人们总喜欢问"为什么？"不仅"知其然"，还要"知其所以然"，执着于寻求问题背后的因果关系。在大数据时代，事物联系的普遍性与复杂性变得越来越清晰，就某一现象而言，因果关系只是相对的，既没有绝对的"因"，更不会有永恒的"果"，也许存在着其他形式的联系，即"相关关系"。因此，我们大可不必纠结于"原因"，在"因果关系"上耗费过多精力。其实，在很多时候和情境下，相关关系比因果关系更简单实用，人们知道"是什么"就够了，没有必要明白"为什么"。著名大数据专家迈尔·舍恩伯格认为，"要相关，不要因果"是大数据时代的一个显著特征，"相关系数很有用，不仅仅是因为它为我们提供新的视角，而且提供的视角都很清晰。而我们一旦把因果关系考虑进来，这些视角就有可能被蒙蔽。""通过去探求'是什么'而不是'为什么'，相关关系帮助我们更好地了解了这个世界。"

试举两个经典案例，来说明相关关系的意义：

（1）啤酒与尿布

沃尔玛超市的管理人员在分析销售数据时，发现一个难以理解的现象：有时候，"啤酒"与"尿布"两件看上去毫无关系的商品，会经常出现在同一个购物篮子中。这种独特的销售现象引起了高管的重视，经进一步调查发现这种现象发生在年轻父亲身上。在美国有婴儿的家庭中，一般是母亲在家照顾婴儿，年轻的父亲去超市购买尿布。父亲在购买尿布的同时，往往会顺便为自己购买啤酒，于是就会出现啤酒与尿布这两件看上去不相干的商品，经常会出现在同一个购物篮中的现象。如果这位年轻的父亲在卖场只能买到两件商品之一，那他很可能放弃购物而到另一家商店，直至可以一次同时买到啤酒与尿布为止。沃尔玛发现这一独特的现象后，开始在卖场尝试将啤酒与尿布摆放在相同的区域，让年轻的父亲可以同时找到这两件商品，并很快地完成购物。这一改变，既方便了年轻父亲的购物，又增加了商场的销售收入。

（2）谷歌与流感

谷歌的工程师们很早就发现，某些搜索词条有助于了解流感疫情，例如：在流感季节，与流感有关的搜索会明显增加；到了过敏季节，与过敏有关的搜索会显著上升；而到了夏季，与晒伤有关的搜索又会大幅增加。这不难理解，一般人没有什么生病的症状，不会主动去查那些与疾病相关的内容。于是，2008 年谷歌推出了"谷歌流感趋势"（GFT），这一工具根据汇总的谷歌搜索数据，近乎实时地对全球当前的流行疫情进行估测，但当时并没有引起太多人的关注。2009 年在 H1N1 爆发几周前，谷歌公司成功地预测了 H1N1 在全美范围的传播，甚至具体到特定的地区和州，而且判断非常及时，令公共卫生官员和计算机专家们倍感震惊。人们的搜索行为本身与流感疫情并无因果关系，但谷歌通过用户搜索日志的汇总信息，及时准确地预测了流感疫情的爆发，这就是相关关系的巨大力量。

惊喜无处不在。大数据是一个信息和知识的富矿，蕴藏着无限的商机与巨大的收益，惊喜无处不在。谷歌、亚马逊、脸谱、阿里巴巴、腾讯、京东等领军企业的成功实践和辉煌业绩，就是最生动、有力的例证。大数据作为一种新兴的生产要素、企业资本、社会财富，可谓取之不尽、用之不竭，而且能够重复循环利用。无论任何组织或个人，只要去深度分析和挖掘，总会有意想不到的收获。美国得克萨斯大学针对数据有效性的一项研究表明，企业通过提升自身数据的使用率和数据质量，能够显著提高企业的经营表现。如果企业数据使用率提升 10%，零售、咨询、航空等行业人均产出将分别提高 49%、39% 和 21%。如果财富 1000 强中的中位数企业，数据使用率提高 10%，能够每年增加 20 亿美元的营业收入，带来人均产出的提升约 14%。而数据质量的提升，将会对企业产生更为显著的影响，如果企业数据质量提升 10%，公用事业、航空、电信、石化等行业受益最为明显，净资产收益率提升幅度将会超过 200%，财富 1000 强中位数企业净资产收益率提升幅度约为 76%。

大数据不仅有商机与收益，而且是"未来的石油"，将成为社会创新发展的动力源泉。大数据正在推动科学研究范式、产业发展模式、社会组织形式、国家治理方式的转型与变革。"数据可以治国，还可以强国。""得数据者，得天下。"[4]大数据在中国大有可为，中国是一个人口大国、制造业大国、互联网大国，是非常活跃的数据产生主体。根据权威预测，2020 年中国在整个数字宇宙中占比可达 18%，数字规模将超过美国，位居世界第一。令人可喜的是，党和政府已就大数据做出战略部署，制定了发展规划和行动纲要，我们可以和发达国家在同一起跑线上赛跑，并可能实现弯道超越。

最后，借用《大数据时代》一书作者迈尔·舍恩伯格、库克耶的警示作结语：对于大数据时代，如果你是一个人，你拒绝的话，可能失去生命；如果是一个国家的话，可能会失去这个国家的未来，失去一代人的未来。

1.2 大数据的来源

英特尔创始人戈登·摩尔（Gordon Moore）在 1965 年提出了著名的"摩尔定律"，即当价格不变时，集成电路上可容纳的晶体管数目，约每隔 18 个月便会增加一倍，性能也将提升一倍。1998 年图灵奖获得者杰姆·格雷（Jim Gray）提出著名的"新摩尔定律"，即人类有史以来的数据总量，每过 18 个月就会翻一番[5]。

从图 1-2 中可以看出，2004 年，全球数据总量是 30EB[6]（1EB=1024PB）；2005 年达到了 50EB，2006 年达到了 161EB；到 2015 年，达到了惊人的 7900EB；到 2020 年，预计将达到 35000EB。

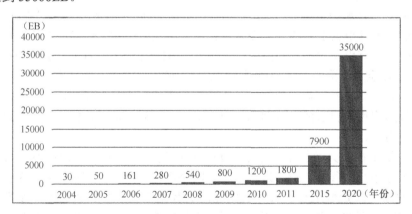

图 1-2 全球数据总量[5]

大数据到底有多大？下面列举出一组互联网数据展示给大家。

（1）互联网每天产生的全部内容可以刻满 6.4 亿张 DVD。

（2）Google 每天需要处理 24PB 的数据。

（3）网民每天在 Facebook 上要花费 234 亿分钟，被移动互联网使用者发送和接收的数据高达 44PB。

（4）全球每秒发送 290 万封电子邮件，一分钟读一篇的话，足够一个人昼夜不停地读 5.5 年。

（5）每天会有 2.88 万个小时的视频上传到 YouTube，足够一个人昼夜不停地观看 3.3 年。

（6）Twitter 上每天发布 5000 万条消息，假设 10s 就浏览一条消息，足够一个人昼夜不停地浏览 16 年。

为什么会产生如此海量的数据？主要有 3 个因素：一是大人群产生的海量数据，全球已经有大约 30 亿人接入了互联网，在 Web 2.0 时代，每个人不仅是信息的接受者，也是信息的产生者，每个人都成为数据源，几乎每个人都在用智能终端拍照、拍视频、发微博、发微信等。二是大量传感器产生的海量数据，目前全球有 30 亿～50 亿个传感器，到 2020 年会达到 10 万亿个之多，这些传感器 24 小时不停地产生数据，这就导致了信息的爆炸。三是科学研究和各行各业越来越依赖大数据手段来开展工作，例如，欧洲粒子物理研究所的大型强子对撞机每年需要处理的数据是 100PB，且年增长 27PB；又如，石油部门用地震勘探的方法来探测地质构造、寻找石油，需要用大量传感器来采集地震波形数据；高铁的运行要保障安全，需要在铁轨周边大量部署传感器，从而感知异物、滑坡、水淹、变形、地震等异常。

也就是说，随着人类活动的进一步扩展，数据规模会急剧膨胀，包括金融、汽车、零售、餐饮、电信、能源、政务、医疗、体育、娱乐等在内的各行业累积的数据量越来越大，数据类型也越来越多、越来越复杂，已经超越了传统数据管理系统、处理模式的能力范围，于是"大数据"这样一个概念才会应运而生[3]。

从另一个角度看，大数据无非就是通过各种数据采集器、数据库、开源的数据发布、GPS 信息、网络痕迹（如购物、搜索历史等）、传感器收集的、用户保存或上传的等结构化或者非结构化数据，非常广泛。我们可以从产生数据的主体、数据来源的行业、数据存储的形式三个方面对大数据的来源进行分类。

1．按产生数据的主体划分

1）少量企业应用产生的数据

如关系型数据库中的数据和数据仓库中的数据等。

2）大量人产生的数据

如推特、微博、通信软件、移动通信数据、电子商务在线交易日志数据、企业应用的相关评论数据等。

3）巨量机器产生的数据

如应用服务器日志、各类传感器数据、图像和视频监控数据、二维码和条形码（条码）扫描数据等。

2．按数据来源的行业划分

1）以 BAT 为代表的互联网公司

百度公司数据总量超过了千 PB 级别，数据涵盖了中文网页、百度推广、百度日志、UGC 等多个部分，并以 70%以上的搜索市场份额坐拥庞大的搜索数据。阿里巴巴公司保存的数据量超过了百 PB 级别，拥有 90%以上的电商数据，数据涵盖了点击网页数据、用户浏览数据、交易数据、购物数据等。腾讯公司总存储数据量经压缩处理以后仍然超过了百 PB 级别，数据量月增加达到 10%，包括大量社交、游戏等领域积累的文本、音频、视频和关系类数据。

2）电信、金融、保险、电力、石化系统

电信行业数据包括用户上网记录、通话、信息、地理位置数据等，运营商拥有的数据量将近百 PB 级别，年度用户数据增长超过 10%。金融与保险包括开户信息数据、银行网点数据、在线交易数据、自身运营的数据等，金融系统每年产生的数据超过数十 PB，保险系统的数据量也超过了 PB 级别。电力与石化方面，仅国家电网采集获得的数据总量就达到了数十 PB，石油化工领域每年产生和保存下来的数据量也将近百 PB 级别。

3）公共安全、医疗、交通领域

一个中、大型城市，一个月的交通卡口记录数可以达到 3 亿条；整个医疗卫生行业一年能够保存下来的数据就可达到数百 PB 级别；航班往返一次产生的数据就达到 TB 级别；列车、水陆路运输产生的各种视频、文本类数据，每年保存下来的也达到数十 PB。

4）气象、地理、政务等领域

中国气象局保存的数据将近 10PB，每年约增数百 TB；各种地图和地理位置信息每年约数十 PB；政务数据则涵盖了旅游、教育、交通、医疗等多个门类，且多为结构化数据。

5）制造业和其他传统行业

制造业的大数据类型以产品设计数据、企业生产环节的业务数据和生产监控数据为主。其中产品设计数据以文件为主，非结构化，共享要求较高，保存时间较长；企业生产环节的业务数据主要是数据库结构化数据，而生产监控数据则数据量非常大。在其他传统行业，虽然线下商业销售、农林牧渔业、线下餐饮、食品、科研、物流运输等行业数据量剧增，但是数据量还处于积累期，整体体量都不算大，多则达到 PB 级别，少则数十 TB 或数百 TB 级别。

3．按数据存储的形式划分

大数据不仅仅体现在数据量大，还体现在数据类型多。如此海量的数据中，仅有 20%左右属于结构化的数据，80%的数据属于广泛存在于社交网络、物联网、电子商务等领域的非结构化数据。

结构化数据简单来说就是数据库，如企业 ERP、财务系统、医疗 HIS 数据库、教育一卡通、政府行政审批、其他核心数据库等数据。

非结构化数据包括所有格式的办公文档、文本、图片、XML、HTML、各类报表、图像和音频、视频信息等数据。

4. 常用的大数据获取途径

大数据的价值不在于存储数据本身，而在于如何挖掘数据，只有具备足够的数据源才可以挖掘出数据背后的价值，因此，获取大数据是非常重要的基础。就数据获取而言，大型互联网企业由于自身用户规模庞大，可以把自身用户产生的交易、社交、搜索等数据充分挖掘，拥有稳定安全的数据资源。对于其他大数据公司和大数据研究机构而言，目前获取大数据的方法有如下 4 种：

1）系统日志采集

可以使用海量数据采集工具，用于系统日志采集，如 Hadoop 的 Chukwa、Cloudera 的 Flume、Facebook 的 Scribe 等，这些工具均采用分布式架构，能满足大数据的日志数据采集和传输需求。

2）互联网数据采集

通过网络爬虫或网站公开 API 等方式从网站上获取数据信息，该方法可以把数据从网页中抽取出来，将其存储为统一的本地数据文件，它支持图片、音频、视频等文件或附件的采集，附件与正文可以自动关联。除了网站中包含的内容之外，还可以使用 DPI 或 DFI 等带宽管理技术实现对网络流量的采集。

3）APP 移动端数据采集

APP 是获取用户移动端数据的一种有效方法，APP 中的 SDK 插件可以将用户使用 APP 的信息汇总给指定服务器，即便用户在没有访问时，也能获知用户终端的相关信息，包括安装应用的数量和类型等。单个 APP 用户规模有限，数据量有限；但数十万 APP 用户，获取的用户终端数据和部分行为数据也会达到数亿的量级。

4）与数据服务机构进行合作

数据服务机构通常具备规范的数据共享和交易渠道，人们可以在平台上快速、明确地获取自己所需要的数据。而对于企业生产经营数据或学科研究数据等保密性要求较高的数据，也可以通过与企业或研究机构合作，使用特定系统接口等相关方式采集数据。

1.3　大数据应用场景

最早提出"大数据"时代已经到来的机构是全球知名咨询公司麦肯锡[2]。根据麦肯锡全球研究所的分析，利用大数据能在各行各业产生显著的社会效益。美国健康护理利用大数据每年产出 3000 多亿美元，年劳动生产率提高 0.7%；欧洲公共管理每年价值 2500 多亿欧元，年劳动生产率提高 0.5%；全球个人定位数据服务提供商收益 1000 多亿美元，为终端用户提供高达 7000 多亿美元的价值；美国零售业净收益可增长 6%，年劳动生产率提高 1%；制造业可节省 50%的产品开发和装配成本，营运资本下降 7%。可见，大数据无处不在，已经对人们的工作、生活和学习产生了深远的影响，并将持续发展。

大数据的应用场景包括各行各业对大数据处理和分析的应用，其中最核心的还是用户个性需求。下面将通过对各个行业如何使用大数据进行梳理，借此展现大数据的应用场景。

1．零售行业大数据应用

零售行业大数据应用有两个层面，一个层面是零售行业可以了解客户的消费喜好和趋势，进行商品的精准营销，降低营销成本。例如，记录客户的购买习惯，将一些日常的必备生活用品，在客户即将用完之前，通过精准广告的方式提醒客户进行购买，或者定期通过网上商城进行送货，既帮助客户解决了问题，又提高了客户体验。另一个层面是依据客户购买的产品，为客户提供可能购买的其他产品，扩大销售额，也属于精准营销范畴。例如，通过客户购买记录，了解客户关联产品购买喜好，将与洗衣服相关的产品如洗衣粉、消毒液、衣领净等放到一起进行销售，提高相关产品销售额。另外，零售行业可以通过大数据掌握未来的消费趋势，有利于热销商品的进货管理和过季商品的处理。

电商是最早利用大数据进行精准营销的行业，电商网站内推荐引擎会依据客户历史购买行为和同类人群购买行为，进行产品推荐，推荐的产品转化率一般为 6%～8%。电商的数据量足够大，数据较为集中，数据种类较多，其商业应用具有较大的想象空间，包括预测流行趋势、消费趋势、地域消费特点、客户消费习惯、消费行为的相关度、消费热点等。依托大数据分析，电商可帮助企业进行产品设计、库存管理、计划生产、资源配置等，有利于精细化大生产，提高生产效率，优化资源配置。

未来考验零售企业的是如何挖掘消费者需求，以及高效整合供应链满足其需求的能力，因此，信息技术水平的高低成为获得竞争优势的关键要素。不论是国际零售巨头，还是本土零售品牌，要想顶住日渐微薄的利润率带来的压力，就必须思考如何拥抱新科技，并为客户带来更好的消费体验。

2．金融行业大数据应用

金融行业拥有丰富的数据，并且数据维度和数据质量都很好，因此，应用场景较为广泛。典型的应用场景有银行数据应用场景、保险数据应用场景、证券数据应用场景等。

1）银行数据应用场景

银行的数据应用场景比较丰富，基本集中在用户经营、风险控制、产品设计和决策支持等方面。而其数据可以分为交易数据、客户数据、信用数据、资产数据等，大部分数据都集中在数据仓库，属于结构化数据，可以利用数据挖掘来分析出一些交易数据背后的商业价值。

例如，"利用银行卡刷卡记录，寻找财富管理人群"，中国有 120 万人属于高端财富人群，这些人群平均可支配的金融资产在 1000 万元以上，是所有银行财富管理的重点发展人群。这些人群具有典型的高端消费习惯，银行可以参考 POS 机的消费记录定位这些高端财富管理人群，为其提供定制的财富管理方案，吸收其成为财富管理客户，增加存款和理财产品销售。

2）保险数据应用场景

保险数据应用场景主要是围绕产品和客户进行的，典型的有利用用户行为数据来制定车险价格，利用客户外部行为数据来了解客户需求，向目标用户推荐产品。例如，依据个人数据、外部养车 APP 数据、为保险公司找到车险客户；依据个人数据、移动设备位置数据，为保险企业找到商旅人群，推销意外险和保障险；依据家庭数据、个人数据、人生阶段信息，为用户推荐财产险和寿险等。用数据来提升保险产品的精算水平，提高利润水平和投资收益。

3）证券数据应用场景

证券行业拥有的数据类型有个人属性数据（含姓名、联系方式、家庭地址等）、资产数据、交易数据、收益数据等，证券公司可以利用这些数据建立业务场景，筛选目标客户，为用户提供适合的产品，提高单个客户收入。例如，借助于数据分析，如果客户平均年收益低于 5%，交易频率很低，可建议其购买公司提供的理财产品；如果客户交易频繁，收益又较高，可以主动推送融资服务；如果客户交易不频繁，但是资金量较大，可以为客户提供投资咨询等。对客户交易习惯和行为分析可以帮助证券公司获得更多的收益。

3. 医疗行业大数据应用

医疗行业拥有大量的病例、病理报告、治愈方案、药物报告等，通过对这些数据进行整理和分析将会极大地辅助医生提出治疗方案，帮助病人早日康复。可以构建大数据平台来收集不同病例和治疗方案，以及病人的基本特征，建立针对疾病特点的数据库，帮助医生进行疾病诊断。

特别是随着基因技术的发展成熟，可以根据病人的基因序列特点进行分类，建立医疗行业的病人分类数据库。医生在诊断病人时可以参考病人的疾病特征、化验报告和检测报告，参考疾病数据库来快速确诊病人病情。在制定治疗方案时，医生可以依据病人的基因特点，调取相似基因、年龄、人种、身体情况相同的有效治疗方案，制定出适合病人的治疗方案，帮助更多的人及时进行治疗。同时，这些数据也有利于医药行业开发出更加有效的药物和医疗器械。

例如，乔布斯患胰腺癌直到离世长达 8 年之久，在人类的历史上也算是奇迹。乔布斯为了治疗自己的疾病，支付了高昂的费用，获得包括自身的整个基因密码信息在内的数据文档，医生凭借这份数据文档，基于乔布斯的特定基因组成及大数据按所需效果制定用药计划，并调整医疗方案。

医疗行业的大数据应用一直在进行，但是数据并没有完全打通，基本都是孤岛数据，没办法进行大规模的应用。未来可以将这些数据统一采集起来，纳入统一的大数据平台，为人类健康造福。

4. 教育行业大数据应用

信息技术已在教育领域有了越来越广泛的应用，教学、考试、师生互动、校园安全、家校关系等，只要技术达到的地方，各个环节都被数据包裹。在国内尤其是北京、上海、广东等城市，大数据在教育领域就已有了非常多的应用，如慕课、在线课程、翻转课堂等就应用了大量的大数据工具。

毫无疑问，在不远的将来，无论是针对教育管理部门，还是校长、教师、学生和家长，都可以得到针对不同应用的个性化分析报告。通过大数据的分析来优化教育机制，也可以作出更科学的决策，这将带来潜在的教育革命，在不久的将来，个性化学习终端将会更多地融入学习资源云平台，根据每个学生的不同兴趣爱好和特长，推送相关领域的前沿技术、资讯、资源乃至未来职业发展方向，等等，并贯穿每个人终身学习的全过程。

5. 农业大数据应用

大数据在农业上的应用主要是指依据未来商业需求的预测来进行产品生产，因为农产品不容易保存，合理种植和养殖农产品对农民非常重要。借助于大数据提供的消费能力和趋势报告，政府可为农业生产进行合理引导，依据需求进行生产，避免产能过剩造成不必要的资源和社会财富浪费。

农业生产面临的危险因素很多，但这些危险因素很大程度上可以通过除草剂、杀菌剂、杀虫剂等技术产品进行消除，天气成为非常大的影响农业的决定因素。通过大数据的分析将会更精确地预测未来的天气，帮助农民做好自然灾害的预防工作，帮助政府实现农业的精细化管理和科学决策。

例如，Climate 公司曾使用政府开放的气象站的数据和土地数据建立模型，根据数据模型的分析，可以告诉农民在哪些土地上耕种、哪些土地今天需要喷雾并完成耕种、哪些正处于生长期的土地需要施肥、哪些土地需要 5 天后才可以耕种，体现了大数据帮助农业创造巨大的商业价值。

又如，云创大数据（www.cstor.cn）研发了一种土壤探针，目前能够监测土壤的温度、湿度和光照等数据，即将扩展监测氮、磷、钾等功能。该探针成本极低，通过 ZigBee 建立自组织通信网络，每亩地只需插一根针，最后将数据汇聚到一个无线网关，上传到万物云（www.wanwuyun.com）。

6. 环境大数据应用

气象对社会的影响涉及方方面面，传统上依赖气象的主要是农业、林业和水运等行业部门，而如今气象俨然成为了 21 世纪社会发展的资源，并支持定制化服务满足各行各业用户需要。借助于大数据技术，天气预报的准确性和实效性将会大大提高，预报的及时性将会大大提升，同时对于重大自然灾害如龙卷风，通过大数据计算平台，人们将会更加精确地了解其运动轨迹和危害的等级，有利于帮助人们提高应对自然灾害的能力。

例如，在美国 NOAA（国家海洋暨大气总署）其实早就在使用大数据业务。每天通过卫星、船只、飞机、浮标、传感器等收集超过 35 亿份观察数据，收集完毕后 NOAA 会汇总大气数据、海洋数据及地质数据，进行直接测定，绘制出复杂的高保真预测模型，将其提供给 NWS（国家气象局）作为气象预报的参考数据。目前，NOAA 每年新增管理的数据量就高达 30PB（1PB=1024TB），由 NWS 生成的最终分析结果就呈现在日常的天气预报和预警报道上。

再如，环境云（www.envicloud.cn）环境大数据服务平台通过获取权威数据源（中国气象网、中央气象台、国家环保部数据中心、美国全球地震信息中心等）所发布的各类环境数据，以及自主布建的数千个各类全国性环境监控传感器网络（包括 PM2.5 等各类空气质量指标、水环境指标传感器、地震传感器等）所采集的数据，并结合相关数据预测模型生成的预报数据，依托数据托管服务平台万物云（www.wanwuyun.com）所提供的基础存储服务，推出一系列功能丰富的、便捷易用的基于 RESTful 架构的综合环境数据调用接口。配合代码示例和详尽的接口使用说明，向各种应用的开发者免费提供可靠、丰富的气象、环境、灾害及地理数据服务。环境云的传感器数据即将达到上百万个之多。

7. 智慧城市大数据应用

如今，世界超过一半的人口生活在城市里，到 2050 年这一数字会增长到 75%。城市公共交通规划、教育资源配置、医疗资源配置、商业中心建设、房地产规划、产业规划、城市建设等都可以借助于大数据技术进行良好的规划和动态调整。使城市里的资源得到良好配置，既不出现由于资源配置不平衡而导致的效率低下及骚乱，又可避免不必要的资源浪费而导致的财政支出过大。有效帮助政府实现资源科学配置，精细化运营城市，打造智慧城市。

城市道路交通的大数据应用主要在两个方面：一方面，可以利用大数据传感器数据来了解车辆通行密度，合理进行道路规划，包括单行线路规划。另一方面，可以利用大数据来实现即时信号灯调度，提高已有线路运行能力。科学地安排信号灯是一个复杂的系统工程，必须利用大数据计算平台才能计算出一个较为合理的方案，科学的信号灯安排将会提高 30%左右已有道路的通行能力。

大数据技术可以了解经济发展情况、各产业发展情况、消费支出和产品销售情况等，依据分析结果，科学地制定宏观政策，平衡各产业发展，避免产能过剩，有效利用自然资源和社会资源，提高社会生产效率。大数据技术也能帮助政府进行支出管理，透明合理的财政支出将有利于提高公信力和监督财政支出。大数据及大数据技术带给政府的不仅仅是效率提升、科学决策、精细管理，更重要的是数据治国、科学管理的意识改变，未来大数据将会从各个方面来帮助政府实施高效和精细化管理，具有极大的想象空间。

1.4　大数据处理方法

大数据正带来一场信息社会的变革[7]。大量的结构化数据和非结构化数据的广泛应用，致使人们需要重新思考已有的 IT 模式；与此同时，大数据将推动进行又一次基于信息革命的业务转型，使社会能够借助大数据获取更多的社会效益和发展机会。

庞大的数据需要我们进行剥离、整理、归类、建模、分析等操作，通过这些动作后，我们开始建立数据分析的维度，通过对不同的维度数据进行分析，最终才能得到想到的数据和信息。例如，项目立项前的市场数据分析，为决策提供支撑；目标用户群体趋势分析，为产品市场支持；通过对运营数据的挖掘和分析，为企业提供运营数据支撑；通过对用户行为数据进行分析，为用户提供生活信息服务数据支撑和消费指导数据支撑，等等，这些都是大数据带来的支撑。

因此，如何进行大数据的采集、导入/预处理、统计/分析和大数据挖掘，是"做"好大数据的关键基础。

1．大数据的采集

大数据的采集通常采用多个数据库来接收终端数据，包括智能硬件端、多种传感器端、网页端、移动 APP 应用端等，并且可以使用数据库进行简单的处理工作。例如，电商平台使用传统的关系型数据库 MySQL 和 Oracle 来存储每笔事务数据，除此之外，Redis 和 MongoDB 这样的 NoSQL 数据库也常用于数据的采集。

常用的数据采集的方式主要包括以下几种：

（1）数据抓取：通过程序从现有的网络资源中提取相关信息，录入到数据库中。大体上可以分为网址抓取和内容抓取。网址抓取是通过网址抓取规则的设定，快速抓取到所需的网址信息；内容抓取是通过分析网页源代码，设定内容抓取规则，精准抓取到网页中散乱分布的内容数据，能在多级多页等复杂页面中完成内容抓取。

（2）数据导入：将指定的数据源导入数据库中，通常支持的数据源包括数据库（如SQL Server、Oracle、MySQL、Access 等）、数据库文件、Excel 表格、XML 文档、文本文件等。

（3）物联网传感设备自动信息采集：物联网传感设备从功能上来说是由电源模块、采集模块和通信模块组成。传感器将收集到的电信号，通过线材传输给主控板，主控板进行信号解析、算法分析和数据量化后，将数据通过无线通信方式(GPRS)进行传输。

在大数据的采集过程中，主要面对的挑战是并发数高，因为可能会对成千上万的数据同时进行访问和操作。

2．导入与预处理

虽然采集端本身有很多数据库，但是如果要对这些海量数据进行有效的分析，还是应该将这些数据导入一个集中的大型分布式数据库或者分布式存储集群当中，同时，在导入的基础上完成数据清洗和预处理工作。也有一些用户会在导入时使用来自 Twitter的 Storm 来对数据进行流式计算，来满足部分业务的实时计算需求。

现实世界中数据大体上都是不完整、不一致的"脏"数据，无法直接进行数据挖掘，或挖掘结果差强人意，为了提高数据挖掘的质量，产生了数据预处理技术。数据预处理有多种方法，包括数据清理、数据集成、数据变换、数据归约等，大大提高了数据挖掘的质量，降低数据挖掘所需要的时间。

（1）数据清理主要是达到数据格式标准化、异常数据清除、数据错误纠正、重复数据的清除等目标。

（2）数据集成是将多个数据源中的数据结合起来并统一存储，建立数据仓库。

（3）数据变换是通过平滑聚集、数据概化、规范化等方式将数据转换成适用于数据挖掘的形式。

（4）数据归约是指在对挖掘任务和数据本身内容理解的基础上，寻找依赖于发现目标的数据的有用特征，以缩减数据规模，从而在尽可能保持数据原貌的前提下，最大限度地精简数据量。

在大数据的导入与预处理过程中，主要面对的挑战是导入的数据量大，每秒的导入量经常会达到百兆，甚至千兆级别。

3．统计与分析

统计与分析主要是利用分布式数据库，或分布式计算集群来对存储于其内的海量数据进行普通的分析和分类汇总，以满足大多数常见的分析需求，在这些方面可以使用 R 语言。R 语言是用于统计分析、绘图的语言和操作环境，属于 GNU 系统的一个自由、免费、源代码开放的软件，它是一个用于统计计算和统计制图的优秀工具。

R 语言在国际和国内的发展差异非常大，国际上 R 语言已然是专业数据分析领域的标准，但在国内依旧任重而道远，这固然有数据学科地位的原因，国内很多人版权概念薄弱，以及学术领域相对闭塞也是原因。

R 语言是一套完整的数据处理、计算和制图软件系统。它是数据存储和处理系统、数组运算工具、完整连贯的统计分析工具、优秀的统计制图功能、简便而强大的编程语言。与其说 R 语言是一种统计软件，不如说是一种数学计算的环境，因为 R 语言并不是仅仅提供若干统计程序，使用者只需指定数据库和若干参数便可进行统计分析。R 语言的思想是：它可以提供一些集成的统计工具，但更大量的是它提供各种数学计算、统计计算的函数，从而使使用者能灵活机动地进行数据分析，甚至创造出符合需要的新的统计计算方法。

在大数据的统计与分析过程中，主要面对的挑战是分析涉及的数据量太大，其对系统资源，特别是 I/O 会有极大的占用。

4．大数据挖掘

数据挖掘是创建数据挖掘模型的一组试探法和计算方法，通过对提供的数据进行分析，查找特定类型的模式和趋势，最终创建模型。数据挖掘常用分析方法有分类、聚类、关联规则、预测模型等。

1）分类

分类是一种重要的数据分析形式，根据重要数据类的特征向量值及其他约束条件，构造分类函数或分类模型，目的是根据数据集的特点把未知类别的样本映射到给定类别中。下面介绍几种典型算法。

（1）朴素贝叶斯算法：朴素贝叶斯算法是统计学的一种分类方法，它是利用概率统计知识进行分类的算法。该算法能运用到大型数据库中，而且方法简单、分类准确率高、速度快。

（2）K 最近邻算法 KNN：KNN 算法是一个理论上比较成熟的方法，也是最简单的机器学习算法之一。该方法的思路是，如果一个样本在特征空间中的 K 个最相似的样本中的大多数属于某一个类别，则该样本也属于这个类别。由于该算法主要靠周围邻近的样本，而不是靠判别类域的方法来确定所属类别，因此对于类域的交叉或重叠较多的待分样本集来说，KNN 方法较其他方法更为适合。

（3）支持向量机算法 SVM：SVM 算法是建立在统计学习理论的 VC 维理论和结构风险最小原理基础上的，根据有限的样本信息在模型的复杂性和学习能力之间寻求最佳折中，以求获得最好的推广能力。使用 SVM 算法可以在高维空间构造良好的预测模型，该算法在 OCR、语言识别、图像识别等领域得到广泛应用。

（4）AdaBoost 算法：AdaBoost 算法是一种迭代算法，其核心思想是针对同一个训练集训练不同的分类器（弱分类器），然后把这些弱分类器集合起来，构成一个更强的最终分类器（强分类器）。对 AdaBoost 算法的研究和应用大多集中于分类问题，主要解决了多类单标签问题、多类多标签问题、大类单标签问题等。

（5）C4.5 算法：C4.5 算法是决策树核心算法 ID3 的改进算法。C4.5 算法的优点是产生的分类规则易于理解，准确率较高。缺点是在构造树的过程中，需要对数据集进行多次顺序扫描和排序，因而导致算法的低效。此外，C4.5 只适合于能够驻留于内存的数据集，当训练集大得无法在内存容纳时，程序无法运行。

（6）CART 算法：CART 算法采用二分递归分割的技术，将当前的样本集分为两个子样本集，使得生成的每个非叶子节点都有两个分支。因此，CART 算法生成的决策树是结构简洁的二叉树，通过构造决策树来发现数据中蕴涵的分类规则。

2）聚类

聚类分析的目的在于将数据集内具有相似特征属性的数据聚集在一起，同一个数据群中的数据特征要尽可能相似，不同的数据群中的数据特征要有明显的区别。下面介绍几种典型算法。

（1）BIRCH 算法：BIRCH 算法是一种综合的层次聚类算法，它用到了聚类特征和聚类特征树两个概念，用于概括聚类描述。聚类特征树概括了聚类的有用信息，并且占用的空间较元数据集合小得多，可以存放在内存中，从而提高算法在大型数据集合上的聚类速度及可伸缩性。

（2）K-means 算法：K-means 算法是一种很典型的基于距离的聚类算法，采用距离作为相似性评价指标，即认为两个对象的距离越近，其相似度就越大。该算法认为簇是由距离靠近的对象组成的，因此把得到紧凑且独立的簇作为最终目标。K-means 算法是解决聚类问题的一种经典算法，简单快速，对于处理大数据集，该算法具备相对可伸缩性和高效性。

（3）期望最大化算法（EM 算法）：期望最大化算法是一种迭代算法，每次迭代由两步组成，E 步求出期望，M 步将参数极大化。EM 算法在处理缺失值上，经过实际验证是一种非常稳健的算法。

3）关联规则

关联规则指搜索系统中的所有数据，找出所有能把一组事件或数据项与另一组事件或数据项联系起来的规则，以获得预先未知的和被隐藏的，不能通过数据库的逻辑操作或统计的方法得出的信息。下面介绍几种典型算法。

（1）Apriori 算法：Apriori 算法是一种挖掘关联规则的频繁项集算法，其核心思想是通过候选集生成和情节的向下封闭检测两个阶段来挖掘频繁项集。而且算法已经被广泛应用到商业、网络安全等各个领域。

（2）FP-Growth 算法：FP-Growth 算法中使用了一种称为频繁模式树（Frequent Pattern Tree）的数据结构，FP-Tree 是一种特殊的前缀树，由频繁项头表和项前缀树构成，FP-Growth 算法基于以上的结构加快整个挖掘过程。该算法高度浓缩了数据库，同时也能保证对频繁项集的挖掘是完备的。

4）预测模型

预测模型是一种统计或数据挖掘的方法，包括可以在结构化与非结构化数据中使用以确定未来结果的算法和技术，可为预测、优化、预报和模拟等许多业务系统使用。

代表性的预测模型是序贯模式挖掘 SPMGC 算法。序贯模式挖掘 SPMGC 算法首先对约束条件按照优先级进行排序，然后依据约束条件产生候选序列，可以有效地发现有价值的数据序列模式，提供给大数据专家们进行各类时间序列的相似性与预测研究。

在大数据挖掘的过程中，主要面对的挑战是用于挖掘的算法很复杂，并且计算涉及的数据量和计算量都很大，常用的数据挖掘算法都以单机/单线程为主。

整个大数据的处理过程，至少应该包括上述四个方面的步骤，即大数据的采集、导入与预处理、统计分析、大数据挖掘，才能算得上一个比较完整的大数据处理流程。

习题

1. 新摩尔定律的含义是什么？
2. 大数据现象是怎么形成的？
3. 大数据有哪些特征？
4. 如何对大数据的来源进行分类？
5. 大数据预处理的方法有哪些？
6. 大数据的挖掘方法有哪些？

参考文献

[1]　李德伟. 大数据改变世界[M]. 北京：电子工业出版社，2013.

[2]　迈尔·舍恩伯格，库克耶. 大数据时代[M]. 盛杨燕，周涛，译. 杭州：浙江人民出版社，2013.

[3]　Todd Lipcon. Design Patterns for Distributed Non-relational Databases [R]. 2009.

[4]　徐子沛. 大数据[M]. 桂林：广西师范大学出版社，2012 年.

[5]　刘鹏. 云计算[M]. 3 版. 北京：电子工业出版社，2015.

[6]　Michael Armbrust, Armando Fox, Rean Griffith, etal. Above the Clouds: A Berkeley View of Cloud Computing[J]. UC Berkeley, RAD Laboratory. 2009.

[7]　Eric Brewer. Towards Robust Distributed Systems [R]. Keynote at the ACM Symposium on Principles of Distributed Computing (PODC) on 2000.

第 2 章　数据采集与预处理

　　研究大数据、分析大数据的首要前提是拥有大数据。而拥有大数据的方式，要么是自己采集和汇聚数据，要么是获取别人采集、汇聚、整理之后的数据。数据汇聚的方式各种各样，有些数据是通过业务系统或互联网端的服务器自动汇聚起来的，如业务数据、点击流数据、用户行为数据等；有些数据，是通过卫星、摄像机和传感器等硬件设备自动汇聚的，如遥感数据、交通数据、人流数据等；还有一些数据，是通过整理汇聚的，如商业景气数据、人口普查数据、政府统计数据等。本章将重点对大数据采集架构、数据预处理原理及数据仓库与 ETL 工具进行详细讲解。

2.1　大数据采集架构

2.1.1　概述

　　如今，社会中各个机构、部门、公司、团体等正在实时不断地产生大量的信息，这些信息需要以简单的方式进行处理，同时又要十分准确且能迅速满足各种类型的数据（信息）需求者。这给我们带来了许多挑战，第一个挑战就是在大量的数据中收集需要的数据。下面介绍常用的大数据采集工具。

2.1.2　常用大数据采集工具

　　数据采集最传统的方式是企业自己的生产系统产生的数据，如淘宝的商品数据、交易数据等。除上述生产系统中的数据外，企业的信息系统还充斥着大量的用户行为数据、日志式的活动数据、事件信息等，这些数据以往并没有得到重视，现在越来越多的企业通过架设日志采集系统来保存这些数据，希望通过这些数据获取其商业或社会价值。这些日志系统比较知名的有 Hadoop 的 Chukwa[1]、Cloudera 的 Flume[2]、Facebook 的 Scrible[3] 和 LinkedIn 的 Kafka[4]等，这些工具大多采用分布式架构，来满足大规模日志采集的需求。

　　Flume 最初是 Cloudera 公司的内部项目，旨在帮助工程师自动导入客户数据，其后发展成一个功能完备的分布式日志采集、聚合和传输系统。如今，Flume 已经成为 Apache 基金会的子项目。

　　图 2-1 所示为 Flume 的体系架构。在 Flume 中，外部输入称为 Source（源），系统输出称为 Sink（接收端）。Channel（通道）把 Source 和 Sink 链接在一起。以上这些都运行在 Flume 的一个称为 Agent（代理）的守护进程中。Event（事件）是 Flume 最基本的数据传输单元，其包括零个或多个 Event 头和一个 Event 体，其从服务器产生，经有 Source、Channel、Sink 最终保存到文件系统（如 HDFS）中。

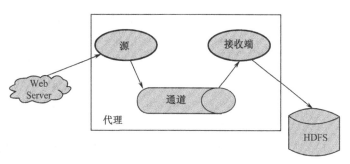

图 2-1　Flume 体系架构[2]

　　Apache Chukwa 项目与 Flume 有些相类似，Chukwa 是一个针对大型分布式系统的数据采集系统，其构建于 Hadoop 之上，Chukwa 使用 HDFS 作为其存储，最初的设计是用于收集和分析 Hadoop 系统的日志，Chukwa 继承了 Hadoop 的伸缩性和鲁棒性。Chukwa 也内置一个功能强大的工具箱，用于显示系统监控和分析结果，使得通过 Chukwa 收集的数据发挥最大的用处。

　　互联网时代，网络爬虫也是许多企业获取数据的一种方式。Nutch[5]就是网络爬虫中的佼佼者，Nutch 是 Apache 旗下的开源项目，存在已经超过 10 年，拥有大量的忠实用户。Apache Nutch 最初始是 Apache Lucene[6]项目的一部分，后独立出来成为单独的 Apache 项目，值得一提的是 Apache Nutch 项目培育出 Hadoop[7]、Gora[8]等目前流行的开源项目。Apache Nutch 是使用 Java 语言编写的，其提供了较为完整的数据抓取工具，可以通过 Apache Nutch 创建像谷歌、百度那样属于自己的搜索引擎。Nutch 目前已经是一个高度可扩展和可伸缩的网络爬虫工具，拥有大量的插件，以及与其他开源项目集成的能力，可以十分方便地定制自己的数据抓取引擎。

2.1.3　Apache Kafka 数据采集

　　Apache Kafka（http://kafka.apache.org/）是当下流行的分布式发布/订阅消息系统。Kafka 早期的版本由 LinkedIn 公司开发，之后成为 Apache 的一个子项目。Apache Kafka 被设计成能够高效地处理大量实时数据，其特点是快速的、可扩展的、分布式的，分区的和可复制的[4]。Kafka 是用 Scala 语言编写的，虽然置身于 Java 阵营，但其并不遵循 JMS（Java Message Service）规范。Apache Kafka 集群不仅具有高可扩展性和容错性，而且相比较其他消息系统（如 ActiveMQ、RabbitMQ 等）具有高得多的吞吐量。因为 Apache Kafka 为发布消息提供了一套存储系统，故其不仅仅用于发布/订阅消息，还有很多机构也将其用于日志聚合。

　　下面给出 Apache Kafka 的一些基本概念：

　　（1）Topics（话题）：消息的分类名。

　　（2）Producers（消息发布者）：能够发布消息到 Topics 的进程。

　　（3）Consumers（消息接收者）：可以从 Topics 接收消息的进程。

　　（4）Broker（代理）：组成 Kafka 集群的单个点。

　　简单地说，Producers 将消息发送到 Broker，并以 Topics 的名称分类，Broker 又服务于 Consumers，将指定 Topics 分类的消息传递给 Consumers。Apache Kafka 目前主要

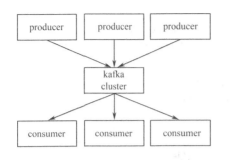

图 2-2 基本 Kafka 集群的工作流程（摘自官网）

采用 Apache Zookeeper 协助其管理 Kafka 集群。图 2-2 来自 Kafka 的官方文档，描绘了 Kafka 集群的工程流程。

1．Topics

Topics 是消息的分类名（或 Feed 的名称）。Kafka 集群或 Broker 为每一个 Topic 都会维护一个分区日志。每一个分区日志是有序的消息序列，消息是连续追加到分区日志上，并且这些消息是不可更改的。分区中的每条消息都会被分配顺序 ID 号，也称为偏移量，是其在该分区中的唯一标识。Kafka 集群保留了所有发布的消息，直到该消息过期，即使这些消息已经被 Consumers 接收，消息也不会删除，可以配置分区保留消息的时间。

2．日志分区

一个 Topic 可以有多个分区，这些分区可以作为并行处理的单元，从而使 Kafka 有能力高效地处理大量数据。这些日志分区被分配到 Kafka 集群中的多个服务器上进行处理，每个分区也会备份到 Kafka 集群的多个服务器上，备份的数量是可以配置的。图 2-3 所示为 Topic 与日志分析。

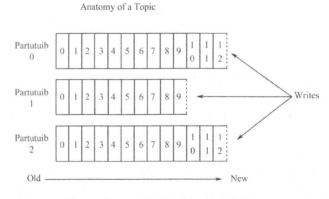

图 2-3　Topic 与日志分析（摘自官网）

Kafka 为每个分区分配一台服务器作为 leader，用于处理所有该分区的读和写的请求。Kafka 为每个分区分配零个或多个服务器充当 follower，follower 对 leader 中的分区进行备份。

3．Producers

Producers 是向它们选择的主题发布数据。生产者可以选择分配某个主题到哪个分区上。这可以通过使用循环的方式或通过任何其他的语义分函数来实现。

4．Consumers

Kafka 提供一种单独的消费者抽象，此抽象具有两种模式的特征消费组：Queuing

和 Publish-Subscribe。消费者使用消费组名字标识它们自己，每个主题的每条消息都会发送到某个 Consumers 实例，这些实例所在的消费组需要提出订阅，方可获取消息。这些消费者实例既可以处于单独的进程中，也可以处于单独机器上。

5．Apache Kafka 的安装及使用

下面将介绍 Apache Kafka 的安装和使用，使用的操作系统是 Ubuntu 15.04 ，建议设置大于 4GB 的交换空间。

因为 Kafka 是处理网络上请求，所以，应该为其创建一个专用的用户，这将便于对 Kafka 相关服务的管理，减少对服务器上其他服务的影响。

注：配置 Apache Kafka 后，建议在服务器上创建一个非 root 用户来执行其他任务。

使用 useradd 命令来创建一个 Kafka 用户：

```
$sudo useradd kafka –m
```

使用 passwd 命令来设置其密码：

```
$sudo passwd kafaka
```

接下来把 kafaka 用户添加到 sudo 管理组，以便 kafaka 用户具有安装 Apache Kafka 依赖库的权限。这里使用 adduser 命令来进行添加：

```
$sudo adduser kafka sudo
```

这时就可以使用 kafka 账户了。 切换用户可以使用 su 命令：

```
$su - kafka
```

在 Apache Kafka 安装所依赖的软件包前，最好更新一下 apt 管理程序的软件列表：

```
$sudo apt-get update
```

Apache Kafka 需要 Java 运行环境，这里使用 apt-get 命令安装 default-jre 包，然后安装 Java 运行环境：

```
$sudo apt-get install default-jre
```

通过下面的命令测试一下 Java 运行环境是否安装成功，并查看 Java 的版本信息：

```
$java -version
```

机器有如下显示：

```
java version "1.7.0_91"
OpenJDK Runtime Environment (IcedTea 2.6.3) (7u91-2.6.3-0ubuntu0.15.10.1)
OpenJDK 64-Bit Server VM (build 24.91-b01, mixed mode)
```

Apache Kafka 集群使用 Apache ZooKeeper 来管理其集群的执行。

Apache Zookeeper 是 Apache Hadoop 的一个子项目，作为一种分布式服务框架，提供协调和同步分布式系统各节点的配置信息等服务，是分布式系统一致性服务的软件。Apache Kafka 主要是用来解决分布式应用中经常遇到的一些数据管理问题，例如，统一命名服务、状态同步服务、集群管理、分布式应用配置项的管理等。Apache ZooKeeper 软件包已经是 Ubuntu 的默认软件仓库中的一员，所以，可以使用 apt-get 命令来安装 Apache ZooKeeper，当然也可以通过其他方式来安装。

```
$sudo apt-get install zookeeperd
```

安装完成后，ZooKeeper 将以系统的守护进程的方式自动启动，在默认情况下，ZooKeeper 守护进程的端口号是 2181。可以通过 Telnet 来测试，ZooKeeper 是否处于

已经启动：

```
$telnet localhost 2181
```

在 Telnet 提示符下，输入 ruok，然后按 Enter 键。

如果 ZooKeeper 是正常运行的话，那么 ZooKeeper 会回应 imok，并结束该 Telnet 会话。

现在 Java 和 ZooKeeper 已经安装好了。可以下载并安装 Kafka。

首先，创建一个目录 Downloads ，用来存放下载的 Kafka 安装包。

```
$mkdir -p ~/Downloads
```

使用 wget 命令下载 Kafka 压缩包。

```
$wget "http://mirrors.hust.edu.cn/apache/kafka/0.9.0.0/kafka_2.11-0.9.0.0.tgz"
```

这里创建一个 kafka 目录，并切换到该目录。将这个目录设定为 Apache Kafka 安装的基本目录。

```
$mkdir -p ~/kafka && cd ~/kafka
```

使用 tar 命令，来解压缩下载的 Apache Kafka 安装文件：

```
$tar -xvzf ~/Downloads/kafka_2.11-0.9.0.0.tgz --strip 1
```

接下来配置 Kakfa 服务器。默认情况下，Kafka 不允许删除 Topics，为了能够删除 Topics，需要修改 Kafka 的配置文件，这里使用 vi 命令打开 server.properties 文件：

```
$vi ~/kafka/config/server.properties
```

把下列指令添加在 server.properties 文件的尾部：

```
delete.topic.enable = true
```

保存文件并退出 vi。

目前可以启动 Kafka 服务了，这里使用命令 nohup 运行 kafka 安装目录的 bin 目录下的 kafka-server-start.sh 脚本来启动 Kafka 服务（也称为 Kafka broker）作为后台进程。

```
$nohup ~/kafka/bin/kafka-server-start.sh ~/kafka/config/server.properties > ~/kafka/kafka.log 2>&1 &
```

等待几秒，系统会给出进程号，这说明 Kafka 服务已经启动，可以使用 excerpt 命令查看 kafka.log 文件。

```
$excerpt from ~/kafka/kafka.log
```

当在~/kafka/kafka.log 文件中看到以下信息时，说明 Kafka 服务已经成功启动。

```
[2015-12-10 14:05:32,337] INFO KafkaConfig values:
        request.timeout.ms = 30000
        log.roll.hours = 168
        inter.broker.protocol.version = 0.9.0.X
...
[2015-12-10 14:05:33,027] INFO [Kafka Server 0], started (kafka.server.KafkaServer)
```

现在发布和使用一个"Hello Kafka"的消息，用于测试 Kafka 服务是否正常工作。

对于发布消息来说，需要建立一个 Kafka Producer（消息发布者）。最简单的方式是，通过运行 kafka-console-producer.sh 命令行脚本来创建 Kafka Producer。下面的命令是将字符串"Hello Kafka"发送到名字为 HelloTopic 的 Topic 中。

```
$echo "Hello, Kafka" | ~/kafka/bin/kafka-console-producer.sh --broker-list localhost:9092 --topic
HelloTopic > /dev/null
```

参数--broker-list localhost:9092，用于指出 Kafka 服务的主机名和端口号，Kafka 服

务，默认的侦听端口是 9092。参数--topic HelloTopic，指定消息发布的 Topic 的名称。
如果 Topic 不存在，Kafka 会自动创建它。

　　同样，对于接收消息，需要建立一个 Kafka Consumer（消息接收者），最简单的方
式是通过运行 kafka-console-consumer.sh 命令行脚本来创建 Kafka Consumer。下面的命
令就是从名为 HelloTopic 的 Topic 中获取消息：

```
$~/kafka/bin/kafka-console-consumer.sh --zookeeper localhost:2181 --topic HelloTopic --from-beginning
```

　　参数--zookeeper localhost:2181，指明了 ZooKeeper 的服务器地址和服务端口号；参
数--topic HelloTopic，指明了从名字 HelloTopic 的 Topic 中获取消息；参数--from-
beginning 表明，从 Consumer 可以接受其启动之前的消息。

　　如果没有配置问题，应该看到屏幕中有 Hello，Kafka 输出了。该脚本将继续运行，
等待更多的消息被发布到该主题。随意打开一个新的终端，并发布了一些更多的消息。
Consumer 几乎可以在瞬间接受到那些发布的消息。如果想停止测试，可以按 Ctrl+C 组
合键来停止 kafka-console-consumer.sh 脚本。

　　以上就是 Kafka 基本安装过程，但是在实际运维中，我们需要更多的工具来监控、
配置和管理 Kafka 及其集群。其中 KafkaT 就是一个十分方便的小工具，KafkaT 可以让
用户更容易了解 Kafka 集群的详细信息，并在命令行中执行一些管理任务。由于这是一
个 Ruby 的软件包，故需要安装 Ruby 才能使用它，还需要安装构建工具 build-
essential，来建立 KafkaT 依赖库，这里使用 apt-get 命令安装它们：

```
$sudo apt-get install ruby ruby-dev build-essential
```

接下来可以使用 gem 命令来安装 KafkaT：

```
$sudo gem install kafkat   --no-ri --no-rdoc
```

如果安装不成功，则有以下信息：

```
ERROR:   Could not find a valid gem 'kafkat' (>= 0), here is why:
Unable to download data from https://rubygems.org/ - Errno::ECONNRESET
: Connection reset by peer - SSL_connect (https://api.rubygems.org/latest_specs. 4.8.gz)
```

说明 https://rubygems.org/的 gem 软件源无法找到，可以使用 gem 命令添加新的软件
源，目前比较好用的有 http://gems.github.com、http://gems.rubyforge.org 等，可以自行选
择，下面是将 http://gems.github.com 软件源添加到 gem 中：

```
$gem sources –a http://gems.github.com
```

再更新以下 gem 的本地缓存：

```
$gem sources -u
```

再重新安装 KafkaT：

```
$sudo gem install kafkat   --no-ri --no-rdoc
```

安装成功后，接下来需要为 KafkaT 创建配置文件，下面使用 vi 在 kafka 用户目录
下创建一个新文件，文件名为.kafkatcfg。

```
vi ~/.kafkatcfg
```

配置文件是向 Kafka 确定 Kafka 和 ZooKeeper 的安装和配置信息。在.kafkatcfg 文件
添加以下配置项：

```
{
  "kafka_path":"~/kafka",
```

```
   "log_path":"/tmp/kafka-logs",
   "zk_path":"localhost:2181"
}
```

现在可以使用 KafkaT。首先，可以使用下列命令来查看 Kafka 分区的详细信息：

```
$kafkat partitions
```

如果配置没有问题的话，能够看到以下输出信息：

```
output of kafkat partitions
Topic          Partition     Leader        Replicas         ISRs
HelloTopic     0             0             [0]              [0]
```

要了解更多关于 KafkaT 的信息，请参阅 KafkaT 的 GitHub 资源库。

如果想使用更多的机器来创建一个 Kafka 群集，需要按照以上步骤在每台机器上安装 Kafka。唯一不同的是，每台机器上的 Kafka 配置文件 server.properties 中设置不同，具体更改如下：

（1）修改 broker.id 属性的值，使其在整个集群中是唯一的。

（2）修改 zookeeper.connect 属性的值，使得所有节点指向相同的 ZooKeeper 实例。

（3）如果想在 Apache Kafka 集群中配置多个实例的 ZooKeeper，那么每个节点上的 zookeeper.connect 属性值也应该是相同的，需要列出所有的 ZooKeeper 实例的 IP 地址和端口号，并用逗号分隔的字符串。

现在所有的安装完成后，可以删除 kafka 用户的管理权限。如果这时是用 kafka 账户登录，可以注销，切换其他管理员账户登录。使用 deluser 命令删除 kafka 用户的管理员权限，即从 sudo 的组中删除。

```
$sudo deluser kafka sudo
```

为了进一步提高 Kafka 服务器的安全，可以使用 passwd 命令锁定 kafka 用户的密码。这将确保没有人可以使用 kafka 账户直接登录该服务器。

```
$sudo passwd kafka -l
```

在这一点上，只有 root 或 sudo 的用户可以作为 kafka 通过键入以下命令登录：

```
$sudo su - kafka
```

以后如果想解锁，使用 passwd   加上-u 选项命令：

```
$sudo passwd kafka -u
```

现在，可以在 Ubuntu 服务器上运行安全的 Apache Kafka。可以使用大多数编程语言来使用 Kafka。要了解更多关于 Kafka，也通过它的文档。

6. 使用 Java 来编写 Kafka 的实例

首先，编写 KafkaProducer.properties 文件：

```
zk.connect             = localhost:2181
broker.list            = localhost:9092
serializer.class       = kafka.serializer.StringEncoder
request.required.acks = 1
```

参数 zk.connect 指明 ZooKeeper 的地址和端口号，参数 broker.list 指明 Kafka broker 列表的地址和端口号，参数 serializer.class 指明消息的序列化的处理类。参数 request.required.acks 表明确认消息是否提交成功的方式，为 1 时表示收到确认消息才认为提交消息成功。

下面的代码是使用 Java 编写了一个 Kafka 消息发布者。

```java
import kafka.javaapi.producer.Producer;
import kafka.producer.KeyedMessage;
import kafka.producer.ProducerConfig;
public class MyKafkaProducer {
    private Producer<String, String> producer;
    private final String topic;
    public MyKafkaProducer(String topic) throws Exception {
        InputStream in = Properties.class.
            getResourceAsStream("KafkaProducer.properties");
        Properties props = new Properties();
        props.load(in);
        ProducerConfig config = new ProducerConfig(props);
        producer = new Producer<String, String>(config);
    }
    public void sendMessage(String msg){
        KeyedMessage<String, String> data =
            new KeyedMessage<String, String>( topic, msg);
        producer.send(data);
        producer.close();
    }
    public static void main(String[] args) throws Exception{
        MyKafkaProducer producer = new MyKafkaProducer("HelloTopic");
        String msg = "Hello Kafka!";
        producer. sendMessage(msg);
    }
}
```

构造函数 MyKafkaProducer 的是主要目的创建 Producer。函数 sendMessage 是向指定的 topic 发送消息。可以通过运行 main 函数来测试 MyKafkaProducer。

下面创建 Comsumer，首先编写 KafkaProperties 文件：

```
zk.connect                  = localhost:2181
group.id                    = testgroup
zookeeper.session.timeout.ms = 500
zookeeper.sync.time.ms      = 250
auto.commit.interval.ms     = 1000
```

上述参数配置，十分容易理解，具体的详细说明，可以参考 Kafka 的官方文档。下面的代码是使用 Java 编写了一个 Kafka 的 Comsumer。

```java
import java.io.InputStream;
import java.util.HashMap;
import java.util.List;
import java.util.Map;
import java.util.Properties;
```

```java
import kafka.consumer.ConsumerConfig;
import kafka.consumer.ConsumerIterator;
import kafka.consumer.KafkaStream;
import kafka.javaapi.consumer.ConsumerConnector;
import kafka.consumer.Consumer;

public class MyKafkaConsumer {
    private final ConsumerConnector consumer;
    private final String topic;
    public MyKafkaConsumer(String topic) throws Exception{
        InputStream in = Properties.class.
                    getResourceAsStream("KafkaProducer.properties");
        Properties props = new Properties();
        props.load(in);
        ConsumerConfig config = new ConsumerConfig(props);
        consumer = Consumer.createJavaConsumerConnector(config);
        this.topic = topic;
    }
    public void consumeMessage() {
        Map<String, String> topicMap = new HashMap<String, String>();
        topicMap.put(topic, new Integer(1));
        Map<String, List<KafkaStream<byte[], byte[]>>> consumerStreamsMap =
                    consumer.createMessageStreams(topicMap);
        List<KafkaStream<byte[], byte[]>> streamList =
                    consumerStreamsMap.get(topic);
        for (final KafkaStream<byte[], byte[]> stream : streamList) {
            ConsumerIterator<byte[], byte[]> consumerIte =
                    stream.iterator();
            while (consumerIte.hasNext())
                System.out.println("message :: "
                    + new String(consumerIte.next().message()));
        }
        if (consumer != null)
            consumer.shutdown();
    }
    public static void main(String[] args) throws Exception{
        String groupId = "testgroup";
        String topic = "HelloTopic";
        MyKafkaConsumer consumer = new MyKafkaConsumer(topic);
        consumer.consumeMessage();
    }
}
```

构造函数 MyKafkaConsumer 的主要目的是创建 Consumer。函数 consumeMessage

是用来接收指定的 topic 消息的。可以通过运行 main 函数来测试 MyKafkaConsumer。

　　本节介绍了 Kafka 的安装和基本使用，最后还给出了一个简单的 Java 编写的例子，关于 Kafka 更多的应用可以取参看 Kafka 官网。

2.2　数据预处理原理

　　数据预处理（Data Preprocessing）是指在对数据进行挖掘以前，需要先对原始数据进行清理、集成与变换等一系列处理工作，以达到挖掘算法进行知识获取研究所要求的最低规范和标准[9]。在当今的大数据时代，存在含噪声的、值丢失的和不一致的数据是现实世界大型的数据库的共同特点。通过数据预处理工作，可以使残缺的数据完整，并将错误的数据纠正、多余的数据去除，进而将所需的数据挑选出来，并且进行数据集成。数据预处理的常见方法有数据清洗、数据集成与数据变换。数据清洗（Data Cleaning）的过程一般包括填补存在遗漏的数据值、平滑有噪声的数据、识别或除去异常值，并且解决数据不一致等问题。数据集成（Data Integration）是指将多个不同数据源的数据合并在一起，形成一致的数据存储，例如，将不同数据库中的数据集成到一个数据库中进行存储。数据变换（Data Transformation）是指将数据转换成适合于挖掘的形式，通常包括平滑处理、聚集处理、数据泛化处理、规格化、属性构造等方式。

2.2.1　数据清洗

　　数据清洗是进行数据预处理的首要方法。通过填充缺失的数据值，以及光滑噪声、识别或删除离群点、纠正数据不一致等方法，从而达到纠正错误、标准化数据格式、清除异常和重复数据等目的。

1. 填充缺失值

　　数据缺失是大数据库中常见的问题，产生的原因也是多种多样的。阿利森（美）在其《缺失数据》[10]中介绍了数据缺失的原因，以及如何处理缺失数据问题的相关策略。缺失值产生的原因主要包括机械原因和人为原因。例如，由于数据存储问题或机械故障而导致某个时间段的定时数据未能完整采集，或是由于人的刻意隐瞒、主观失误等原因采集到的无效数据等。

　　填充缺失值通常包括以下几个处理方法：

　　（1）忽略元组。通常当在缺少类标号时，通过这样的方法来填补缺失值。当元组中有多个属性缺少值，该方法比较有效。而当每个属性缺少值的百分比变化差异很大时，该方法不能很好地处理缺失值问题。

　　（2）人工填写缺失值。由于用户自己最了解关于自己的数据，因此，这个方法产生数据偏离的问题最小，但该方法十分费时，尤其是当数据集很大、存在很多缺失值时，靠人工填写的方法不具备实际的可操作性。

　　（3）使用一个全局常量填充缺失值。该方法是将缺失的属性值用同一个常数进行替换，如"Unkown"。然而，由于此方法大量采用同一属性值，又可能会误导挖掘程序得出有偏差甚至错误的结论，因此，也要谨慎使用。

（4）用属性的均值填充缺失值。运用该方法时需要将数据属性分为数值属性和非数值属性进行处理，通过利用已存数据的多数信息来推测缺失值，以此来实现缺失值的填充。

（5）用同类样本的属性均值填充缺失值。例如，将银行客户按信用度分类，可以使用信用度相同的、所有已知家庭月总收入的贷款客户的家庭月总收入平均值，替换未知家庭月总收入贷款客户对应字段的缺失值。

（6）使用最可能的值填充缺失值。可以用回归、使用贝叶斯形式化的基于推理的工具或决策树归纳确定。例如，利用数据集中其他客户顾客的属性，可以构造一棵决策树来预测家庭月总收入的缺失值。

其中方法（3）～（6）会使数据发生偏置，这样会导致填入的值未必正确。但是，方法（6）是常用的策略，同其他方法相比，它使用已有数据的大部分信息来预测缺失值。在预测家庭月总收入的缺失值时，通过考察其他属性的值，有更大的可能性保持家庭月总收入和其他属性之间的联系。值得强调的是，在某些情况下，缺失值并不意味着数据出现了错误。例如，申请人在申请信用卡时，可能要求申请人提供驾驶执照号。没有驾驶执照的申请者必然会使该字段为空。表格应当允许填表人使用诸如"无效"等值。软件例程也可以用来发现其他空值，如"不知道""不确定""？"或"无"。理想情况，每个属性都应当有一个或多个关于空值条件的规则。这些规则可以说明是否允许空值，或这样的空值应当如何处理或变换。如果它们在商务处理的最后一步未提供值的话，字段也可能故意留下空白。所以，在获取数据后，尽管会尽我们所能去清理数据，但友好的数据库和数据输入的设计将有助于在最初将缺失值或错误的数量最少化。

2. 光滑噪声数据

噪声是被测量的变量的随机误差或方差。给定一个数值属性，如何才能使数据"光滑"，去掉噪声？下面给出数据光滑技术的具体内容。

（1）分箱。分箱方法通过考察某一数据周围数据的值，即"近邻"来光滑有序数据的值。这些有序值将分布到一些"桶"或箱中。由于分箱方法考察的是数据的近邻值，因此，只能做到局部光滑。一般而言，宽度越大光滑效果越好。箱也可以是等宽的，每个箱值的区间范围是一个常量。分箱也可以作为一种离散化技术被使用。

（2）回归。光滑数据可以通过一个函数拟合数据来实现。线性回归的目标就是查找拟合两个属性的"最佳"线，使得其中一个属性可以用于预测出另一个属性。而多元线性回归是线性回归的扩展，其涉及的属性多于两个，并且将数据拟合到一个多维曲面。

（3）聚类。离群点可通过聚类进行检测，将类似的值组织成群或簇，离群点即为落在簇集合之外的值。许多数据光滑的方法也是涉及离散化的数据归约方法。例如，上面介绍的分箱技术使每个属性的不同值在数量上得以减少。基于逻辑的数据挖掘方法，例如，决策树归纳，反复地对排序后的数据进行比较，充当了一种形式的数据归约。另外，一种数据离散化形式概念分层，也可以用于数据光滑。

3. 数据清洗过程

数据清洗可以视为一个过程，包括检测偏差与纠正偏差两个步骤。

（1）检测偏差。可以使用已有的关于数据性质的知识发现噪声、离群点和需要考察的不寻常的值。这种知识或"关于数据的数据"称为元数据。考察每个属性的定义域和数据类型、每个属性可接受的值、值的长度范围；考察是否所有的值都落在期望的值域内、属性之间是否存在已知的依赖；把握数据趋势和识别异常，比如远离给定属性均值超过两个标准差的值可能标记为潜在的离群点。另一种错误是源编码使用的不一致问题和数据表示的不一致问题。而字段过载是另一类错误源。考察数据还要遵循唯一性规则、连续性规则和空值规则。可以使用其他外部材料人工加以更正某些数据不一致。如数据输入时的错误可以使用纸上的记录加以更正。但大部分错误需要数据变换。

（2）纠正偏差。即一旦发现偏差，通常需要定义并使用一系列的变换来纠正它们。但这些工具只支持有限的变换，因此，常常可能需要为数据清洗过程的这一步编写定制的程序。偏差检测和纠正偏差这两步过程迭代执行。随着我们对数据的了解增加，更为重要的是要不断更新元数据以反映这种知识。这将有助于加快对相同数据存储的未来版本的数据清洗速度。

2.2.2　数据集成

数据挖掘经常需要数据集成合并来自多个数据存储的数据。数据还可能需要变换成适于挖掘的形式。数据分析任务多半涉及数据集成。数据集成合并多个数据源中的数据，存放在一个一致的数据存储（如数据仓库）中。这些数据源可能包括多个数据库、数据立方体或一般文件。在数据集成时，有下述 4 个问题需要重点考虑。

（1）模式集成和对象匹配问题。来自多个信息源的现实世界的等价实体的匹配涉及实体识别问题。判断一个数据库中的 customer 字段与另一个数据库中的 customer 是否是相同的属性。每个属性的元数据可以用来帮助避免模式集成的错误。元数据还可以用来帮助对数据进行变换。

（2）冗余问题。如果一个属性能由另一个或另一组属性"导出"，则该属性可能是冗余的。结果数据集中的冗余也可能是由于属性或维命名的不一致引起的。有些冗余可以被相关分析检测到。给定两个属性，这种分析可以根据可用的数据度量一个属性能在多大程度上蕴含另一个。对于数值属性，可通过计算属性 A 和 B 之间的相关系数来估计这两个属性的相关度。

（3）元组重复。去规范化表的使用也可能导致数据冗余。不一致通常出现在各种不同的副本之间，由于不正确的数据输入，或者由于更新了数据的部分副本记录。

（4）数据值冲突的检测与处理问题。对于现实世界的同一实体，来自不同数据源的属性值可能不同。这可能是因为表示、比例或编码不同。例如，重量属性可能在一个系统中以国际单位存放，而在另一个系统中以英制单位存放。对于连锁旅馆，不同城市的房价不仅可能涉及不同的货币，而且可能涉及不同的服务（如免费早餐）和税。在一个系统中记录的属性的抽象层可能比另一个系统中"相同的"属性低[11]。例如，total_number 在一个数据库中可能指一个班级的学生总数，在另一个数据库中，可能指整所大学的学生总数。

2.2.3 数据变换

数据变换的目的是将数据变换或统一成适合挖掘的形式。数据变换主要涉及以下内容：

（1）光滑。去除数据中的噪声。

（2）聚集。对数据进行汇总或聚集。例如，可以聚集日销售数据，计算月和年销售量。通常，这一步用来为多粒度数据分析构造数据立方体。

（3）数据泛化。使用概念分层，用高层概念替换低层或"原始"数据。例如，分类的属性，如街道，可以泛化为较高层的概念，如城市或国家。类似地，数值属性如年龄，可以映射到较高层概念，如青年、中年和老年。

（4）规范化。将属性数据按比例缩放，使之落入一个小的特定区间，如 0.0～1.0。

（5）属性构造（或特征构造）。可以构造新的属性并添加到属性集中，以帮助挖掘过程。

通过将属性值按比例缩放，使之落入一个小的特定区间，如 0.0～1.0，对属性规范化。对于涉及神经网络或距离度量的分类算法（如最近邻分类）和聚类，规范化特别有用。如果使用神经网络后向传播算法进行分类挖掘，对于训练元组中量度每个属性的输入值规范化将有助于加快学习阶段的速度。对于基于距离的方法，规范化可以帮助防止具有较大初始值域的属性（如 income）与具有较小初始值域的属性（如二元属性）相比权重过大。

2.3 数据仓库与 ETL 工具

数据仓库，是在企业管理和决策中面向主题的、集成的、随时间变化的、非易失性数据的集合。与其他数据库应用不同的是，数据仓库更像是一种过程，即对分布在企业内部各处的业务数据的整合、加工和分析的过程，而不是可以购买的一种产品[12]。4 个关键词——面向主题的、集成的、时变的、非易失的，将数据仓库与其他数据存储系统（如关系数据库系统、事务处理系统和文件系统）相区别。

数据仓库技术的出现，加快了企业的信息化进程，加强了企业的市场竞争能力。然而，建立数据仓库不是一蹴而就的，它是循序渐进建立的，在构建数据仓库过程中，数据抽取、转换和加载（ETL）过程是最花费时间和人力的[12]，因此，ETL 工作的成败直接影响整个数据仓库系统实施的进程。

2.3.1 概述

数据仓库中的数据来自于多种业务数据源，这些数据源可能处于不同硬件平台上，使用不同的操作系统，数据模型也相差很远，因而，数据以不同的方式存在不同的数据库中。如何获取并向数据仓库加载这些数据量大、种类多的数据，已成为建立数据仓库所面临的一个关键问题[13]。针对目前系统的数据来源复杂，而且分析应用尚未成型的现状，一般要使用专业的数据抽取、转换和装载工具，这些工具合并起来被称为 ETL（Extract-Transform-Load）。

ETL 是用来描述将数据从源端经过提取、转换、装入到目的端的过程。ETL 是构建数据仓库的重要一环，它包含了 3 个方面，首先是"抽取"，将数据从各种原始的业务系统中读取出来，这是所有工作的前提。其次是"转换"，按照预先设计好的规则将抽取的数据进行转换，使本来异构的数据格式能统一起来。最后是"装载"，将转换完的数据按计划增量或全部导入到数据仓库中[14]。

2.3.2　常用 ETL 工具

ETL 工具的典型代表有 Informatica PowerCenter、IBM Datastage、Oracle Warehouse Builder（OWB）、Oracle Data Integrator（ODI）、Microsoft SQL Server Integration Services 及开源的 Kettle 等。

Informatica 的 PowerCenter 是一个可扩展、高性能企业数据集成平台，应用于各种数据集成流程，通过该平台可实现自动化、重复使用及灵活性[15]。PowerCenter 能应用于目前存在的大部分业务系统，适用于大部分数据格式的整合工作。例如，企业数据集成、数据验证、数据管理、B2B 数据交换、复杂事件处理、云数据集成等，是较为流行的数据集成工具。

IBM InfoSphere DataStage 是一款功能强大的 ETL 工具，是 IBM 数据集成平台 IBM Information Server 的一部分，是专门的数据提取、数据转换、数据发布的工具。DataStage 能够应对多种数据源，这些数据源可能包括索引文件、顺序文件、关系数据库、档案、外部数据源和消息队列等。DataStage 可以以批处理和实时两种方式执行数据集成的任务。DataStage 具有高效的并行处理能力，特别适合对实时性要求比较高的领域，可以满足大型企业不断增长的数据量与海量数据高效处理的要求。

Kettle（中文名称为水壶）是 Pentaho 中的 ETL 工具，Pentaho 是一套开源 BI 解决方案。Kettle 是一款国外优秀的开源 ETL 工具，由纯 Java 编写，可以在 Windows、Linux、UNIX 上运行，无须安装，数据抽取高效稳定。

Kettle 允许用户管理来自不同数据库的数据，它有两种脚本文件：transformation 和 job。transformation 完成针对数据的基础转换，job 则完成整个工作流的控制[16]。Kettle 目前包括如下 4 个产品[17]。

（1）Chef：可使用户创建任务（Job）。它是提供图形用户界面的工作设计工具。

（2）Kitchen：可使用户批量使用由 Chef 设计的任务，一般在自动调度时借助此命令调用调试成功的任务。它是一个后台运行的程序，以命令行方式，没有图形用户界面。

（3）Spoon：可使用户通过图形界面来设计 ETL 转换过程，一般在编写和调试 ETL 时用到。

（4）Span：可使用户批量运行由 Spoon 设计的 ETL 转换，Span 是一个后台执行的程序，以命令行方式，没有图形界面，一般在自动调度时借助此命令调用调试成功的转换。

2.3.3　案例：Kettle 数据迁移

1．Kettle 软件的获取

可以在 Kettle 的官网 http://kettle.pentaho.com/下载，该软件为绿色版本，解压后运行 Spoon.bat 或 Spoon.sh 来启动 Kettle，Kettle 运行时依赖 JRE 环境，没有安装 JRE，可以自行配置。

2．Kettle 数据迁移实例

下面通过一个例子演示怎样将数据库 MySQL 中的表通过 Kettle 迁移到 Oracle 数据库中。

（1）首先在 MySQL 数据库中建立一个数据库 makadb，并在这个数据库中建立 employee 表。

（2）运行 Spoon.bat，选择"没有资源库"，进入如图 2-4 所示的主界面。

（3）选择"文件"新建"转换"命令，将该转换保存为 kettle.ktr。在左侧选择"核心对象"面板。在"输入"文件夹下选择"表输入"，并把它拖动到右侧编辑区[18]，如图 2-5 所示。

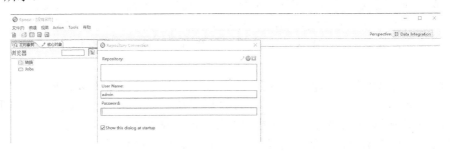

图 2-4　进入主界面

图 2-5　在"输入"文件夹下选择"表输入"，并把它拖动到右侧编辑区

（4）双击"表输入"图标，编辑数据来源。单击"数据库连接"右侧的"新建"按钮，如图 2-6 所示。

（5）配置数据库的参数。配置完成之后，单击"Test"按钮，若配置有误，弹出异常显示，根据提示修正。若无误，显示如图 2-7 所示的信息。单击"OK"按钮，即为 Kettle 的表输入对象选择了数据库 makadb。

（6）继续单击"获取 SQL 查询语句"按钮，选择输入表，这里选择 employee 表。需要注意的是，"允许延迟转换"复选框不要勾选，否则容易出现乱码。单击"预览"按钮可以预览 employee 表中的数据。单击"确定"按钮即退出，如图 2-8 所示。

（7）在左侧"核心对象"选项卡的"转换"文件下中选择"字段选择"功能，拖动到右侧编辑区。按住 Shift 键的同时用鼠标以"表输入"为起点、"字段选择"为终点画一条连接[18]，如图 2-9 所示。

图 2-6　编辑数据来源

图 2-7　配置数据库的参数

图 2-8　选择输入表

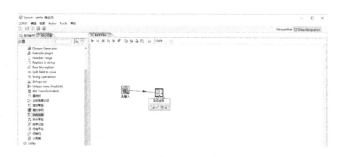

图 2-9　设置"字段选择"

（8）双击"字段选择"，打开编辑窗口，选择"元数据"面板，单击右侧的"获取改变的字段"按钮，将自动列出之前表输入中的所有字段[18]，如图 2-10 所示。

图 2-10　自动列出之前表输入中的所有字段

（9）根据输出表中各字段的字段名，将每一个输入字段改成和输出字段相同的名字。这里将 employee 表中的_id 改成了 id1，其他字段均是如此，如图 2-11 所示。

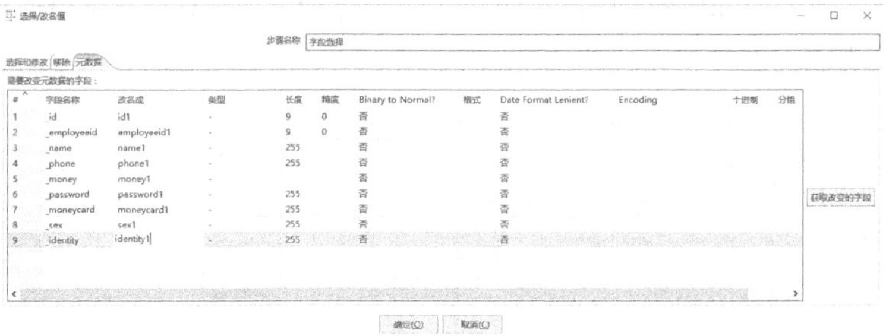

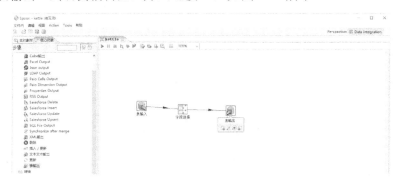

图 2-11　将每一个输入字段改成和输出字段相同的名字

（10）编辑完"字段选择"后单击"确定"按钮关闭窗口。在"输出"文件夹中拖出一个"表输出"到右侧编辑区，并画连接[18]，如图 2-12 所示。

图 2-12　在"输出"文件夹中拖出一个"表输出"到右侧编辑区，并画连接

（11）下面来配置要输出的 Oracle 数据库连接。双击"表输出"，打开其编辑窗口，同"表输入"一样，配置数据库，如图 2-13 所示。

在配置时，Database Name 选项中的内容需要在按钮 sqlplus 中通过输入 select * from v$instance 命令得到。单击"Test"按钮无误后，单击"OK"按钮关闭窗口。到此为止，已经将输出表对象成功地设置为 Oracle 数据库，如图 2-14 所示。

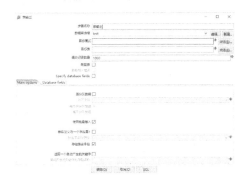

图 2-13　配置数据库

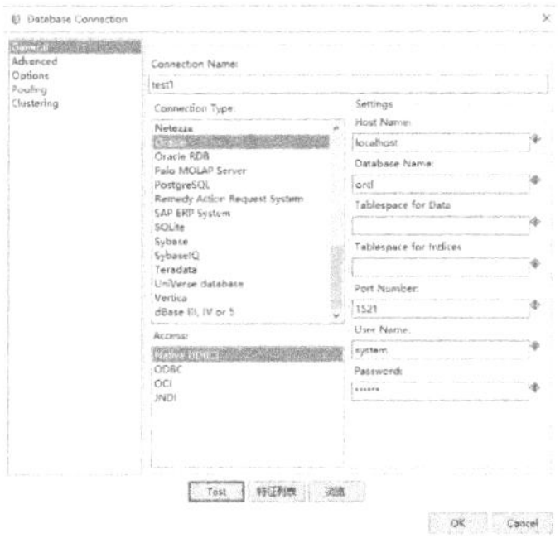

图 2-14　将输出表对象设置为 Oracle 数据库

（12）同"表输入"，选择输出的目标表。选择后在"Darabase fileds"面板中单击"Entering field mapping"按钮，映射输入/输出关系[18]，如图 2-15 所示。

映射完输入/输出字段的关系后，检查无误，单击"确定"按钮关闭窗口，如图 2-16 所示。

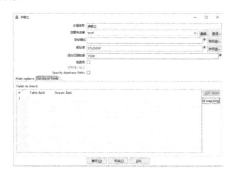

图 2-15　映射输入/输出关系　　　　图 2-16　单击"确定"按钮关闭窗口

（13）至此，简单转换建立完毕，单击"运行这个转换"按钮，选择"本地执行"单选按钮，单击"启动"按钮来执行这个转换，如图 2-17 所示。

（14）转换过程可以在控制台实时显示，其中，"日志"的详细程度是可选的[18]，如图 2-18 所示。

图 2-17　执行转换　　　　　　　　图 2-18　实时显示转换过程

（15）执行完毕后，控制台若无异常信息，说明转换成功，可以去本地 Oracle 数据库中查看。发现确实被导入了新库，两者记录相同且无乱码，如图 2-19 所示。

图 2-19　去本地 Oracle 数据库中查看

习题

1．采用哪些方式可以获取大数据？
2．常用大数据采集工具有哪些？
3．简述什么是 Apache Kafka 数据采集。
4．Topic 可以有多个分区，这些分区有什么作用？
5．Kafka 抽象具有哪种模式的特征消费组？
6．查阅相关资料，实例演示 Apache Kafka 的安装及使用。
7．使用 Java 来编写 Kafka 的实例。
8．简述数据预处理的原理。
9．数据清洗有哪些方法？
10．数据集成需要重点考虑的问题有哪些？
11．数据变换主要涉及哪些内容？
12．分别简述常用 ETL 工具。

参考文献

[1] https://chukwa.apache.org/.
[2] https://flume.apache.org/.
[3] https://github.com/facebookarchive/scribe.
[4] http://kafka.apache.org/.
[5] http://nutch.apache.org/.
[6] https://lucene.apache.org/.
[7] https://hadoop.apache.org/.
[8] http://gora.apache.org/.
[9] Pang-Ning Tan，Michael Steinbach，Vipin Kumar．数据挖掘导论（完整版）[M]．范明，范宏建，等，译．北京：人民邮电出版社，2011．
[10] 阿利森．缺失数据[M]．林毓玲，译．上海：格致出版社，2012．
[11] 韩家炜．数据挖掘：概念与技术（第 3 版）[M]．范明，译．北京：机械工业出版社，2012．
[12] 张蓓，赵莉．浅谈数据仓库中 ETL 的重要性[J]．科技信息：教育与科研，2008(18)：82-82．
[13] 贾旭光，黄厚宽，黄婉秋．数据仓库中的数据集成[J]．北京交通大学学报，2002，26(02)：34-39．
[14] http://ruiqun566-163-com.iteye.com/blog/604176.
[15] https://www.informatica.com/cn/products/data-integration/powercenter.html.
[16] http://www.cnblogs.com/zhangchenliang/p/4179775.html.
[17] http://blog.csdn.net/gancheng/article/details/2297197.
[18] http://www.cnblogs.com/radio/archive/2013/04/24/ 3040248.html.

第3章　数据挖掘算法

数据的高速增长及广泛运用使得我们生活在真正的数据时代，我们需要功能强大的算法或工具，以便从海量数据中发现有价值的信息，并通过分析把这些信息转化成有组织的知识，这种需求促进了数据挖掘的诞生。本章主要介绍常用的数据挖掘算法，内容上从分类、聚类、关联规则和预测模型等数据挖掘常用分析方法出发，讲解相应的算法，并在本章的最后介绍数据挖掘算法的综合应用。

3.1　数据挖掘概述

3.1.1　数据挖掘概念

20 世纪 80 年代末，数据挖掘（Data Mining，DM）起源于数据库中的知识发现（Knowledge Discovery in Database，KDD）这一概念。在 1989 年美国底特律召开的第一届知识发现国际学术会议上，KDD 这个名词正式开始出现。1995 年，第一届知识发现和数据挖掘国际学术会议在加拿大召开，在这次国际会议上，首次提出将数据库中存放的有价值的数据比喻成矿床，从此以后"数据挖掘"这个名词很快就流传出来。严格的科学定义上，数据挖掘是从大量的、有噪声的、不完全的、模糊和随机的数据中，提取出隐含在其中的、人们事先不知道的、具有潜在利用价值的信息和知识的过程。从技术角度分析，数据挖掘就是利用一系列的相关算法和技术，从大数据中提取出行业或公司所需要的、有实际应用价值的知识的过程。这些有价值的潜在知识与信息就隐藏在大数据中，之前并不被人所知，所提取到的知识表示形式可以是概念、规律、规则与模式等。与数据挖掘相似的概念也就是知识发现，用数据库管理系统来存储数据、用机器学习方法来分析数据、挖掘大量数据背后隐藏的知识的过程，称为数据库中的知识发现。准确地说，数据挖掘是整个知识发现流程中的一个具体步骤，也是知识发现过程中最重要的核心步骤。值得注意的是，数据挖掘是一个多学科交叉领域，涉及数据库技术、人工智能、高性能计算、机器学习、模式识别、知识库工程、神经网络、数理统计、信息检索、信息的可视化等众多领域。在分析原理与方法上，数据挖掘和统计学之间并不存在明显的界限，数据挖掘技术的 Cart、Chaid 或模糊计算等理论方法，也都是由统计学者根据统计理论发展衍生而来；或者说，在相当大的比重上，数据挖掘由高等统计学中的数理分析理论支撑[1]。与传统统计分析相比，数据挖掘有下列几项特征：① 处理大数据的能力更强，且无须太专业的统计背景就可以使用数据挖掘工具；② 从使用与需求的角度上看，数据挖掘工具更符合企业界的需求；③ 从理论的基础点来解析，数据挖掘和统计分析有应用上的差别，数据挖掘的最终目的是方便企业终端用户使用，而并非给统计学家检测用的。

3.1.2　数据挖掘常用算法

在数据挖掘的发展过程中，由于数据挖掘不断地将诸多学科领域知识与技术融入当中，因此，目前数据挖掘方法与算法已呈现出极为丰富的多种形式。从使用的广义角度上看，数据挖掘常用分析方法主要有分类、聚类、估值、预测、关联规则、可视化等。从数据挖掘算法所依托的数理基础角度归类，目前数据挖掘算法主要分为三大类：机器学习方法、统计方法与神经网络方法。机器学习方法分为决策树、基于范例学习、规则归纳与遗传算法等；统计方法细分为回归分析、时间序列分析、关联分析、聚类分析、模糊集、粗糙集、探索性分析、支持向量机与最近邻分析等；神经网络方法分为前向神经网络、自组织神经网络、感知机、多层神经网络、深度学习等。在具体的项目应用场景中通过使用上述这些特定算法，可以从大数据中整理并挖掘出有价值的所需数据，经过针对性的数学或统计模型的进一步解释与分析，提取出隐含在这些大数据中的潜在的规律、规则、知识与模式[2]。下面介绍数据挖掘中经常使用的分类、聚类、关联规则与时间序列预测等相关概念。

1. 分类

数据挖掘方法中的一种重要方法就是分类，在给定数据基础上构建分类函数或分类模型，该函数或模型能够把数据归类为给定类别中的某一种类别，这就是分类的概念。在分类过程中，通常通过构建分类器来实现具体分类，分类器是对样本进行分类的方法统称。一般情况下，分类器构建需要经过以下 4 步：① 选定包含正、负样本在内的初始样本集，所有初始样本分为训练与测试样本；② 通过针对训练样本生成分类模型；③ 针对测试样本执行分类模型，并产生具体的分类结果；④ 依据分类结果，评估分类模型的性能。在评估分类模型的分类性能方面，有以下两种方法可用于对分类器的错误率进行评估：① 保留评估方法。通常采用所有样本集中的 2/3 部分样本作为训练集，其余部分样本作为测试样本，也即使用所有样本集中的 2/3 样本的数据来构造分类器，并采用该分类器对测试样本分类，评估错误率就是该分类器的分类错误率。这种评估方法具备处理速度快的特点，然而仅用 2/3 样本构造分类器，并未充分利用所有样本进行训练。② 交叉纠错评估方法。该方法将所有样本集分为 N 个没有交叉数据的子集，并训练与测试共计 N 次。在每一次训练与测试过程中，训练集为去除某一个子集的剩余样本，并在去除的该子集上进行 N 次测试，评估错误率为所有分类错误率的平均值。一般情况下，保留评估方法用于最初试验性场景，交叉纠错法用于建立最终分类器。

2. 聚类

随着科技的进步，数据收集变得相对容易，从而导致数据库规模越来越庞大，例如，各类网上交易数据、图像与视频数据等，数据的维度通常可以达到成百上千维。在自然社会中，存在大量的数据聚类问题，聚类也就是将抽象对象的集合分为相似对象组成的多个类的过程，聚类过程生成的簇称为一组数据对象的集合。聚类源于分类，聚类又称为群分析，是研究分类问题的另一种统计计算方法，但聚类又不完全等同于分类[3]。聚类与分类的不同点在于：聚类要求归类的类通常是未知的，而分类则要求事先已知多个类。对于聚类问题，传统聚类方法已经较为成功地解决了低维数据的聚类，但由于大数据处理中的数据高维、多样与复杂性，现有的聚类算法对于大数据或高维数据的情况下，经常面临失效的窘境。受维度的影响，在低维数据空间表现良好的聚类方法，运用在高维空间上却无法获得理想的聚类效果。在针对高维数据进行聚类时，传统聚类方法主要面临两个问题：① 相对低维空间中的数据，高维空间中数据分布稀疏，传统聚类方法通常基于数据间的距离进行聚类，因此，在高维空间中采用传统聚类方法难以基于数据间距离来有效构建簇。② 高维数据中存在大量不相关的属性，使得在所有维中存在簇的可能性几乎为零。目前，高维聚类分析已成为聚类分析的一个重要研究方向，也是聚类技术的难点与挑战性的工作。

3. 关联规则

关联规则属于数据挖掘算法中的一类重要方法，关联规则就是支持度与置信度分别满足用户给定阈值的规则[4]。所谓关联，反映一个事件与其他事件间关联的知识。支持度揭示了 A 和 B 同时出现的频率。置信度揭示了 B 出现时，A 有多大的可能出现。关联规则最初是针对购物篮分析问题提出的，销售分店经理想更多了解顾客的购物习惯，尤其想获知顾客在一次购物时会购买哪些商品。通过发现顾客放入购物篮中不同商品间的关联，从而分析顾客的购物习惯。关联规则的发现可以帮助销售商掌握顾客同时会频繁购买哪些商品，从而有效帮助销售商开发良好的营销手段。1993 年，R.Agrawal 首次提出挖掘顾客交易数据中的关联规则问题，核心思想是基于二阶段频繁集的递推算法。起初关联规则属于单维、单层及布尔关联规则，例如，典型的 Aprior 算法。在工作机制上，关联规则包含两个主要阶段：第 1 阶段先从资料集合中找出所有的高频项目组，第 2 阶段由高频项目组中产生关联规则。随着关联规则的不断发展，目前关联规则中可以处理的数据分为单维和多维数据。针对单维数据的关联规则中，只涉及数据的一个维，如客户购买的商品；在针对多维数据的关联规则中，处理的数据涉及多个维。总体而言，单维关联规则处理单个属性中的一些关系，而多维关联规则处理各属性间的关系[5]。

4. 时间序列预测

通常将统计指标的数值按时间顺序排列所形成的数列，称为时间序列。时间序列预测法是一种历史引申预测法，也即将时间数列所反映的事件发展过程进行引申外推，预测发展趋势的一种方法。时间序列分析是动态数据处理的统计方法，主要基于数理统计与随机过程方法，用于研究随机数列所服从的统计学规律，常用于企业经营、气象预报、市场预测、污染源监控、地震预测、农林病虫灾害预报、天文学等方面。时间序列预测及其分析是将系统观测所得的实时数据，通过参数估计与曲线拟合来建立合理数学模型的方法，包含谱分析与自相关分析在内的一系列统计分析理论，涉及时间序列模型的建立、推断、最优预测、非线性控制等原理。时间序列预测法可用于短期、中期和长期预测，依据所采用的分析方法，时间序列预测又可以分为简单序时平均数法、移动平均法、季节性预测法、趋势预测法、指数平滑法等方法[6]。

3.1.3　数据挖掘应用场景

按照数据挖掘的应用场景分类，数据挖掘的应用主要涉及通信、股票、金融、银行、交通、商品零售、生物医学、精确营销、地震预测、工业产品设计等领域，在这些领域众多数据挖掘方法均被广泛采用且衍生出各自独特的算法。数据挖掘在诸如以下的典型商业方面发挥巨大的作用：客户群体定向分析、数据营销、交叉销售、市场细分、满意度统计、欺诈与风险评估、商业风险分析等[7]。在数据挖掘应用方面，不存在一个广泛适用于各种不同应用的数据挖掘方法，特定的应用场景往往需要针对该领域应用的专门数据挖掘方法。下面列举几个经典的数据挖掘应用场景。

1. 数据挖掘在电信行业的应用

数据挖掘广泛应用在电信行业，可以帮助企业制定合理的服务与资费标准、防止欺诈、优惠政策等。例如，美国 IBM 公司利用数据挖掘为本国电信企业制定一套完备的商业方案，为美国电信行业在业务发展、客户分析、竞争分析、市场营销、客户管理、商业决策等方面提供支持。国内电信企业的竞争近年来也趋于白热化，电信企业采用一定优惠活动以降低客户的流失，但优惠结束后，许多客户仍然不断重入网以获取新优惠，从而导致电信企业的业务下滑、客户发展成本高；与此同时，伴随着电信客户的快速增长，形成需求差异度极大的庞大客户群。由于电信新业务的不断推出，企业需要细分客户群与市场，实现客户与业务的对口营销。国内各电信运营商关注的重点在于提高经济效益与完善经营方法，以不断实现企业的精细化营销，通过采用高质量服务以增强市场占有率。在这种情势下，国内电信运营商建立起以经营分析系统为平台的企业级决策支持系统，对企业的日常经营数据进行数据分析与挖掘，为公司决策者提供可靠的决策依据。经营分析系统主要基于高级数据挖掘技术进行开发，利用数据挖掘方法从海量数据中寻找数据相互之间的关系或模式。挖掘内容包括消费层次变动、客户流失分析、业务预测、客户细分、客户价值分析等。由于国内电信企业经营分析系统的使用，建立了面向企业运营的统一数据信息平台，为市场营销、客户服务、全网业务、经营决策等提供有效的数据支撑，进一步完善了国内电信公司对省、市电信运营的指导，在业务运营中发挥重要的作用，从而为精细化运营提供技术与数据的基础。

2. 数据挖掘在商业银行中的应用

在美国银行业与金融服务领域数据挖掘技术的应用十分广泛，由于金融业务的分析与评估往往需要大数据的支撑，从中可以发现客户的信用评级与潜在客户等有价值的信息。例如，近年来在信用卡积分方面，美国银行业在采用合理的数据挖掘技术进行应用研究方面取得众多进展，这方面的技术可广泛应用在金融产品投资方面。又如，关联规则挖掘技术已被应用在发达国家的金融行业中，通过使用该项技术可成功地预测客户的需求[8]。现代商业银行非常重视沟通客户的技巧与方法，各主要商业银行在 ATM 机上就可以捆绑顾客潜在的感兴趣的本行产品信息。比如说，某高信用限额的客户更换居住地址，该客户很有可能购买了一栋改善性住宅，有可能需要高端信用卡，或者更高的信用额度，又或者需要住房改善贷款，以上这些产品均可以通过信用卡账单的形式寄给客户。客户电话咨询时，后端数据库可以有力地帮助销售代表。销售代表的电脑屏幕上可以显示客户的数据、潜在的兴趣产品、消费特点等信息。除此之外，在股票交易与金融投资等业务方面，采用诸如统计回归技术或神经网络模型经典的 LBS Capital Management 和 Fidelity Stock Selector 等商用数据挖掘系统。LBS Capital Management 使用专家系统与神经网络技术辅助管理多达 6 亿美元的证券，Fidelity Stock Selector 的任务是使用神经网络技术来选择投资方案。其他典型的数据挖掘应用还有 FAIS 和

FALCON 数据挖掘系统，FAIS 使用一般的政府数据表单数据，可以用于甄别与洗钱相关的银行金融交易，FALCON 则是由 HNC 公司开发的信用卡欺诈估测系统。

3. 数据挖掘在信息安全中的应用

传统信息安全系统只能发现固定模式或已知的入侵行为，对于新的入侵行为显得无能为力。入侵者活动异常于正常主体的活动，入侵检测中采用数据挖掘技术进行异常检测，通过建立主体正常活动的活动简档，将主体的活动状况与活动简档比较，当主体的活动状况数据违反统计规律时，认定该活动可能是入侵行为。异常检测的难点在于建立活动简档及设计统计算法，从而不把正常的操作算为入侵行为，这方面算法的设计可借鉴大数据挖掘的最新成果。数据挖掘可以对数据进行高抽象的自动分析，并从中获取高度概括性与代表性的特征模式，并且可以自动发现新的入侵行为。数据挖掘可以对海量数据进行智能化处理，从中提取出人们认为有价值或感兴趣的信息。数据挖掘应用于入侵检测已经成为当前研究的热点，利用机器学习与数据挖掘等前沿技术与处理方法对入侵检测的数据进行自动分析，提取出尽可能多的隐藏安全信息，从中抽象出与安全有关的数据特征，从而能够发现未知的入侵行为。数据挖掘技术可以建立一种具备自适应性、自动的、系统与良好扩展性的入侵检测系统，能够解决传统入侵检测系统适应性与扩展性较差的弱点，大幅度提高入侵检测系统的检测与响应的效能[9]。例如，天融信公司自主研发的网络卫士入侵检测系统 TopSentry，该系统采用旁路部署方式，实时检测包括 RPC 攻击、溢出攻击、WEBCGI 攻击、木马、蠕虫、拒绝服务攻击等多种攻击行为。TopSentry 系统还具有智能识别、数据挖掘、P2P 流量控制、网络病毒检测、恶意网站监测和内网监控等功能，目前已经在国内保险、银行、电信等行业大规模部署，能够在各种网络环境下持续、稳定地识别多种入侵行为。

4. 数据挖掘在科学探索中的应用

近年来，数据挖掘技术已经开始逐步应用到科学探索研究中，例如，在生物学领域数据挖掘主要应用在分子生物学与基因工程的研究。1992 年 Darid Haussler 描述了如何使用概率论模型对蛋白质序列进行多序列联配建模，现在该领域都快速地接受了基于大数据的概率论建模的思想，认为多序列联配建模及其随机文法对应物是理想的数学模型，适合挖掘隐藏在生物序列中的信息。剑桥大学也开发了免费的多序列联配建模的序列分析软件包，并将该方法推广应用到 RNA 二级结构分析的随机上下文无关文法方面。在许多重大基因研究工作中，诸如基因数据库搜索技术与生物分子序列分析方法均需要依靠特定数据挖掘技术。采用传统医学方法在数万个人类基因中筛选致病相关基因就如同大海捞针，例如，寻找亨廷顿氏病的致病基因，在一个亨廷顿氏病家族中寻找，花费多位科学家十几年的时间。现在采用基于数据挖掘技术的医学 SNPs 筛查工具，在医药学领域筛查病因、判定致病基因、药物设计与测试将得以实现。在被认为是人类征服顽疾的最有前途的攻关课题"DNA 序列分析"过程中，由于 DNA 序列的构成多种多样，数据挖掘技术的应用可以为发现疾病蕴藏的基因排列信息提供新方法。例如，国内深圳华大基因研究院的基因组测序及研究应用中心，采用基于大数据分析的多种现代工具，完成人类基因组计划 1%的工作任务，并且参与完成国际 HAPmap 计划，完成了第一个亚洲人的基因组测序工作。

3.1.4 数据挖掘工具

根据适用的范围，数据挖掘工具分为两类：专用挖掘工具和通用挖掘工具。专用数据挖掘工具针对某个特定领域的问题提供解决方案，在涉及算法的时候充分考虑数据、需求的特殊性。对任何应用领域，专业的统计研发人员都可以开发特定的数据挖掘工具。例如，IBM 公司的 Advanced Scout 系统针对 NBA 联赛的统计数据，从中挖掘数据以帮助教练优化战术组合。特定领域的数据挖掘工具针对性通常比较强，但通常只能用于一种应用场景，也正因为针对性较强，数据挖掘过程中往往采用特殊的算法去处理特殊类型的数据，发现的知识可靠度一般也比较高。通用数据挖掘工具不区分具体数据的含义，往往采用通用的挖掘算法处理常见的数据类型。例如，IBM 公司下属的 Almaden 研究中心开发的 QUEST 系统、SGI 公司开发的 MineSet 系统、加拿大 SimonFraser 大学开发的 DBMiner 系统。通用的数据挖掘工具可以做多种模式的挖掘，至于挖掘的内容与挖掘工具都可以由用户自己来选择。就国内外目前数据挖掘的总体状况而言，数据挖掘过程中，常使用的语言有 R 语言、Python 语言等，其中 R 语言是用于统计分析和图形化的计算机语言及分析工具，R 语言在国外发展十分迅速，涉及领域非常广泛，如经济学、生物学、统计学、化学、医学、心理学、社会科学等学科[10]。R 语言以 S 语言环境为基础，国外不同类型的公司如 Google、辉瑞、默克与壳牌公司都在使用 R 语言。由于其鲜明的特色，R 语言一经出现就立刻受到统计专业人士的青睐，成为国外大学标准的统计语言。最近几年，R 语言在国内发展也很快，在各行业应用也逐渐广泛。作为国内最大的网络零售商，京东就将 R 语言作为数据挖掘工具，并以此开发了自动补货系统。而对于 Python 语言，由于 Python 语言一经简洁、易读及可扩展性，国外采用 Python 做科学计算的研究机构日益增多，一些知名大学已经采用 Python 讲授程序设计课程。例如，卡耐基梅隆大学、麻省理工学院的计算机科学及编程课程就使用 Python 语言讲授。众多开源的科学计算软件包都提供了 Python 的调用接口，例如，著名的计算机视觉库 OpenCV、三维可视化库 VTK、医学图像处理库 ITK。Python 专用的科学计算扩展库更多，例如，3 个经典的科学计算扩展库：NumPy、SciPy 和 matplotlib，分别为 Python 提供快速数组处理、数值运算及绘图功能。Python 语言及其众多的扩展库所构成的开发环境十分适合工程技术与科研人员处理实验数据、制作图表，甚至开发科学计算应用程序[11]。

数据挖掘中的挖掘工具具体如下。

1. Weka 软件

Weka 的全称是 Waikato 智能分析环境，是一款免费与非商业化的数据挖掘软件，它是基于 Java 环境下开源的机器学习与数据挖掘软件，Weka 的源代码可在其官方网站下载。Weka 可能是名气最大的开源机器学习和数据挖掘软件，界面简洁。Weka 作为一个公开的数据挖掘工作平台，集成大量能承担数据挖掘任务的机器学习算法，包括对数据进行预处理、分类、回归、聚类、关联规则，以及交互式界面上的可视化。

2. SPSS 软件

SPSS 是世界上最早的统计分析软件，是世界上最早采用图形菜单驱动界面的数据统计软件，突出的特点是操作界面友好，且输出结果美观。SPSS 将几乎所有的功能都以统一、规范的界面展现出来，使用 Windows 的窗口方式展示各种管理和分析数据方法的功能。分析人员只要掌握必要的 Windows 操作技能与统计分析原理，就可以使用 SPSS 软件为特定的工作服务。SPSS 采用类似 Excel 表格的方式输入与管理数据，数据接口较为通用，能方便地从其他数据库中读入数据。SPSS 统计过程包括常用的、较为成熟的流程，完全可以满足非统计专业人士的工作需要。SPSS 输出结果美观，存储时则是专用的 SPO 格式，可以转存为 HTML 与文本格式。SPSS 具有完整的数据输入、统计分析、报表、编辑、图形制作等功能，提供从简单的统计描述到复杂的多因素统计分析方法，例如，数据的探索性分析、统计描述、聚类分析、非线性回归、列联表分析、非参数检验、多元回归、二维相关、秩相关、偏相关、方差分析、生存分析、协方差分析、判别分析、因子分析、Logistic 回归等。

3. Clementine 软件

Clementine 是 SPSS 公司开发的商业数据挖掘产品，为了解决各种商务问题，企业需要以不同的方式来处理各种类型迥异的数据，相异的任务类型和数据类型要求有不同的分析技术。Clementine 提供出色、广泛的数据挖掘技术，确保用恰当的分析技术来处理相应的商业问题，得到最优的结果以应对随时出现的问题。即便改进业务的机会被庞杂的数据表格所掩盖，Clementine 也能最大限度地执行标准的数据挖掘流程，较好地找到解决商业问题的最佳答案。

4. RapidMiner 软件

RapidMiner 现在流行的势头在上升，2015 年在 KDnuggets 举办的第 16 届国际数据挖掘暨分析软件投票中 RapidMiner 位居第 2，地位仅次于 R 语言。RapidMiner 的操作方式和商用软件差别较大，RapidMiner 并不支持分析流程图方式，当包含的运算符比较多时就不容易查看；RapidMiner 具有丰富的数据挖掘分析和算法功能，常用于解决各种商业关键问题，例如，营销响应率、客户细分、资产维护、资源规划、客户忠诚度及终身价值、质量管理、社交媒体监测和情感分析等典型商业案例。RapidMiner 提供的解决方案覆盖许多领域，包括生命科学、制造业、石油和天然气、保险、汽车、银行、零售业、通信业及公用事业等。

5. 其他数据挖掘软件

近年来，流行的数据挖掘软件还包括 Orange、Knime、Keel 与 Tanagra 等，Orange 界面简洁但目前不支持中文；Knime 则可以同时安装 Weka 和 R 扩展包；Keel 是基于 Java 的机器学习工具，为一系列大数据任务提供了算法；Tanagra 是使用图形界面的数据挖掘软件。由于国内外开源与商业数据挖掘的软件或平台众多，在此不一一列举。

3.2　分类

分类技术或分类法（Classification）是一种根据输入样本集建立类别模型，并按照类别模型对未知样本类标号进行标记的方法。在这种分类知识发现中，输入样本个体或对象的类标志是已知的，其任务在于从样本数据的属性中发现个体或对象的一般规则，从而根据该规则对未知样本数据对象进行标记。分类是一种重要的数据分析形式，根据重要数据类的特征向量值及其他约束条件，构造分类函数或分类模型（分类器），目的是根据数据集的特点把未知类别的样本映射到给定类别中。

3.2.1 分类步骤

数据分类过程主要包括两个步骤，即学习和分类。

第一步，建立一个模型，如图 3-1 所示。

第二步，使用模型进行分类，如图 3-2 所示。

分类分析在数据挖掘中是一项比较重要的任务，目前在商业上应用最多。分类的目的是从历史数据记录中自动推导出对给定数据的推广描述，从而学会一个分类函数或分类模型（也常常称作分类器），该模型能把数据库中的数据项映射到给定类别中的某一个类中。要构造分类器模型，需要有一个训练样本数据集作为预先的数据集或概念集，通过分析由属性/特征描述的样本（或实例、对象等）来构造模型。

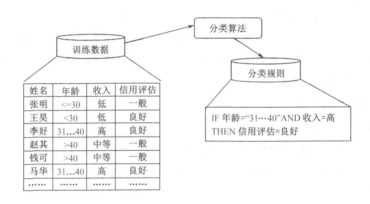

图 3-1　建立一个模型

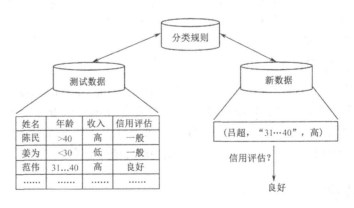

图 3-2　使用模型进行分类

为建立模型而被分析的数据元组形成训练数据集，由一组数据库记录或元组构成，每个元组是一个由有关字段（又称属性或特征）值组成的特征向量，此外，每一个训练样本都有一个预先定义的类别标记，由一个被称为类标签的属性确定。一个具体样本的形式可表示为：$\{X_1, \cdots, X_n, C\}$；其中 X_n 表示字段值，C 表示类别。由于样本数据的类别标记是已知的，在预先知道目标数据的有关类的信息情况下，从训练样本集中提取出分类的规则，用于对其他标号未知的对象进行类标识。因此，分类又称为有监督的学习。

3.2.2　K 最近邻

K 最近邻算法 KNN（K-Nearest Neighbor）分类基于类比学习，是一种基于实例的学习，它使用具体的训练实例进行预测，而不必维护源自数据的抽象（或模型）。它采用 n 维数值属性描述训练样本，每个样本代表 n 维空间的一个点，即所有的训练样本都存放在 n 维空间中。若给定一个未知样本，用 K 最近邻分类法搜索模式空间，计算该测试样本与训练集中其他样本的邻近度，找出最接近未知样本的 k 个训练样本，这 k 个训练样本就是未知样本的 k 个"近邻"。其中的"邻近度"一般采用欧几里得距离定义：两个点 $X = (x_1, x_2, \cdots, x_n)$ 和 $Y = (y_1, y_2, \cdots, y_n)$ 的 Euclid 距离是 $d(X, Y) = \sqrt{\sum_{i=1}^{n}(x_i - y_i)^2}$。

最近邻分类是基于要求的或懒散的学习法，即它存放所有的训练样本，并且直到新的（未标记的）样本需要分类时才建立分类。其优点是可以生成任意形状的决策边界，能提供更加灵活的模型表示。但当训练样本数量很大时，懒散学习法可能导致很高的计算开销。另外，由于采用了局部分类决策，当 k 很小时，最近邻分类器对噪声非常敏感。

3.2.3　决策树

决策树（Decision Tree）最早产生于 20 世纪 60 年代，是一种生成分类器的有效方法，它从一组无次序、无规则的事例中推理出决策树表示形式的分类规则。在数据处理过程中，将数据按树状结构分成若干分枝形成决策树，每个分枝包含数据元组的类别归属共性，从决策树的根到叶节点的每条路径都对应着一条合取规则，整棵决策树就对应着一组析取表达式规则。因此，从本质上来说，决策树就是通过一系列规则对数据进行分类的过程。基于决策树的分类算法的一个最大优点就是它在学习过程中不需要使用者了解很多背景知识，只要训练例子能够用属性—结论式表示出来就能使用该算法来学习。

决策树分类算法通常分为两个步骤：构造决策树和修剪决策树。

构造决策树算法采用自上向下的递归构造，输入一组带有类别标记的例子，构造的结果是一棵二叉树或多叉树，其内部节点是属性，边是该属性的所有取值，树的叶子节点都是类别标记。构造决策树的方法如下。

（1）根据实际需求及所处理数据的特性，选择类别标识属性和决策树的决策属性集。

（2）在决策属性集中选择最有分类标识能力的属性作为决策树的当前决策节点。

（3）根据当前决策节点属性取值的不同，将训练样本数据集划分为若干子集。

（4）针对上一步中得到的每个子集，重复进行（2）和（3）两个步骤，直到最后的子集符合约束的 3 个条件之一。

① 子集中的所有元组都属于同一类。

② 该子集是已遍历了所有决策属性后得到的。

③ 子集中的所有剩余决策属性取值完全相同，已不能根据这些决策属性进一步划分子集。

对满足条件①所产生的叶子节点，直接根据该子集的元组所属类别进行类别标识。满足条件②或条件③所产生的叶子节点，选取子集所含元组的代表性类别特征进行类别标识。

（5）根据符合条件不同生成叶子节点。

由于训练样本中的噪声数据和孤立点，构建决策树可能存在对训练样本过度适应问题，从而导致在使用决策树模型进行分类时出错。因此，需要对决策树进行修剪，除去不必要的分枝，同时也能使决策树得到简化。常用的决策树修剪策略可以分为 3 种，分别为基于代价复杂度的修剪（Cost-complexity Pruning）、悲观修剪（Pessimistic Pruning）和最小描述长度（Minimum Description Length, MDL）修剪；也可以按照修剪的先后顺序分为先剪枝（Pre-pruning）和后剪枝（Post-pruning）。先剪枝技术限制决策树的过度生长（如 CHAID、ID3、C4.5 算法等），后剪枝技术则是待决策树生成后再进行剪枝（如 CART 算法等）。

3.2.4　贝叶斯分类

先介绍一下数学基础知识。

1．条件概率

事件 A 在另外一个事件 B 已经发生条件下的发生概率，称为在 B 条件下 A 的概率。表示为 $P(A|B)$。

$$P(A|B) = \frac{P(A \cap B)}{P(B)} \tag{3-1}$$

2．联合概率

联合概率表示两个事件共同发生的概率。A 与 B 的联合概率表示为 $P(AB)$、$P(A,B)$ 或者 $P(A \cap B)$。

3．贝叶斯定理

贝叶斯定理用来描述两个条件概率之间的关系，例如，$P(A|B)$ 与 $P(B|A)$。根据乘法法则：$P(A \cap B) = P(A)P(B|A) = P(B)P(A|B)$，可以推导出贝叶斯公式：

$$P(A|B) = \frac{P(A)P(B|A)}{P(B)} \tag{3-2}$$

4．全概率公式

全概率公式为概率论中的重要公式，它将对复杂事件 A 的概率求解问题转化为在不同情况下发生的简单事件的概率的求和问题。

设 $B_1, \cdots, B_n$ 构成一个完备事件组，即它们两两互不相容，其和为全集，且 $P(B_i) \geqslant 0 (i = 1, \cdots, n)$，则事件 A 的概率为：

$$P(A) = P(A|B_1)P(B_1) + \cdots + P(A|B_n), P(B_n) = \sum_{i=1}^{n} P(A|B_i)P(B_i) \qquad (3\text{-}3)$$

贝叶斯分类器的基本思想是对于给出的待分类项，求解在此项出现的条件下各个类别出现的概率，其中最大分类出现的概率，就可以认为此待分类项属于该类别。例如：水果摊上的甘蔗，如果问甘蔗的产地，一般人会回答来自海南，因为海南是种植甘蔗的主要产地，当然也可能来自东南亚，但在没有更多可用信息情况下，一般会选择条件概率最大的类别，这就是贝叶斯的基本思想。

贝叶斯模型发源于古典数学理论，有着坚实的数学基础，以及稳定的分类效率。同时，贝叶斯模型所需估计的参数很少，对缺失数据不太敏感，算法也比较简单。理论上，通过某对象的先验概率，利用贝叶斯公式计算出其后验概率，即该对象属于某一类的概率，选择具有最大后验概率的类作为该对象所属的类，贝叶斯模型与其他分类方法相比具有最小的误差率。但是实际上并非总是如此，这是因为贝叶斯模型假设属性之间相互独立，但这个假设在实际应用中往往是不成立的，这给贝叶斯模型的正确分类带来了一定的影响。在属性个数比较多或者属性之间相关性较大时，贝叶斯模型的分类效率比不上决策树模型。而在属性相关性较小时，贝叶斯模型的性能最为良好。

贝叶斯分类的工作过程如下：

（1）每个数据样本均是由一个 n 维特征向量 $X = \{x_1, x_2, \cdots, x_n\}$ 表示，分别描述其 n 个属性 $A_1, A_2, \cdots, A_n$ 的具体取值。

（2）假设共有 m 个不同类别，$C_1, C_2, \cdots, C_m$。给定一个未知类别的数据样本 X（没有类别号），分类器预测属于 X 后验概率最大的那个类别。也就是说，朴素贝叶斯分类器将未知类别的样本 X 归属到类别 C_i，当且仅当 $P(C_i|X) > P(C_j|X), 1 \leqslant j \leqslant m, j \neq i$。

也就是 $P(C_i|X)$ 最大。其中类别 C_i 就称为最大后验概率的假设。根据公式（3-2）可得：

$$P(C_i|X) = \frac{P(X|C_i)P(C_i)}{P(X)} \qquad (3\text{-}4)$$

（3）由于 $P(X)$ 对于所有的类别均是相同的，因此，只需要 $P(X|C_i)P(C_i)$ 取最大即可。由于类别的先验概率是未知的，则通常假定类别出现概率相同，即 $P(C_1) = P(C_2) = \cdots = P(C_m)$。这样对于式（3-4）取最大转换成只需要求 $P(X|C_i)$ 最大。而类别的先验概率一般可以通过 $P(C_i) = \dfrac{s_i}{s}$ 公式进行估算，其中，s_i 为训练样本集合中类别 C_i 的个数，s 为整个训练样本集合的大小。

（4）根据所给定包含多个属性的数据集，直接计算 $P(X|C_i)$ 的运算量非常大。为实现对 $P(X|C_i)$ 的有效估算，朴素贝叶斯分类器通常都假设各类别是相互独立的，即各属性间不存在依赖关系，其取值是相互独立的。

$$P(X|C_i) = \prod_{k=1}^{n} p(x_k|C_i) \qquad (3\text{-}5)$$

可以根据训练数据样本估算 $p(x_1|C_i), p(x_2|C_i), \cdots, p(x_n|C_i)$ 的值。

如果 A_k 是分类属性，则 $p\left(x_k \mid C_i\right)=\dfrac{s_{ik}}{s_i}$ ；其中 s_{ik} 是在属性 A_k 上具有值 x_k 的类 C_i 的训练样本数，而 s_i 是 C_i 中的训练样本数。

如果 A_k 是连续值属性，则通常假定该属性服从高斯分布。因而

$$p\left(x_k \mid C_i\right)=g\left(x_k, \mu_{c_i}, \sigma_{c_i}\right) \frac{1}{\sqrt{2\pi}\sigma_{c_i}} \mathrm{e}^{-\frac{\left(x-\mu_{c_i}\right)^2}{2\sigma_{c_i}^2}} \tag{3-6}$$

给定类 C_i 的训练样本属性 A_k 的值， $g\left(x_k, \mu_{c_i}, \sigma_{c_i}\right)$ 是属性 A_k 的高斯密度函数， μ_{c_i} ， σ_{c_i} 分别为均值和方差。

（5）为预测一个未知样本 X 的类别，可对每个类别 C_i 估算相应的 $P\left(X \mid C_i\right) P\left(C_i\right)$ 。样本 X 归属类别 C_i ，当且仅当 $P\left(X \mid C_i\right) P\left(C_i\right)>P\left(X \mid C_j\right) P\left(C_j\right)$ ， $1 \leqslant j \leqslant m, j \neq i$ ，即 X 属于 $P\left(X \mid C_i\right) P\left(C_i\right)$ 为最大的类 C_i 。

朴素贝叶斯分类器是基于各类别相互独立这一假设来进行分类计算的，也就是要求若给定一个数据样本类别，其样本属性的取值应是相互独立的。这一假设简化了分类计算复杂性，若这一假设成立，则与其他分类方法相比，朴素贝叶斯分类器是最准确的，具有最小的错误率。实际上，由于其所依据的类别独立性的假设，以及缺乏某些数据的准确概率分布，贝叶斯分类的准确率受到影响。

3.2.5 支持向量机

支持向量机 SVM（Support Vector Machine）是 Cortes 和 Vapnik 于 1995 年首先提出的[33]，它在解决小样本、非线性及高维模式识别中表现出许多特有的优势，并能够推广应用到函数拟合等其他机器学习问题中。目前，该思想已成为最主要的模式识别方法之一，使用 SVM 可以在高维空间构造良好的预测模型，该算法在 OCR、语言识别、图像识别等应用上得到广泛的应用。

支持向量机方法是建立在统计学习理论的 VC 维理论和结构风险最小原理基础上的，根据有限的样本信息在模型的复杂性（对特定训练样本的学习精度，Accuracy）和学习能力（无错误地识别任意样本的能力）之间寻求最佳折中，以期获得最好的推广能力（或称泛化能力）。

VC 维是对函数类的一种度量，可以简单地理解为问题的复杂程度，VC 维越高，一个问题就越复杂。机器学习本质上就是一种对问题真实模型的逼近（选择一个认为比较好的近似模型，这个近似模型就称为一个假设），由于没法得知选择的假设与问题真实解之间究竟有多大差距，这个与问题真实解之间的误差，就称为风险。真实误差无从得知，但可以用某些可以掌握的量来逼近它，即使用分类器在样本数据上的分类的结果与真实结果（因为样本是已经标注过的数据，是准确的数据）之间的差值来表示，这个差值称为经验风险 $R_{\mathrm{epm}}\left(W\right)$ 。传统的机器学习方法都把经验风险最小化作为努力的目标，但后来发现很多能够在样本集上达到 100%的正确率的分类函数，实际分类的效果不能令人满意，说明仅仅满足经验风险最小化的分类函数推广能力差，或泛化能力差，究其原因，因为相对于实际数据集，样本数是微乎其微的，经验风险最小化原则只在占很小

比例的样本上做到没有误差，当然不能保证在更大比例的真实数据集上也没有误差。

统计学习因此而引入了泛化误差界的概念，就是指真实风险应该包括两部分内容，其一是经验风险，代表了分类器在给定样本上的误差；其二是置信风险，代表了在多大程度上可以信任分类器在未知数据上分类的结果。很显然，第二部分是没有办法精确计算的，因此，只能给出一个估计的区间，也使得整个误差只能计算上界，而无法计算准确的值（所以叫作泛化误差界，而不叫泛化误差）。

置信风险与两个量有关，一是样本数量，显然给定的样本数量越大，学习结果越有可能正确，此时置信风险越小；二是分类函数的 VC 维，显然 VC 维越大，推广能力越差，置信风险会变大。

泛化误差界的公式为 $R(W) \leqslant R_{\text{epm}}(W) + \Phi(n/h)$，式中 $R(W)$ 就是真实风险，$R_{\text{emp}}(W)$ 就是经验风险，$\Phi(n/h)$ 就是置信风险。统计学习的目标从经验风险最小化变为了寻求经验风险与置信风险的和最小，即结构风险最小。SVM 正是这样一种努力最小化结构风险的算法。下面从最为基本的线性分类器来具体介绍 SVM 算法思想。

线性分类器通过一个超平面将数据分成两个类别，该超平面上的点满足 $w^{\mathrm{T}}x + b = 0$。线性分类器利用这种方式，将分类问题简化成确定 $w^{\mathrm{T}}x + b$ 的符号，$w^{\mathrm{T}}x + b > 0$ 为一类，$w^{\mathrm{T}}x + b < 0$ 为另一类，线性分类器需要解决的基本问题就是寻找这样一个超平面，对于线性可分的两类而言，能够准确将其分开的超平面不是唯一的，如何确定一个最优的超平面？从图 3-3 可以看出，这个超平面应该是最适合分开两类数据的直线。而判定"最适合"的标准就是这条直线离直线两边的数据的间隔最大。所以，应寻找有着最大间隔的超平面。

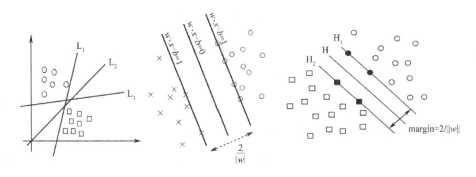

图 3-3　超平面

SVM 最基本的任务就是找到一个能够让两类数据都离超平面很远的超平面，在分开数据的超平面的两边建有两个互相平行的超平面。分隔超平面使两个平行超平面的距离最大化，平行超平面间的距离或差距越大，分类器的总误差越小。

通常希望分类的过程是一个机器学习的过程。设样本属于两个类，用该样本训练 SVM 得到的最大间隔超平面。在超平面上的样本点也称为支持向量。

1．线性可分情形 SVM

SVM 算法是从线性可分情况下的最优分类超平面（Optimal Hyperplane）提出的。所谓最优分类面，就是要求分类超平面不但能将两类样本点无错误地分开，而且要使两类的分类空隙最大。

给定样本集 $(x_i, y_i), x_i \in R^n, y_i \in \{-1, +1\}, i = 1, 2, \cdots, n$。设线性判别函数的一般形式为：

$$f(x_i) = w_1 x_{i_1} + w_2 x_{i_2} + \cdots + w_n x_{i_n} + b = w^T x_i + b \qquad (3\text{-}7)$$

特征向量 $x_i = (x_{i_1}, \cdots, x_{i_n})^T$，权向量 $w = (w_1, \cdots, w_n)^T$，分类超平面方程 $w^T x + b = 0$，通过将判别函数进行归一化，使两类所有样本都满足 $|f(x_i)| \geq 1$，此时离分类超平面最近的样本的 $|f(x_i)| = 1$，而要求分类超平面对所有样本都能正确分类，就是要求它满足

$$y_i (w^T x_i + b) - 1 \geq 0, i = 1, 2, \cdots, n \qquad (3\text{-}8)$$

式（3-8）中使等号成立的那些样本称为支持向量（Support Vectors）。

在分类超平面方程 $w^T x + b = 0$ 确定的情况下，"+1"一侧的某一样本 $(x_i, +1)$ 到超平面的距离 γ_i 可以表示为 $\gamma_i = \frac{w^T}{\|w\|} x_i + \frac{b}{\|w\|}$，相应的"-1"一侧的某一样本 $(x_j, -1)$ 到超平面的距离 γ_j 可以表示为 $\gamma_j = -\left(\frac{w^T}{\|w\|} x_j + \frac{b}{\|w\|} \right)$，因此，对于任意一个样本 (x_i, y_i) 到超平面的距离是：$\gamma_i = y_i \left(\frac{w^T}{\|w\|} x_i + \frac{b}{\|w\|} \right), y_i \in \{-1, +1\}$。

由于支持向量（Support Vectors）的 $|f(x_i)| = 1$，所以，两类样本的分类空隙（Margin）的间隔大小则为：

$$\text{Margin} = \frac{2}{\|w\|} \qquad (3\text{-}9)$$

因此，最优分类超平面问题可以表示为在条件（3-8）约束下的求取 $\max \frac{1}{\|w\|}$ 的约束优化问题，由于求 $\max \frac{1}{\|w\|}$ 相当于求 $\min \frac{1}{2} \|w\|^2$，所以，上述最优问题可以表示为在条件（3-8）的约束下，求目标函数 $\phi(w)$ 的最小值。

$$\phi(w) = \frac{1}{2} \|w\|^2 = \frac{1}{2} (w^T \cdot w) \qquad (3\text{-}10)$$

目标函数是二次的，约束条件是线性的，所以，它是一个凸二次规划问题。为此，可以定义如下 Lagrange 函数（通过拉格朗日函数将约束条件融合到目标函数中去，从而只用一个函数表达式便能清楚地表达出问题）：

$$L(w, b, a) = \frac{1}{2} (w^T w) - \sum_{i=1}^{n} \alpha_i \left[y_i (w^T x_i + b) - 1 \right] \qquad (3\text{-}11)$$

其中，$a = (a_1, \cdots, a_n)^T, a_i \geq 0, i = 1, \cdots, n$ 为 Lagrange 系数向量，对 w 和 b 求 Lagrange 函数的最小值。把式（3-11）分别对 w、b、a_i 求偏微分并令它们等于 0，得

$$\frac{\partial L}{\partial \boldsymbol{w}} = 0 \Rightarrow \boldsymbol{w} = \sum_{i=1}^{n} \alpha_i y_i \boldsymbol{x}_i$$

$$\frac{\partial L}{\partial b} = 0 \Rightarrow \sum_{i=1}^{n} \alpha_i y_i = 0$$

$$\frac{\partial L}{\partial \alpha_i} = 0 \Rightarrow \alpha_i \left[y_i \left(\boldsymbol{w}^{\mathrm{T}} \boldsymbol{x}_i + b \right) - 1 \right] = 0$$

以上 3 式加上原约束条件可以把原问题转化为如下凸二次规划的对偶问题：

$$
\begin{cases}
\max \sum_{i=1}^{n} \boldsymbol{\alpha}_i - \dfrac{1}{2} \sum_{i=1}^{n} \sum_{j=1}^{n} \boldsymbol{a}_i \boldsymbol{a}_j y_i y_j \left(\boldsymbol{x}_i^{\mathrm{T}} \boldsymbol{x}_j \right) \\
\text{s.t} \quad \boldsymbol{a}_i \geqslant 0, i = 1, \cdots, n \\
\sum_{i=1}^{n} \boldsymbol{a}_i y_i = 0
\end{cases}
\tag{3-12}
$$

这是一个不等式约束下二次函数机制问题，存在唯一最优解。若 $\boldsymbol{a}_i^*$ 为最优解，则：

$$\boldsymbol{w}^* = \sum_{i=1}^{n} \boldsymbol{a}_i^* y_i \boldsymbol{x}_i \tag{3-13}$$

$\boldsymbol{a}_i^*$ 不为零的样本即为支持向量，因此，最优分类面的权系数向量是支持向量的线性组合。

$\boldsymbol{b}^*$ 可由约束条件 $\boldsymbol{a}_i \left[y_i \left(\boldsymbol{w}^{\mathrm{T}} \boldsymbol{x}_i + b \right) - 1 \right] = 0$ 求解，由此求得的最优分类函数是：

$$f(x) = \mathrm{sgn}\left(\left(\boldsymbol{w}^* \right)^{\mathrm{T}} x + b^* \right) = \mathrm{sgn}\left(\sum_{i=1}^{n} \boldsymbol{a}_i^* y_i \boldsymbol{x}_i \boldsymbol{x} + b^* \right) \tag{3-14}$$

其中，$\mathrm{sgn}()$ 为符号函数。

2. 非线性可分情形 SVM

当用一个超平面不能把两类点完全分开时（只有少数点被错分，或者存在噪声点且离超平面很近），可以引入松弛变量 ξ_i $(\xi_i \geqslant 0, i = 1, \cdots, n)$，使超平面 $\boldsymbol{w}^{\mathrm{T}} x + b = 0$ 满足

$$y_i \left(\boldsymbol{w}^{\mathrm{T}} x_i + b \right) \geqslant 1 - \xi_i, i = 1, 2, \cdots, n \tag{3-15}$$

当 $0 < \xi_i < 1$ 时，样本点 x_i 仍旧被正确分类，而当 $\xi_i \geqslant 1$ 时样本点 x_i 被错分。为此，引入以下目标函数：

$$\psi(w, \xi) = \frac{1}{2} w^{\mathrm{T}} w + C \sum_{i=1}^{n} \xi_i \tag{3-16}$$

其中，C 是一个正常数，称为惩罚因子，此时 SVM 可以通过二次规划（对偶规划）来实现：

$$
\begin{cases}
\max \sum_{i=1}^{n} \alpha_i - \dfrac{1}{2} \sum_{i=1}^{n} \sum_{j=1}^{n} \alpha_i \alpha_j y_i y_j \left(\boldsymbol{x}_i^{\mathrm{T}} x_j \right) \\
\text{s.t} \quad 0 \leqslant \alpha_i \leqslant C, i = 1, \cdots, n \\
\sum_{i=1}^{n} \alpha_i y_i = 0
\end{cases}
\tag{3-17}
$$

3．支持向量机（SVM）的核函数

若在原始空间中的简单超平面不能得到满意的分类效果，则必须以复杂的超曲面作为分界面，SVM 算法是如何求得这一复杂超曲面的呢？如图 3-4 所示。

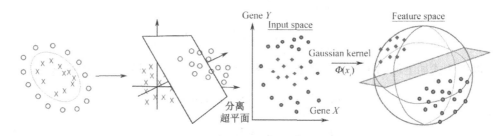

图 3-4 超曲面

首先通过非线性变换 $\phi(\boldsymbol{x}):X\rightarrow\varPsi$ 将输入空间变换到一个高维空间，然后在这个新空间中求取最优线性分类面，而这种非线性变换是通过定义适当的核函数（内积函数）实现的，令

$$K\left(\boldsymbol{x}_i,\boldsymbol{x}_j\right)=\left\langle\phi\left(\boldsymbol{x}_i\right),\phi\left(\boldsymbol{x}_j\right)\right\rangle \tag{3-18}$$

用核函数 $K\left(\boldsymbol{x}_i,\boldsymbol{x}_j\right)$ 代替最优分类平面中的点积 $\boldsymbol{x}_i^{\mathrm{T}}\boldsymbol{x}_j$，就相当于把原特征空间变换到了某一新的特征空间，此时优化函数变为

$$Q(\alpha)=\sum_{i=1}^{n}\alpha_i-\frac{1}{2}\sum_{i=1}^{n}\sum_{j=1}^{n}\alpha_i\alpha_j y_i y_j\left(\boldsymbol{x}_i^{\mathrm{T}}\boldsymbol{x}_j\right) \tag{3-19}$$

而相应的判别函数式则为

$$f\left(\boldsymbol{x}\right)=\mathrm{sgn}\left(\left(\boldsymbol{w}^*\right)^{\mathrm{T}}\phi\left(\boldsymbol{x}\right)+b^*\right)=\mathrm{sgn}\left(\sum_{i=1}^{n}\alpha_i^* y_i K\left(\boldsymbol{x}_i,\boldsymbol{x}\right)+b^*\right) \tag{3-20}$$

其中，$\boldsymbol{x}_i$ 为支持向量，$\boldsymbol{x}$ 为未知向量，式（3-20）就是 SVM，在分类函数形式上类似于一个神经网络，其输出是若干中间层节点的线性组合，而每一个中间层节点对应于输入样本与一个支持向量的内积，因此，也被称为支持向量网络，如图 3-5 所示。

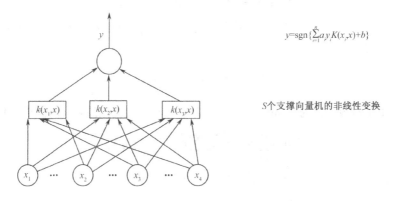

图 3-5　支持向量网络预测未知样本内部示意

由于最终的判别函数中实际只包含未知向量与支持向量的内积的线性组合，因此，

识别时的计算复杂度取决于支持向量的个数。

目前常用的核函数形式主要有以下 3 类，它们都与已有的算法有对应关系。

（1）多项式形式的核函数，即 $K(x_i, x_j) = (\langle x_i, x_j \rangle + 1)^q$，$\langle x_i, x_j \rangle = x_j^T x_i$，对应 SVM 是一个 q 阶多项式分类器。

（2）高斯核函数，即 $K(x_i, x_j) = e^{-\frac{\|x_i - x_j\|^2}{2\sigma^2}}$，对应 SVM 是一种高斯分类器。

（3）S 形核函数，如 $K(x_i, x_j) = \tan(h(v(x_j^T x_i) + c))$，则 SVM 实现的就是一个两层的感知器神经网络，只是在这里网络的权值和网络的隐层节点数目都是由算法自动确定的。

3.2.6　案例：在线广告推荐中的分类

互联网的出现和普及给用户带来了大量的信息，满足了用户在信息时代对信息的需求，但随着网络的迅速发展而带来的网上信息量的大幅增长，使得用户在面对大量信息时无法从中获得对自己真正有用的那部分信息，对信息的使用效率反而降低了，这就是所谓的信息超载（Information Overload）问题。无论是信息消费者还是信息生产者都遇到了很大的挑战：作为信息消费者，如何从大量信息中找到自己感兴趣的信息是一件非常困难的事情；作为信息生产者，如何让自己生产的信息脱颖而出，受到广大用户的关注，也是一件非常困难的事情。为了解决信息过载的问题，已经有无数科学家和工程师提出了很多解决方案，其中最具有代表性的解决方案是分类目录和搜索引擎。分类目录将著名的网站分门别类，从而方便用户根据类别查找网站。但是随着互联网规模的不断扩大，分类目录网站也只能覆盖少量的热门网站，越来越不能满足用户的需求。搜索引擎可以让用户通过搜索关键词找到自己需要的信息。但是，搜索引擎需要用户主动提供准确的关键词来寻找信息，当用户无法找到准确描述自己需求的关键词时，搜索引擎将不能解决用户的需求。推荐系统就是解决这一矛盾的重要工具。

推荐系统具有用户需求驱动、主动服务和信息个性化程度高等优点，可有效解决信息过载问题。其研究始于 20 世纪 90 年代初期，其研究大量借鉴了认知科学、近似理论、信息检索、预测理论、管理科学及市场建模等多个领域的知识，且已经成为数据挖掘、机器学习和人机接口领域的热门研究方向。目前，已经在电子商务、在线学习和数字图书馆等领域得到了广泛应用，已成为公认的最有前途的信息个性化技术发展方向。

推荐系统是一种智能个性化信息服务系统，可借助用户建模技术对用户的长期信息需求进行描述，并根据用户模型通过一定的智能推荐策略实现有针对性的个性化信息定制，能够依据用户的历史兴趣偏好，主动为用户提供符合其需求和兴趣的信息资源。

推荐系统的工作原理与一般信息过滤系统比较类似，可以看做一种特殊形式的信息过滤系统（Information Filtering），如图 3-6 所示，主要由信息处理部件、推荐算法部件、用户建模部件、用户模型、信息对象描述模型和信息资料库 6 个主要部分构成。按照工作形式，推荐系统可以分为两种，一种是独立作为信息服务系统，另一种是作为宿主信息服务系统的推荐子系统辅助信息、服务系统。

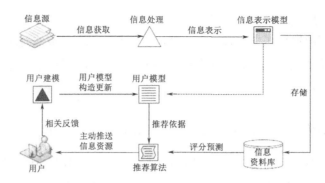

图 3-6 推荐系统的工作原理

推荐系统利用推荐算法将用户和物品联系起来，能够在信息过载的环境中帮助用户发现令他们感兴趣的信息，也能将信息推送给对他们感兴趣的用户。

很多互联网公司的盈利模式都是基于广告的，如果采用随机投放方式，即每次用户来了，随机选择一个广告投放给他，这种投放的效率显然很低，比如给男性用户投放化妆品广告。广告定向投放则需要依赖用户的行为数据，通过分析大量已有用户行为数据，给不同用户提供不同的广告页面。

根据已有用户注册信息和购买信息，使用朴素贝叶斯分类预测一个新注册用户购买计算机的可能性，从而向该用户推荐计算机类广告。训练样本如表 3-1 所示。

数据样本用属性"年龄""收入等级""是否学生"和"信用等级"描述，类标号属性"是否购买计算机"取值为"是""否"两种，设类 C_y 对应取值为"是"，类 C_n 对应取值为"否"。

表 3-1　训练课本

序号 ID	年龄 Age（岁）	收入等级 Income_level	是否学生 student	信用等级 Credit rate	类别：是否购买计算机 Class:buy computer
1	30 以下	高	否	良	否
2	30 以下	高	否	优	否
3	31 到 40	高	否	良	是
4	40 以上	中	否	良	是
5	40 以上	低	是	良	是
6	40 以上	低	是	优	否
7	31 到 40	低	是	优	是
8	30 以下	中	否	良	否
9	30 以下	低	是	良	是
10	40 以上	中	是	良	是
11	30 以下	中	是	优	是
12	31 到 40	中	否	优	是
13	31 到 40	高	是	良	是
14	40 以上	中	否	优	否

每个类的先验概率可根据训练样本计算：

$$P(C_y) = \frac{9}{14} = 0.643, P(C_n) = \frac{5}{14} = 0.357$$

计算条件概率：

$$P(\text{"30以下"}/C_y) = 2/9 = 0.222, P(\text{"30以下"}/C_n) = 3/5 = 0.6$$

$$P(\text{"31到40"}/C_y) = 4/9 = 0.444, P(\text{"31到40"}/C_n) = 0/5 = 0$$

$$P(\text{"40以上"}/C_y) = 3/9 = 0.333, P(\text{"40以上"}/C_n) = 2/5 = 0.4$$

$$P(\text{"收入=高"}/C_y) = 2/9 = 0.222, P(\text{"收入=高"}/C_n) = 2/5 = 0.4$$

$$P(\text{"收入=中"}/C_y) = 4/9 = 0.444, P(\text{"收入=中"}/C_n) = 2/5 = 0.4$$

$$P(\text{"收入=低"}/C_y) = 3/9 = 0.333, P(\text{"收入=低"}/C_n) = 1/5 = 0.2$$

$$P(\text{"是否学生=是"}/C_y) = 6/9 = 0.667, P(\text{"是否学生=是"}/C_n) = 1/5 = 0.2$$

$$P(\text{"是否学生=否"}/C_y) = 3/9 = 0.333, P(\text{"是否学生=否"}/C_n) = 4/5 = 0.8$$

$$P(\text{"信用等级=良"}/C_y) = 6/9 = 0.667, P(\text{"信用等级=良"}/C_n) = 2/5 = 0.4$$

$$P(\text{"信用等级=优"}/C_y) = 3/9 = 0.333, P(\text{"信用等级=优"}/C_n) = 3/5 = 0.6$$

对于新注册用户 X（"30 以下"，"收入=中"，"是否学生=是"，"信用等级=良"），对该样本进行分类，需要计算 $P(X/C_i)P(C_i), i = y, n$ 的最大值。利用以上训练样本所得先验概率和条件概率，可以得到：

$$P(X/C_y)P(C_y) = 0.222 \times 0.444 \times 0.667 \times 0.667 \times 0.643 = 0.028$$

$$P(X/C_n)P(C_n) = 0.6 \times 0.4 \times 0.2 \times 0.4 \times 0.357 = 0.007$$

因为 $P(X/C_y)P(C_y) > P(X/C_n)P(C_n)$，所以对于样本 X（"30 以下"，"收入=中"，"是否学生=是"，"信用等级=良"），朴素贝叶斯分类为 C_y，可以向该用户定向投放计算机广告。

3.3　聚类

物以类聚，人以群分，聚类分析是一种重要的多变量统计方法。聚类分析最早起源于分类学，最初，人们依靠经验将一类事件的集合分为若干子集。随着科技的发展，人们将数学工具引入分类学，聚类算法便被细化归入数值分类学领域。后来，信息技术快速发展，新数据的出现呈井喷趋势，其结构的复杂性和内容的多元化又为聚类提出了新的要求，于是多元分析技术被引入数值分析学，形成了聚类分析学。

3.3.1　非监督机器学习方法与聚类

聚类与分类不同，在分类模型中，存在样本数据，这些数据的类标号是已知的，分类的目的是从训练样本集中提取出分类的规则，用于对其他标号未知的对象进行类标识。在聚类中，预先不知道目标数据的有关类的信息，需要以某种度量为标准将所有的数据对象划分到各个簇中。因此，聚类分析又称为无监督的学习。

聚类（clustering）就是将具体或抽象对象的集合分组成由相似对象组成的为多个类或簇的过程。由聚类生成的簇是一组数据对象的集合，簇必须同时满足以下两个条件：每个簇至少包含一个数据对象；每个数据对象必须属于且唯一地属于一个簇。

在许多应用中，一簇中的数据对象可以作为一个整体来对待。

由于聚类在对数据对象进行划分过程中，倾向于数据的自然划分，因此，聚类分析是指用数学的方法来研究与处理给定对象的分类，主要是从数据集中寻找数据间的相似性，并以此对数据进行分类，使得同一个簇中的数据对象尽可能相似，不同簇中的数据对象尽可能相异，从而发现数据中隐含的、有用的信息。其中聚类算法常见的有基于层次方法、基于划分方法、基于密度及网格等方法。

聚类主要包括以下几个过程。

（1）数据准备：包括特征标准化和降维。

（2）特征选择、提出：从最初的特征中选择出有效的特征，并将其存储于向量中。

（3）特征提取：通过对所选择的特征进行转换，形成新的突出特征。

（4）聚类（或分组）：首先选择合适特征类型的某种距离函数（或构造新的距离函数）进行接近程度的度量，然后执行聚类或分组。

聚类算法的要求如下：

（1）可扩展性。许多聚类算法在小数据集（少于 200 个数据对象）时可以工作得很好；但一个大数据库可能会包含数以百万的对象。利用采样方法进行聚类分析可能得到一个有偏差的结果，这时就需要可扩展的聚类分析算法。

（2）处理不同类型属性的能力。许多算法是针对基于区间的数值属性而设计的。但是有些应用需要对实类型数据。如二值类型、符号类型、顺序类型，或这些数据类型的组合。

（3）发现任意形状的聚类。许多聚类算法是根据欧氏距离或曼哈顿距离来进行聚类的。基于这类距离的聚类方法一般只能发现具有类似大小和密度的圆形或球状聚类。而实际一个聚类是可以具有任意形状的，因此，设计能够发现任意开关类集的聚类算法是非常重要的。

（4）需要（由用户）决定的输入参数最少。许多聚类算法需要用户输入聚类分析中所需要的一些参数（如期望所获得聚类的个数）。而聚类结果通常都与输入参数密切相关；而这些参数常常也很难决定，特别是包含高维对象的数据集。这不仅构成了用户的负担，也使得聚类质量难以控制。

（5）处理噪声数据的能力。大多数现实世界的数据库均包含异常数据、不明数据、数据丢失和噪声数据，有些聚类算法对这样的数据非常敏感并会导致获得质量较差的数据。

（6）对输入记录顺序不敏感。一些聚类算法对输入数据的顺序敏感，也就是不同的数据输入顺序会导致获得非常不同的结果。因此，设计对输入数据顺序不敏感的聚类算法也是非常重要的。

（7）高维问题。一个数据库或一个数据仓库或许包含若干维属性。许多聚类算法在处理低维数据（仅包含二到三个维）时表现很好，然而设计对高维空间中的数据对象，特别是对高维空间稀疏和怪异分布的数据对象，能进行较好聚类分析的聚类算法已成为聚类研究中的一项挑战。

（8）基于约束的聚类。现实世界中的应用可能需要在各种约束之下进行聚类分析。假设需要在一个城市中确定一些新加油站的位置，就需要考虑诸如城市中的河流、调整路，以及每个区域的客户需求等约束情况下居民住地的聚类分析。设计能够发现满足特定约束条件且具有较好聚类质量的聚类算法也是一个重要聚类研究任务。

（9）可解释性和可用性。用户往往希望聚类结果是可理解的、可解释的、可用的，这就需要聚类分析要与特定的解释和应用联系在一起。因此，研究一个应用的目标是如何影响聚类方法选择也是非常重要的。

3.3.2　常用聚类算法

聚类分析算法种类繁多，具体的算法选择取决于数据类型、聚类的应用和目的。常用的聚类算法大致可分成如下几类：

➤ 层次聚类算法（hierarchical method）。
➤ 划分聚类算法（partitioning method）。
➤ 基于密度的聚类算法（density-based method）。
➤ 基于网格的聚类算法（grid-based method）。
➤ 基于模型的聚类算法（model-based method）。

实际应用中的聚类算法，往往是上述聚类算法中多种算法的整合。

1. 层次聚类算法

层次聚类算法的指导思想是对给定待聚类数据集合进行层次化分解。此算法又称为数据类算法，此算法根据一定的链接规则将数据以层次架构分裂或聚合，最终形成聚类结果。

从算法的选择上看，层次聚类分为自顶而下的分裂聚类和自下而上的聚合聚类。

分裂聚类初始将所有待聚类项看成同一类，然后找出其中与该类中其他项最不相似的类分裂出去形成两类。如此反复执行，直到所有项自成一类。

聚合聚类初始将所有待聚类项都视为独立的一类，通过连接规则，包括单连接、全连接、类间平均连接，以及采用欧氏距离作为相似度计算的算法，将相似度最高的两个类合并成一个类。如此反复执行，直到所有项并入同一个类。

层次聚类算法中的典型代表算法，BIRCH（Balanced Iterative Reducing and Clustering Using Hierarchies，利用层次方法的平衡迭代规约和聚类）算法的核心是采用了一个三元组的聚类特征树汇总了一个簇的有关信息，从而使一个簇的表示可以用对应的聚类特征，而不必用具体的一组点表示，通过构造分支因子 B 和簇直径阈值 T 来进行增量和动态聚类。

BIRCH 算法引入了两个重要概念：聚类特征（Clustering Feature，CF）和聚类特征树（Clustering Feature Tree，CF 树），它们用于概括聚类描述，可辅助聚类算法在大型数据库中取得更快的速度和可伸缩性。

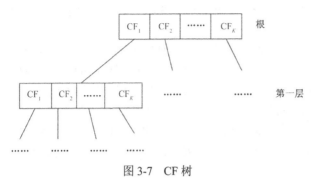

图 3-7 中所示为一个 CF 树，树中的非叶节点有后代或"孩子"，它们存储了其孩子的 CF 的总和。该树有两个参数：分支因子 B 定义了包括非叶节点 CF 条目的最大个数和叶节点 CF 条目的最大个数；阈值 T（给出了存储在树的叶结点中的子聚类的最大直径），限定了所有条目的最大半径或直径。B 和 T 直接影响了结果树的大小。

图 3-7　CF 树

BIRCH 算法核心是 CF（Cluster Feature）和 CF 树。CF 是一个存储了聚类信息的三元组，其中包含了 N（待聚类项个数）、$\overline{\text{LS}}$（N 个数据点的线性和）、SS（N 个数据点的平方和）。$\overline{\text{LS}}$ 和 SS 分别反映了聚类的质心和聚类的直径大小。

BIRCH 算法主要有 4 个阶段。第一阶段扫描待聚类的所有数据项，根据初始阈值 T 初始化一颗 CF 树。第二阶段采用聚合思路，通过增加阈值 T 重建 CF 树，使其聚合度上升。第三、四阶段，对已有的 CF 树实行全局聚类以得到更好的聚类效果。

然而，BIRCH 算法并未给出详细的设定初始阈值 T 的方法，只是简单地赋值 $T=0$，在第二阶段中，BIRCH 算法也并未给出增加 T 值的规则。

2．划分聚类算法

划分法属于硬聚类，指导思想是将给定的数据集初始分裂为 K 个簇，每个簇至少包含一条数据记录，然后通过反复迭代至每个簇不再改变即得出聚类结果。划分聚类在初始的一步中即将数据分成给定个数个簇。在算法过程中还需使用准则函数对划分结果进行判断，易产生最优聚类结果。

K-Medoids 算法先为每个簇随意选择一个代表对象，并将剩余的对象根据其与代表对象的距离分配给最近的一个簇。然后反复用非代表对象来替代代表对象，以改进聚类的质量。K-means 算法对噪声点和孤立点很敏感，K-Medoids 很好地解决了这一问题，该算法不采用簇中对象的平均值作为参照点，而是选用簇中位置最靠近中心的对象，即中心点。这样，划分方法仍然是基于最小化所有对象与其对应的参照点之间的相异度之和的原则来执行。

K-means 算法也称作 K-平均值算法或者 K 均值算法，是一种得到广泛使用的聚类分析算法。该算法于 1967 年由 MacQueen 首次提出，得到了广泛应用。这种算法通过迭代不断移动个聚簇中心和簇类成员，直到得到理想的结果。通过 K 均值算法得到的聚簇结果，簇内项相似度很高，簇间项相似度很低，具有较好的局部最优特性，但并非是全局最优解。此外，K 均值只能定义在数值类属性值上，无法处理其他类型的数据。针对于无法产生全局最优解问题，算法的研究者们一部分倾向于通过优化初始簇的选择算法和均值计算改善算法性能，另一部分则允许簇分裂与合并，来调整簇间关系。

假设有 n 个样本对象，每个样本描述的属性最多有 p 个变量，则每个样本对象 x_i 可以用一个 p 维向量 $\boldsymbol{x}_i = \left(x_{i1}, \cdots, x_{ip} \right)$ 来描述，则含有 n 个对象的样本可以表示为如下矩阵：

$$X = \begin{pmatrix} x_{11} & \cdots & x_{1p} \\ \vdots & \ddots & \vdots \\ x_{n1} & \cdots & x_{np} \end{pmatrix} \tag{3-21}$$

通常根据样本之间的亲疏程度来区分样本之间的相似程度，衡量亲疏程度的指标为两个样本之间的距离。每个样本有 p 个属性变量，可以将其视为 p 维空间，n 个样本就为该空间的 n 个点，对于两个样本 $\boldsymbol{x}_i = \left(x_{i1}, \cdots, x_{ip} \right)$，$\boldsymbol{x}_j = \left(x_{j1}, \cdots, x_{jp} \right)$，两者之间的距离越小则越相似，反之则相异。常用距离包括：

（1）欧氏距离（Euclidean Distance）。欧氏距离是最为人熟知的距离度量标准，也就是通常所想象的"距离"。在 n 维欧氏空间中，每个点是一个 n 维实数向量。该空间中的传统距离度量，即常说的 L_2 范式，定义如下：

$$d\left(x_i, x_j \right) = \left| \sum_{k=1}^{p} \left(x_{ik} - x_{jk} \right)^2 \right|^{\frac{1}{2}} \tag{3-22}$$

（2）曼哈顿距离（Manhattan Distance）。之所以称为"曼哈顿距离"或"城区距离"，是因为在两个点之间行进时必须沿着网格线前进，就如同沿着城市（如曼哈顿）的街道行进一样。曼哈顿距离也称为 L_1 范式，定义如下：

$$d\left(x_i, x_j \right) = \sum_{k=1}^{p} \left| x_{ik} - x_{jk} \right| \tag{3-23}$$

（3）闵可夫斯基距离（Minkowski Distance）。欧氏距离和曼哈顿距离为其特例，定义如下：

$$d\left(x_i, x_j \right) = \left| \sum_{k=1}^{p} \left(x_{ik} - x_{jk} \right)^r \right|^{\frac{1}{r}} \tag{3-24}$$

闵可夫斯基距离也称为 L_r 范式，$r=1$ 则为曼哈顿距离；$r=2$ 则为欧氏距离。

（4）切比雪夫距离（Chebyshev Distance）。采用 L_∞ 范式作为距离度量，即 $d\left(x_i, x_j \right) = \lim\limits_{r \to \infty} \left| \sum\limits_{k=1}^{p} \left(x_{ik} - x_{jk} \right)^r \right|^{\frac{1}{r}}$，当 r 增大时，只有那个具有最大距离的维度在真正起作用，因此，L_∞ 范式定义为所有维度下 $\left| x_{ik} - x_{jk} \right|, k \in \{1, 2, \cdots, p\}$ 的最大值，定义如下：

$$d\left(x_i, x_j \right) = \max_{k \in \{1, 2, \cdots, p\}} \left\{ \left| x_{ik} - x_{jk} \right| \right\} \tag{3-25}$$

计算样本之间的相似性时，可以根据实际需要选择上述距离，其中最常用的是欧氏距离。

K-means 算法首先随机选择 k 个对象，每个对象代表一个簇的初始均值或中心点；对剩余的每个对象，根据它与簇均值的距离，将它指派到最相似的簇；然后计算每个簇的新均值或中心点；重复上述过程，直到准则函数收敛。

准则函数一般为平方误差准则，其定义如下：

$$E = \sum_{i=1}^{k} \sum_{p \in C_i} |p - m_i|^2 \qquad (3\text{-}26)$$

其中，E 是数据库中所有对象的平方误差的总和，p 是空间中的点，表示给定的数据对象，m_i 是簇 C_i 的均值（p 和 m_i 都是多维的向量）。利用这个准则可以使生成的结果簇尽可能紧凑和独立，而各个簇之间尽可能地分开。

K-means 算法流程如图 3-8 所示。

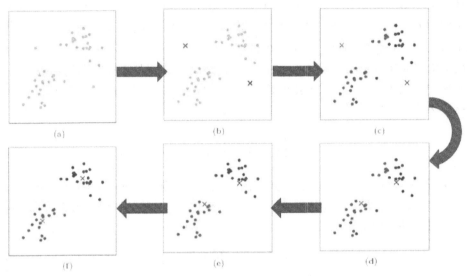

图 3-8　K-means 算法流程

输入：数据集 D，簇数 k

输出：簇代表集合 C，簇成员向量 m

/*初始化簇代表集合 C*/

从数据集 D 中随机选取 k 个数据点，构成初始化簇代表集合 C

Repeat

/*再分数据*/

将 D 中的每个数据点重新分配至最近的簇均值或中心点，并更新 m，m_i 表示 D 中第 i 个点的簇标识。

/*重定均值*/

更新 C，C_j 表示第 j 个的簇均值或中心点。

Until 准则函数收敛，算法结束。

K-means 算法是解决聚类问题的一种经典算法，简单快速，对于处理大数据集，该算法是相对可伸缩的和高效的，当结果簇是密集的，而簇之间区别明显时，它的效果较好；算法复杂度是 $O(n \cdot k \cdot t)$，其中，n 是数据对象的个数，k 是簇的个数，t 是迭代的次数，通常，$k \ll n$，且 $t \ll n$；K-means 算法的主要缺点在于算法通常终止于局部最优解，只有当簇均值有定义的情况下才能使用，这可能不适用于某些应用，例如，涉及有分类属性的数据；必须事先给定要生成的簇的数目 ；对噪声和孤立点数据敏感，少量的该类数据能够对平均值产生极大的影响；不适合发现非凸面形状的簇，或者大小差别很大的簇。

3．基于密度的聚类算法

上文中提到的两类算法，其聚类的划分都以距离为基础，容易产生类圆形的凸聚类。而密度算法很好地克服了这一缺点。基于密度的聚类算法的主要思想是：只要邻近区域的密度（对象或数据点的数目）超过某个阈值，就把它加到与之相近的聚类中。也就是说，对给定类中的每个数据点，在一个给定范围的区域中必须至少包含某个数目的点。

基于密度聚类的经典算法 DBSCAN（Density-Based Spatial Clustering of Application with Noise，具有噪声的基于密度的空间聚类应用）是一种基于高密度连接区域的密度聚类算法。该算法将簇定义为密度相连的点的最大集合，将足够高密度的区域划分为簇。这样的算法对噪声具有健壮性，并可以在带有"噪声"的空间数据库中发现任意形状的聚类。

DBSCAN 的基本算法流程如下：从任意对象 P 开始根据阈值和参数通过广度优先搜索提取从 P 密度可达的所有对象，得到一个聚类。若 P 是核心对象，则可以一次标记相应对象为当前类并以此为基础进行扩展。得到一个完整的聚类后，再选择一个新的对象重复上述过程。若 P 是边界对象，则将其标记为噪声并舍弃。

尽管 DBSCAN 算法改进完善了上述两种算法的一些缺陷，但此算法也存在不足。如聚类的结果与参数关系较大，阈值过大容易将同一聚类分割，阈值过小容易将不同聚类合并。此外，固定的阈值参数对于稀疏程度不同的数据不具适应性，密度小的区域同一聚类易被分割，密度大的区域不同聚类易被合并。

4．基于网格的聚类算法

基于网格的聚类算法是采用一个多分辨率的网格数据结构，即将空间量化为有限数目的单元，这些单元形成了网格结构，所有的聚类操作都在网格上进行。基于网格的聚类从对数据空间划分的角度出发，利用属性空间的多维网格数据结构，将空间划分为有限数目的单元，以构成一个可以进行聚类分析的网格结构。这样的处理使得算法处理速度很快，处理工作量与数据项个数无关，而与划分的网格个数有关。

统计信息网格（STatistical INformation Grid，STING）算法将空间区域划分为矩形单元。针对不同级别的分辨率，通常存在多个级别的矩形单元，这些单元形成了一个层次结构——高层的每个单元被划分为多个低一层的单元。

采用小波变换聚类（Clustering using wavelet transformation）是一种多分辨率的聚类算法，它先通过在数据空间上加一个多维网格结构来汇总数据，然后采用一种小波变换来变换原特征空间，在变换后的空间中找到密集区域。

5．基于模型的聚类算法

基于模型的聚类算法是为每一个聚类假定了一个模型，寻找数据对给定模型的最佳拟合。它可能通过构建反映数据点空间分布的密度函数来定位聚类，也可能基于标准的统计数字决定聚类数目，考虑"噪声"数据或孤立点，从而产生健壮的聚类方法。该方法试图优化给定的数据和某些数学模型之间的适应性。这样的方法常基于这样的假设：数据是根据潜在的概率分布生成的。

基于模型的聚类方法主要有两类：统计学方法（EM 和 COBWEB 算法）和神经网

络方法（SOM算法）。

1）统计学方法

概念聚类是机器学习中的一种聚类方法，给出一组未标记的数据对象，它产生一个分类模式。与传统聚类不同，概念聚类除了确定相似对象的分组外，还为每组对象发现了特征描述，即每组对象代表了一个概念或类。

概念聚类过程主要有两个步骤：首先，完成聚类；其次，进行特征描述。在这里，聚类质量不再只是单个对象的函数，而且还包含了其他因素，如所获特征描述的普遍性和简单性。

2）神经网络方法

神经网络方法将每个簇描述成一个模型。模型作为聚类的一个"原型"，不一定对应一个特定的数据实例或对象。根据某些距离函数，新的对象可以被分配给模型与其最相似的簇。被分配给一个簇的对象的属性可以根据该簇的模型的属性来预测。

神经网络聚类的两种方法：竞争学习方法与自组织特征图映射方法，它们主要是通过若干单元对当前对象的竞争来完成。神经网络聚类方法存在较长处理时间和复杂数据中复杂关系问题，还不适合处理大数据库。

3.3.3 案例：海量视频检索中的聚类

图像分割是图像处理到图像分析的关键步骤，也是一种基本的计算机视觉技术，一般来说，图像分割是把图像分成每个区域并提取感兴趣目标的技术和过程。颜色、灰度、纹理是比较常见和主要的特性，目标可以对应多个区域，也可以对应单个区域，主要与实际应用和目标有关。

根据特征进行模式分类是指根据提取的特征值将一组目标划分到各类中的技术。通过使用特征空间聚类的图像分割的方法可以作为阈值分割概念的推广。它将图像中所有的像素空间用对应的特征空间表示，根据它们聚集在特征空间的不同进行图像分割。

K-means聚类算法简捷，具有很强的搜索能力，适合处理数据量大的应用场景，在数据挖掘和图像领域中得到了广泛的应用。采用K-means进行图像分割，将图像的每个像素点的灰度值或者RGB三通道值作为样本特征向量，因此，整幅图像构成了一个样本集合（特征向量空间），从而把图像分割任务转换成对数据集合的聚类任务，然后，在此特征空间中运用K-means聚类算法进行图像区域分割，最后抽取图像区域的特征。

例如，对$512 \times 256 \times 3$的彩色图像进行分割，则将每个像素点的RGB三通道值作为一个样本，最后将图像数组转换成$(512 \times 256) \times 3 = 131072 \times 3$样本集合矩阵，矩阵中每一行表示一个样本，即像素点的RGB三通道值，集合共包含131072个样本，矩阵中的每一列表示一个变量。从图像中随机选择几个典型的像素点，将其RGB三通道值作为初始聚类中心，根据图像中每个像素点RGB三通道值之间的相似性，根据K-means思想进行聚类分割。

对于复杂图像来说，采用K-means聚类分析，如果单纯使用像素点RGB三通道值作为特征向量，然后构成特征向量空间，这分割算法的稳健性比较差，因此，一般情况下，可以将图像的色彩空间从RGB空间转换到HSL或Lab空间，再抽取每个像素点的颜色、纹理等特征形成特征向量。对于视频图像，还可以根据连续帧获取每个像素点的动态变化加入到特征向量中。

使用 K-means 聚类算法对原始图像进行分割，其效果如图 3-9 所示。

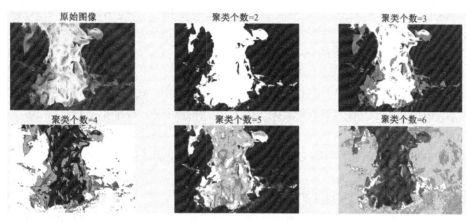

图 3-9　K-means 聚类算法进行图像分割示意图

当使用两个聚类时，火焰可以显著地从背景中分割出来；当聚类数变大时，火焰的纹理及背景中的物体都能够很好地区分。

3.4　关联规则

关联规则是数据挖掘中最活跃的研究方法之一，是指搜索业务系统中的所有细节或事务，找出所有能把一组事件或数据项与另一组事件或数据项联系起来的规则，以获得存在于数据库中的不为人知的或不能确定的信息，它侧重于确定数据中不同领域之间的联系，也是在无指导学习系统中挖掘本地模式的最普通形式。关联规则挖掘可以发现存在于数据库中的项目（Items）或属性（Attributes）之间的有趣关系，这些关系是预先未知的和被隐藏的，不能通过数据库的逻辑操作或统计的方法得出。

关联规则最早由 R.Afrawal 等人于 1993 年提出[12]，最初的动机是针对购物篮分析（Market Basket Analysis）问题提出的，其目的是发现交易数据库中不同商品之间的联系规则。通过对顾客的相关交易数据（所购物品项目等）的智能分析，获得有关顾客购买模式的一般性规则，为进销存提供有效的数据支撑。

由于关联规则能有效地捕捉数据间的重要关系，且形式简洁、易于解释和理解，因此，从大型数据库中挖掘关联规则的问题已经成为近年来数据挖掘研究领域中的一个热点，其应用领域也非常广泛。例如，医学研究人员希望从现有的成千上万份病历中找出某种疾病患者的共同特征、某一种疾病的并发症、该种疾病的致病因子或关联因子，从而为治愈或预防这种疾病提供一些帮助；生态环境研究人员通过建立生态环境影响因子空间数据库，以便发现生态环境现状与影响因子之间的关联关系，为生态环境治理提供决策依据，等等。其典型的应用领域包括市场货篮分析、交叉销售（Crossing Sale）、部分分类（Partial Classification）、金融服务（Financial Service），以及通信、互联网、电子商务等。本节将对关联规则的基本概念、算法及应用等进行简要介绍。

3.4.1 关联规则的概念

一般来说，关联规则挖掘是指从一个大型的数据集（Dataset）发现有趣的关联（Association）或相关关系（Correlation），即从数据集中识别出频繁出现的属性值集（Sets of Attribute Values），也称为频繁项集（Frequent Itemsets，频繁集），然后利用这些频繁项集创建描述关联关系的规则的过程。

关联规则及其相关的定义描述如下：

设 $I = \{i_1, i_2, \cdots, i_m\}$ 是一个项目集合（项集，itemset），数据集（一般为事务数据库）$D = \{t_1, t_2, \cdots, t_n\}$ 是有一系列具有唯一标识 TID 的事务组成，每个事务 $t_i(i = 1, 2, \cdots, n)$ 都对应 I 上的一个子集。

定义 3-1 设 $X \subset 1$，项集 X 在数据集 D 上的支持度（Support）是包含 X 的事务在 D 中所占的百分比，即

$$\text{Support}(X) = |\{t \in D \mid X \subseteq t\}| / |D| \tag{3-27}$$

对项集 I 和事务数据库 D，t 中所有满足用户指定的最小支持度（Minsupport）的非空子集，称为频繁项集或者大项集（Large Itemsets）。在频繁项集中挑选出所有不被其他元素包含的频繁项集称为最大频繁项集（Maximum Frequent Itemsets）或最大项集（Maximum Large Itemsets）。

定义 3-2 若 X、Y 为项集，且 $X \cap Y = \varnothing$，则蕴涵式 $X \Rightarrow Y$ 称为关联规则，项集 $X \cup Y$ 的支持度称为关联规则 $X \Rightarrow Y$ 的支持度，记作 $\text{Support}(X \Rightarrow Y)$。

$$\text{Support}(X \Rightarrow Y) = \text{Support}(X \cup Y) \tag{3-28}$$

定义 3-3 一个定义在 I 和 D 上的形如 $X \Rightarrow Y$ 的关联规则，是通过满足一定的置信度（Confidence）、可信度或信任度来定义的。所谓规则的置信度，是指包含 X 和 Y 的事务数与包含 X 的事务数之比，即

$$\text{Confidence}(X \Rightarrow Y) = \text{Support}(X \cup Y) / \text{Support}(X) \tag{3-29}$$

定义 3-4 对项集 I 和事务数据库 D，满足最小支持度和最小置信度（Minconfidence）的关联规则称为强关联规则（Strong Association Rule），否则为弱规则。

一般来说，在给定一个事务数据库的情况下，关联规则挖掘问题就是通过用户指定最小支持度和最小置信度来寻找强关联规则的过程。因此，关联规则挖掘问题可以划分为两个子问题：

（1）发现频繁项集。发现所有的频繁项集是形成关联规则的基础。通过用户给定的最小支持度，寻找所有支持度大于或等于 Minsupport 的频繁项集。实际上，由于这些频繁项集可能存在包含关系，因此，只需要寻找那些不被其他频繁项集所包含的最大频繁项集的集合即可。

（2）生成关联规则。通过用户给定的最小置信度，在每个最大频繁项集中，寻找置信度不小于 Minconfidence 的关联规则。

利用频繁项集生成强关联规则就是逐一测试所有可能生成的关联规则及其对应的支持度和置信度，可以分为以下两步：

（1）对于事务数据库 D 中的任一频繁项集 X，生成其所有的非空子集。

（2）对于每一个非空子集 $x \subset X$，若置信度 $\text{Confidence}(x \Rightarrow (X - x)) \geqslant \text{Minconfidence}$，

那么规则 $x \Rightarrow (X-x)$ 是强关联规则。

如何迅速高效地发现所有频繁项集，是关联规则挖掘的核心问题，也是衡量关联规则挖掘算法效率的重要标准。而由于生成关联规则问题相对简单，其求解也比较容易，因此，发现频繁项集就成为近年来关联规则挖掘算法研究的重点，相关算法通常也是针对这个问题提出的。

3.4.2 频繁项集的产生及其经典算法

格结构（Lattice Structure）常常被用来枚举所有可能的项集。图 3-10 显示了 $I = \{a,b,c,d,e\}$ 的项集格。可以看出，一个包含 k 个项的数据集可以产生 2^k-1 个候选项集（不包括空集），当 k 值非常大的时候，需要搜索的项集空间可能是指数规模的。因此，快速有效地挖掘频繁项集、剔除非频繁项集就显得尤为重要。

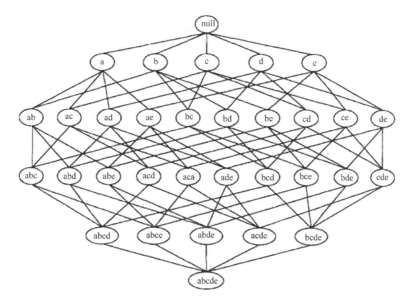

图 3-10　项集的格

按照挖掘的策略不同，查找频繁项目集可以大致分为以下 3 种策略：经典的查找策略、基于精简集（Condensed Representation）的查找策略和基于最大频繁项集（Maximal Frequent Itemsets）的查找策略。

经典的挖掘完全频繁项集方法是查找频繁项集集合的全集。其中包括基于广度优先搜索策略的关联规则算法——Apriori 算法[13]（通过多次迭代找出所有的频繁项集）及 DHP（Direct Hashing and Pruning）[14]算法等改进算法；基于深度优先搜索策略的 FP-Growth 算法[15, 16]、ECLAT 算法[17]、COFI 算法[18]等，这两类算法都取得过很好的应用效果，都有各自的优缺点，在不同的应用领域也会各有利弊。

基于精简集的方法与经典的查找方法不同，该算法并不查找频繁项集的全集，而是查找它的一个称为精简集的子集，然后利用这个子集衍生出完整的频繁项集的全集及其支持度。理想的精简集规模应该远远小于整个频繁项集的全集，这样就可以极大地提高挖掘的效率。现有的精简集主要有 Colsed 集[19]和 Free 集[20]等。挖掘精简集的主要算法包括 A-close 算法[19]等。

基于最大频繁项目集的方法与前面两者都不同，它查找最大频繁项目集的集合。最大频繁项目集是指当且仅当它本身频繁而它的超集都不频繁。显而易见，最大频繁项目集是所有频繁项目集的集合。基于最大频繁项目集的算法主要有 MAFIA 算法[21]、DepthProject 算法[22]和 GenMax 算法[23]等。

本节将介绍两种经典的挖掘算法——Apriori 算法和 FP-Growth 算法。

1．Apriori 算法

1994 年，R. Afrawal 和 R. Srikant 提出了著名的 Apriori 算法，该算法至今仍然是关联规则挖掘的经典算法。Apriori 算法基于频繁项集性质的先验知识，使用由下至上逐层搜索的迭代方法，即从频繁 1 项集开始，采用频繁 k 项集搜索频繁 $k+1$ 项集，直到不能找到包含更多项的频繁项集为止。

频繁项集性质的先验知识由以下两条定理给出[24]：

定理 3.1 如果项集 x 是频繁项集，那么它的所有非空子集都是频繁项集。

（证明略）

定理 3.2 如果项集 x 是非频繁项集，那么它的所有超集都是非频繁项集。这也是支持度度量的一个关键性质，即：一个项集的支持度绝不会超过它的子集的支持度，这个性质也被称为支持度度量的反单调性（Anti-monotone）。

（证明略）

Apriori 算法由以下步骤组成，其中的核心步骤是连接步和剪枝步：

（1）生成频繁 1 项集 L_1。

（2）连接步：为了寻找频繁 k 项集 $L_k(k \geqslant 2)$，首先生成一个潜在频繁 k 项集构成的候选项集 C_k，C_k 中的每一个项集是由两个只有一项不同的属于 L_{k-1} 的频繁项集做 $k-2$ 连接运算得到的。连接方法为：设 l_1 和 l_2 是 L_{k-1} 中的项集，即 $l_1, l_2 \in L_{k-1}$，如果 l_1 和 l_2 中的前 $k-2$ 个元素相同，则称 l_1 和 l_2 是可连接的，用 ∞ 表示。假定事务数据库中的项均按照字典顺序排列，$l_i[j]$ 表示 l_i 中的第 j 项，则连接 l_1 和 l_2 的结果项集是 $l_1[1], l_1[2], \cdots, l_1[k-1], l_2[k-1]$。

（3）剪枝步：连接步生成的 C_k 是 L_k 的超集，包含所有的频繁项集 L_k，同时也可能包含一些非频繁项集。可以利用前述经验知识（定理 3.2），进行剪枝以压缩数据规模。比如，如果候选 k 项集 C_k 的 $k-1$ 项子集不在 L_{k-1} 中，那么该子集不可能是频繁项集，可以直接删除。

（4）生成频繁 k 项集 L_k：扫描事务数据库 D，计算 C_k 中每个项集的支持度，去除不满足最小支持度的项集，得到频繁 k 项集 L_k。

（5）重复步骤（2）～（4），直到不能产生新的频繁项集的集合为止，算法中止。

Apriori 算法是一种基于水平数据分布的、宽度优先的算法，由于使用了层次搜索策略和剪枝技术，使得 Apriori 算法在挖掘频繁模式时具有较高的效率。但是，Apriori 算法也有两个致命的性能瓶颈：

（1）Apriori 算法是一个多趟搜索算法，每次搜索都要扫描事务数据库，I/O 开销巨大。对于候选 k 项集 C_k 来说，必须扫描其中的每个元素以确认是否加入频繁 k 项集

L_k，若候选 k 项集 C_k 中包含 n 项，则至少需要扫描事务数据库 n 次。

（2）可能产生庞大的候选项集。由于针对频繁项集 L_{k-1} 的 $k-2$ 连接运算，由 L_{k-1} 产生的候选 k 项集 C_k 是呈指数增长的，如此海量的候选集对于计算机的运算时间和存储空间都是巨大的挑战。

2．FP-Growth 算法

韩家炜等人[4, 5]提出了一种不产生候选项集的算法——频繁模式树增长算法（Frequent Pattern Tree Growth，FP 增长）。FP 增长是一种自底向上的探索树，由 FP 树（FP-tree）产生频繁项集的算法。它采用分而治之的基本思想，将数据库中的频繁项集压缩到一棵频繁模式树中，同时保持项集之间的关联关系。然后将这棵压缩后的频繁模式树分成一些条件子树，每个条件子树对应一个频繁项，从而获得频繁项集，最后进行关联规则挖掘。该算法高度浓缩了数据库，同时也能保证对频繁项集的挖掘是完备的。

FP-Growth 算法由以下步骤组成：

（1）扫描事务数据库 D，生成频繁 1 项集 L_1。

（2）将频繁 1 项集 L_1 按照支持度递减顺序排序，得到排序后的项集 L_1。

（3）构造 FP 树：创建树的根节点，记为 NULL。再次扫描事务数据库 D，按照 L_1' 中的次序排序对数据库中每个事务的项进行排序，并对每个事务创建一个分支，构造相应的条件 FP 树，对该树进行递归挖掘。

（4）通过后缀模式与条件 FP 树产生的频繁模式连接实现模式增长。

假定某数据集包含 10 个事务和 5 个项，如表 3-2 所示。

表 3-2　某数据集包含的事务

TID	项	TID	项
1	{a,b}	6	{a,b,c,d}
2	{b,c,d}	7	{a}
3	{a,c,d,e}	8	{a,b,c}
4	{a,d,e}	9	{a,b,d}
5	{a,b,c}	10	{b,c,e}

创建 FP 树的方法如下：分别读入数据集中的事务，创建相应的标记节点，形成相应的路径并编码，更新所有节点的频度计数。

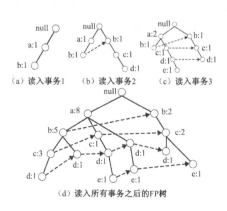

图 3-11　FP 树的构造

图 3-11 显示了读入数据集中的事务 1、事务 2、……直到读入所有事务之后的 FP 树，所有事务均已映射到 FP 树的一条路径。由于数据集中的事务常常具有部分相同的项，所以一般来说 FP 树的规模小于原始数据，是一种压缩表示。

给定一棵 FP 树，逐个查找以特定项结尾的频繁项集。这种用于发现以某一个特定项结尾的频繁项集的自底向上策略等价于基于后缀的方法。由于每一个事务都映射到 FP 树中的一条路径，因而仅通过考察包含特定节点的路径，就可以发现以特定项结尾的频繁项集。

3. 辛普森悖论

虽然关联规则挖掘可以发现项目之间的有趣关系，但解释它们之间的关联时仍然需要特别小心，因为观察到的联系很可能受其他"混淆变量"的影响，如某些没有包含在分析中的隐藏变量——本质上可能是一个与核心研究无关的变量，仅随着自变量的改变而改变。在某些情况下，隐藏的变量可能会导致观察到的一对变量之间的联系消失或逆转方向，这种现象就是所谓的辛普森悖论（Simpson's Paradox）。

当人们尝试探究两种变量是否具有相关性时，比如新生录取率与性别、报酬与性别等，在某些前提下有时会产生这样一种现象：即在分组比较中都占优势的一方，会在总评中反而是失势的一方。1951 年，英国统计学家 E. H. Simpson 在发表的论文中，正式描述和解释了这一现象。

为了避免辛普森悖论的出现，就需要斟酌各个分组的权重，并以一定的系数去消除以分组数据基数差异所造成的影响。同时必须了解清楚情况，是否存在潜在因素，综合考虑。

3.4.3 案例：车辆保险客户风险分析

1. 挖掘目标

由过去大量的经验数据发现机动车辆事故率与驾驶者及所驾驶的车辆有着密切的关系，影响驾驶人员安全驾驶的主要因素有年龄、性别、驾龄、职业、婚姻状况、车辆车型、车辆用途、车龄等[25]。因此，客户风险分析的挖掘目标就是上述各主要因素与客户风险之间的关系，等等。

2. 数据预处理

数据准备与预处理是数据挖掘中的首要步骤，高质量的数据是获得高质量决策的先决条件。在实施数据挖掘之前，及时有效的数据预处理可以解决噪声问题和处理缺失的信息，将有助于提高数据挖掘的精度和性能。

通常来说，包括车辆保险行业在内的行业数据库的数据量都相当庞大，存在大量不完整、易受噪声、不一致和冗余的数据信息，从而导致了数据库中的实际数据常常不能够直接使用。因此，在进行数据挖掘之前，应该对数据进行有效的处理，以便于更有效地实施数据挖掘任务。

数据准备与预处理一般包括数据清洗和数据转化。

1）数据清洗

数据清洗是指去除数据集之中的噪声数据和无关数据，处理遗漏数据和清洗"脏"数据等。在进行数据转化之前，必须对噪声数据进行清理，按照时间的先后顺序，数据清洗处理通常包括处理噪声数据、填补遗漏数据值/除去异常值、纠正数据不一致的问题，等等。

2）数据转化

在处理完噪声数据后，就可以对数据进行转化，主要的方法有聚集、忽略无关属性、连续型属性离散化等。

（1）聚集。聚集是将两个或多个对象合并成单个对象。考虑到由事务（数据对象）组成的数据集，该数据集记录了一段时间内的代理网点所记录的保单数据。对该数据集的事务聚集的一种方法，是用一个代理网点的保单事务替换该代理网点的所有事务，这样就把出现在一个代理网点的数以百计或数以千计的日事务数据记录规约成单个日事务，如表 3-3 所示。

表 3-3　保单数据集

事务 ID	厂牌型号	投保人姓名	投保日期	保险期限	投保金额	承保网点	……
……	……	……	……	……	……	……	……
101101	东风雪铁龙 C2	张政	08/13/05	12	1496.20	东大街	……
101102	一汽奥迪 A6L	李国庆	08/09/05	12	4083.00	高新区	……
101103	东风雪铁龙富康	王天明	08/22/05	24	2500.00	火车站	……
……	……	……	……	……	……	……	……

（2）忽略无关属性。数据挖掘的过程是一个以需求为驱动的挖掘过程，在关联规则挖掘中，我们遇到的数据对象可能有很多是我们不关心的，这时就可以在数据预处理的过程中将不关心的数据属性去除，以减小数据量。

如果要挖掘投保人与被投保车辆之间的关联规则，我们需要关心的是投保人的职业、车辆用途等信息，而其他信息如电话号码、地址、邮政编码等可以认为是无关的信息。可以通过精简表 3-4 的保单事务集得到表 3-5。

表 3-4　保单事务集

事务 ID	厂牌型号	车辆购置价	投保人姓名	性别	电话号码	地址	邮政编码	车辆用途	……
……	……	……	……	……	……	……	……	……	……
100011	比亚迪 F3	8.38	范建宏	男	88206743	东木头市	私营业主	运营	……
100012	广州本田飞度	9.48	马萍	女	87321341	开发区	咨询师	自用	……
100013	奥迪 A6	38.50	胡国庆	男	88456721	市府小区	公务员	公用	……
……	……	……	……	……	……	……	……	……	……

表 3-5　精简后的保单事务集

事务 ID	厂牌型号	车辆购置价	投保人姓名	性别	车辆用途	……
……	……	……	……	……	……	……
100011	比亚迪 F3	8.38	范建宏	男	运营	……
100012	广州本田飞度	9.48	马萍	女	自用	……
100013	奥迪 A6	38.50	胡国庆	男	公用	……
……	……	……	……	……	……	……

（3）连续型属性离散化。在进行数据挖掘的过程中，有些数据挖掘算法，特别是某些分类算法，要求数据是分类属性形式。这样，常常需要将连续属性变换成分类属性（离散化），并且连续和离散属性可能都要变换成一个或多个二元属性（二元化）。例

如，可以将保单中投保人的相关属性进行离散化，如表 3-6 所示。

表 3-6　相关属性离散化结果

代码 属性	A	B	C	D
投保人的年龄	30 岁以下	30～45 岁	45 岁以上	
驾龄	新手，3 年以下	较熟练，3～6 年	熟练，6 年以上	
被保车辆的价值	低档车，10 万元以下	中低档车，10 万～20 万元	高档车，20 万～40 万元	豪华车，40 万元以上
保费	2000 元以下	2000～3000 元	3000～4000 元	4000 元以上
案均赔付金额	600 元以下	600～1000 元	1000～2000 元	2000 元以上
年赔付金额	1000 元以下	1000～2000 元	2000～4000 元	4000 元以上
年赔付次数	0～1 次	2～3 次	3 次以上	
车辆用途	运营	自用	公用	

3. 关联规则挖掘

按照影响驾驶人员安全驾驶的主要因素，如年龄、性别、驾龄、职业、婚姻状况、车辆车型、车辆用途、车龄等，对客户风险进行分析如下。

（1）年龄：根据以往的研究，驾驶人员的年龄与机动车辆事故的概率显现出显著的相关特征。一般来说，青年人由于年轻气盛，往往喜欢开快车，因而发生交通事故的概率较高，而且往往容易导致恶性交通事故；老年人，因为反应相对较为迟钝，也较容易导致交通事故，但一般均为小事故。中年人，除了生理条件具有一定的优势外，一般具有一定的驾驶经验，分析和判断能力较强，同时具有稳健的心态和较强的责任感，所以，驾车则相对安全。

（2）性别：根据以往的经验发现，交通肇事记录同性别有密切关系。就整体情况而言，男性驾驶人员的重大事故的肇事概率较女性要高。

（3）驾龄、职业和婚姻状况：研究还表明驾驶人员的驾龄、职业及婚姻状况对其驾驶的安全性也存在一定的关联性。统计分析结果表明，驾驶经验较丰富、职业较稳定及已婚驾驶人员的肇事记录相对较低，而驾龄时间较短、职业不稳定及未婚驾驶人员的肇事记录则明显较高。

（4）车辆车型：不同的厂家生产的车辆特点不同，车的安全性能也不同。美国、西北欧车辆首先非常注重安全性。日本车性能较好，但安全性要差于美国及西北欧车。韩国汽车目前在世界上也有一席之地，但在安全性及性能上均要弱于美国、西北欧及日本车，好于国产车。

（5）车辆用途：根据不同的用途，车辆的使用率也不尽相同，一般来说，货运车辆的肇事概率要大于客运车辆的肇事概率，而客运车辆的肇事概率又远远大于自用车辆。

（6）车龄：车辆状况同车龄有着直接关系，车龄越大，则车的使用年限越长，车辆的磨损与老化程度就越高，从而导致车况越差，使发生车辆事故的概率同步上升。车龄较短的车辆处于磨合期，也属于高风险车辆。因此，在进行机动车辆风险评估时，应考虑车龄的因素。

根据前述关联规则的生成方法，得到挖掘出来的客户风险关联规则，如表 3-7 所示。

从表 3-7 中可以看出，若设定最小支持度（minsupport）和最小置信度

（minconfidence）分别为 0.15 和 0.25 时，将产生 6 条强关联规则（序号 1～6）。

表 3-7　客户风险关联规则

序号	关联规则	支持度	置信度
1	驾龄（X，A）∧被保车辆的价值（X，A） ⟹年赔付金额（X，B）	0.1825	0.2965
2	投保人年龄（X，A）∧驾龄（X，A） ⟹年赔付次数（X，B）	0.1679	0.2571
3	驾龄（X，B）∧车辆用途（X，A） ⟹年赔付金额（X，B）	0.1663	0.3337
4	驾龄（X，B）∧车辆用途（X，B） ⟹年赔付次数（X，A）	0.1789	0.4851
5	驾龄（X，B）∧被保车辆的价值（X，C） ⟹年赔付金额（X，C）	0.1809	0.3003
6	驾龄（X，C）∧车辆用途（X，B） ⟹年赔付次数（X，A）	0.1994	0.5864
7	驾龄（X，C）∧被保车辆的价值（X，C）∧车辆用途（X，C） ⟹年赔付次数（X，A）	0.1031	0.6639
8	驾龄（X，A）∧被保车辆的价值（X，A）∧车辆用途（X，B） ⟹年赔付金额（X，B）	0.1025	0.3654
9	投保人年龄（X，B）∧驾龄（X，A）∧被保车辆的价值（X，D） ⟹年赔付金额（X，D）	0.0934	0.4546
10	驾龄（X，B）∧被保车辆的价值（X，A）∧车辆用途（X，A） ⟹年赔付金额（X，B）	0.0968	0.4487
11	投保人年龄（X，C）∧被保车辆的价值（X，C）∧车辆用途（X，C） ⟹年赔付金额（X，B）	0.0909	0.3531
12	投保人年龄（X，C）∧驾龄（X，B）∧被保车辆的价值（X，C） ⟹年赔付次数（X，A）	0.0827	0.6094

第 6 条显示：驾龄 6 年以上且车辆用途为"自用"的客户，年赔付次数为 0～1 次，置信度达到了 0.5864，表明该类用户较强的安全意识和较低的赔付风险；第 4 条显示：驾龄 3～6 年且车辆用途为"自用"的客户，年赔付次数为 0～1 次，置信度达到了 0.4851；而驾龄 3～6 年且被保车辆为高档车的客户，年赔付次数较高，表明该类用户具有较高的赔付风险。

详细分析所得数据，可以为公司业务提供数据支撑，针对不同客户提供偏好服务，既能确保公司收益，又能给予用户更多的实惠。

3.5　预测模型

预测分析是一种统计或数据挖掘解决方案，包含可在结构化与非结构化数据中使用以确定未来结果的算法和技术，可为预测、优化、预报和模拟等许多其他相关用途而使用。时间序列是大数据研究领域常见的一种数据类型，时间序列数据的分析、预测与数据挖掘关系到工业生产、政策决策、交通控制、预防灾害等日常生活生产环节。在常见预测方法中，时间序列预测是一种历史资料延伸预测，以时间序列所能反映的社会经济现象的发展过程和规律性，进行引申外推预测发展趋势的方法。由于时间序列预测应用的广泛性，本节着重讲述时间序列预测的概念、符号、模型与应用领域。

3.5.1 预测与预测模型

在自然世界中，很多时候数据以时间序列的形式存在，例如，实验研究中的数据、工厂生产商品的日度数量、交通事故数量的周度数据、地震过程中按小时观测的震级数据等。按照统计学对时间序列的定义，时间序列是依照对时间顺序获取的一系列观测值数据。时间序列数据的普遍存在性、时间序列预测及其数据挖掘已成为当前大数据研究领域讨论的热点研究话题。时间序列预测可用于短期、中期和长期预测。根据对资料分析方法的不同，又可分为简单序时平均数法、加权序时平均数法、移动平均法、加权移动平均法、趋势预测法、指数平滑法、季节性趋势预测法、市场寿命周期预测法等[27]。大数据研究领域中，按照研究的方式、内容与对象的不同，当前时间序列预测及数据挖掘的研究现状总结如下。

（1）依据研究的方式分类，可将时间序列预测与挖掘可分为以下两类：一类是将时间序列数据作为一种特殊的挖掘对象，找寻对应的数据挖掘算法从而进行专门研究，这种思路是当前大数据领域时间序列预测研究的热点；另一类则仅在数据预处理阶段，从时间序列数据中提取并组建特征，并将这种特征当作普通的非时态属性，仍然采用原有的数据挖掘框架与算法进行数据挖掘。

（2）依据研究的内容，时间序列模式挖掘分为时态模式挖掘和相似性问题挖掘，时态模式挖掘主要包括时间序列的关联规则挖掘、时态因果和时间序列的模式挖掘等具体内容；相似性问题挖掘主要面向查询的需求，主要包括相似性查询语言和相似性匹配算法的设计等内容。

（3）依据研究对象，时间序列模式挖掘分为事件序列的数据挖掘、事务序列的数据挖掘与数值序列的数据挖掘。时间序列数据挖掘的起源，来源于一种从时间序列中发现有价值"概念"的方法，这里所谓的"概念"就是模式的预测内容；除此之外，还可以从时间序列中发现规则，该类方法采用滑动窗口对时间序列进行技术处理，对形成的向量集进行数据的聚类，并用类对原有的时间序列进行再次重构，在经过对特定时间序列的符号与离散化后，从而进行时序中的知识与规则发现。近年来，基于时间序列数据挖掘的技术框架发展迅速，可以处理的对象包括一个甚至多个相关时间序列，在通过时间序列数据挖掘得到数据与模式之后，可以将其用于预测大数据领域各类相关事件的发生状况。

根据预测方法的性质将预测方法分为以下 3 类：① 定性预测方法，对系统过去与现在的经验、判断和直觉进行预测，以人的逻辑判断为主，要求提供系统发展的方向、状态、形势等定性结果，该方法适用于缺乏历史统计数据的系统；② 时间序列预测，根据系统对象随时间变化的历史资料，考虑系统变量随时间的变化规律，对系统未来的表现时间进行定量预测，主要包括移动平均法、指数平滑法、趋势外推法等，适用于利用统计数据预测研究对象随时间变化的趋势；③ 因果关系预测，系统变量之间存在某种前因后果关系，找出影响某种结果的因素，建立因与果之间的数学模型，根据因素变量的变化预测结果变量的变化，既预测系统发展的方向又确定具体的数值变化规律。

统计学中对于时间序列，常采用一些统计特征量描述其性质，主要有 3 个相关特征量表征时间序列的统计特征[28]，具体如下：

（1）均值函数。对每个时刻 t 而言，时间序列 $\{x_t\}$ 的均值函数为：

$$\mu_t = E[X_t] \triangleq \int_{-\infty}^{+\infty} x f_t(x) \mathrm{d}x \tag{3-30}$$

式中，时间序列 $\{x_t\}$ 的概率密度函数采用符号 $f_t(x)$ 表示。

（2）自协方差函数。在统计学中，特定时间序列的自协方差是指某一信号与该信号经过时间平移后的信号之间的协方差。为了表示在不同时刻下时间序列 $\{x_t\}$ 中随机变量间的统计关系，对于任意时刻的 t、s，取 x_t 和 x_s 的相关矩进行自协方差函数的计算，具体表示如下式：

$$\gamma_{t,s} = Cov(x_t, x_s) \triangleq E[(x_t - Ex_t)(x_s - Ex_s)] \tag{3-31}$$

（3）自相关函数。自相关函数指同一时间函数在时刻 t 和 s 的两个值相乘积的平均值作为延迟时间 t 的函数，是信号与延迟后信号之间相似性的度量。时间序列 $\{x_t\}$ 的自相关函数 $\rho_{t,s}$：

$$\rho_{t,s} \triangleq \frac{\gamma_{t,s}}{\sqrt{\gamma_{t,t}\gamma_{s,s}}} \tag{3-32}$$

式中，存在 $\rho_{t,s} = \rho_{s,t}$，$\rho_{t,t} = 1$。

在统计学中，可以进一步通过建立反映某一具体时间序列的模型来表征时序特性，时间序列可以建立诸如自回归模型、移动平均模型、自回归移动平均模型等常见数据模型，模型的解释如下[29]：

（1）自回归模型。自回归模型描述时间序列 $\{x_t\}$ 在某一时刻 t 和前 p 个时刻序列值之间的线性关系，表示为：

$$x_t = \varnothing_1 x_{t-1} + \varnothing_2 x_{t-2} + \cdots + \varnothing_p x_{t-p} + \varepsilon_i \tag{3-33}$$

式中，符号 $\{\varepsilon_i\}$ 是随机序列中的白噪声，$\{\varepsilon_i\}$ 与序列 $\{x_t\}$ 不相关，该模型称为 p 阶自回归模型，用符号记为 AR(p)。

（2）移动平均模型。移动平均模型建模表示的时间序列 $\{x_t\}$ 中，若干个白噪声的线性加权和采用 x_t 表示，则 q 阶移动平均模型表示为下式：

$$x_t = \varepsilon_t + \theta_1 \varepsilon_{t-1} + \theta_2 \varepsilon_{t-2} + \cdots + \theta_q \varepsilon_{t-q} \tag{3-34}$$

式中，符号 $\{\varepsilon_i\}$ 为白噪声序列，q 阶移动平均模型用符号记为 MA(q)。

（3）自回归移动平均模型。将自回归模型和移动平均模型结合构成自回归移动平均模型，该类型模型兼有上述两种模型的特点，平稳时间序列数据的变化过程采用尽可能少的参数来进行描述，自回归移动平均模型表示为

$$x_t = \varnothing_1 x_{t-1} + \varnothing_2 x_{t-2} + \cdots + \varnothing_p x_{t-p} + \varepsilon_i + \theta_1 \varepsilon_{t-1} + \theta_2 \varepsilon_{t-2} + \cdots + \theta_q \varepsilon_{t-q} \tag{3-35}$$

式中，p 为自回归部分的阶数，q 为移动平均部分的阶数，自回归移动平均模型记为 ARMA(p,q)。对于实际时间序列问题，一般情况下通常 p 与 q 所取阶数均比较低，自回归模型和移动平均模型都为 ARMA 的具体特例，由于 ARMA(p,q)序列兼有 AR(p)和 MA(q)的性质，因此，ARMA 模型比 AR 或 MA 模型更具有普遍性意义。

3.5.2　时间序列预测

在不同时刻，按某一指标的不同观测值组成时间序列，因此，时间序列也即按时间

先后顺序排列而组成的一系列数据与数列，针对时间序列的预测也就意味着：对按时间顺序排列而成的观测值集合，进行数据的预测或预估。如果数据序列是连续的，则该时间序列称为连续时间序列；如果数据序列是离散的，则该时间序列称为离散时间序列。由于时间序列的本质特征就是相邻观测数据的相互依赖性，时间序列预测及其数据挖掘研究的典型问题就是：在充分利用相邻观测数据相互依赖的客观基础上，采用相应时间序列的数据分析与建模技术，对时间序列中的数据生成合理的动态数据模型，最终将这种数据模型用于所需要的大数据应用领域。为后续介绍时间序列预测及模式挖掘算法，在此部分引入时序预测及模式挖掘中涉及的相关数学符号[30]。

（1）项集：也即由各种项 i 组成的非空数据集合，采用符号记为 $S=\{i_1,i_2,\cdots,i_m\}$，项集通常也被称为序列的元素。

（2）序列：不同项集的有序排列称为序列，采用符号记为 $\alpha=<X_1,\cdots,X_n>$，序列中的每一项 X_i 称为一次交易。

（3）序列之间的包含：对于两个时间序列 $a=<a_1, a_2,\cdots,a_n>$ 与 $b=<b_1,b_2,\cdots,b_m>$，如果存在一组整数，使得序列 a 为序列 b 的子序列，则又称序列 b 包含序列 a。

（4）序列的长度：一个序列中包含的所有项的个数称为序列的长度。

（5）支持度：某一个 t 时刻，时间序列 a 在原始数据序列或数据库中的含量，记为支持度。

（6）贯序模式：给定支持度阈值 ξ，如果序列 α 在序列数据库中的支持度不低于给定阈值 ξ，则称序列 α 为序贯模式。

下面介绍时序预测方面典型的算法：序贯模式挖掘 SPMGC 算法。

序贯模式挖掘 SPMGC 算法

在时序预测及其数据挖掘算法中，通常通过引入时间窗口来评估时间因素对挖掘结果的具体影响，然而在时序中的时间因素的具体含义又各不相同。总体而言，时序中涉及的时间因素包含两个方面的内容：一个是项集间的时间窗口，用符号 W_{inter} 表示，用于限定相邻两个项集内，项与项之间时间差的最小或最大值；另一个是项集内的时间窗口，用符号 W_{intra} 表示，在此时间范围内的项被视为属于同一个项集，用于限定在同一个项集内的不同项之间时间跨度的最大值；由于大数据领域时序观测存在随机性的特点，因而时间窗口的选择具有很多不确定因素。由于时间窗口也是一种约束条件，根据相关的领域知识给出一组广义约束条件定义，可以给出基于这些约束条件的序贯模式挖掘算法 SPMGC（Sequential Pattern Mining Based on General Constrains）。SPMGC 算法可以有效地发现有价值的数据序列模式，提供给大数据专家们进行各类时间序列的相似性与预测研究[31]。依据约束性质的不同，结合时间序列的不同应用，将时间序列领域约束规则分为以下几类。

（1）项集间的时间限制 C_{gap}：限定在相邻两个项集内，反映项与项之间时间差的最小与最大值。主要作用是影响数据挖掘获得模式的稀疏粒度。如果设定的 W_{inter} 越大，挖掘所得模式中项集之间则越为稀疏，反之，数据挖掘获得模式中项集之间越为紧密。

（2）序列持续时间限制 $C_{duration}$：该项时间限制限定在同一个项集内，指定不同项之间的时间跨度约束值。序贯模式挖掘算法中引入序列持续时间限制，可将时间窗口变更为用户指定与具体领域知识相结合的形式，从而动态调整时间窗口。时间序列挖掘任务中，项集内的时间窗口用来限定在同一个项集内的不同项之间的时间跨度最大值，可以调节数据挖掘获取模式中项集的大小。

（3）数据约束 C_{data}：该项约束指定与时间序列数据挖掘任务最相关的数据，可以减少数据运算量。在数据库中，通过选择、连接、聚集、投影函数等选择具体数据。数据仓库中，也可以通过基于条件的过滤与对数据立方体的切片来执行该项数据的约束功能。

（4）项的约束 C_{item}：指定某一项可不可以出现在模式中。

（5）序列长度的约束 C_{Length}：该项约束指出数据挖掘出的序列模式应当遵守的长度范围，可以筛选去除太长或太短的时间序列。

（6）其他约束：包括兴趣度约束、规则约束与统计函数约束等，例如，统计函数约束指模式中出现的项，要求满足指定统计函数的需求。常见的具体函数包含求取平均、最大值、最小值、求和与标准差等。描述 SPMGC 算法的基本处理流程如下：

① 扫描时间序列数据库，获取满足约束条件且长度为 1 的序列模式 L_1，以序列模式 L_1 作为初始种子集。

② 根据长度为 $i-1$ 的种子集 L_{i-1}，通过连接与剪切运算生成长度为 i 并且满足约束条件的候选序列模式 C_i，基于此扫描序列数据库，并计算每个候选序列模式 C_i 的支持数，从而产生长度为 i 的序列模式 L_i，将 L_i 作为新种子集。

③ 在此重复第②步，直至没有新的候选序列模式或新的序列模式产生。

针对基于广义约束规则的序贯模式挖掘算法（SPBGC），采用形式化语言将其描述如下。

算法名称：SPBGC 算法

算法输入：数据序列集 L，用户指定的约束条件集 CS

算法输出：序贯模式 S

执行步骤：

（a）$S= \phi$；

（b）按优先级将 CS 排序，并设置 $i=1$；

（c）while；

```
{
    if (i=1) 产生 1-Sqeuence Li with 约束集 CS；
    else
    {  产生 Ci with (Li-1,CS)；
       if Ci=φ则转至步骤（4）输出 S；
       产生序列 Li from Ci with 约束集 CS；
              S=S∪Li
    }
    i++；
}
```

（d）输出 S。

SPBGC 算法首先对约束条件按照优先级进行排序，然后依据约束条件产生候选序列。SPBGC 算法说明了怎样使用约束条件来挖掘序贯模式，然而，由于应用领域的不同，具体的约束条件也不尽相同，同时产生频繁序列的过程也可采用其他序贯模式算法。

3.5.3 案例：地震预警

1．地震波形数据存储和计算平台

南京云创大数据科技股份有限公司为山东省地震局研发了一套可以处理海量数据的高性能地震波形数据存储和计算平台，将从现有的光盘中导入地震波形数据并加以管理，以提供集中式的地震波形数据分析与地震预测功能，为开展各种地震波形数据应用提供海量数据存储管理和计算服务能力。

该平台为地震波形数据分析与预测等多种应用业务提供海量数据存储支撑与计算服务。平台是一个融合地震波形数据采集与地震波形数据分析应用的综合系统，从基本组成与构架上分析，平台主要由 5 部分组成：数据解析系统、数据入库系统、数据存储管理系统、数据应用接口和数据异地修复系统。图 3-12 所示为南京云创大数据有限公司为山东省地震局研发的地震波测数据云平台系统显示的数据接入图。

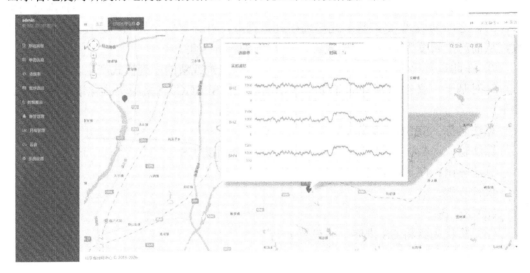

图 3-12 山东省地震波测数据云平台的显示界面

2．地震波形数据存储和计算平台的主要性能指标

（1）数据存储和处理指标：每年的原始地震波形数据及相关辅助信息约为 15TB，为保证数据存储的可靠性，要求采用 3 倍副本方式保存数据，云平台每年需要提供约45TB 的总存储量，同时系统必须能实时接收和处理高达 10MB/s 的入库数据。

（2）系统响应时间指标：千兆网络环境下，局域网客户端从分布式文件存储系统中读取 4096B 存储内容的响应时间不高于 50ms。

（3）地震波形数据存储性能指标：采用 HDFS 格式进行数据读取，读取性能为 40～80MB/s 节点，数据规模 10PB，数据负载均衡时间可依据流量配置而确定，集群重新启动时间按 10PB 规模计算达到分钟级别。

3. 地震波形数据存储和计算平台的功能设计

1）数据解析

主要负责把山东省的历史 seed 格式文件及实时地震波形数据流进行读取并解析处理，并将解析后的数据进行解码。数据解析主要包括 3 个模块：读取模块、解析模块和解码模块。读取模块主要负责山东省的历史 seed 格式文件的读取处理，以及实时波形数据流的读取，解析模块主要负责将读取到的地震波形数据解析成合理的数据格式，解码模块主要负责把解析好的历史数据，以及实时地震波形数数据解码成结构化数据。在构架上，为最快进行历史数据的解析处理，可以在每一个处理机上安装一个数据解析程序。

2）数据入库

主要负责把解析好的地震波形数据同步传送给本平台进行实时入库处理。数据入库主要包括 3 个模块：接收模块、解析模块和数据入库模块。接收模块主要负责接收每个解析机器产生的数据流，解析模块主要负责把接受到的数据流解析成合理的数据格式，而数据入库模块负责把解析好的数据加入到地震波形数据云平台。

3）数据存储管理

地震波形数据全部存储在地震波形数据云平台的云存储资源中，资源池提供两种存储资源：一种是用于存储少量中间数据的结构化数据存储资源，另一种是用于存储海量非结构化数据的分布式文件系统。为适应数据量、数据特征和查询处理的不同需求，平台采用混搭式的数据存储方案。对存储容量巨大、常规数据库难以处理的数据，例如地震波形数据，主要存储在基于 HDFS 的分布式文件系统中，这些数据将通过 HDFS 接口进行访问和计算处理；对于部分数据量不大、查询响应性能要求高的数据，例如，台网、台站、通道描述信息等少量数据，存放在 MySQL 关系数据库中，数据通过 JDBC 等结构化数据存储访问接口进行访问。

4）云计算平台的数据应用接口

数据应用接口主要提供包括地震波形数据查询、波形分析与地震预测等功能。由于数据量巨大的地震波形难以存储在常规关系数据库中，而直接存储在 HDFS 或 HBase 中难以保证查询效率，因此，需要对地震波形数据建立索引处理，并将索引数据存储在 HDFS 或 HBase 中。为建立地震波形数据索引，需要在地震波形数据传送到地震云平台时进行实时的索引处理。由于地震波形数据流量巨大，需要调度使用多台服务器节点进行并行处理，此外，用户从客户端发起的各种数据查询分析也会产生大量并发查询任务，各种查询分析计算任务的处理将需要考虑在计算集群上进行并行化任务调度和负载均衡处理，这些并行计算任务及负载均衡处理使用 Zookeeper 基于计算集群完成统一的控制和实现。在平台构架上，以上查询、分析计算与预测任务将需要使用大规模数据并行计算集群。在编程实现上，存储在数据库中的数据将使用常规数据库查询语言实现，对存储在分布式文件系统中的地震波形数据，在数据量巨大而处理实时性要求不是特别高的情况下，为方便对海量数据的并行处理采用 MapReduce 编程方式实现；对于那些实时性要求很高的查询分析计算，由于 MapReduce 启动作业需要较长的时间开销，则需要采用非 MapReduce 编程方式实现。对于地震云平台的各类数据查询、波形分析与地震预测等应用接口，以 Java 形式封装在 jar 包的形式提供给其他应用系统，可以通过调用 jar 包里的对应的 Java 方法获取想要的数据，接口具体的使用类似于利用 JDBC 提供的 Java 方法从数据库中获取指定数据的状况。

5）数据异地修复

数据异地修复主要负责在线检验数据的完整性，并自动修复损坏的数据。系统会定期检查省云平台与 3 个子云平台的数据完整性，如果发现某个平台里的数据出现损坏或者丢失的情况，会立即从其他平台中复制这部分数据过来，实现平台间的在线实时数据修复。

4．平台的组成、总体构架与功能模块

基于以上基本的平台组成和功能构架，详细的总体构架和功能模块设计如图 3-13 所示。

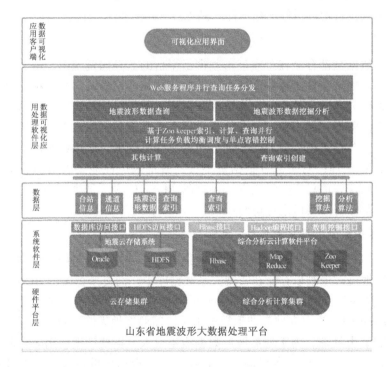

图 3-13　地震波形数据云平台总体构架与功能模块

图 3-13 中，地震波形数据云平台自底向上分为 5 个层面：最下层是硬件平台层，使用山东省地震局提供的计算、存储和网络资源，从信息处理的角度分析，这一层主要包括云存储计算集群。第二层是系统软件层，包括云存储系统软件与综合分析云计算软件平台。云存储系统将提供基于 MySQL 关系数据库的结构化数据存储访问能力，以及基于 HDFS 的分布式文件系统存储访问能力，分别提供基于 JDBC/SQL 的数据库访问接口以及 HDFS 访问接口。综合分析云计算软件平台可提供对 HDFS、DataCube 数据的访问，并提供 MapReduce 编程模型和接口、非 MapReduce 模型的编程接口，可用于实现

并行计算任务、负载均衡和服务器单点失效恢复的 Zookeeper。第三层是地震波形数据云平台中的数据层，包括地震波形数据、索引数据及台站通道信息数据等。地震波形数据、索引数据等海量数据存储在云存储系统的 HDFS 分布式文件系统中，采用 HDFS 接口进行存储和访问处理，其他数据量不大、处理响应性能要求较高的中间分析数据，存储在云存储系统的关系数据库系统中，采用 JDBC/SQL 进行存储和访问处理。第四层是数据处理软件层，在该软件层实现地震波形数据处理与地震预测功能，主要完成山东省地震局地震波形数据云平台所需要提供的诸如地震数据查询、分析与预测等具体功能。最上层是客户端用户界面软件，主要供用户查询和监视相关的地震数据信息。

5. 地震中的时间序列预测

地震的表现形式与发生机制极为复杂，地震在时间与空间上呈现明显的疏密变化。例如，某一强地震发生之后，附近一般伴有更多余地震的可能，地震序列也即这一组空间和时间范围内发生的地震组合，地震序列以时间与地点上的集中突发性作为显著特征，反映地球地质活动在时空中的状况，因此，地震预测的主要手段也就是对地震序列进行特征研究。通过对地震序列的特征研究，可以帮助判断某大地震发生后地质活动的规律，掌握一定区域内地震前后震级次序间的某种内在关联性，有利于判断次地震发生后，震区地质活动的客观趋势[32]。

1）地震数据收集和预处理

在应用 SPBGC 算法测试地震序列前，必须对地震数据进行预处理。在地震目录数据中，存在 42% 左右的地震数据为大震的余震，因此，结合领域知识去除目录数据中的余震。为适应 SPBGC 算法的数据运算，预处理阶段结合地震序列的时空跨度进行，预处理的流程步骤具体如下：

（1）设定地震序列的空间跨度，并划分震级标准 M。

（2）依据地震目录数据库，将震级大于或等于震级标准 M 的地震信息存入大地震文件。

（3）获取大地震文件中的每一条记录 E，并取得震级 M 与震中所在位置 G。

（4）扫描地震目录数据，对每一地震记录 E，均判断当前地震位置与震中 G 的距离是否满足设定的空间跨度。如果满足空间跨度，则将该记录标注为与震中等同的序列号，同时将震中为圆心的区域范围内地震的次数加 1；否则继续处理下一条地震记录。

（5）大地震文件处理完毕后，该阶段地震数据收集和预处理阶段结束。

2）使用 SPBGC 算法进行地震数据预测实验

本部分采用序贯模式挖掘算法应用在地震预报中，通过相应序贯模式来研究地震序列。考虑到地震序列的特殊性，引入了基于广义约束规则的序贯模式挖掘算法进行数据测试，从领域知识的角度限定挖掘模式的有效性。初始数据首先统计 1964 年 1 月至 2005 年 1 月，发生在全国境内的 3 级以上地震 35317 条，实验数据源为山东地震局提供。采用预处理后构成地震目录数据 M，原则是分别取 5.0、5.5、6.0、6.5、7.0、7.5 级地震发生前，震中周围一定区域及时间内发生的地震构成项目集。在表 3-8 中，取震中周围 1.5 度范围且 3 年内发生的地震构成项目集，选用不同的时间约束规则，采用用广义约束规则的序贯模式挖掘算法-SPBGC 测出的部分实验结果。表 3-8 中，序列中的数字 0 对应震级小于 2.0 级，数字 1 对应于震级大于或等于 2.0 且小于 3.0 级，数字 2 对应震级大于或等于

3.0 且小于 4.0 级，数字 3 对应震级大于或等于 4.0 且小于 4.5 级，数字 4 对应震级大于或等于 4.5 且小于 5.0 级，数字 5 对应震级大于或等于 5.1 且小于 5.5 级，数字 6 对应震级大于或等于 5.5 且小于 6.0 级，数字 7 对应震级大于或等于 6.0 且小于 6.5 级，数字 8 对应震级大于或等于 6.5 且小于 7.0 级，数字 9 对应震级大于或等于 7.0 且小于 7.5 级。

表 3-8　采用 SPBGC 算法的地震预测结果

时间窗口 W_{inter} 取 20 天		时间窗口 W_{inter} 取 90 天	
序列	支持度	序列	支持度
<8>	0.51022	<8>	0.51022
<4,2>	0.30634	<4,2>	0.30681
<9,2>	0.32758	<5,3>	0.30681
<3,2,2>	0.32758	<7,2,2,2,2,2,2>	0.30681
<5,2,2>	0.30634	<6,2,2,2,2,2>	0.30681
<6,2,2>	0.30634	<5,2,2,2,2,2,2>	0.30681
<7,2,2>	0.30634	<2,2,2,2,2,2,2>	0.30681

该项实验的目的是挖掘 5～7.5 级以上地震前，震中周围一定区域与时间范围内的地震序列模式。由于全国范围内地震活动的不规律性，对于项集间的时间窗口 W_{inter} 的选择具有较多不确定因素。通常采取的方法是，如果地震的震级越大，相应时间窗口 W_{inter} 取较大值。如表 3-8 所示，在 W_{inter} 分别取 20 天和 90 天的情况下，采用本节介绍的基于广义约束规则的序贯模式挖掘算法——SPBGC 算法基于上述地震数据集测出的部分实验结果，该地震数据序列可做如下解释：通常发生大地震的前 3 年，震中周围一定区域将出现地震活动增强的趋势；对于经常不发生地震的区域，在震中周围的一定区域内，地震活动明显增强的情况一般较小；此外，从 SPBGC 算法挖掘出的数据序列可以明显地观测出：大地震发生后，通常都会有小的地震伴随发生。

3.6　数据挖掘综合案例：精确营销

数据挖掘在各领域的应用非常广泛，只要该产业拥有具备分析价值与需求的数据仓储或数据库，都可以利用挖掘工具进行有目的的挖掘分析。一般较常见的应用案例多发生在零售业、制造业、财务金融保险、通信业及医疗服务等。

在商业销售上，经常会碰到这样的问题：如何通过交叉销售，得到更大的收入？如何在销售数据中发掘顾客的消费习性，并由交易记录找出顾客偏好的产品组合？如何找出流失顾客的特征与推出新产品的时机点，等等。这些都属于关联规则挖掘问题，可以通过关联规则挖掘来发现和捕捉数据间隐藏的重要关联，从而为产品营销提供技术支撑。

下面将以"电子商务网站中的商品推荐"为例[26]，介绍精确营销中的关联规则应用。

3.6.1　挖掘目标的提出

当今的商业竞争日趋激烈，获得一个新客户的成本越来越高，保持原有顾客也就显得越来越重要。营销实践表明：争取一个新客户的花费常常可以达到留住一个老客户花费的 5～10 倍。客户忠诚是客户在较长的一段时间内，对于企业产品或服务保持的选择偏好与重复性购买。忠诚的客户不仅会增加购买量，而且会为企业介绍新客户。与传统的商务相比较，电子商务的客户忠诚度更重要。

影响客户忠诚度的因素非常多，有客户自身方面的原因、企业方面的原因，还有客户和企业以外的其他因素，如社会文化、国家政策等。除了企业自身外，其他都属于不可控因素。从这一点出发，企业可以从自身寻找能影响客户忠诚度的原因。例如，某个客户的忠诚度下降是因为他购买的某类商品的质量出现问题或价格过高，导致该客户转向了企业的竞争对手。对于这种情况，企业需要一种方法来对客户信息和营销数据的分析，找出哪些原因导致了客户的忠诚度下降，并且针对这些原因采取措施，挽回那些即将变为不忠诚的客户。数据挖掘技术可以建立客户忠诚度分析模型，了解哪些因素对客户的忠诚度有较大的影响，从而采取相应措施。因此，基于数据挖掘技术的客户忠诚度分析具有重要的应用价值。

电子商务网站实现了一个网上超市，用户可以通过网站进行在线购物，实现电子商务方便快捷的优势。网站的整个操作流程如图 3-14 所示。

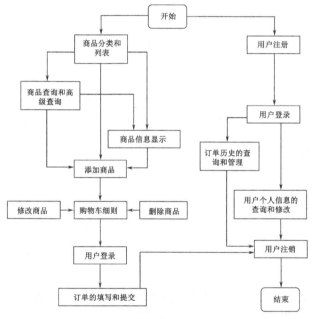

图 3-14　电子商务网站操作流程

3.6.2　分析方法与过程

在电子商务系统中，忠诚度分析所需要的客户信息和交易信息分别存放在网站数据库的客户表、订单表及订单明细表中。因此，必须去除这些表中不需要的信息（例如，用户电话、传真、身份证号码、联系方式之类的信息），抽取需要的信息。抽取信息时应注重抽取能够反映客户个人身份背景、学历等方面的信息，以及反映其交易心理的相关信息。将抽取出来的数据整理成为能被挖掘算法所利用的表格，放入数据仓库中。在计算客户忠诚度时，将客户的忠诚度分为 4 个等级：0——忠诚；1——由忠诚变为不忠诚；2——由不忠诚变为忠诚；3——不忠诚。如果客户本月的消费额比本月之前半年内每月平均消费额减少达到 50%以上，则忠诚等级降低一级；如果客户本月的消费额比本月之前半年内平均消费额增加达到 20%以上，则忠诚度等级升高一级。最后生成的新表格如表3-9所示。

表3-9　经抽取而成的客户信息表

客户编号	性别	年龄（岁）	教育程度	……	距最近一次购买时间（天）	月均购买频率	已消费金额	忠诚度级别
20120001	男	40	大专	……	5	3.4	801.6	0
20120002	女	28	本科	……	11	1.9	246.3	1
……								

所得到的用户数据很难做到完整全面，用户在注册时可能选择不填注册信息的几项，造成数据项空缺。对于空缺的数据项，要视情况排除或填入默认值。例如，对于数值型数据来说可以取平均值作为默认值。抽取得到的表中数据的类型和挖掘算法需要的类型不一定一致。此时还需要做一些转换工作。例如，ID3 分类算法需要离散的源数据；C4.5 等算法虽可由程序自动寻找离散化方法，但是有时数据自动分段的边界显得不够自然，不符合人们的一般习惯。这里由分析人员按照一般的统计划分经验来对属性值进行分段，实现离散化。离散化变换后的结果如表3-10所示。

表3-10　经离散变换后的客户信息表

客户编号	性别	年龄（岁）	教育程度	……	距最近一次购买时间（天）	月均购买频率	已消费金额（元）	忠诚度级别
20120001	男	30～40	大专	……	0～10	2～4	800～1000	0
20120002	女	20～30	本科	……	10～20	0～2	0～500	1
……								

本案例采用基于信息论的 ID3 决策树分类算法进行客户忠诚度分析。该算法根据离散属性集的集合来做出一系列判断将数据分类。它的输入数据是已分好类的样本数据，输出一棵代表分类规则的二叉树或多叉树。

客户群细分是根据公共属性将客户划分成为同类群体的过程，细分的目的是按照客户之间的密切关系或相似程度将客户划分到事先已经定义好的各个客户群中，为营销人员与客户之间的交流提供一个有效的平台，从而使得公司可以更好地识别不同的客户群体，区别对待不同客户，采取不同的客户策略，达到最优化配置客户资源的目的。

在客户群细分的基础上，通过建立客户行为模型，可以作为营销人员进行一对一营销的依据。一对一的营销思想，要求企业能够了解每个客户的爱好、需求，针对客户的个人特点进行营销，和客户建立起长久稳定的关系。长久以来，这一策略只能依靠营销人员与用户个人保持联系而完成。辅助统计分析工具只能了解客户群体宏观层次下表现出来的一些特性。现在，基于数据挖掘工具，可以把客户划分成更加细小的、其消费行为存在较大相似性的微小群体。虽然还不可能细化到表现每个人的全部个性的程度，而且由于客户群体的庞大，每个细分群包括的客户数目事实上也相当可观，离一对一营销还很远，但是这样的细分，能够表现此群体的消费行为共性，对企业制定营销策略具有很大的指导意义。

客户群细分变量可以采用一般人口统计学变量（如年龄、性别、收入、教育背景和职业等），也可以采用客户的购买行为特征变量（如客户购买量、购买的产品类型结构和购买频率等）。在本子系统中，我们采用了后者。通过分析客户的购买行为，使用数据挖掘技术将具有相似消费特征的顾客归为同一类。当某顾客在购买商品时，网站可以利用挖掘结果向该客户推荐他所在客户群的其他客户购买的商品。例如，客户甲经常光顾网站购买录音带，而客户乙经常光顾网站购买 CD，可见甲和乙对音像制品都很感兴趣，都是音乐爱好者。那么，通过客户群细分，可以认为甲和乙是同一类客户。当甲再次进入网站购物时，可以向他推荐购买 CD，从而为客户提供个性化服务。客户群细分可以使用分类或聚类来实现。区别如前所述，分类需要已经由营销人员分好类的样本，聚类则自主地对客户群体进行分类。决策树等分类算法易于理解，但受样本划分准确度的影响；聚类算法有时也可以发现营销人员没有发现的一些事实。所以，在本案例中使用聚类算法进行客户群的细分。系统客户群细分所需的客户信息和交易信息与客户忠诚度分析大致相仿，分别存放在客户表、商品类别表、订单表及订单明细表等多个表内。数据项处理过程主要将这些表内反映客户身份背景、购买兴趣度等相关信息提取出来，并加以清理，除去噪声数据，对信息不完全的数据填入默认值或舍去，进行必要的离散化变换。购买兴趣度信息是根据客户对各个商品的购买情况统计得出的，记录了客户对系统提供的 49 个商品类别的购买量。最终形成的表包含的属性如表 3-11 所示。

表 3-11　客户兴趣度表

客户编号	性别	年龄（岁）	教育程度	类别1购买量	类别2购买量	……	类别49购买量
20120001	男	30～40	大专	0	17	……	61
20120002	女	20～30	本科	23	1	……	0

然后对表 3-10 使用聚类算法进行挖掘。聚类算法分为基于划分的方法、基于层次的方法、基于密度的方法、基于网格的方法、基于模型的方法等几大类，本案例中选择基于划分的 K-means 算法。

客户群细分主要是为下面将介绍的商品推荐做准备的，它的结果将被写入数据仓库的 user cluster 和 cluster info 表中。User cluster 表记录客户属于哪个类，共有两个字段，分别为客户编号和类编号。cluster info 表记录每个客户类别中所有顾客的商品购买统计信息，共有 3 个字段，分别为类编号、商品编号和购买量。

商品推荐是电子商务网站用来向访问网站的顾客提供商品信息和建议，并模拟销售人员帮助顾客完成购买过程。它是利用数据挖掘技术在电子商务网站中来帮助顾客访问有兴趣的产品信息。推荐可以是根据其他客户的信息或此客户的信息，参照该顾客以往的购买行为预测未来的购买行为，帮助用户从庞大的商品目录中挑选真正适合自己需要的商品。推荐技术在帮助了客户的同时也提高了顾客对网站的满意度，换来对商务网站的进一步支持。

商品推荐的主要任务是回答这样一个问题：当前访问网站的这位客户最可能想要的是哪些商品？对于推荐任务的实现，首先要求结果的准确性，总是向客户推荐其不想要的商品只会导致客户不满而转向其他网站；其次推荐的商品应尽可能多地覆盖用户实际喜欢的范围，以最大限度地提高推荐效果。另外，与客户的实时交互也对算法的效率提出了较高的要求。

有许多方法可以实现推荐任务。最简单的就是以编辑推荐或专家推荐的形式，比如定期推出的专题，汇集一系列围绕某主题的商品目录，这些目录都是由编辑手工编写的。一些简单的统计数据也可以作为推荐的手段，如销售排行榜，放在网页的醒目位置，对于新的来访者相当有效。另一些推荐方式则较为复杂，大部分工作需要计算机来完成。通常前者被称为"人工式推荐系统"，而后者称为"自动式推荐系统"。要真正实现针对每个客户的个性化服务，必须借助自动式推荐系统，它可以充分考虑每位客户的特点，在与用户的实时交互过程中动态地推荐结果。但两者并不相互排斥，实际的系统经常会综合多种推荐方法，互补长短。

我们为"易购 365"设计了结合多种方法的商品推荐方案。首先，利用统计方法在网站的首页醒目位置列出销售量处于前 10 名的热销商品，为访问者和新注册的用户提供最普通的推荐服务；其次，对于已注册并有购买记录的顾客，当他登录网站的时候，将享受到级别更高的推荐服务。该推荐分为两部分：利用客户群细分的结果，将同一个类中其他用户购买最多的 N 个商品或与这些商品同类的新商品推荐给顾客；利用数据挖掘中的关联规则技术，列出目标客户最感兴趣的 N 个商品的推荐列表。相比以往的商品推荐，这样的方案既弥补了系统无法为新客户提供有效推荐服务的缺点，同时也弥补了未获得足够销售量的新商品不易被推荐出去的缺陷，有效地提高了对客户的推荐精度。

比较常用的与推荐相关的数据挖掘技术有关联规则、贝叶斯网络技术、聚类技术和最邻近技术等。本系统采用的是关联规则中效率较高的 FP-Growth 算法来得到满足最小支持度和置信度要求的关联规则。由 Han Jiawei 等人提出的 FP-Growth 算法，没有采用 Apriori 算法的框架，而是采取了分而治之的策略：在经过了第一次扫描之后，把数据库中的频繁集压缩进一棵频繁模式树（FP-tree），同时依然保留其中的关联信息。随后再将 FP-tree 分化成一些条件库，每个库和一个长度为 1 的频繁集相关。然后再对这些条件库分别进行挖掘。当原始数据库很大的时候，也可以结合划分的方法，使得一个 FP-tree 可以放入主存中。

在网站的商品推荐中，关联规则部分所需要的客户交易数据分别存放在网站数据库的订单表和订单明细表中。表中关心的只有订单编号、商品编号等少数几个属性。我们根据订单号到订单明细表中去寻找一次交易购买商品的编号，对于空缺的值，将其排除。

习题

1. 简述数据挖掘的概念。
2. 根据预测方法的性质将预测方法分为哪些类？各有何优缺点？
3. 时序预测方面典型的算法有哪些？各有什么特点？
4. 依据研究的方式分类，可将时间序列预测与挖掘分为哪些类？
5. 什么是序贯模式挖掘 SPMGC 算法？

6．数据挖掘的常用算法有哪几类？有哪些主要算法？

7．数据挖掘方法中分类的含义是什么？分类与聚类方法的区别是什么？

8．时间序列预测方法分哪几类？主要适用领域是哪些？

9．按照数据挖掘的应用场景分类，数据挖掘的应用主要涉及哪些领域？

10．根据适用的范围，数据挖掘工具分为哪些类？

11．数据挖掘中的挖掘工具有哪些？各有什么特点？

12．数据挖掘 SPSS 软件的适用场合与特点有哪些？

参考文献

[1]　张敏．云计算环境下的并行数据挖掘策略研究[D]．南京：南京邮电大学，2011．

[2]　毛国君，段立娟，王实，数据挖掘原理与算法[M]．北京：清华大学出版社，2005．

[3]　范英，张忠能，凌君逸．聚类方法在通信行业客户细分中的应用[J]．计算机工程，2004，30(B12)：440-441．

[4]　王永卿．高维海量数据聚类算法研究[D]．广西：广西大学，2007．

[5]　刘君强，孙晓莹，潘云鹤．关联规则挖掘技术研究的新进展[J]．计算机科学，2004，31(1)：110-113．

[6]　Ian H. Witten，Eibe Frank．数据挖掘：实用机器学习技术[M]．北京：机械工业出版社，2006．

[7]　方匡南．基于数据挖掘的分类和聚类算法研究及 R 语言实现[D]．暨南大学，2007．

[8]　秦秀洁．数据挖掘流程改进研究[J]．河南科学，2013，31(6)：868-872．

[9]　秦莉花，李晟，陈晓阳．数据挖掘的分类、工具及模型的概述[J]．现代计算机：中旬刊，2013(4)：17-21．

[10]　丁建石．基于数据挖掘的精确营销应用研究[J]．商业时代，2007，(27)：28-31．

[11]　A. Coskun Samli, TerranceL. Pohlenl and Nenad Bozovie. A Review of DataMining Techniques as they Apply to Marketing: Generating Strategic Iformation to Develop Market Segments[J]. The Marketing Review, 2002, (3): 211-227.

[12]　R Agarwal, T Imielinski. A Swami. Database mining: A performance perspective. IEEE Transactions on Knowledge & Data Engineering, 1993, 5(6): 914-925.

[13]　R Agarwal, R. Srikant. Fast Algorithm for Mining Association Rules. In: Proceedings of the International Conference on Very Large Data Bases, Santiago, 1994, pp. 487-499

[14]　JS Park, MS Chen, PS Yu. An effective hash-based algorithm for mining association rules. In: Proceedings of ACM-SIGMOD International Conference on Management of Data. San Jose, CA, 1995: 175-186.

[15]　J Han, J Pei, Y Yin. Mining Frequent Patterns without Candidate Generation. In: Proceeding of ACM-SIGMOD International Conference Management of Data. Dallas, 2000, pp. 1-20.

[16]　J Han, J Pei, Y Yin, R Mao. Mining Frequent Patterns without Candidate Generation: A

Frequent-Pattern Tree Approach. Data Mining & Knowledge Discovery. 2004, 8(1): 53-87.

[17] MJ Zaki. Scalable algorithms for association mining [J]. IEEE Transactions on Knowledge and Data Engineering, 2000, 12(3): 372 - 390.

[18] M El-Hajj, OR Zaïane. Inverted matrix: efficient discovery of frequent items in large datasets in the context of interactive mining. In: The ninth "ACM 50 Journal of Computer Applications (0975–8887) Volume 67 – No.22, April 2013 SIGKDD International Conference on Knowledge Discovery and Data Mining. 2003: 109-118.

[19] N Pasquier, Y Bastide, R Taouil, et al. Discovering Frequent Closed Itemsets for Association Rules [J]. Lecture Notes in Computer Science, 2000, 1540: 398-416.

[20] JF Boulicaut, A Bykowski, C Rigotti. Approximation of frequency queries by means of free-sets[M]. Principles of Data Mining and Knowledge Discovery. Springer Berlin Heidelberg, 2000: 75-85.

[21] D Burdick, M Calimlim, J Flannick, et al. MAFIA: a maximal frequent itemset algorithm [J]. IEEE Transactions on Knowledge & Data Engineering, 2005, 17(11): 1490-1504.

[22] RC Agarwal, CC Aggarwal, VVV Prasad. Depth First Generation of Long Patterns. In: KDD '00 Proceedings of the sixth ACM SIGKDD international conference on Knowledge discovery and data mining, 2000: 108-118.

[23] K Gouda, MJ Zaki. Efficiently Mining Maximal Frequent Itemsets. Proceedings of the 2001 IEEE International Conference on Data Mining. IEEE Computer Society, 2001: 163-170.

[24] Pang-Ning Tan，Michael Steinbach，Vipin Kumar．数据挖掘导论（完整版）[M]．范明，范宏建，等．译．北京：人民邮电出版社，2011．

[25] 王磊．数据挖掘技术在车辆保险中的应用研究[D]．西安：西安电子科技大学，2008．

[26] www.tipdm.com.cn, 2012.

[27] RAYMOND T N, HAN Jiawei. CLARANS: A method for clustering objects for special data mining [J]. IEEE transactions on knowledge and data engineering, 2002, 14(5): 1003-1016.

[28] 许绍燮．地震预报方法实用化研究文集——地震学专辑[M]．北京：学术出版社，1989．

[29] 刘君强．海量数据挖掘技术研究[D]．杭州：浙江大学，2003．

[30] 韩志军，王桂兰，周成．地震序列研究现状与研究方向探讨[J]．地球物理学进展，2003，18(1)：074-078．

[31] Jiawei Han，Micheline Kamber．数据挖掘概念与技术[M]．北京：机械工业出版社，2010．

[32] 吴绍春．地震预报中的数据挖掘方法研究[D]．上海：上海大学，2005．

[33] http://www.docin.com/p-1010325081.html?qq-pf-to=pcqq.c2c.

第 4 章　大数据挖掘工具

数据挖掘是识别出海量数据中有效的、新颖的、潜在有用的、最终可理解的模式的非平凡过程[1]，简单来说就是从海量数据中找出有用的知识。机器学习起初的研究动机是为了让计算机系统具有人的学习能力，以便实现人工智能。机器学习利用经验来改善计算机系统自身的性能[2]，由于"经验"在计算机系统中是以数据的形式存在的，因此，机器学习主要就是实现智能的数据分析。数据挖掘利用了机器学习提供的技术来分析数据以发掘其中蕴含的有用信息。针对大数据进行数据挖掘，不仅需要关注机器学习方法和算法本身，即研究新的或改进的学习模型和学习方法，以不断提升分析预测结果的准确性，而且还需关注如何结合分布式和并行化的大数据处理技术，以便在可接受的时间内完成计算。业界已经研究并构建了一批兼具机器学习和大规模分布并行计算处理能力的一体化系统，普通用户不用编写复杂的机器学习算法，也不用深入掌握基于大数据的分布式存储与并行计算模型，只需了解算法的调用接口即可应用机器学习并实现大数据挖掘，本章主要介绍这些机器学习系统和大数据挖掘工具。

4.1　Mahout

Apache Mahout 是一个由 Java 语言实现的开源的可扩展的机器学习算法库。2008 年 Mahout 还只是 Apache Lucene 开源搜索引擎的子项目，其主要实现 Lucene 框架在文本搜索与文本挖掘中用到的聚类和分类算法，后来 Mahout 逐渐脱离出来成为独立的子项目并吸纳了开源的协同过滤项目 Taste。2010 年 4 月，Mahout 成为 Apache 顶级项目。Mahout 不仅高效地实现了聚类、分类和协同过滤等机器学习算法，关键是其所能处理的数据规模远大于 R、Python、MATLAB 等基于单机的传统数据分析平台，因为 Mahout 的算法既可在单机上运行，也可在 Hadoop 平台上运行。Mahout 通过将机器学习算法构建于 MapReduce 并行计算模型之上，将算法的输入、输出和中间结果构建于 HDFS 分布式文件系统之上，使得 Mahout 具有高吞吐、高并发、高可靠性的特点，这就保证了其适合于大规模数据的机器学习。Hadoop 项目的徽标是一头大象，Mahout 是驱象人的意思，该词来自于印度语，Mahout 项目的徽标就是一个驱象人图案，如图 4-1 所示。

图 4-1　Mahout 徽标

Mahout 官方在 2014 年 4 月宣布，其不再接收新的基于 MapReduce 的算法实现，而改为支持基于 Spark 和 H2O 平台的算法，如图 4-2 所示，同时由于 Apache Spark 平台自身也提供了机器学习算法库 MLlib，所以，很多人认为 Mahout 前途渺茫。其实相对于其他机器学习算法库，自 2010 年 Mahout 成为 Apache 顶级项目以来，经过多年发展，其更为成熟和稳定。Mahout 未来的目标是机器学习平台，将提供类似 R 的 DSL 以支持线性代数运算（如分布式向量计算）、大数据统计等基本功能，也可对用户算法进行自动优化并自动生成为并行程序。

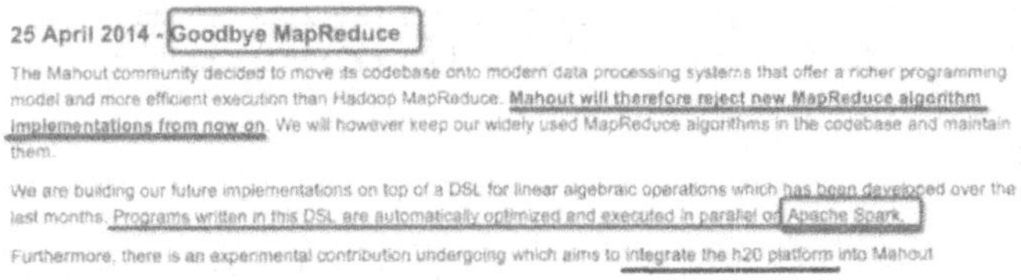
25 April 2014 - Goodbye MapReduce

The Mahout community decided to move its codebase onto modern data processing systems that offer a richer programming model and more efficient execution than Hadoop MapReduce. Mahout will therefore reject new MapReduce algorithm implementations from now on. We will however keep our widely used MapReduce algorithms in the codebase and maintain them.

We are building our future implementations on top of a DSL for linear algebraic operations which has been developed over the last months. Programs written in this DSL are automatically optimized and executed in parallel on Apache Spark.

Furthermore, there is an experimental contribution undergoing which aims to integrate the h20 platform into Mahout

图 4-2　Mahout 不再接收 MapReduce 算法实现

目前，Apache Mahout 不仅可运行在 Hadoop MapReduce 计算模型之上，而且还可运行在 Spark 和 H2O 平台上，不久还可以运行在 Flink 平台上。到 Mahout 0.10.1 为止，其在各平台上主要支持的机器学习算法如表 4-1 所示。

表 4-1　Mahout 在各平台所支持的机器学习算法

算法	单机	MapReduce	Spark	H2O
聚类算法	—	—	—	—
Canopy	deprecated	deprecated	—	—
K-means	x	x	—	—
模糊 K-means	x	x	—	—
流 K-means	x	x	—	—
谱聚类	—	x	—	—
分类算法	—	—	—	—
逻辑回归	x	—	—	—
朴素贝叶斯	—	x	x	—
随机森林	—	x	—	—
隐马尔可夫模型	x	—	—	—
多层感知器	x	—	—	—
协同过滤算法	—	—	—	—
基于用户的协同过滤	x	—	x	—
基于物品的协同过滤	x	x	x	—
基于 ALS 的矩阵分解	x	x	—	—
基于 ALS 的矩阵分解（隐式反馈）	x	x	—	—
加权矩阵分解	x	—	—	—
降维算法	—	—	—	—
奇异值分解	x	x	x	x
Lanczos	deprecated	deprecated	—	—
随机 SVD	x	x	x	x
PCA	x	x	x	x
QR 分解	x	x	x	x

Mahout 项目孵化出了许多机器学习算法，有些部分仍在开发或实验阶段，但其中

最成熟、最常用的还是聚类、分类和协同过滤算法。因此，本节就主要介绍 Mahout 中的聚类、分类和协同过滤算法，并通过案例演示来说明如何在 Hadoop 和 Spark 平台上具体应用这些算法。

4.1.1　安装 Mahout

接下来介绍如何基于 Linux 安装 Mahout。在此之前，开发者需已经安装部署好 Linux 操作系统和 Hadoop 平台，本章中 Mahout 的部署环境为 CentOS 6.5 和 Hadoop 2.5.1。

1．下载 Mahout 安装包

国内用户可以从 Mahout 的镜像网站（http://mirror.bit.edu.cn/apache/mahout/）下载 Mahout 安装包，本书编写时 Mahout 的最新版本是 0.11.1，因此，本章就基于该版本介绍 Mahout。

2．解压并安装 Mahout

使用下面的命令，解压 Mahout 安装包：

```
cd ~/
tar -zxvf apache-mahout-distribution-0.11.1.tar.gz
cd apache-mahout-distribution-0.11.1.
```

执行 ls -l 命令可查看 Mahout 中包含的目录和文件。

3．启动并验证 Mahout

可使用如下命令运行 Mahout：

```
bin/mahout
```

执行后会输出 Mahout 下的可用命令。

```
MAHOUT_LOCAL is not set; adding HADOOP_CONF_DIR to classpath.
Running on hadoop, using /home/zzti/hadoop-2.5.1/bin/hadoop and HADOOP_CONF_DIR=
/home/zzti/hadoop-2.5.1/etc/hadoop
MAHOUT-JOB: /home/zzti/ml/mahout/mahout-examples-0.11.1-job.jar
SLF4J: Class path contains multiple SLF4J bindings.
SLF4J: Found binding in [jar:file:/home/zzti/hadoop-2.5.1/share/hadoop/common/lib/slf4j-log4j12-
1.7.5.jar!/org/slf4j/impl/StaticLoggerBinder.class]
SLF4J: Found binding in [jar:file:/home/zzti/hbase-0.98.7-hadoop2/lib/slf4j-log4j12-
1.6.4.jar!/org/slf4j/impl/StaticLoggerBinder.class]
SLF4J: See http://www.slf4j.org/codes.html#multiple_bindings for an explanation.
SLF4J: Actual binding is of type [org.slf4j.impl.Log4jLoggerFactory]
An example program must be given as the first argument.
Valid program names are:
    arff.vector: : Generate Vectors from an ARFF file or directory
    baumwelch: : Baum-Welch algorithm for unsupervised HMM training
    canopy: : Canopy clustering
    cat: : Print a file or resource as the logistic regression models would see it
    （剩余部分略去）
```

4.1.2　聚类算法

聚类（Clustering）算法属于无监督的学习算法，其在没有训练样本学习的前提下，试图将大量数据组合为拥有类似属性的簇（Cluster），以在一些规模较大或难于理解的数据集上发现层次、脉络或内在结构，并揭示有用的模式或让数据集更易于理解，因为直接去理解这些数据将比较困难。聚类算法的目标如下：在同一个簇中的对象之间具有较高的相似度，而不同簇中的对象之间则差别较大。聚类算法在企业中有很多应用，如新闻网站使用聚类技术按主题把新闻文章进行分组，使得在展现一个新闻页面的同时，可呈现同一主题的相关新闻链接（见图 4-3），从而实现按照逻辑线索来展示新闻；微博网站可以根据关注内容发现兴趣相同的用户；电商网站可以根据访问日志发现用户使用网站的模式，从而发现潜在的用户群体。Canopy、K-means、模糊 K-means、流 K-means 和谱聚类等都是聚类算法，因为 K-means 算法简单、快速且容易理解，所以，本节将分别讲解如何运用 Mahout 命令和 Mahout API 在 Hadoop 平台上应用 K-means 聚类算法。

1．基于 Mahout 命令运行 K-means 算法

本节讲解如何基于 Mahout 命令运行 K-means 聚类算法，为了便于理解算法理论、方便验证运行结果和减少程序运行时间，本节对输入数据做了简化，即对图 4-4 所示的二维空间中的 12 个坐标点进行聚类。

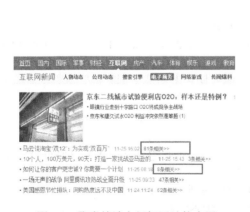

图 4-3　聚类算法在新闻网站的应用

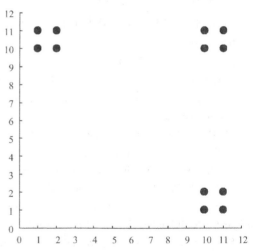

图 4-4　K-means 聚类算法的输入数据

由图 4-4 可知，输入数据共有 12 项且都是二维的，这些数据在文本文件 points.txt 中的具体格式如下：

```
1 10
1 11
2 10
2 11
```

```
10 1
10 2
11 1
11 2
10 10
10 11
11 10
11 11
```

其中第一列为 x 坐标，第二列为 y 坐标，列间以空格分割。

从图 4-4 中可直接看出，如果运行聚类算法，应该生成 3 个聚类，相应的聚类中心（centroid）分别是（1.5，10.5）、（10.5，1.5）和（10.5，10.5）。

文本文件 points.txt 不能直接用做输入数据，因为 Mahout 要求输入数据的文件格式为 Hadoop 平台下的 SequenceFile 格式，这就需要编写代码将 points.txt 转换为 SequenceFile 格式。转换代码由 Eclipse 项目 ch08 下 MahoutUtil 类的 readTextFile()方法和 writeSequenceFile()方法实现，从方法名可知，方法 readTextFile()用于读取文本文件 points.txt 的内容，而方法 writeSequenceFile() 用于生成最终的 SequenceFile。readTextFile()方法的代码如下：

```java
public static List<Vector> readTextFile(String uri, FileSystem fs,
        Configuration conf) throws IOException {
    List<Vector> list = new ArrayList<Vector>();
    Path path = new Path(uri);
    BufferedReader in = new BufferedReader(new InputStreamReader(fs.open(path)));
    String line = "";
    while ((line = in.readLine()) != null) {
        //分隔符为一个或多个空格
        String[] arr = line.split("\\s+");
        Vector vector = new RandomAccessSparseVector(arr.length);
        for (int i = 0; i < arr.length; i++) {
            vector.set(i, Double.parseDouble(arr[i]));
        }
        list.add(vector);
    }
    in.close();
    return list;
}
```

readTextFile()方法将 points.txt 文件中的每一行转换为了一个向量 Vector，每个向量的维度为 2，分别代表 x 坐标和 y 坐标，最后所有向量被放在 List 中作为返回值返回。这里的 Vector 类位于 Mahout 开发包，而不是 JDK 中的 Vector 类。另外，readTextFile()方法不仅可读取二维的文本数据，也可读取多维的文本数据。生成 SequenceFile 的 writeSequenceFile()方法代码如下：

```java
public static void writeSequenceFile(List<Vector> points, String uri,
        Configuration conf) throws IOException {
```

```
    Path path = new Path(uri);
    SequenceFile.Writer writer = SequenceFile.createWriter(conf,
        SequenceFile.Writer.file(path),
        SequenceFile.Writer.keyClass(LongWritable.class),
        SequenceFile.Writer.valueClass(VectorWritable.class));

    long i = 0;
    VectorWritable vec = new VectorWritable();
    for (Vector point : points) {
        vec.set(point);
        writer.append(new LongWritable(i++), vec);
    }
    writer.close();
}
```

writeSequenceFile()方法以 readTextFile()方法返回的 Vector 列表作为输入，将每个
Vector 转换为 key-value 格式并写入到 SequenceFile 文件中，其中，key 为 LongWritable 类
型，其以递增的整数标识一个向量；而 value 为 VectorWritable 类型，其保存了一个序列化
的 Vector 向量。最后，通过 main 方法分别调用 readTextFile()方法和 writeSequenceFile()方法
即可实现转换，main 方法代码如下：

```
public static void main(String[] args) {
    Configuration conf = new Configuration();
    String[] otherArgs;
    try {
        otherArgs = new GenericOptionsParser(conf, args).getRemainingArgs();
        if (otherArgs.length != 2) {
            System.err.println("Usage: MahoutUtil <in> <out>");
            System.exit(2);
        }

        FileSystem fs = FileSystem.get(conf);
        List<Vector> list = readTextFile(args[0], fs, conf);
        writeSequenceFile(list, args[1], conf);

    } catch (IOException e) {
        e.printStackTrace();
    }
}
```

main 方法必须接收两个参数，即输入的文本文件位置和输出的 SequenceFile 文件位
置。通过 Eclipse 将项目 ch08 导出为 ch08.jar，并且将 points.txt 上传到 Hadoop 之后，即
可运行 jar 包实现转换，具体命令如下：

```
hadoop jar ch08.jar util.MahoutUtil /ml/points.txt /ml/input/points_seq
```

以上命令在 Hadoop HDFS 上将文本文件 points.txt 转换为 SequenceFile 文件

points_seq。运行之后可以通过 hadoop fs 命令或 mahout seqdumper 命令查看 points_seq 文件的内容。

```
hadoop fs -text /ml/input/points_seq
bin/mahout seqdumper --input /ml/input/points_seq
```

以上命令会产生如下 key-value 格式的输出：

```
0      {0:1.0,1:10.0}
1      {0:1.0,1:11.0}
2      {0:2.0,1:10.0}
3      {0:2.0,1:11.0}
4      {0:10.0,1:1.0}
5      {0:10.0,1:2.0}
6      {0:11.0,1:1.0}
7      {0:11.0,1:2.0}
8      {0:10.0,1:10.0}
9      {0:10.0,1:11.0}
10     {0:11.0,1:10.0}
11     {0:11.0,1:11.0}
```

以输出的第 1 行"0   {0:1.0,1:10.0}"为例，第一列的"0"为 key，第二列的"{0:1.0,1:10.0}"为 value，value 共有 2 维，"0:1.0"表示第 0 维的值为 1.0，"1:10.0"则表示第 1 维的值为 10.0。

如果运行 hadoop fs -text /ml/input/points_seq 命令时抛出以下异常：

```
java.lang.RuntimeException:    java.io.IOException:    WritableName    can't    load    class:
org.apache.mahout.math.VectorWritable
```

这是因为 Hadoop 找不到相应的 Mahout jar 包，这就需将 HADOOP_CLASSPATH 变量设为以下内容（以 Mahout 0.11.1 为例）：

```
export          HADOOP_CLASSPATH=$HADOOP_CLASSPATH:~/ml/mahout/mahout-mr-
0.11.1.jar:~/ml/mahout/mahout-math-0.11.1.jar:~/ml/mahout/mahout-hdfs-
0.11.1.jar:~/ml/mahout/lib/commons-cli-2.0-mahout.jar
```

生成 SequenceFile 文件之后，即可通过 Mahout 命令运行 K-means 算法以实现对 points_seq 文件中的坐标点向量进行聚类，具体命令如下：

```
bin/mahout kmeans -i /ml/input -c /ml/init-clusters -o /ml/output -k 3 -x 5 -cl
```

-i 参数指定了输入数据文件所在目录为/ml/input；-c 参数指定了运行 K-means 算法所需的初始聚类中心文件所在的目录为/ml/init-clusters；-o 参数指定了运行结果的输出目录为/ml/output；-k 参数指定了聚类的个数为 3，且会在-c 参数所指定的目录下随机生成包含 3 个初始聚类中心的文件；-x 参数指定了最大迭代次数为 5；-cl 参数指定输出目录 clusteredPoints，该目录下的文件指明了每条输入数据所属的聚类。

Mahout 脚本可自动读取 Hadoop 集群的配置文件并在集群下启动 MapReduce 作业，K-means 算法运行之后，会在目录 ml/output 下输出以下目录：

```
/ml/output/clusteredPoints
/ml/output/clusters-0
/ml/output/clusters-1
/ml/output/clusters-2
/ml/output/clusters-3-final
```

以上目录中的输出文件格式基本上都是 SequenceFile 格式，可以用 hadoop fs –text

命令查看每个目录的内容。目录 clusters-0 下存放了初始的聚类中心，目录 clusters-1 到 clusters-3-final 下的文件存放了每次迭代后计算出的聚类中心，从以上目录可以看出，此次运行共进行了 3 次迭代，目录 clusters-3-final 中存放的是最后一次迭代计算出的聚类中心。使用 mahout clusterdump 命令，并以目录 clusters-3-final 和 clusteredPoints 为输入，可获得计算出的聚类中心和每个输入数据所属的聚类，具体命令如下：

```
bin/mahout clusterdump --input /ml/output/clusters-3-final --pointsDir /ml/output/clusteredPoints
```

以上命令执行后，会产生如下输出：

```
{"r":[0.5,0.5],"c":[10.5,1.5],"n":4,"identifier":"VL-10"}
    Weight : [props - optional]:    Point:
    1.0 : [distance=0.5]: [10.0,1.0]
    1.0 : [distance=0.5]: [10.0,2.0]
    1.0 : [distance=0.5]: [11.0,1.0]
    1.0 : [distance=0.5]: [11.0,2.0]
{"r":[0.5,0.5],"c":[1.5,10.5],"n":4,"identifier":"VL-8"}
    Weight : [props - optional]:    Point:
    1.0 : [distance=0.5]: [1.0,10.0]
    1.0 : [distance=0.5]: [1.0,11.0]
    1.0 : [distance=0.5]: [2.0,10.0]
    1.0 : [distance=0.5]: [2.0,11.0]
{"r":[0.5,0.5],"c":[10.5,10.5],"n":4,"identifier":"VL-11"}
    Weight : [props - optional]:    Point:
    1.0 : [distance=0.5]: [10.0,10.0]
    1.0 : [distance=0.5]: [10.0,11.0]
    1.0 : [distance=0.5]: [11.0,10.0]
    1.0 : [distance=0.5]: [11.0,11.0]
```

从输出可知，共有 3 个聚类，"r"是聚类中心的半径，"c"是聚类中心的坐标，"n"是该聚类所包含的成员个数，"identifier"是聚类的标识符。结合图 4-4 不难验证以上输出结果的正确性。

算法运行前会在-c 参数指定的目录/ml/init-clusters 下随机生成初始的聚类中心，使用如下命令可以查看生成的具体内容：

```
bin/mahout clusterdump --input /ml/init-clusters
```

该命令的输出内容如下：

```
{"r":[],"c":[11.0,10.0],"n":0,"identifier":"CL-10"}

{"r":[],"c":[10.0,10.0],"n":0,"identifier":"CL-8"}

{"r":[],"c":[11.0,11.0],"n":0,"identifier":"CL-11"}
```

这些随机选择的初始中心点往往都不是最优的，用户可以不设置-k 参数，而直接在-c 参数指定的目录下写入自己认为最优的初始聚类中心，这将以更少的迭代、更快地计算出结果。

2. 基于 Mahout API 运行 K-means 算法

本节仍以 ponits.txt 文件为输入数据，讲解如何编写 Java 代码调用 Mahout API 来运行 K-means 聚类算法。从上述可知，如果能够给出更优的初始聚类中心，就会以更少的迭代、更快地计算出结果，因此，本节在文本文件 clusters.txt 中给出了 3 个初始的聚类中心，具体内容如下：

```
1 10
10 1
10 10
```

因为 Mahout 要求输入数据的文件格式为 SequenceFile 格式，所以，需要编写代码将文本文件 clusters.txt 转换为 SequenceFile 格式。转换代码由项目 ch08 下 MahoutUtil 类中的 readTextFile()方法和 writeClustersFile()方法实现，readTextFile()方法已经介绍过，writeClustersFile()方法的代码如下：

```java
public static void writeClustersFile(List<Vector> clusters, String uri,
        Configuration conf) throws IOException {
    Path path = new Path(uri);
    SequenceFile.Writer writer = SequenceFile.createWriter(conf,
            SequenceFile.Writer.file(path),
            SequenceFile.Writer.keyClass(Text.class),
            SequenceFile.Writer.valueClass(Kluster.class));

    for (int i=0;i<clusters.size();i++) {
        Vector vec = clusters.get(i);
        Kluster cluster = new Kluster(vec, i, new EuclideanDistanceMeasure());
        writer.append(new Text(cluster.getIdentifier()), cluster);
    }
    writer.close();

}
```

writeClustersFile()方法以 readTextFile()方法返回的 Vector 列表作为输入，将每个 Vector 转换为 key-value 格式并写入到 SequenceFile 文件，其中 key 为 LongWritable 类型，其以递增的整数标识一个聚类中心；而 value 为 Kluster 类型，其表达了一个聚类中心。

基于 Mahout API 运行 K-means 算法的核心代码由项目 ch08 下的 KMeansDemo 类所实现，具体代码如下：

```java
public class KMeansDemo extends Configured implements Tool{

    public static void main(String[] args) throws Exception{
        ToolRunner.run(new Configuration(), new KMeansDemo(), args);
    }

    @Override
    public int run(String[] args) throws Exception {
        Configuration conf = getConf();
        String[] otherArgs;
        try {
            otherArgs = new GenericOptionsParser(conf, args).getRemainingArgs();
            if (otherArgs.length != 2) {
                System.err.println("Usage: KMeansDemo inputTextFile clustersTextFile");
                return 2;
            }
```

```
        String dir="/kmeansdemo";
          File path = new File(dir);
        if (!path.exists()) {
            path.mkdir();
        }

        String inputSeq=dir+"/input";
          path = new File(inputSeq);
        if (!path.exists()) {
            path.mkdir();
        }
        FileSystem fs = FileSystem.get(conf);
        List<Vector> list = MahoutUtil.readTextFile(args[0], fs, conf);
        MahoutUtil.writeSequenceFile(list, inputSeq+"/sequencefile", conf);

        String initClusters=dir+"/init_clusters";
          path = new File(initClusters);
        if (!path.exists()) {
            path.mkdir();
        }
        List<Vector> clusters = MahoutUtil.readTextFile(args[1], fs, conf);
        MahoutUtil.writeClustersFile(clusters, initClusters+"/part-00000", conf);

        String output=dir+"/output";
          Path p = new Path(output);
        if (fs.exists(p)) {
            fs.delete(p, true);
        }
        KMeansDriver.run(conf, new Path(inputSeq), new Path(initClusters), new Path(output), 0.001, 10,
true, 0.0, false);


    } catch (Exception e) {
        e.printStackTrace();
    }
    return 0;
    }
}
```

运行 KMeansDemo 类需要接收两个输入参数，其分别指定了文本格式的输入数据文件 ponits.txt 和初始聚类中心文件 clusters.txt。运行 KMeansDemo 类产生的所有输出文件都放在 Hadoop HDFS 上的/kmeansdemo 目录下，其中根据 ponits.txt 转换的 SequenceFile 文件为/kmeansdemo/input/sequencefile，根据 clusters.txt 转换的 SequenceFile 文件为/kmeansdemo/init_clusters/part-00000，而算法运行后的输出文件放在/kmeansdemo/outout

目录下。

执行 K-means 算法需调用 Mahout API 中 KMeansDrive 类的 run 方法，该方法中的参数 conf 指定了 Hadoop 的配置信息，3 个 Path 类型的参数分别指定了输入数据、初始聚类中心及输出数据所在的目录，参数 0.001 指定了作为迭代结束条件的聚类中心变化阈值，参数 10 指定了最大迭代次数，即 KMeansDriver 类通过判断聚类中心变化是否小于指定阈值不再移动或者迭代是否达到了设定的最大次数来结束迭代，参数 true 指定计算完成后为输入数据划分所属聚类。可以根据具体需求对这些参数进行多次实验以提高聚类质量。

通过 Eclipse 将项目 ch08 导出为 ch08.jar，并且将 points.txt 和 clusters.txt 上传到 Hadoop HDFS 的/ml 目录下，即可运行 jar 包。具体命令如下：

```
hadoop jar ch08.jar clustering.KMeansDemo /ml/points.txt /ml/clusters.txt
```

运行命令触发的 MapReduce 作业执行完后，通过 hadoop fs-ls/kmeansdemo/output/命令可以看到目录 output 下的输出内容如下：

```
/kmeansdemo/output/clusteredPoints
/kmeansdemo/output/clusters-0
/kmeansdemo/output/clusters-1
/kmeansdemo/output/clusters-2-final
```

从输出目录可以看出，本次运行只迭代了 2 次就得到了结果，这是因为指定了更优的初始聚类中心。通过运行以下命令即可查看 3 个聚类中心及划分到各个聚类下的输入数据。

```
bin/mahout clusterdump --input /kmeansdemo/output/clusters-2-final --pointsDir /kmeansdemo/output/
clusteredPoints
```

3. 基于多维输入数据运行 K-means 算法

上述输入数据都是二维的，但实际业务数据经常是多维的，因此，本节通过上述介绍的 KMeansDemo 类来对多维数据进行聚类。所需多维输入数据 synthetic_control.data 可直接从以下网址下载：

http://archive.ics.uci.edu/ml/databases/synthetic_control/synthetic_control.data

如图 4-5 所示，多维浮点类型数据以文本文件格式进行存储，共有 600 行、60 列；即输入数据共有 600 条，每条都是 60 维的。这些数据都是趋势数据，分别表达了正常、循环、渐增、渐减、向上偏移和向下偏移 6 类趋势，每类各有 100 条。

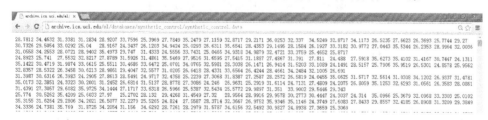

图 4-5　60 维数据的样本

对 6 种类型的数据各取 1 条存于 sc_clusters.data 文件中作为初始的聚类中心，再分别将 synthetic_control.data 和 sc_clusters.data 上传到 Hadoop 的目录/ml 后，即可运行

KmeansDemo 类，具体命令如下：

```
hadoop jar ch08.jar clustering.KMeansDemo /ml/synthetic_control.data /ml/sc_clusters.data
```

在 Hadoop MapReqduce 作业执行完后，通过 hadoop fs -ls　/kmeansdemo/output/命令可以看到目录 output 下的输出内容如下：

```
/kmeansdemo/output/clusteredPoints
/kmeansdemo/output/clusters-0
/kmeansdemo/output/clusters-1
/kmeansdemo/output/clusters-10-final
/kmeansdemo/output/clusters-2
/kmeansdemo/output/clusters-3
/kmeansdemo/output/clusters-4
/kmeansdemo/output/clusters-5
/kmeansdemo/output/clusters-6
/kmeansdemo/output/clusters-7
/kmeansdemo/output/clusters-8
/kmeansdemo/output/clusters-9
```

从输出目录可知，本次运行共迭代了 10 次，达到了预设的最大迭代次数。运行 mahout clusterdump 命令可查看最终聚类结果，如果将计算出的聚类中心数据导入到 Excel 文件，就会生成如图 4-6 所示的 6 条趋势曲线（正常、循环、渐增、渐减、向上偏移和向下偏移）。

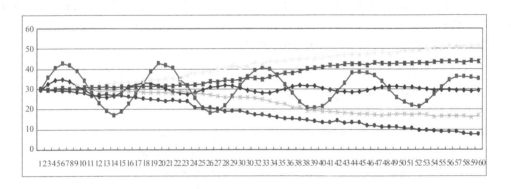

图 4-6　6 个聚类中心所代表的趋势曲线

4.1.3　分类算法

分类（Classification）算法属于有监督的学习算法，这是分类和其他 Mahout 算法模块（如聚类和推荐）的一个主要区别，因为分类算法需考察大量已被分类的样本数据，以学习训练出分类的规则，然后据此判定新的输入数据多大程度上从属于某种类别。相对于聚类，分类是有学习过程的，通常用分类可以解决的问题，用聚类肯定也可以解决，但分类算法的准确度会更高，因为分类通过学习使用了数据已有的特性。例如，电子邮件系统会基于用户以前对垃圾邮件的报告及电子邮件自身的特征，学习到一些可用于确定垃圾邮件的属性，以判别新邮件是或不是垃圾邮件，如图 4-7 所示。如提到"发票"关键字或故意拼为"发***票"的邮件通常为垃圾邮件，这些词项的出现就是垃圾邮件过滤器可以学习到的一个属性。分类还有助于判断一个新的输入是否与以前观察到的模式相匹配，这可用于遴选异常的行为或模式，来检测可疑的网络活动或欺骗行为（如信用卡欺诈）。本节先以一个简单的案例讲解 Mahout 下的逻辑回归算法的应用，然后再以中文新闻分类为例讲解朴素贝叶斯算法的应用。

图 4-7　分类算法在垃圾邮件
检测中的应用

1. 逻辑回归算法

Mahout 下基于随机梯度下降（SGD）实现的逻辑回归（Logistic Regression）算法是一种二元分类算法，只能在单机上运行，其虽不适合处理海量数据的分类，但却适合于分类算法的入门学习，本节就从一个简单的案例入手来讲解 Mahout 下逻辑回归算法的应用。

Mahout 的目录 examples\src\main\resources 下提供了一个名为 donut.csv 的文件，该文件内有 40 行数据，所有 40 行数据表达出的可视化图形如图 4-8 所示。从图中可看出，每行数据描述了一个几何图形。从有否填充的角度，这些几何图形可分为"空心"与"实心"两种。每行数据有 13 列（见图 4-9），文件的第一行是各列的列名。

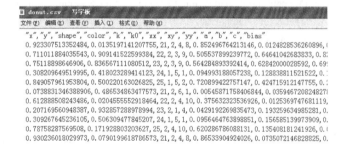

图 4-8　文件 donut.csv 描述出的图形　　　　图 4-9　文件 donut.csv 的内容

文件 donut.csv 各列的具体含义如表 4-2 所示，本节以这 40 行、13 列的数据作为分类算法的样本数据，从中训练学习出一个分类模型，以判断以后新的数据应是"空心"还是"实心"。由表 4-2 可知，color 列的值为 1 时表示"空心"，为 2 时表示"实心"，作为样本数据，color 列当然是有值的；但新数据的 color 列为"空"，这就需要分类模型根据其他列来决定 color 列的值是"空心的 1"还是"实心的 2"。

表 4-2　文件 donut.csv 中的字段

列名	描述	取值范围
x	x 坐标	$0<x<1$
y	y 坐标	$0<y<1$
shape	形状	整数，21 到 25，代表 5 类形状
color	填充	1 代表空心，2 代表实心

续表

列名	描述	取值范围
k	用 x 与 y 进行 K-means 聚类所得 id	整数，1 到 10
k0	用 x、y 和 color 进行 K-means 聚类所得 id	整数，1 到 10
xx	x 乘 x	$0<x\times x<1$
xy	x 乘 y	$0<x\times y<1$
yy	y 乘 y	$0<y\times y<1$
a	(x, y)到原点$(0, 0)$的距离	$0<a\leqslant\sqrt{2}$
b	(x, y)到$(1, 0)$的距离	$0<b\leqslant\sqrt{2}$
c	(x, y)到$(0.5, 0.5)$的距离	$0\leqslant c\leqslant\sqrt{2}/2$
bias	常量	1

为了访问方便，将文件 donut.csv 放在用户主目录的 donut 目录下，除了可用 Linux 的 cat 查看该文件内容外，也可用以下 Mahout 命令查看文件内容。

```
bin/mahout cat ~/donut/donut.csv
```

因为 Mahout 下的逻辑回归算法只能在单机上运行，所以，无须启动 Hadoop 集群，接下来的所有目录与文件也都放是在 Linux 本地，而不是在 Hadoop HDFS。虽然数据文件 donut.csv 共有 13 列，但从图 4-8 依照直觉来判断的话，只有 x 列与 y 列才是判定每个图形是否为实心的关键。因此，只选 x 列与 y 列作为输入以训练分类模型，具体命令如下：

```
bin/mahout trainlogistic --input ~/donut/donut.csv --output ~/donut/model \
--target color --categories 2 \
--predictors x y --types numeric \
--features 20 --passes 100 --rate 50
```

参数--input 指定了输入的样本数据文件的位置；参数--output 指定了输出的训练模型文件的位置；参数--target 指定了分类的目标，即该分类模型是为了推断 color 属性的值；参数--categories 指定了分类的类型数目；参数--predictors 指定了作为输入的列；--types 指定了输入列的数据类型；参数--features、--passes 与--rate 分别指定了分类模型的内部特征向量的尺寸、训练过程对输入数据的复核次数及初始学习率。运行命令后，Mahout 计算输出的由 x、y 输入构成的线性函数如下：

```
color ~
-0.149*Intercept Term + -0.701*x + -0.427*y
        Intercept Term -0.14885
                     x -0.70136
                     y -0.42740
```

该函数的结果再经 Sigmoid 函数计算，如果函数输出小于 0.5，则该图形被划为"空心"类别；如果大于 0.5，就被划为"实心"类别。

为了评估训练出的模型，可以运行以下 Mahout 命令：

```
bin/mahout runlogistic --input ~/donut/donut.csv --model ~/ml/donut/model --auc --confusion
```

运行之后分别输出对模型评价的 AUC（Area Under the Curve）值和混淆矩阵（confusion matrix）如下：

```
AUC = 0.57
confusion: [[27.0, 13.0], [0.0, 0.0]]
entropy: [[-0.4, -0.3], [-1.2, -0.7]]
```

AUC 用于评估模型的质量，取值范围为 0～1，越接近 1 表明模型越优，0 表示一个完全错误的模型，0.5 表示一个随机猜测模型，1 表示一个完全正确的模型。从输出值 0.57 可以看出，训练出的模型并不理想，其实际上为一个随机猜测模型。从混淆矩阵的输出可以看出，基于该分类模型，40 个输入数据全被划为了"空心"类别，但其中有 13 个实际上应为"实心"类别。

从以上评估结果可以看出，仅依赖 x 与 y 并不能获得理想的分类模型，因此，就需增加输入列的种类，再增加上 a、b、c 三列来重新训练模型，具体命令如下：

```
bin/mahout trainlogistic --input ~/ml/donut/donut.csv --output ~/ml/donut/model \
--target color --categories 2 \
--predictors x y a b c --types numeric \
--features 20 --passes 100 --rate 50
```

运行命令后，Mahout 计算输出的由 x、y、a、b、c 输入构成的线性函数如下：

```
color ~
7.068*Intercept Term + 0.581*a + -1.369*b + -25.059*c + 0.581*x + 2.319*y
        Intercept Term 7.06759
                    a 0.58123
                    b -1.36893
                    c -25.05945
                    x 0.58123
                    y 2.31879
```

重新运行评估命令，输出的 AUC 值和混淆矩阵如下：

```
AUC = 1.00
confusion: [[27.0, 1.0], [0.0, 12.0]]
entropy: [[-0.1, -1.5], [-4.0, -0.2]]
```

从新的输出可以看出 AUC 值为 1，表明分类模型完全正确。从混淆矩阵的输出可以看出，基于该分类模型，40 个输入数据中的 28 个被划为了"空心"类别，但其中 1 个实际上应为"实心"类别，另外 12 个被正确地划分到了"实心"类别。因为训练模型与测试模型使用的是同样的数据，所以，得出这样的结果也在"情理之中"。使用文件 donut.csv 同一目录下的测试数据文件 donut-test.csv（这部分数据并未用于训练模型），重新评估分类模型的输出如下：

```
AUC = 0.97
confusion: [[24.0, 2.0], [3.0, 11.0]]
entropy: [[-0.2, -2.8], [-4.1, -0.1]]
```

从评估输出来看，该分类模型基本上能够做出正确的分类。

2．朴素贝叶斯算法

Mahout 提供的朴素贝叶斯算法（Naive Bayesian）可以运行在 Hadoop 集群之上，本节就从一个中文新闻分类的案例入手来讲解 Mahout 下朴素贝叶斯算法的应用。此处选用的是从网络上爬取到的与电子产品有关的新闻网页数据，这些数据已被全部清洗过，去除了所有 html 标签，只留下了中文文本内容。为了减少算法运行时间、方便验证运行结果及理解分类算法的运行过程，只选用了部分数据，这些数据都放在 digital 目录，该目录下有 camera、computer 和 mobile 3 个子目录，其下分别放的是与数码相机、计算机和手机 3 类电子产品有关的新闻数据文件各 100 篇，每个子目录名都携带着分类信息。以 mobile 目录下文件名为 mobile2 的新闻文件为例，文件中的主要内容如图 4-10 所示。接下来就以这 3 个类别共 300 篇的中文新闻文件为样本数据，基于朴素贝叶斯算法训练学习出一个分类模型，以判断以后新的新闻数据属于 3 种类别中的哪一类。

mobile2 - 记事本
文件(F) 编辑(E) 格式(O) 查看(V) 帮助(H)
电信接受预定 iPhone5有望12月14日发售
目前有关在国内上市的消息不断热传。自之前中国电信宣称全面接受预定之后，业界纷纷猜测此次iPhone5将会在大陆由中国电信首发。近日，据台湾中央社报道，台湾运营商也对iPhone5的上市日期进行了进一步证实，声称iPhone5将会在12月14日正式发售。12月在中国内地上市(图片引自9to5 mac) 据悉，中国电信在几周前就开始与密切接触，讨论的上市时间、消息发布时间以及合约资费方案等等。尽管目前很多方案还处在评估当中，但是据可靠消息称，iPhone5在12月14日登台开卖的消息还是很靠谱的。如果消息属实，台将会在开卖前的一周全面开放预购登记。当然了，很多用户最关注的还是iPhone5的资费问题。之前有台湾联通运营商曾曝光称将会参照之前的，不过该微博马上就被删除。无论是运营商还是苹果都希望看到用户疯狂预定的局面，要知道当时的预定人数达到了40万。目前我们还不知道其他运营商的状况，更多消息也只有等到发售时才能知晓了。

图 4-10　中文新闻文件的内容

由中文字符构成的新闻文本文件不能直接用做分类算法的样本数据，而需要将其向量化，即先对其分词，再通过 TF-IDF 加权转化为向量，然后才能用做分类器的训练样本，接下来讲解中文向量化的过程。将目录 digital 及其下全部内容上传到 Hadoop HDFS 的 bayesdemo 目录，先将 digital 目录下的所有文本文件转换为 SequenceFile 格式，具体命令如下：

```
bin/mahout seqdirectory -i /bayesdemo/digital -o /bayesdemo/digital-seq
```

该命令在目录 digital-seq 下生成一个文件 part-m-00000，即该命令将目录 digital 下的 300 个文本文件合并成了一个单一的 SequenceFile 文件，通过命令 bin/mahout seqdumper --input /bayesdemo/digital-seq 可查看到文件内容，如图 4-11 所示。

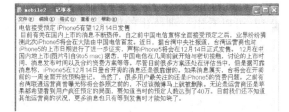

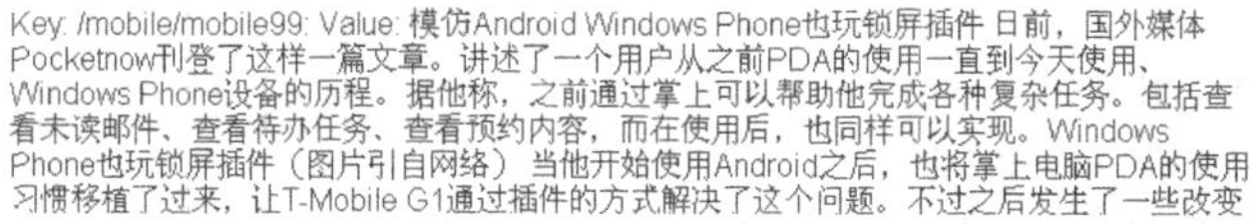

Key: /mobile/mobile99: Value: 模仿Android Windows Phone也玩锁屏插件 日前，国外媒体Pocketnow刊登了这样一篇文章。讲述了一个用户从之前PDA的使用一直到今天使用、Windows Phone设备的历程。据他称，之前通过掌上可以帮助他完成各种复杂任务。包括查看未读邮件、查看待办任务、查看预约内容，而在使用后，也同样可以实现。Windows Phone也玩锁屏插件（图片引自网络）当他开始使用Android之后，也将掌上电脑PDA的使用习惯移植了过来，让T-Mobile G1通过插件的方式解决了这个问题。不过之后发生了一些改变

图 4-11　文件 part-m-00000 的内容

由图 4-11 可知，300 个文本文件在文件 part-m-00000 中被表达为 300 条 key-vaule 对，其中 key 为文件路径，其携带了分类信息，value 为文件的全部文本内容。对 part-m-00000 文件进行分词，并通过 TF-IDF 加权转化为向量的具体命令如下：

```
bin/mahout seq2sparse -i /bayesdemo/digital-seq -o /bayesdemo/digital-vec -lnorm -nv -wt tfidf -a com.chenlb.mmseg4j.analysis.SimpleAnalyzer
```

参数-i 与-o 分别指定了输入目录与输出目录的位置；参数-lnorm 指定了对输出进行 log 归一化；参数-nv 指定了输出向量为 NamedVector 格式，即 value 中包含文件路径；参数-wt tfidf 指定了使用 TF-IDF 进行词频加权；参数-a 指定了分词器采用中文分词类 SimpleAnalyzer，SimpleAnalyzer 类位于中文分词库 mmseg4j 中。为了实现高效的中文分词，这里引入了第三方的中文分词库 mmseg4j，mahout 0.11.1 版本中并不包含该分词库，因此，需要将 mmseg4j 分词库（mmseg4j-analysis-1.9.1.jar、mmseg4j-core-1.9.1.jar

和 mmseg4j-solr-2.2.0.jar）中的所有 class 类文件手工添加到 mahout 目录下的 mahout-examples-0.11.1-job.jar 中。以上命令在输出目录 digital-vec 下生成的内容如下：

```
/bayesdemo/digital-vec/df-count
/bayesdemo/digital-vec/dictionary.file-0
/bayesdemo/digital-vec/frequency.file-0
/bayesdemo/digital-vec/tf-vectors
/bayesdemo/digital-vec/tfidf-vectors
/bayesdemo/digital-vec/tokenized-documents
/bayesdemo/digital-vec/wordcount
```

其中除了 dictionary.file-0 与 frequency.file-0 是文件外，其他都是目录，各个目录与文件中的具体内容在表 4-3 中进行了逐一描述。

表 4-3　命令 seq2sparse 生成的目录与文件

目录或文件	描述
df-count	key 为 id，value 为文档频率(DF)
dictionary.file-0	词到 id 的映射，每个词对应一个整型 id
frequency.file	id 到文档频率(DF)的映射
tf-vectors	TF 向量化后的文档，key 为文件路径，value 为该文档经 TF 向量化后的结果
tfidf-vectors	TF-IDF 向量化后的文档，key 为文件路径，value 为文档经 TF-IDF 向量化后的结果
tokenized-documents	分词后的文档，key 为文件路径，value 为文档经分词后的结果
wordcount	key 为词，value 为词频(TF)

这些目录与文件基本都是文本向量化过程中所生成的中间结果，在训练分类模型时，真正需要用到的是目录 tfidf-vectors 下的数据。接下来将 tfidf-vectors 目录下的数据分为训练数据和测试数据两部分，以分别在训练模型和测试模型时使用，具体命令如下：

```
bin/mahout split -i /bayesdemo/digital-vec/tfidf-vectors --trainingOutput /bayesdemo/digital-train --testOutput /bayesdemo/digital-test --randomSelectionPct 20 --sequenceFiles -xm sequential
```

参数-i 指定了目录 tfidf-vectors 的位置；参数--trainingOutput 和--testOutput 分别指定了训练数据与测试数据的输出位置；参数--randomSelectionPct 指定了 20%的数据作为测试数据；参数--sequenceFiles 指定了输入文件为 SequenceFile 格式；参数-xm sequential 指定了使用本地模式运行命令，而不使用 MapReduce 模式。命令执行完成后，使用 mahout seqdumper 即可验证目录 digital-train 与 digital-test 下文件中的 key-value 对个数是按照 80∶20 的比例进行分配的。

到这一步为止，训练分类模型用的样本数据（目录 digital-train 下的文件）才真正准备完毕，接下来就可以基于朴素贝叶斯算法来训练分类模型，具体命令如下：

```
bin/mahout trainnb -i /bayesdemo/digital-train -o /bayesdemo/model -li /bayesdemo/labelindex -c -ow
```

参数-i 指定了样本数据的位置，参数-o 指定了模型文件的输出位置，参数-li 指定了分类标签索引的输出位置，参数-c 指定使用全部数据，参数-ow 指定可重写输出目录。命令运行完成后，会在 model 目录下生成名为 naiveBayesModel.bin 的模型文件。分类标签索引文件 labelindex 的内容如下，该文件将字符型分类标签转换为了整数型索引，因为程序使用整数更为方便和高效。

```
camera    0
computer  1
mobile    2
```

分类模型生成后，在实际应用之前，还需要经过大量的评估与测试。为了评估分类模型的准确度，可使用先前准备好的目录 digital-test 下的测试数据对模型进行评估检验，具体命令如下：

```
bin/mahout testnb -i /bayesdemo/digital-test -m /bayesdemo/model -l /bayesdemo/labelindex -o
/bayesdemo/testresult -c -ow
```

参数-i、-m 和-l 分别指定了测试数据、分类模型和分类标签索引的目录位置，参数-o 指定了测试结果的输出位置，参数-c 指定使用全部数据，参数-ow 指定可重写输出目录。命令运行完成后，除了在目录 testresult 下生成作为分类依据的条件概率分布文件外，还会在屏幕上输出如下内容：

```
Summary
-------------------------------------------------
Correctly Classified Instances       :     51        96.2264%
Incorrectly Classified Instances     :      2         3.7736%
Total Classified Instances           :     53


=================================================

Confusion Matrix
-------------------------------------------------
a       b       c        <--Classified as
12      0       2        | 14      a      = camera
0       17      0        | 17      b      = computer
0       0       22       | 22      c      = mobile
```

从"Summary"输出部分可知，新闻测试数据共 53 条，其中被正确分类的有 51 条，占 96.2264%；未被正确分类的有两条，占 3.7736%。另外，从"Confusion Matrix"输出部分可知，被错误分类的两条本应划分为"c"，即 mobile 类别，但却划分为了"a"，即 camera 类别。

4.1.4　协同过滤算法

协同过滤（Collaborative Filtering）算法是最早、最有名的推荐算法，其通过收集大量用户（协同）的喜好信息，以自动预测（过滤）用户感兴趣的商品。大数据的核心价值在于预测，当前拥有大数据的团体基本上都是 BAT 等互联网企业，推荐系统是互联网企业应用大数据最为成功的案例，因此，推荐算法是应用最多，也最为热门的机器学习算法。部署了推荐系统的互联网网站根据用户的浏览行为、购物历史和同类顾客的网络行为等方法来确定用户的品位与爱好，然后向用户推荐其可能感兴趣的物品、新闻或好友，如图 4-12 所示。这些系统还可列出推荐的依据，如购买了该物品的用户也同时购买的其他物品。推荐系统为商家提供了额外的销售机会，产生了实在的商业价值，如亚马逊科学家 Greg Linden 称，亚马逊 20%（之后一篇博文称 35%）的销售来自推荐算法。关于推荐系统最为著名的案例是世界最大的在线影片租赁服务商 Netflix 的百万美金奖金项目，该公司希望世界上的计算机专家和机器学习专家们能够提供优秀的推荐算法以改进 Netflix 网站推荐引擎的效率，来自 186 个国家的 4 万多个团队经过近 3 年的较量，2012 年 9 月由 7 个分别来自奥地利、加拿大、以色列和美国的计算机专家、统计专家和人工智能专家组成的团队最终夺得了 Netflix 奖金，该团队成功地将 Netflix 影片推荐引擎的推荐效率提高了 10%。之后 Netflix 又宣布了新的百万美金大奖，希望世界上的参赛者们能够继续帮助其改进影片推荐引擎的效果。Netflix 曾在其宣传资料中称，有60%的用户是通过推荐系统找到了自己感兴趣的电影和视频。

图 4-12 推荐算法在电商网站的应用

1. 基于物品的协同过滤算法

协同过滤算法可分为基于用户的协同过滤（UserCF）和基于物品的协同过滤（ItemCF）。基于用户的协同过滤是推荐系统中最古老的算法，其提出标志着推荐系统的诞生，基于用户的协同过滤根据相同喜好的用户往往会购买相同物品这一特性，先找到和目标用户有相同喜好的用户群体，再将这组用户喜欢而目标用户尚没购买过的物品推荐给目标用户。基于物品的协同过滤则是目前业界应用最多的推荐算法，无论是Amazon 还是 Netflix，其推荐系统的基础都是基于物品的协同过滤，因为基于用户的推荐系统的运行时间是随着用户数而增长的，基于物品的推荐系统的运行时间则是随着物品数增长，系统用户数是不断增长变化的，但物品数目基本是稳定的。基于物品的协同过滤是给目标用户推荐与其之前喜欢物品相似的物品，但并不利用物品自身的属性计算物品之间的相似度，而是通过分析用户与物品间的关系计算物品之间的相似度，因为不同物品的属性差别会很大，但用户与物品的关系都是一样的。

本节就基于 Mahout API 讲解在 Hadoop 上实现基于物品的协同过滤，其输入数据为如表 4-4 所示的评分（1.0~5.0）矩阵，表中的行代表一个用户对所有物品的评分，表中的列代表一个物品被所有用户的评分，表中的空白单元格表明用户没有对该物品评分，而要通过协同过滤法预测出可能的评分，并根据评分的高低决定是否向用户推荐该物品。为了便于理解算法理论、方便验证运行结果和减少程序运行时间，此处对输入数据做了简化。

表 4-4　用户评分矩阵

	物品 1	物品 2	物品 3	物品 4
用户 1	5	5	2	—
用户 2	2	—	3	5
用户 3	—	5	—	3
用户 4	3	—	—	5

基于物品的协同过滤算法首先要计算物品之间的相似度，针对用户评分矩阵，Mahout 分别支持基于皮尔逊相关系数、欧氏距离、余弦相似性度量、斯皮尔曼相关系数、谷本系数或对数似然来计算物品间的相似度，为了便于对算法的理解，本节选用较为简单的谷本系数（Tanimoto Coefficient Similarity）来计算物品之间的相似度。谷本系数不考虑用户对物品的评分值的具体高低，而只关心用户是否对物品评过分，具体数值则由被两个用户共同评过分的物品数除以至少被一个用户评过分的物品数而得，因此，针对表 4-4，基于谷本系数求得的物品相似性矩阵如表 4-5 所示。

表 4-5　物品相似性矩阵

	物品 1	物品 2	物品 3	物品 4
物品 1	—	0.25	0.66	0.5
物品 2	0.25	—	0.33	0.25
物品 3	0.66	0.33	—	0.25
物品 4	0.5	0.25	0.25	—

计算出物品相似性矩阵后，以"用户 1"为例，如果要预测其对"物品 4"的评分，只需要将"物品 4"与各物品的相似度值分别乘以"用户 1"对各物品的评分，再除以"物品 4"与各物品的相似度值之和即可，具体公式与计算结果如下：

prediction(用户 1, 物品 4) = (0.5 × 5 + 0.25 × 5 + 0.25 × 2) / (0.5 + 0.25 + 0.25)=4.25

prediction(用户 2, 物品 2) = (0.25 × 2 + 0.33 × 3 + 0.25 × 5) / (0.25 + 0.33 + 0.25) = 3.3

prediction(用户 3, 物品 1) = (0.25 × 5 + 0.5 × 3) / (0.25 + 0.5) = 3.6666667

prediction(用户 3, 物品 3) = (0.33 × 5 + 0.25 × 3) / (0.33 + 0.25) = 4.142857

prediction(用户 4, 物品 2) = (0.25 × 3 + 0.25 × 5) / (0.25 + 0.25) = 4.0

prediction(用户 4, 物品 3) = (0.66 × 3 + 0.25 × 5) / (0.66 + 0.25) = 3.5454545

因此，计算并补入预测评分后的用户评分矩阵如表 4-6 所示，再根据预测评分的高低就可决定是否向用户推荐该物品。

表 4-6　用户评分矩阵（补入预测评分）

	物品 1	物品 2	物品 3	物品 4
用户 1	5	5	2	4.25
用户 2	2	3.3	3	5
用户 3	3.67	5	4.14	3
用户 4	3	4.0	3.55	5

接下来就以表 4-4 中的用户评分矩阵为输入，基于 Mahout API 在 Hadoop 上运行基于物品的协同过滤算法。表 4-4 中的用户评分矩阵转换为 Mahout 可理解的输入数据文件 cf.csv 后的内容如下：

```
1,1,5
1,2,5
1,3,2
2,1,2
2,3,3
2,4,5
3,2,5
3,4,3
4,1,3
4,4,5
```

第 1 列代表用户 id，第 2 列代表物品 id，第 3 列代表评分，列间以逗号“，”分隔。

将输入文件 cf.csv 上传到 Hadoop HDFS 的目录/itemcfdemo/input 下，基于 Mahout API 运行基于物品的协同过滤的核心代码由项目 ch08 下的 ItemCFDemo 类所实现，具体代码如下：

```
public class ItemCFDemo extends Configured implements Tool{

    public static void main(String[] args) throws Exception{
        ToolRunner.run(new Configuration(), new ItemCFDemo(), args);
    }

    @Override
    public int run(String[] args) throws Exception {
      Configuration conf = getConf();
      try {
        FileSystem fs = FileSystem.get(conf);

        String dir="/itemcfdemo";
        if (!fs.exists(new Path(dir))) {
          System.err.println("Please make director /itemcfdemo");
          return 2;
        }

        String input=dir+"/input";
        if (!fs.exists(new Path(input))) {
          System.err.println("Please make director /itemcfdemo/input");
          return 2;
        }

        String output=dir+"/output";
          Path p = new Path(output);
        if (fs.exists(p)) {
                fs.delete(p, true);
        }

        String temp=dir+"/temp";
          Path p2 = new Path(temp);
        if (fs.exists(p2)) {
                fs.delete(p2, true);
```

```
        }

        RecommenderJob recommenderJob = new RecommenderJob();
        recommenderJob.setConf(conf);
        recommenderJob.run(new String[]{"--input",input,
                                "--output",output,
                                "--tempDir",temp,
                                "--similarityClassname",
TanimotoCoefficientSimilarity.class.getName(),
                                "--numRecommendations", "4"});

        } catch (Exception e) {
            e.printStackTrace();
        }
        return 0;
    }
}
```

除了准备输入目录与输出目录的代码外，关键是调用实现了基于物品协同过滤算法的作业类 RecommenderJob，调用该类时的参数--input、--output 和--tempDir 分别指定了输入目录、输出目录和临时目录，参数--similarityClassname 指定了使用谷本系数（TanimotoCoefficientSimilarity）计算物品间相似度，参数--numRecommendations 指定了为每个用户推荐的物品数目最多为4。

通过 Eclipse 将项目 ch08 导出为 ch08.jar，即可运行该 jar 包。具体命令如下：

```
hadoop jar ch08.jar cf.ItemCFDemo
```

运行命令触发的 Hadoop MapReduce 作业执行完后，通过命令 hadoop fs -text /itemcfdemo/output/part-r-00000 可查看到的输出内容如下：

```
1    [4:4.25]
2    [2:3.3]
3    [3:4.142857,1:3.6666667]
4    [2:4.0,3:3.5454545]
```

以第一行为例，其表达了向"用户 1"推荐了"物品 4"，且预测出"用户 1"的评分为"4.25"，这和表 4-6 中的理论推导结果是一致的。另外，算法在运行过程中，还会在目录/itemcfdemo/temp/similarityMatrix 下生成物品相似性矩阵，运行命令 bin/mahout seqdumper --input /itemcfdemo/temp/similarityMatrix 可查看到输出内容如下：

```
Key: 1: Value: {2:0.25,3:0.6666666666666666,4:0.5}
Key: 2: Value: {1:0.25,3:0.3333333333333333,4:0.25}
Key: 3: Value: {2:0.3333333333333333,1:0.6666666666666666,4:0.25}
Key: 4: Value: {2:0.25,3:0.25,1:0.5}
```

以上输出内容与表 4-5 中的物品相似性矩阵是一致的，从中不难理解基于物品的协同过滤算法的工作原理。为了便于算法的介绍和理解，本节选用较为简单的谷本系数计算物品之间的相似度，Mahout 下还提供了其他的相似性度量方法，可分别使用它们来测试对比相应推荐结果的差异。如果想推荐得更准、更快，就必须经历一个漫长的试验和调优过程。

除了基于 Mahout API，基于 Mahout 命令运行基于物品的协同过滤也会得到与上述相同的结果。具体命令如下，命令中的参数也与以上代码中的参数一致。

```
bin/mahout recommenditembased --input /itemcfdemo/input --output /itemcfdemo/output --tempDir
/itemcfdemo/temp --numRecommendations 4 --similarityClassname SIMILARITY_TANIMOTO_COEFFICIENT
```

2. 基于 ALS 的矩阵分解算法

不像基于用户或者基于物品的协同过滤算法通过计算相似度来进行评分预测和推荐，交替最小二乘法（Alternating Least Squares，ALS）算法是通过矩阵分解（Matrix Factorization）的方法来进行预测用户对物品的评分，其分解过程如图 4-13 所示。

为了便于对比不同推荐算法间的区别，本节还基于表 4-4 的用户评分矩阵来讲解 ALS 算法的工作过程。在表 4-4 中，用户没有对所有物品都给出评分，这就需要预测出用户对这些物品的可能评分，再根据评分高低来决定是否向用户推荐该物品。ALS 算法通过矩阵分解的方法，将用户评分矩阵 A 分解为用户特征矩阵 U 与物品特征矩阵 M，并要求尽量满足 $A=U \times M^T$，这样就可预测到用户对物品的评分。具体运行时，ALS 算法首先随机化矩阵 U，然后通过目标函数求得 M，对 M 进行归一化处理后，再去求 U，如此不断地迭代下去，直到 $U \times M^T$ 满足一定的收敛条件为止。例如，ALS 算法可以将表 4-4 的用户评分矩阵 A 分解为如表 4-7 所示的用户特征矩阵 U 和如表 4-8 所示的物品特征矩阵 M。

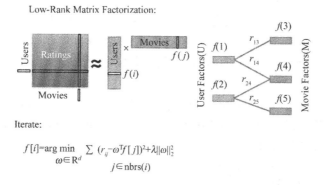

图 4-13　基于 ALS 的矩阵分解

表 4-7　用户特征矩阵 U

	特征维度 1	特征维度 2	特征维度 3
用户 1	1.12	1.49	0.48
用户 2	1.31	−0.52	0.59
用户 3	1.13	0.67	−0.52
用户 4	1.39	0.05	0.45

表 4-8　物品特征矩阵 M

	特征维度 1	特征维度 2	特征维度 3
物品 1	1.81	1.62	0.74
物品 2	2.66	1.71	−1.08
物品 3	1.73	−0.23	0.78
物品 4	3.16	−0.24	0.90

计算矩阵 U 与矩阵 M^T 的乘积可得到如表 4-9 所示的预测评分矩阵 A_k。

表4-9 预测评分矩阵 A_k

	物品 1	物品 2	物品 3	物品 4
用户 1	4.796	5.009	1.969	3.614
用户 2	1.965	1.958	2.846	4.795
用户 3	2.746	4.713	1.395	2.942
用户 4	2.930	3.297	2.744	4.785

对比实际评分矩阵 A 与预测评分矩阵 A_k，可发现矩阵 A 中的用户实际评分与矩阵 A_k 中对应的预测评分非常接近，因此，就可通过矩阵 A_k 来推测出矩阵 A 中用户未给出的评分。

接下来就以表 4-4 中的用户评分矩阵为输入数据，利用 Mahout 命令在 Hadoop 上运行基于 ALS 的矩阵分解算法。将输入数据 cf.csv 上传到 Hadoop HDFS 目录/alsdemo/input，运行并行的 ALS 算法进行矩阵分解，以计算出用户特征矩阵 U 和物品特征矩阵 M，具体命令如下：

```
bin/mahout parallelALS -i /alsdemo/input -o /alsdemo/output --tempDir /alsdemo/temp --numFeatures 3 --numIterations 10 --lambda 0.065
```

参数-i、-o 和--tempDir 分别指定了输入目录、输出目录和临时目录；参数--numFeatures 指定了特征矩阵中的特征维度数为 3，该值越大预测准确度会越高，但计算量也就会越大；参数--numIterations 指定了最大迭代次数；参数--lambda 指定了更新特征矩阵时使用的正则化参数。

命令运行后，会在目录 alsdemo/output 下分别生成 3 个子目录 userRatings、U、M。目录 userRating 下放的是用户评分，使用命令 bin/mahout seqdumper --input /alsdemo/output/userRatings 生成的输出内容如下：

```
Key: 1: Value: {1:5.0,2:5.0,3:2.0}
Key: 2: Value: {1:2.0,3:3.0,4:5.0}
Key: 3: Value: {2:5.0,4:3.0}
Key: 4: Value: {1:3.0,4:5.0}
```

其描述的就是表 4-4 中的用户评分矩阵（由于 ALS 算法的随机特性，每次运行输出的具体数值并不完全一致）。

目录 U 下放的是用户特征矩阵，使用命令 bin/mahout seqdumper --input /alsdemo/output/U 生成的输出内容如下，其特征维度数为 3，Key1~Key4 分别指用户 1~用户 4。

```
Key: 1: Value: {0:1.4003928906848429,1:-1.0026990123258854,2:0.9489911357781383}
Key: 2: Value: {0:1.4164102455256395,1:0.8420631132596537,2:0.1862481896720755}
Key: 3: Value: {0:1.4051243299566072,1:-0.9215083896873433,2:-0.029051417847889383}
Key: 4: Value: {0:1.5424821634208,1:0.38762145490615113,2:0.38795764432908697}
```

目录 M 下放的是物品特征矩阵，使用命令 bin/mahout seqdumper --input /alsdemo/output/M 生成的输出内容如下，其特征维度数为 3，Key1~Key4 分别指物品 1~物品 4。

```
Key: 1: Value: {0:1.8893237918217884,1:-1.048223680665876,2:1.144659487678137}
```

Key: 2: Value: {0:2.382802043411347,1:-1.5732376094656417,2:0.07311818312599681}
Key: 3: Value: {0:1.6150004807521203,1:0.6200703309844418,2:0.3540820479608633}
Key: 4: Value: {0:2.764603840077442,1:0.9707310995971924,2:0.495528938737045}

通过计算以上用户特征矩阵 U 与物品特征矩阵 M^T 的乘积可得到如表 4-10 所示的实际的预测评分矩阵 A_k。

表 4-10　实际的预测评分矩阵 A_k

	物品 1	物品 2	物品 3	物品 4
用户 1	4.783	4.984	1.976	3.368
用户 2	2.007	2.064	2.876	4.826
用户 3	3.587	4.796	1.688	2.976
用户 4	2.952	3.094	2.869	4.833

对比表 4-10 与表 4-4，会发现存在一定的误差，可使用 Mahout 命令对模型进行评价及对误差进行度量，具体命令如下：

```
bin/mahout evaluateFactorization -i /alsdemo/input -o /alsdemo/rmse --userFeatures /alsdemo/output/U --itemFeatures /alsdemo/output/M --tempDir /alsdemo/temp/rsme
```

该命令使用的评价标准是均方根误差 RMSE（Root-Mean-Square Error），参数-i、-o 和--tempDir 分别指定了输入目录、输出目录和临时目录，参数--userFeatures 和--itemFeatures 分别指定了用户特征矩阵 U 与物品特征矩阵 M 的目录位置。命令运行后，会在目录/alsdemo/rmse 下生成文件 rmse.txt。使用命令 bin/mahout seqdumper --input /alsdemo/output/userRatings 可查看到的输出内容如下：

```
0.12899049137863902
```

由输出可知，预测评分与实际评分的平均误差为 0.128 左右。如果误差在可接受范围，就可继续运行 Mahout 推荐命令向用户推荐物品，具体命令如下：

```
bin/mahout recommendfactorized -i /alsdemo/output/userRatings/ -o /alsdemo/recommendations/ --userFeatures /alsdemo/output/U --itemFeatures /alsdemo/output/M --numRecommendations 4 --maxRating 5
```

参数-i 和-o 分别指定了输入目录、输出目录；参数--userFeatures 和--itemFeatures 分别指定了用户特征矩阵 U 与物品特征矩阵 M 的目录位置，参数--numRecommendations 指定为每个用户推荐的产品数目最多为 4，参数--maxRating 指定了用户对物品的评分最大为 5。命令运行后，会在目录/alsdemo/recommendations 下生成推荐结果，使用命令 hadoop fs -text /alsdemo/recommendations/part-m-00000 可查看到的输出内容如下：

```
1    [4:3.368433]
2    [2:2.063878]
3    [1:3.5874279,3:1.6875899]
4    [2:3.0939758,3:2.868831]
```

从输出内容可以看出，其预测评分与表 4-10 的对应评分完全一致，也就是说预测评分是通过计算矩阵 U 与矩阵 M^T 的乘积得到的。

对照基于物品的协同过滤算法的推荐结果，可以发现两种算法的出发角度不同，得到的推荐结果也并不相同。如果 Hadoop 集群条件允许，可以用真实的数据集（如 MovieLens 用户电影评分数据集 http://grouplens.org/datasets/movielens/）分别运行基于物品的协同过滤算法和基于 ALS 矩阵分解算法，以对其推荐结果做更深入的对比和分析；另外，基于真实数据的试验对推荐系统的调优也是非常必要的。

4.1.5 案例：中文新闻分类

Mahout 在 0.10.0 版本中提供了对 Apache Spark 平台的支持，使得用户可基于 Spark Shell 交互式控制台，利用 Mahout 的 Scala DSL 执行线性代数运算和机器学习算法。本节就基于 Mahout 下的 Spark Shell 控制台，讲解如何利用 Scala DSL 并基于朴素贝叶斯算法来实现中文新闻分类。在启动 Mahout spark-shell 前需要先启动 Spark 平台，并设置以下环境变量：

```
export MAHOUT_HOME=/home/user/apache-mahout-distribution-0.10.1
export SPARK_HOME=/home/user/spark-1.1.1-bin-hadoop2.4
export MASTER=spark://master:7077
```

环境变量 MAHOUT_HOME 和 SPARK_HOME 分别设置了 Mahout 和 Spark 的安装目录，本节使用的 Mahout 版本为 0.10.1、Spark 版本为 1.1.1；环境变量 MASTER 设置了 Spark master 的 URL。设置完之后即可在 Mahout 安装目录下输入命令 bin/mahout spark-shell 开启 Mahout 下的 Spark Shell 控制台，启动界面如图 4-14 所示。

图 4-14　Mahout spark-shell 启动界面

本节以 4.1.3 节的中文新闻分类案例为基础，讲解如何利用 Scala DSL 基于朴素贝叶斯算法来训练中文新闻分类模型，并以该分类模型为基础，实现对新的中文新闻数据进行分类。Mahout 0.10.0 版本仍需要借助 MapReduce 下的 Mahout seq2sparse 命令实现文本向量化，因此，本节以 4.1.3 节在 Hadoop HDFS 目录/bayesdemo/digital-vec 下已生成的文本向量数据为前提，基于 Spark 构建一个新的朴素贝叶斯分类模型。本节利用 spark-shell 的交互式特性，逐行运行 Scala 代码。

首先引入与 Mahout 分类和 Hadoop HDFS 相关的类，并从 HDFS 读取已生成的 TF-IDF 向量文件。

```
import org.apache.mahout.classifier.naivebayes._
import org.apache.mahout.classifier.stats._
import org.apache.mahout.nlp.tfidf._
```

```
import org.apache.hadoop.io.Text
import org.apache.hadoop.io.IntWritable
import org.apache.hadoop.io.LongWritable

val pathToData = "/bayesdemo/"
val fullData = drmDfsRead(pathToData + "digital-vec/tfidf-vectors")
```

接下来从 TF-IDF 向量数据中抽取出 labelIndex，并按类别聚合 TF-IDF 向量，生成 aggregatedObservations。然后根据 aggregatedObservations 和 labelIndex 训练朴素贝叶斯分类模型，最后用训练数据测试模型，输出混淆矩阵。

```
val (labelIndex, aggregatedObservations) = SparkNaiveBayes.extractLabelsAndAggregateObservations
(fullData)
val model = NaiveBayes.train(aggregatedObservations, labelIndex, false)
val resAnalyzer = NaiveBayes.test(model, fullData, false)
println(resAnalyzer)
```

训练出模型后，为了基于该模型实现对新文档的分类，需先计算新文档的 TF-IDF 向量，这需从 HDFS 读取 dictionary.file-0（词->id）和 df-count(id->DF)，并将其转换为 dictionaryMap 和 dfCountMap 以方便调用。

```
val dictionary = sdc.sequenceFile(pathToData + "digital-vec/dictionary.file-0", classOf[Text], classOf
[IntWritable])
val documentFrequencyCount = sdc.sequenceFile(pathToData + "digital-vec/df-count", classOf
[IntWritable], classOf[LongWritable])

val dictionaryRDD = dictionary.map { case (wKey, wVal) => wKey.asInstanceOf[Text].toString() ->
wVal.get() }
    val documentFrequencyCountRDD = documentFrequencyCount.map{ case (wKey, wVal) =>
wKey.asInstanceOf[IntWritable].get() -> wVal.get() }

val dictionaryMap = dictionaryRDD.collect.map(x => x._1.toString -> x._2.toInt).toMap
val dfCountMap = documentFrequencyCountRDD.collect.map(x => x._1.toInt -> x._2.toLong).toMap
```

定义方法 vectorizeDocument，其以新的文档、dictionaryMap 和 dfCountMap 为参数，计算并返回新文档对应的 TF-IDF 向量，这里的新文档已被分过词，且词与词之间以空格分隔。

```
def vectorizeDocument(document: String,
            dictionaryMap: Map[String,Int],
            dfMap: Map[Int,Long]): Vector = {

    val wordCounts = document.split(" ").groupBy(identity).mapValues(_.length)

    val vec = new RandomAccessSparseVector(dictionaryMap.size)

    val totalDFSize = dfMap(-1)
    val docSize = wordCounts.size
```

```
    for (word <- wordCounts) {
      val term = word._1
      if (dictionaryMap.contains(term)) {
        val tfidf: TFIDF = new TFIDF()
        val termFreq = word._2
        val dictIndex = dictionaryMap(term)
        val docFreq = dfCountMap(dictIndex)
        val currentTfIdf = tfidf.calculate(termFreq, docFreq.toInt, docSize, totalDFSize.toInt)
        vec.setQuick(dictIndex, currentTfIdf)
      }
    }
    vec
  }
```

实例化出分类模型 classifier 以便调用，定义方法 argmax 以根据文档的 TF-IDF 向量在各个类别下的得分划分其所属类别，即哪个类别得分最高，文档就将被划为哪个类别。最后定义了方法 classifyDocument，其以方法 vectorizeDocument 计算出的 TF-IDF 向量为输入，计算出文档在各个类别下的得分向量 ceve，再调用方法 argmax 获取最高得分的类别的 index，最后以该 index 为 Key，在 reverseLabelMap 中取得该类别的标识 label。

```
val labelMap = model.labelIndex
val reverseLabelMap = labelMap.map(x => x._2 -> x._1)

val classifier = model.isComplementary match {
  case true => new ComplementaryNBClassifier(model)
  case _ => new StandardNBClassifier(model)
}

def argmax(v: Vector): (Int, Double) = {
  var bestIdx: Int = Integer.MIN_VALUE
  var bestScore: Double = Integer.MIN_VALUE.asInstanceOf[Int].toDouble
  for(i <- 0 until v.size) {
    if(v(i) > bestScore){
      bestScore = v(i)
      bestIdx = i
    }
  }
  (bestIdx, bestScore)
}

def classifyDocument(clvec: Vector) : String = {
  val cvec = classifier.classifyFull(clvec)
  val (bestIdx, bestScore) = argmax(cvec)
  reverseLabelMap(bestIdx)
}
```

定义需被分类的新的文档 textToClassify1，该文档已被分词，方法 vectorizeDocument()
计算了文档的 TF-IDF 向量，方法 classifyDocument()则计算了其所属类别，最后打印其
标识。根据打印输出，文档 textToClassify1 会被划为 "mobile" 类别。

```
val textToClassify1 = new String("不久之前由中国运营商中国移动曝光了 iphone 7c 发布时间可能会
在 2016 年 4 月据外媒最新消息称苹果 iPhone 7c 将于下个月开始量产也就是 2016 年的 1 月该机将拥有
多彩的机身配色至于配置方面 iphone 7c 将可能采用 2.5d 玻璃材质搭载苹果强劲的 a9 处理器该机还有
可能配置 1642mah 容量电池")
val vec1 = vectorizeDocument(textToClassify1, dictionaryMap, dfCountMap)
println(classifyDocument(vec1))
```

为了更方便地对新文档进行分类，在方法 vectorizeDocument 和 classifyDocument 的
基础上，进一步定义了方法 classifyText，使得调用新文档分类的代码更为简单。执行代
码后，例子中的文档会被划为 "camera" 类别。

```
def classifyText(txt: String): String = {
  val v = vectorizeDocument(txt, dictionaryMap, dfCountMap)
  classifyDocument(v)
}


println(classifyText("nike 新 单反 相机 发布 了"))
```

为了以后继续使用训练出的分类模型，可分别使用以下语句先将模型写入到
HDFS，再从 HDFS 上读出该模型。

```
model.dfsWrite("/path/to/model")
val model =  NBModel.dfsRead("/path/to/model")
```

到此为止，基于 Mahout spark-shell 交互式控制台运行朴素贝叶斯算法的案例已介绍
完毕。除了可以交互式地逐行运行 Scala 程序外，还可一次性运行 Scala 脚本程序。例
如，先将以上 Scala 代码存入名为 spark-document-classifier.mscala 的脚本文件，再在
Mahout spark-shell 下加载运行该脚本的命令如下，输出结果如图 4-15 所示。

```
:load   /tmp/spark-document-classifier.mscala
```

图 4-15　spark-document-classifier.mscala 脚本的运行结果

由图 4-15 可以看到测试分类模型时输出的混淆矩阵，倒数第 3 行和倒数第 1 行分别是对新文档的分类结果"mobile"和"camera"。

4.2 Spark MLlib

Apache Mahout 主要运作于 MapReduce 计算模型之上，MapReduce 为大数据挖掘提供了有力的支持，但数据挖掘类业务大多具有复杂的处理逻辑，其挖掘算法往往需要多个 MapReduce 作业协作完成，而多个作业之间存在的冗余磁盘读/写开销和多次资源申请过程，会使基于 MapReduce 的算法实现存在严重的性能问题。Spark 得益于其在迭代计算和内存计算上的优势，可自动调度复杂的计算任务，避免中间结果的磁盘读/写和资源申请过程，大幅降低了运行时间和计算成本，非常适用于数据挖掘算法。Spark 中的机器学习库 MLlib 是专为在集群上并行运行而设计的，只包含了能够在集群上运行良好的并行算法，并不考虑一些虽经典但不能并行执行的机器学习算法，所以，MLlib 中的每一个算法都适用于大规模数据集。本书编写时的 Spark 最新版本是 1.6.0，因此本章就基于该版本介绍 MLlib。在 Spark 1.6.0 中，MLlib 实现的机器学习算法如表 4-11 所示。

相对于 Mahout 基于 MapReduce 计算模型所需的序列化和磁盘 I/O 开销，MLlib 基于 Spark 计算模型可以在内存中更快地实现多次迭代。相对于 Mahout 基于 Java 语言来实现算法，MLlib 基于 Scala 语言可以更少的代码来实现同样的算法。MLlib 除了支持 Java、Scala、Python 及 R 语言之外，训练模型时所需调整的参数更少，接口调用要比 Mahout 简洁。此外，Mahout 是独立于 Hadoop 之外的项目，而 MLlib 是内置在 Spark 中的，其可与 Spark Streming、Spark SQL 及 GraphX 很好地协作。本节以 Scala 语言分别介绍 MLlib 下的聚类、回归、分类和协同过滤算法的应用。

表 4-11　MLlib 支持的机器学习算法

	离散型	连续型
有监督的机器学习	**分类** 逻辑回归 支持向量机(SVM) 朴素贝叶斯 决策树 随机森林 梯度提升决策树 (GBT)	**回归** 线性回归 决策树 随机森林 梯度提升决策树 (GBT) 保序回归
无监督的机器学习	**聚类** K-means 高斯混合 快速迭代聚类(PIC) 隐含狄利克雷分布(LDA) 二分 K-means 流 K-means	**协同过滤、降维** 交替最小二乘(ALS) 奇异值分解(SVD) 主成分分析(PCA)

4.2.1 聚类算法

本节讲解如何基于 MLlib 应用 K-means 聚类算法，为了便于理解算法理论、方便验证运行结果和减少程序运行时间，本节仍使用 4.1.2 节中简化的输入数据文件 points.txt，即对图 4-4 中的 12 个坐标点进行聚类，具体 Scala 代码如下，其可在 spark-shell 下逐行交互式运行。运行前需要把输入数据 points.txt 放在 Spark 安装目录的 data/mllib 目录下，该目录下放置的是 MLlib 各种机器算法的示例代码所用的输入数据。

```scala
import org.apache.spark.mllib.clustering.{KMeans, KMeansModel}
import org.apache.spark.mllib.linalg.Vectors

// Load and parse the data
val data = sc.textFile("data/mllib/points.txt")
val parsedData = data.map(s => Vectors.dense(s.split("\\s+").map(_.toDouble))).cache()

// Cluster the data into three classes using KMeans
val k = 3
val numIterations = 20
val clusters = KMeans.train(parsedData, k, numIterations)

for(c <- clusters.clusterCenters){
    println(c)
}

clusters.predict(Vectors.dense(10,10))

// Evaluate clustering by computing Within Set Sum of Squared Errors
val WSSSE = clusters.computeCost(parsedData)
println("Within Set Sum of Squared Errors = " + WSSSE)
```

以上代码首先加载了输入数据文件，然后解析每行数据，并将其转换为向量。输入文件 ponits.txt 中的内容被转换为 RDD parsedData，因为后面还需用到 parsedData，所以，调用方法 cache()进行了缓冲。

接下来将聚类个数设置为 3，将迭代次数设置为 20，然后调用 K-means 的类方法 train()对 parsedData 进行聚类，执行完成后会返回 KMeansModel 类型的聚类模型 clusters。借助于 clusters 的属性 clusterCenters 可获取到存放在 Array 中的所有聚类中心。调用 clusters 的方法 predict()可取得某数据点所属的聚类中心的索引，调用 clusters 的方法 computeCost()可计算出 WSSSE（Within Set Sum of Squared Errors），即所有点到其所属中心点的距离平方的和，该值可用于评估生成的 K-means 模型。程序具体输出如下：

```
[1.5,10.5]
[10.5,1.5]
[10.5,10.5]
2
Within Set Sum of Squared Errors = 6.000000000000057
```

不难验证以上输出结果的正确性。与 4.1.2 节开发 Mahout 下的 K-means 聚类应用相比，无论在代码量、易用性及运行方式上，MLlib 都具有明显的优势。

4.2.2 回归算法

回归算法和分类算法都是有监督的学习，分类算法预测的结果是离散的类别，而回归算法预测的结果是连续的数值。线性回归是回归中最常用的算法之一，其使用输入值的线性组合来预测输出值。类 LinearRegressionWithSGD 是 MLlib 实现线性回归算法的常用类之一，从类名称可知其主要基于随机梯度下降实现线性回归，本节讲解如何基于该类应用线性回归算法。为了便于理解算法理论、方便验证运行结果和减少程序运行时间，本节对输入数据进行了简化，即输入数据由以下函数生成：

$y=0.5*x1+0.2*x2$

输入数据中 $x1$ 和 $x2$ 的值是随机生成的浮点数，y 根据以上函数计算得出，输入数据文件 regression_data_data.txt 的具体内容如图 4-16 所示。

图 4-16 中的每行数据可分为 3 部分，逗号前的内容即为 y 值，逗号后的内容分别为 $x1$ 和 $x2$，文件中的数据共有 50 行。接下来就根据输入数据文件，基于 MLlib 的线性回归算法来逆向推测出系数，即函数中的系数 0.5 和 0.2。具体 Scala 代码如下，其可在 spark-shell 下逐行交互式运行。运行前需要把输入数据文件 regression_data_data.txt 放在 Spark 安装目录的 data/mllib 目录下。

```
-0.801696864, -1.497953299  -0.263601072
0.407654716, 0.796247055  0.047655941
-0.979828061, -1.622338485  -0.843294092
-0.403657629, -0.990720665  0.458513517
-0.183790121, -0.171901282  -0.489197399
-0.92193133, -1.607582523  -0.59070034
0.100333967, 0.366273919  -0.414014963
-0.312807305, -0.710307385  0.211731938
-0.364812555, -0.262791728  -1.167083456
0.331381491, 0.899043117  -0.59070034
-0.236406401, -0.903451691  1.07659722
-0.307844837, -0.06333379  -1.380889709
-0.769339565, -1.1539379  -0.961853075
0.044169664, 0.062020272  0.065797389
-0.96409108, -0.757310278  -2.927179705
0.769104799, 1.112269933  1.064849162
```

图 4-16 输入数据文件 regression_data_data.txt

```scala
import org.apache.spark.mllib.regression.LabeledPoint
import org.apache.spark.mllib.regression.LinearRegressionModel
import org.apache.spark.mllib.regression.LinearRegressionWithSGD
import org.apache.spark.mllib.linalg.Vectors

// Load and parse the data
val data = sc.textFile("data/mllib/regression_data.txt")
val parsedData = data.map { line =>
  val parts = line.split(',')
  LabeledPoint(parts(0).toDouble, Vectors.dense(parts(1).split(' ').map(_.toDouble)))
}.cache()

// Building the model
val numIterations = 100
val model = LinearRegressionWithSGD.train(parsedData, numIterations)

println("weights: %s, intercept:%s".format(model.weights, model.intercept))

// Evaluate model on training examples and compute training error
```

```
val valuesAndPreds = parsedData.map { point =>
    val prediction = model.predict(point.features)
    (point.label, prediction)
}
val MSE = valuesAndPreds.map{case(v, p) => math.pow((v - p), 2)}.mean()
println("training Mean Squared Error = " + MSE)
```

以上代码首先加载了输入数据文件，然后解析每行数据，并将其转换为 LabeledPoint 对象，在有监督的机器学习算法中，LabeledPoint 用来表示带标识的数据点，即一个标识与一个输入向量。输入文件 regression_data_data.txt，其中的内容被转换为 RDD parsedData，因为后面还需用到 parsedData，所以，调用方法 cache()进行了缓冲。

接下来将迭代次数设置为 100，然后调用 LinearRegressionWithSGD 的类方法 train() 对 parsedData 进行计算，执行完成后会返回 LogisticRegressionModel 类型的模型 model。借助于 model 的属性 weights 和 intercept 可获取到预测出的系数向量和截距。调用 model 的方法 predict()可根据由 $x1$ 和 $x2$ 组成的向量预测出其对应的 y 值，RDD valuesAndPreds 中的每个元组由实际 y 值与预测 y 值构成。最后基于 valuesAndPreds 计算出 MSE（Mean Squared Error），该值可用于评估生成的回归模型。程序具体输出如下：

```
weights: [0.5000000000539042,0.1999999999989402], intercept:0.0
training Mean Squared Error = 9.5765677731363342E-20
```

不难验证以上输出结果的正确性。MLlib 也支持 L1 和 L2 正则回归（即 Lasso 与 ridge 回归），实现类分别是 LassoWithSGD 与 RidgeRegressionWithSGD，其调用方法与类 LinearRegressionWithSGD 基本一致。

4.2.3　分类算法

本节讲解 MLlib 中朴素贝叶斯分类算法的应用，朴素贝叶斯算法是一种多元分类算法，通常被用于基于 TF-IDF 向量化的文档分类。本节使用 Spark 系统自带的数据文件为训练数据，即 Sprak 目录 data/mllib 下的文件 sample_naive_bayes_data.txt，该文件的具体内容如下：

```
0,1 0 0
0,2 0 0
0,3 0 0
0,4 0 0
1,0 1 0
1,0 2 0
1,0 3 0
1,0 4 0
2,0 0 1
2,0 0 2
2,0 0 3
2,0 0 4
```

文件 sample_naive_bayes_data.txt 中的数据共有 12 行，根据逗号每行可分为两部分。逗号前的内容为 label，即该行数据所属分类的标识，逗号后的内容为表达该行数据的特征向量。文件 sample_naive_bayes_data.txt 中的数据形式实质上就是文档分类时，字符文档被向量化后的大致雏形，即字符型的文档先要被转换为向量，然后才能被用于训练分类模型。接下来就根据输入数据，基于 MLlib 的朴素贝叶斯算法来训练分类模型。具体 Scala 代码如下，该代码是自包含的 Spark 应用，应通过 spark-submit 来运行。

```scala
object NaiveBayesDemo {

  def main(args: Array[String]) : Unit = {
    val conf = new SparkConf().setAppName("NaiveBayes")
    val sc = new SparkContext(conf)

    val data = sc.textFile("data/mllib/sample_naive_bayes_data.txt")
    val parsedData = data.map { line =>
      val parts = line.split(',')
      LabeledPoint(parts(0).toDouble, Vectors.dense(parts(1).split(' ').map(_.toDouble)))
    }

    val splits = parsedData.randomSplit(Array(0.8, 0.2), seed = 11L)
    val training = splits(0)
    val test = splits(1)

    val model = NaiveBayes.train(training, lambda = 1.0, modelType = "multinomial")

    val label = model.predict(Vectors.dense(0,0,9))
    println("Vector(0 0 9) 's label is "+label)

    val predictionAndLabel = test.map(p => (model.predict(p.features), p.label))
    val accuracy = 1.0 * predictionAndLabel.filter(x => x._1 == x._2).count() / test.count()
    println("Accuracy: "+accuracy)
  }
}
```

以上代码首先加载了训练数据文件，然后解析每行数据，并将其转换为 LabeledPoint 对象，输入文件 sample_naive_bayes_data.txt 中的内容被转换为 RDD parsedData。

接下来为了训练模型及测试模型，按照 8:2 的比例将输入数据随机分为了训练数据 training 和测试数据 test，然后调用 NaiveBayes 的类方法 train() 来根据训练数据 training 学习出分类模型，参数 lambda 为平滑参数，参数 modelType 指定了模型为多元分类（还可指定为 Bernoulli 模型）。训练完成后会返回 NaiveBayesModel 类型的模型 model。调用 model 的方法 predict()，可根据新的特征向量预测出其对应的分类标识 label。最后基于测试数据 test 计算准确度 accuracy，即被模型 model 正确分类的数据行数与被测试的数据行数的比值。程序具体输出如下：

```
Vector(0 0 9) 's label is 2.0
Accuracy: 1.0
```

不难验证以上输出结果的正确性。MLlib 的 mllib.feature 包内有类 HashingTF 和 IDF，可被用于计算 TF-IDF 向量，在此基础上即可实现 MLlib 下的字符文档分类。

4.2.4　协同过滤算法

协同过滤是一种根据用户对物品的交互或评分来推荐物品的推荐算法，根据交互或评分，协同过滤可计算出用户间的相似性或物品间的相似性，然后在此基础上进行推荐。MLlib 中支持的是基于模型的协同过滤，即交替最小二乘（ALS）算法，具体实现是 mllib.recommendation 包下的 ALS 类。本节讲解如何基于该类应用 ALS 算法，为了便于理解算法理论、方便验证运行结果和减少程序运行时间，本节仍使用 4.1.4 节中的输入数据 cf.csv，具体 Scala 代码如下。该代码是自包含的 Spark 应用，应通过 spark-submit 来运行，运行前需先把输入数据文件 cf.csv 放在 Spark 安装目录的 data/mllib 目录下。

```scala
object ALSDemo {
  def main(args: Array[String]): Unit = {

    val conf = new SparkConf().setAppName("ALSDemo")
    val sc = new SparkContext(conf)

    // Load and parse the data
    val data = sc.textFile("data/mllib/cf.csv")
    val ratings = data.map(_.split(',') match { case Array(user, item, rate) =>
      Rating(user.toInt, item.toInt, rate.toDouble)
    })

    // Build the recommendation model using ALS
    val rank = 10
    val numIterations = 10
    val model = ALS.train(ratings, rank, numIterations, 0.01)

    val products = model.recommendProductsForUsers(4)
    println("Recommend Products for Users:")
    for(p <- products.sortBy(_._1).collect()) {
      print(p._1+",")
      p._2.sortBy(_.product).foreach(x=>print(x+" "))
      println()
    }

    val productFeatures = model.productFeatures
    println("Product Features:")
    for(p <- productFeatures.sortBy(_._1).collect()) {
      print(p._1+",")
      print(p._2(0)+" "+p._2(1)+" "+p._2(2))
      println()
```

```
        }

        val userFeatures = model.userFeatures
          println("User Features:")
        for(u <- userFeatures.sortBy(_._1).collect()) {
            print(u._1+",")
            print(u._2(0)+" "+u._2(1)+" "+u._2(2))
            println()
        }
    }
}
```

以上代码首先加载了训练数据文件 cf.csv，然后解析每行数据，并将其转换为 Rating 对象，Rating 对象由用户 id、物品 id 及评分构成，即输入数据 cf.csv 中的内容被转换为 RDD ratings。

接下来定义了特征矩阵的维度 rank 和算法迭代次数 numIterations，然后调用 ALS 的类方法 train()，根据训练数据 ratings 学习出评分模型，train()方法的最后一个参数 0.01 为正则化参数，ALS 算法完成后会返回 MatrixFactorizationModel 类型的模型 model。调用 model 的方法 recommendProductsForUsers()可向每个用户推荐指定个数的物品，该方法返回值的类型为 RDD[(Int, Array[Rating])]，其中每个元组由用户 id 和所推荐物品的 Rating 对象数组构成。访问 model 的属性 productFeatures 可获取 model 的物品特征矩阵，该属性的类型为 RDD[(Int, Array[Duble])]，其中每个元组由物品 id 和该物品对应的特征向量构成。同样，访问 model 的属性 userFeatures 可获取 model 的用户特征矩阵。程序具体输出如下：

```
Recommend Products for Users:
    1,Rating(1,1,4.989689212373627)  Rating(1,2,5.0004246600678925)  Rating(1,3,1.9992566067569193)
Rating(1,4,4.306946119568197)
    2,Rating(2,1,2.0007391379241746)  Rating(2,2,2.8589879660841007)  Rating(2,3,2.988443209495326)
Rating(2,4,4.999484320282626)
    3,Rating(3,1,2.542204111126335)    Rating(3,2,4.99653264016095)    Rating(3,3,1.2134532026423628)
Rating(3,4,3.000156934672514)
    4,Rating(4,1,2.999236892114686)  Rating(4,2,4.1954472888454575)  Rating(4,3,2.724093155996009)
Rating(4,4,4.9960595127293)
    Product Features:
    1,1.4712696075439453 0.6137738823890686 -3.492880344390869
    2,4.5759196281433105 2.11480712890625 -2.0592575073242188
    3,1.9282339811325073 -1.6353909969329834 -1.0740300416946411
    4,3.8322067260742188 -1.8013428449630737 -2.2430782318115234
    User Features:
    1,0.48871707916259766 0.1405022293329239 -1.1979849338531494
    2,0.7724306583404541 -0.6760823130607605 -0.3662441670894623
    3,0.7632097601890564 0.3807702958583832 -0.33938950300216675
    4,0.8111879825592041 -0.3314897119998932 -0.5752331018447876
```

将方法 recommendProductsForUsers() 的参数设为 4，实际上输出的就是 model 预测出的评分矩阵 *A*_k，该评分矩阵是由用户特征矩阵 *U* 与物品特征矩阵 *M* 的转置相乘而得到的，不难验证以上输出结果的正确性。为了进一步提高模型的准确度，可增大特征矩阵的维度 rank，但这也会花费更大的计算代价。另外，迭代次数设置过大，会引起 StackOverflow 异常，此时可调用 ALS 的方法 setCheckpointInterval() 来解决，即每几轮迭代执行一次 checkpoing。

4.2.5 案例：影片推荐

本节基于 MLlib 的 ALS 算法实现影片推荐，所用数据取自真实的 MovieLens（http://grouplens.org/datasets/movielens/）用户电影评分数据，MovieLens 按照数据量大小提供了不同容量的数据集，本节使用的是 6000 个用户基于 4000 部影片给出 100 万条评分的数据集（MovieLens 1M Dataset），具体用到了该数据集中的评分数据文件 rating.dat 和影片数据文件 movies.dat。评分数据文件 rating.dat 的具体格式如下，其共有约 100 万行的评分数据，每行有 4 列，列间以::分隔，依次是用户 id、影片 id、评分（取值 1～5）及时间戳（整型）。

```
UserID::MovieID::Rating::Timestamp
```

影片数据文件 movies.dat 的具体格式如下，共有约 4000 行影片数据，每行有 3 列，列间以::分隔，依次是影片 id、影片名称及影片类型。

```
MovieID::Title::Genres
```

为了实现个性化推荐，还需依据被推荐的用户提供一个用户评分文件 personalRatings.txt，该文件具体格式如下，文件约有 10 行数据，每行有 5 列，列间以::分隔，依次是用户 id、影片 id、评分（取值 1～5）、时间戳（整型）及影片名称。用户需要做的是将第 3 列中的 "?" 替换为自己给出的影片评分，注意该用户的 id 为 0。

```
0::1::?::1400000000::Toy Story (1995)
0::780::?::1400000000::Independence Day (a.k.a. ID4) (1996)
0::590::?::1400000000::Dances with Wolves (1990)
0::1210::?::1400000000::Star Wars: Episode VI - Return of the Jedi (1983)
0::648::?::1400000000::Mission: Impossible (1996)
0::344::?::1400000000::Ace Ventura: Pet Detective (1994)
0::165::?::1400000000::Die Hard: With a Vengeance (1995)
0::153::?::1400000000::Batman Forever (1995)
0::597::?::1400000000::Pretty Woman (1990)
0::1580::?::1400000000::Men in Black (1997)
0::231::?::1400000000::Dumb & Dumber (1994)
```

基于 ALS 算法的影片推荐的完整 Scala 代码如下：

```scala
object MovieLensALS {

    def main(args: Array[String]) {

        Logger.getLogger("org.apache.spark").setLevel(Level.WARN)
```

```
Logger.getLogger("org.eclipse.jetty.server").setLevel(Level.OFF)

if (args.length != 2) {
    println("Usage: spark-submit --driver-memory 2g --class ml.MovieLensALS " +
        "target/scala-*/movielens-als-ssembly-*.jar movieLensHomeDir personalRatingsFile")
    sys.exit(1)
}

// set up environment
val conf = new SparkConf()
    .setAppName("MovieLensALS")
    .set("spark.executor.memory", "2g")
val sc = new SparkContext(conf)

// load personal ratings
val myRatings = loadRatings(args(1))
val myRatingsRDD = sc.parallelize(myRatings, 1)

// load ratings and movie titles
val movieLensHomeDir = args(0)

val ratings = sc.textFile(new File(movieLensHomeDir, "ratings.dat").toString).map { line =>
    val fields = line.split("::")
    // format: (timestamp % 10, Rating(userId, movieId, rating))
    (fields(3).toLong % 10, Rating(fields(0).toInt, fields(1).toInt, fields(2).toDouble))
}

val movies = sc.textFile(new File(movieLensHomeDir, "movies.dat").toString).map { line =>
    val fields = line.split("::")
    // format: (movieId, movieName)
    (fields(0).toInt, fields(1))
}.collect().toMap

val numRatings = ratings.count()
val numUsers = ratings.map(_._2.user).distinct().count()
val numMovies = ratings.map(_._2.product).distinct().count()

println("Got " + numRatings + " ratings from "
    + numUsers + " users on " + numMovies + " movies.")

// split ratings into train (60%), validation (20%), and test (20%) based on the
// last digit of the timestamp, add myRatings to train, and cache them
val numPartitions = 4
val training = ratings.filter(x => x._1 < 6)
```

```
    .values
    .union(myRatingsRDD)
    .repartition(numPartitions)
    .cache()
val validation = ratings.filter(x => x._1 >= 6 && x._1 < 8)
    .values
    .repartition(numPartitions)
    .cache()
val test = ratings.filter(x => x._1 >= 8).values.cache()

val numTraining = training.count()
val numValidation = validation.count()
val numTest = test.count()

println("Training: " + numTraining + ", validation: " + numValidation + ", test: " + numTest)

// train models and evaluate them on the validation set
val ranks = List(8, 12)
val lambdas = List(0.1, 10.0)
val numIters = List(10, 20)
var bestModel: Option[MatrixFactorizationModel] = None
var bestValidationRmse = Double.MaxValue
var bestRank = 0
var bestLambda = -1.0
var bestNumIter = -1
for (rank <- ranks; lambda <- lambdas; numIter <- numIters) {
    val model = ALS.train(training, rank, numIter, lambda)
    val validationRmse = computeRmse(model, validation, numValidation)
    println("RMSE (validation) = " + validationRmse + " for the model trained with rank = "
      + rank + ", lambda = " + lambda + ", and numIter = " + numIter + ".")
    if (validationRmse < bestValidationRmse) {
      bestModel = Some(model)
      bestValidationRmse = validationRmse
      bestRank = rank
      bestLambda = lambda
      bestNumIter = numIter
    }
}

// evaluate the best model on the test set
val testRmse = computeRmse(bestModel.get, test, numTest)

println("The best model was trained with rank = " + bestRank + " and lambda = " + bestLambda
  + ", and numIter = " + bestNumIter + ", and its RMSE on the test set is " + testRmse + ".")
```

```
// create a naive baseline and compare it with the best model
val meanRating = training.union(validation).map(_.rating).mean
val baselineRmse =
    math.sqrt(test.map(x => (meanRating - x.rating) * (meanRating - x.rating)).mean)
val improvement = (baselineRmse - testRmse) / baselineRmse * 100
println("The best model improves the baseline by " + "%1.2f".format(improvement) + "%.")

// make personalized recommendations
val myRatedMovieIds = myRatings.map(_.product).toSet
val candidates = sc.parallelize(movies.keys.filter(!myRatedMovieIds.contains(_)).toSeq)
val recommendations = bestModel.get
    .predict(candidates.map((0, _)))
    .collect()
    .sortBy(- _.rating)
    .take(5)

var i = 1
println("Movies recommended for you:")
recommendations.foreach { r =>
    println("%2d".format(i) + ": " + movies(r.product))
    i += 1
}

// clean up
sc.stop()
}

/** Compute RMSE (Root Mean Squared Error). */
def computeRmse(model: MatrixFactorizationModel, data: RDD[Rating], n: Long): Double = {
    val predictions: RDD[Rating] = model.predict(data.map(x => (x.user, x.product)))
    val predictionsAndRatings = predictions.map(x => ((x.user, x.product), x.rating))
        .join(data.map(x => ((x.user, x.product), x.rating)))
        .values
    math.sqrt(predictionsAndRatings.map(x => (x._1 - x._2) * (x._1 - x._2)).reduce(_ + _) / n)
}

/** Load ratings from file. */
def loadRatings(path: String): Seq[Rating] = {
    val lines = Source.fromFile(path).getLines()
    val ratings = lines.map { line =>
        val fields = line.split("::")
        Rating(fields(0).toInt, fields(1).toInt, fields(2).toDouble)
    }.filter(_.rating > 0.0)
```

```
      if (ratings.isEmpty) {
          sys.error("No ratings provided.")
      } else {
          ratings.toSeq
      }
    }
}
```

类 MovieLensALS 的 main 方法首先对输入参数的个数进行了判定，运行类 MovieLensALS 必须提供两个参数，即 MovieLens 数据 ratings.dat、movies.dat 所在目录和个人评分文件 personalRatings.txt 的具体位置，运行类 MovieLensALS 的具体命令如下：

```
bin\spark-submit --class ml.MovieLensALS --master local[4] /tmp/als.jar /movielens /personalRatings.txt
```

接下来通过自定义方法 loadRatings()加载个人评分文件 personalRatings.txt，并将其转换为了 myRatingsRDD，其将在训练模型时使用。然后又分别加载了评分文件 ratings.dat 和影片文件 movies.dat，加载文件 ratings.dat 时，将每行数据映射为了 (timestamp% 10, Rating(userId, movieId, rating))格式的元组，元组第一个元素是 0～9 的整数（即时间戳的最后 1 位），其将在划分训练数据、验证数据和测试数据时使用；Rating 是由用户 ID、影片 ID 及评分构成的评分对象。加载文件 movies.dat 时，只取了前两列的影片 ID 和影片名称，并将其转换为了 Map，以方便根据影片 ID 获取影片名称。然后分别统计并输出了评分条数、用户数和影片数，具体输出内容如下：

```
Got 1000209 ratings from 6040 users on 3706 movies.
```

为了训练模型、验证模型（找出最佳模型时使用）和测试模型，根据 RDD ratings 每个元组的第一个元素的值（即时间戳的最后 1 位），按照 60%、20%和 20%的原则，将 RDD ratings 拆分为了训练数据 training、验证数据 validation 和测试数据 test，同时还在 RDD training 中并入了个人评分数据 myRatingsRDD，以便据此向该用户推荐新的影片。然后分别统计并输出了训练数据、验证数据和测试数据的条数，具体输出内容如下：

```
Training: 602252, validation: 198919, test: 199049
```

为了找出最佳模型，以特征向量维数 ranks（取值 8 与 12）、正则化参数 lambdas（取值 0.1 和 10.0）及迭代次数 numIters（取值 10 和 20）的各种取值的组合分别训练出 8 种不同模型，然后调用自定义方法 computeRmse()，将验证数据 RDD validation 作为输入，计算每个模型的均方根误差（RMSE），均方根误差值 validationRmse 最小的模型就是最佳模型。8 次循环的中间及最后分别输出了 8 种模型及最佳模型对应的特征向量维数、正则化参数、迭代次数及均方根误差。具体输出内容如下，从结果可以看出迭代次数越多模型却未必最佳。

```
RMSE (validation) = 0.8681237547391281 for the model trained with rank = 8, lambda = 0.1, and numIter = 10.
RMSE (validation) = 0.8692018354876517 for the model trained with rank = 8, lambda = 0.1, and numIter = 20.
RMSE (validation) = 3.7558695311242833 for the model trained with rank = 8, lambda = 10.0, and numIter = 10.
RMSE (validation) = 3.7558695311242833 for the model trained with rank = 8, lambda = 10.0, and numIter = 20.
RMSE (validation) = 0.8662515230805973 for the model trained with rank = 12, lambda = 0.1, and numIter = 10.
RMSE (validation) = 0.8673865605647878 for the model trained with rank = 12, lambda = 0.1, and numIter = 20.
```

RMSE (validation) = 3.7558695311242833 for the model trained with rank = 12, lambda = 10.0, and numIter = 10.
RMSE (validation) = 3.7558695311242833 for the model trained with rank = 12, lambda = 10.0, and numIter = 20.
The best model was trained with rank = 12 and lambda = 0.1, and numIter = 10, and its RMSE on the test set is 0.8648031569552936.

为了从另一个角度评估训练出的最佳模型，还计算了训练数据与验证数据中影片的平均评分 meanRating，如果每部影片都按照平均评分给出预测用户评分，可计算出此种情况下的均方根误差值 baselineRmse，再与最佳模型的均方根误差值 testRmse 进行比对，即可量化出最佳模型的改进效果，具体输出如下：

The best model improves the baseline by 22.34%.

因为向个人推荐影片必须是未评价过的影片，所以，要先取得在个人评分文件 personalRatings.txt 中已经评价过的影片 ID 即 myRatedMovieIds，过滤掉这些影片 ID 后取得剩余影片的 ID 即 candidates。接下来就调用最佳模型 bestModel 的预测方法 predict()，针对剩余影片 ID，即 candidates 中的每部影片，预测 ID 为 0 的用户可能给出的评分，将评分结果按照降序排序并取前 5 个，即向用户推荐其可能给出最高评分的前 5 部电影，然后根据影片 ID，在 Map moives 中获取 5 部影片的名称并输出，具体输出内容如下：

Movies recommended for you:
 1: Star Wars: Episode IV - A New Hope (1977)
 2: Sanjuro (1962)
 3: Dear Diary (Caro Diario) (1994)
 4: Braveheart (1995)
 5: Star Wars: Episode V - The Empire Strikes Back (1980)

4.3 其他数据挖掘工具

虽然 Apache Mahout、Spark MLlib 基于大数据处理平台实现了并行化的机器学习算法，一体化地解决了大数据的分布式存储、并行化计算，以及上层的机器学习算法设计和使用等问题，但仍不能很好地解决对终端用户存在的可编程性、易用性和灵活性等问题。首先，Mahout 和 MLlib 提供的并行化机器学习算法数量有限；其次，作为通用的软件包，其所提供的算法几乎都是标准实现，但实际数据分析的需求千差万别，很多时候通用算法在学习精度和计算性能上并不能满足用户的具体需求，往往还需程序员定制和改进某个并行化机器学习算法甚至开发新的算法，这对数据分析程序员已是很大的挑战，普通用户则更难对内部算法进行深层定制和优化。因此，业界也研究、设计及实现了其他一批机器学习系统和大数据挖掘工具。

1. SystemML

SystemML[3]是由 IBM Waston Research Center 和 IBM Almaden Research Center 联合研发的一款大数据机器学习系统。其对用户提供了一个类似于 R 语言的高层声明式语言，基于该语言编写的程序可以被自动编译转化为作业在 Hadoop 或者 Spark 集群上运行。这种高层语言提供了大量的监督和非监督的机器学习算法所需要的线性代数原语、统计功能和 ML 指定结构，可更容易也更原生地表达 ML 算法。SystemML 通过声明式机器学习（DML），提供了灵活的定制分析表达和独立于底层输入格式与物理数据表示的数据，显著提升了数据科学的生产力。SystemML 提供了自动优化功能，通过数据和集群特性保证高效和可伸缩。SystemML 最大的优势是具有较好的可编程性和易用性，用户不需要具备任何分布式系统的概念或编程经验，即可写出可扩展的机器学习算法。2015 年 11 月，IBM 宣布将机器学习平台 SystemML 开源，并表示 SystemML 将会成为 Apache 孵化器的开源项目。图 4-17 所示为 SystemML 的体系结构。

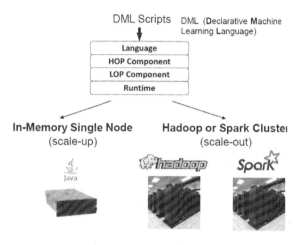

图 4-17　SystemML 的体系结构

2．GraphLab

GraphLab[4]是卡内基梅隆大学的 Select 实验室在 2010 年开发的一个以顶点为计算单元的大规模图处理系统，是一个基于图模型抽象的可扩展的机器学习框架。设计初衷主要是解决有局部依赖的稀疏数据集、迭代可收敛、异步执行等机器学习问题。为了实现这个目标，GraphLab 把数据之间的依赖关系抽象成 Graph 结构，以顶点为计算单元，将算法的执行过程抽象成每个顶点上的 GAS（Gather、Apply、Scatter）过程，其并行的核心思想是多顶点同时执行。GraphLab 的优点是能够高效地处理大规模图算法问题或者可归结为图问题的机器学习和数据挖掘问题；其缺点在于提供的接口细节比较复杂，对于普通的数据分析程序员而言，有较大的使用难度。2015 年 GraphLab 筹得 1850 万美元，并改名为 Dato，新的计算框架不仅可以建立图表模型，还能够分析和处理数据。Dato 提供的是一个完整的机器学习平台，让用户能使用可扩展的机器学习系统进行大数据分析，该平台客户包括 Zillow、Adobe、Zynga、Pandora 等，它们从其他应用程序中抓取数据，通过推荐系统、情感及社交网络分析系统等将大数据理念转换为可以使用的预测应用程序。图 4-18 所示为 Dato 的体系结构。

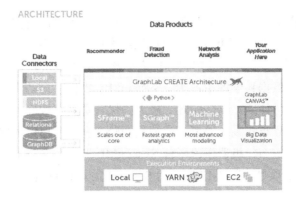

图 4-18　Dato 的体系结构

3．Parameter Server

大数据机器学习常常会涉及大规模模型，如近几年发展迅猛的深度神经网络算法，其通常要通过对大量模型参数的调优来提高学习精度，在这种情况下，就需让算法设计者通过控制模型参数进行算法优化。为此，有研究者提出了一种基于模型参数的抽象方法，即把所有机器学习算法抽象为对学习过程中一组模型参数的管理和控制，并提供对大规模场景下大量模型参数的有效管理和访问。目前，参数模型最典型的方法是由美国卡耐基梅隆大学李沐（百度少帅）等人提出并在很多系统中得到应用的 Parameter Server 框架[5]。为了有效应对和满足大数据机器学习算法要解决的学习训练过程中模型参数的高效存储与更新问题，Parameter Server 框架将模型参数存储在多台服务器中，并提供分布式的全局模型参数存储和访问接口，工作节点可以通过网络读取全局参数。具体来讲，整个系统由一个服务器组和多个工作组构成，服务器组中包括一个服务器管理节点和多个服务器节点。每个服务器节点存储部分全局共享参数；服务器管理节点用来存储服务器节点的元信息，并通过心跳机制管理所有服务器。每个工作组包含一个任务调度器和多个工作节点，工作节点只与服务器节点通信获取全局参数及推送局部更新，不同的工作组可以同时运行不同的应用。Parameter Server 框架的优点是为大规模机器学习提供了非常灵活的模型参数调优和控制机制；缺点是缺少对大规模机器学习时的数据及编程计算模型的高层抽象，使用较为烦琐，通常比较适合机器学习算法研究者或者需要通过调整参数深度优化机器学习算法的数据分析程序员使用。图 4-19 所示为 Parameter Server 的工作原理。

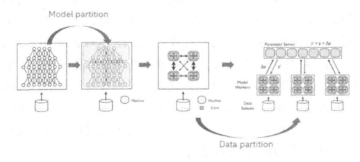

图 4-19　Parameter Server 的工作原理

4．Scikit-Learn

Python 由于其易用性及丰富的函数库，已经成为数学、自然科学和统计学的首选编程语言。Scikit-Learn 是基于 Python 的机器学习库，建立在 NumPy、SciPy 和 matplotlib 基础之上，使用 BSD 开源许可证，最早是 David Cournapeau 在 2007 年发起的 Google Summer of Code 项目。Scikit-Learn 的主要模块包括分类、回归、聚类、数据降维、模型选择、数据预处理 6 个部分，支持 SVM、nearest neighbors、random forest、SVR、ridge regression、Lasso、K-means、spectral clustering 等诸多算法，Scikit-Learn 官方提供非常丰富的开发文档与开发案例。在数据分析和数据挖掘时，因为基于 Python 语言及 IPython，Scikit-Learn 应用起来简单、便捷且高效，因此，在许多 Python 项目中都有应用，也非常适合于对 C++、Java 等语言不熟练的行业数据分析师使用。图 4-20 所示为 Scikit-Learn 网站提供的开发案例。

5．Weka

Weka 于 1997 年诞生于新西兰的 Waikato 大学，Weka 原本是新西兰的一种鸟的名，作为一个基于 Java 的开源数据挖掘平台，实现了大量的机器学习算法，可对数据进行预处理、分类、回归、聚类、关联规则等，其使用 GUI 界面与数据文件交互并生成可视化的结果，另外还提供了通用 API，可以将 Weka 嵌入应用程序以完成诸如服务器端自动数据挖掘这样的任务，通过 Weka 提供的接口，开发者还可加入自己实现的数据挖掘算法。在 2005 年第 11 届 ACM SIGKDD 国际会议上，Waikato 大学的 Weka 小组荣获了数据挖掘和知识探索领域的最高服务奖，Weka 系统得到了广泛的认可，被誉为数据挖掘和机器学习历史上的里程碑，是现今最完备的数据挖掘工具之一。同时 Waikato 大学还开发了专门针对 Weka 的数据挖掘教材和 MOOC，使得基于 Weka 进行数据挖掘的教学非常方便。图 4-21 所示为 Weka 的可视化 GUI 界面。

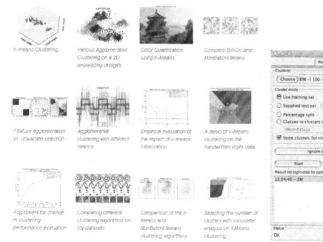

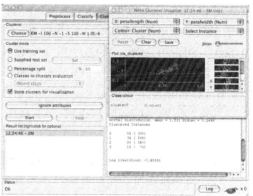

图 4-20　Scikit-Learn 网站提供的开发案例　　　　图 4-21　Weka 的可视化 GUI 界面

6. 基于 R 语言的机器学习库

传统行业数据分析师最熟悉的分析语言和环境通常是 R、Python、MATLAB 等传统数据分析平台下的机器学习系统。其中 R 语言是目前在数据分析应用领域最广为使用的数据分析、统计计算及制图的开源软件系统，其提供了大量的专业模块和实用工具。为了尽可能缩小 R 语言环境与现有大数据平台间的鸿沟，业界已经尝试语言在 R 中利用分布式并行计算引擎来处理大数据。最早的工作和系统 RHadoop 是由 Revolution Analytics 发起的一个开源项目，其目标是将统计语言 R 与 Hadoop 结合起来，目前该项目包括 3 个 R 语言包，分别为支持用 R 语言编写 MapReduce 应用的 rmr、用于 R 语言访问 HDFS 的 rhdfs 及用于 R 语言访问 HBase 的 rhbase。其中，Hadoop 主要用来存储和处理底层的海量数据，R 语言则替代 Java 语言完成 MapReduce 算法的设计实现。另外，UC Berkeley AMP 实验室在 2014 年 1 月推出了一个称为 SparkR 的项目。SparkR 也是作为一个 R 语言的扩展包，为 R 语言用户提供一个轻量级的、在 R 语言环境中使用 Spark RDD API 编写程序的接口。它允许用户在 R 语言的 Shell 环境中交互式地向 Spark 集群提交运行作业。然而，目前的 RHadoop 和 SparkR 都存在一个同样的问题：仍要求用户熟悉 MapReduce 或 Spark RDD 的编程框架和程序结构，才能将自己的 MapReduce 或 Spark 程序实现到基于 R 语言的编程接口上，这和在 Hadoop 或 Spark 上写 Java 应用程序没有太大的区别，只是编程接口用 R 语言封装了而已，因此，其还需进一步的发展与完善。

7. H2O

H2O 号称可使每个人都成为数据科学家，是初创公司 Oxdata 在 2014 年年末推出的一个易用的、快速的、可扩展的、开源机器学习和深度学习的平台，主要服务于数据科学家和开发者，以为其应用提供快速的机器学习引擎，通过 H2O 提供的 API 接口，开发者可以将 H2O 提供的机器学习服务整合进自己的应用。H2O 除了提供易用的 WebUI，还提供了 R、Python、Scala、Java、JSON 和 JavaScript 接口，可连接到 HDFS、S3、SQL 与 NoSQL 数据源。H2O 也可运行在 Hadoop 和 Spark 平台之上，另外，新版 Mahout 也提供了对 H2O 的支持。图 4-22 所示为 H2O 的体系结构。

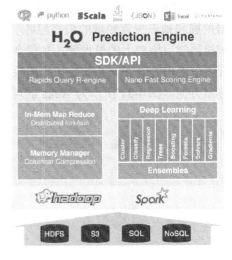

图 4-22 H2O 的体系结构

8. 腾讯大规模主题模型训练系统 Peacock 与深度学习平台 Mariana

Peacock[6]是腾讯公司研发的一个大规模 LDA 主题模型训练系统。该系统通过并行计算可对 10 亿×1 亿级别的大规模矩阵进行分解，可从海量文档样本数据中学习 10 万~100 万量级的隐含语义。为了完成大规模处理，Peacock 对基于吉布斯采样的 LDA 训练算法进行了并行化设计，并设计实现了一个完整的具有大规模样本数据处理能力的训练系统。Peacock 已广泛应用在腾讯的文本语义理解、QQ 群推荐、用户商业兴趣挖掘、相似用户扩展、广告点击率与转化率预估等多个业务数据中，是一个专为 LDA 并行化计算而定制的大规模训练系统，但不是一个通用化的大数据机器学习系统。图 4-23 所示为腾讯 Peacock 应用于 QQ 群推荐。

图 4-23　腾讯 Peacock 应用于 QQ 群推荐

为了提供更为广泛的大规模并行化机器学习处理能力，腾讯研究构建了一个称为 Mariana[7] 的深度学习平台，该平台由 3 套大规模深度学习系统构成，包括基于多 GPU 的深度神经网络并行计算系统 Mariana DNN、基于多 GPU 的深度卷积神经网络并行计算系统 Mariana CNN 及基于 CPU 集群的深度神经网络并行计算系统 Mariana Cluster。Mariana 可提供数据并行和模型并行计算，基于 GPU 和 CPU 集群提升了模型规模，加速了训练性能。Mariana DNN 在腾讯内部用于微信语音识别声学模型训练，可训练超过 1 万小时的语音数据、超过 40 亿的数据样本及超过 5000 万的参数；Mariana CNN 用于微信图像识别，可训练 2000 个以上的分类、300 万以上的数据样本及超过 6000 万的参数，在图文类效果广告点击率提升方面取得了初步应用；Mariana Cluster 实现了一个基于 Parameter Server 模型的大规模通用化机器学习和训练系统，主要用于进行大规模广告并行化训练，完成广告点击率预估模型训练和广告点击性能优化。图 4-24 所示为腾讯 Mariana 应用于微信语言识别。

图 4-24　腾讯 Mariana 应用于微信语音识别

9. 百度大规模机器学习框架 ELF 与机器学习云平台 BML

百度公司研发了一个大规模分布式机器学习框架和系统 ELF（Essential Learning Framework）[8]。ELF 是一个基于 Parameter Server 模型的通用化大规模机器学习系统，可允许用户方便、快速地设计实现大数据机器学习算法，在系统设计上吸收了 Hadoop、Spark 和 MPI 等大数据平台的优点，用类似于 Spark 的全内存 DAG 计算引擎，可基于数据流的编程模式，通过高度抽象的编程接口，让用户方便地完成各种机器学习算法的并行化设计和快速计算。在 ELF 的基础上，百度进一步开发了一个机器学习云平台 BML（Baidu Machine Learning），该平台支持丰富的机器学习算法，可支持 20

多种大规模并行机器学习算法，提供包括数据预处理算法、分类算法、聚类算法、主题模型、推荐算法、深度学习、序列模型、在线学习在内的各种机器学习算法支持，并通过分布和并行化计算实现优异的计算性能。BML 在百度内部的业务系统中经历了线上大规模使用部署，承载公司内各种重要的在线业务线应用，典型如网页搜索、百度推广（凤巢、网盟 CTR 预估）、百度地图、百度翻译等。图 4-25 所示为百度 BML 应用于在线业务。

图 4-25　百度 BML 应用于在线业务

10. 阿里数据挖掘平台 DT PAI

2015 年 8 月阿里云宣布推出数据挖掘平台 DT PAI（Data Technology Platform of Artificial Intelligence）。DT PAI 基于阿里云大数据处理平台 ODPS 构建，集成了阿里巴巴核心智能算法库，包括特征工程、数据探查与统计、大规模机器学习、深度学习，以及阿里在文本、图像和语音处理方面的数据技术。开发者可通过简单拖拽的可视化方式完成对海量数据的分析挖掘及对用户行为、行业走势等的预测，平台可按使用情况弹性付费，可支撑百亿级的预测吞吐量。在没有任何人工智能知识经验的前提下，DT PAI 开发者在 10 分钟以内就可以从无到有搭建出数据挖掘应用。因为 DT PAI 在操作上支持了图形化编程，只需用鼠标拖拽标准化组件、连接组件、设置参数，即可完成应用开发，不需要写一行代码。DT PAI 也支持基于阿里云计算平台提供的开发语言和框架来开发机器学习应用。图 4-26 所示为阿里 DT PAI 的可视化设计界面。

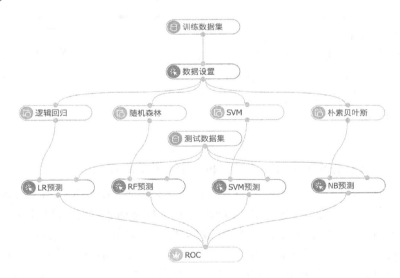

图 4-26　阿里 DT PAI 的可视化设计界面

习题

1. 常用机器学习系统和大数据挖掘工具有哪些？
2. 安装好 Mahout 环境后，演示 Mahout 操作实例。
3. Mahout 的适用场合与特点有哪些？
4. 安装好 Spark MLlib 环境后，演示 Spark MLlib 操作实例。
5. Spark MLlib 的适用场合与特点有哪些？
6. 简述 SystemML 的体系结构。
7. 简述 GraphLab 的体系结构。
8. 简述 Parameter Server 的工作原理。
9. 简述 Scikit-Learn 的主要模块及开发案例。
10. 简述 Weka 的工作原理。
11. 基于 R 语言的机器学习库有哪些？
12. 简述 H2O 机器学习系统的主要功能。

参考文献

[1]　U Fayyad, G Piatetsky-Shapiro, R Smyth. Knowledge discovery and data mining: Towards a unifying framework. In: Proc. KDD'96, Portland, OR, 82-88.

[2]　T. M. Mitchell. Machine Learning[M]. New York: McGraw-Hill, 1997.

[3]　Ghoting A, Krishnamurthy R, Pednault E, et al. SystemML: declarative machine learning on MapReduce[J]. Proceedings of International Conference on Data Engineering (ICDE), Hannover, Germany, 2011: 231-242.

[4]　Low Y, Bickson D, Gonzalez J, et al. Distributed graphLab: a framework for machine learning and data mining in the cloud[J]. Proceedings of the VLDB Endowment, Istanbul, Turkey, 2012: 716-727.

[5]　Li M, Andersen G D, Park W J, et al. Scaling distributed machine learning with the parameter server[J]. Proceedings of Operating Systems Design and Implementation (OSDI), Broomfi eld, CD, USA, 2014: 583~598.

[6]　Wang Y, Zhao X M, Sun Z L, et al. Peacock: learning long-tail topic features for industrial applications[J]. ACM Transactions on Intelligent Systems and Technology, 2014, 9(4).

[7]　Zou Y Q. Marina-the progress and application of deep learning platform of Tencent. Proceedings of Database Technology Conference China 2015, Beijing, China, 2014.

[8]　Liu W. Machine learning cloud platform of Baidu. Proceedings of Database Technology Conference China 2015, Beijing, China, 2015.

第 5 章　R 语言

R 语言是一门用于统计计算和作图的语言，是贝尔实验室（Bell Laboratories）的 Rick Becker、John Chambers 和 Allan Wilks 开发的 S 语言的一种实现。其具有免费、开源及统计模块齐全等特征，已被国外大量学术和科研机构采用，其应用范围涵盖了数据挖掘、机器学习、计量经济学、实证金融学、统计遗传性、自然语言处理、心理计量学和空间统计学等诸多领域。本章首先介绍 R 语言的发展历程、功能和应用领域，然后介绍 R 在数据挖掘中的应用，最后介绍 R 语言在分布式并行实时计算环境 Spark 中的应用 SparkR。

5.1　R 语言简介

IEEE Spectrum 通过跟踪 Google 搜索和趋势，社交网站如 Stack Overflow、Twitter、Reddit 和 Hacker News 上的相关讨论，GitHub 上的项目，以及工作招聘等信息，分析了 49 种编程语言的流行度，公布了它的 2014 年编程语言排行榜。R 语言跃升到第 7 位，成为十大热门语言之一。本节将通过回顾 R 语言发展历程、介绍 R 语言基本功能和其应用领域，来剖析 R 语言为何受到诸多行业的热捧。

5.1.1　产生与发展

当涉及一个新的领域或一门新的语言，总是很容易陷入一些具体细节中而无法从更高的角度看到一门语言形成的背后的行业背景，以及解决现实中存在的问题和适用的场景及未来的发展趋势。这点的缺乏也会导致我们看不清设计一门新语言的作者的初衷是什么，也就无法更好地理解该语言的本质。本节将从 R 语言的产生过程来剖析 R 语言的设计初衷。

R 语言是一种适用于统计分析计算和图像处理的语言[1]，受 S 语言和 Scheme 语言影响发展而来。早期 R 语言是基于 S 语言的一个 GNU 项目，所以，也可以当作 S 语言的一种实现，通常用 S 语言编写的代码不做任何修改就可以在 R 环境下运行。R 语言的语法来自 Scheme 语言。

其实在最早的时候，R 语言还没有发明之前，新西兰奥克兰大学统计系的 Ross Ihaka 从一本书中了解到了 Scheme 语言，Ross 对 Scheme 非常感兴趣。大约与此同时，他正好获得一版新 S 语言的源代码。此时他注意到 Scheme 和 S 语言二者之间的异同点，后来 Ross 开始准备用 Scheme 向别人演示词法作用域，但由于手边没有与 Scheme 相关的书，就采用 S 语言来演示，结果却失败了。由此让他萌生了改进 S 语言的想法。

在相当长的一段时间之后，Ross Ihaka 和 Robert Gentlemen 在奥克兰大学成为同事。他们都对统计计算十分感兴趣，而且试图为他们的实验室寻找一个更好的软件。因为在商业软件中一直找不到他们想要的，于是他们决定基于此自己开发一种语言。这就是两人合作产生的 R 语言。

可以说 S 语言就是 R 语言的父亲，S 语言是一门用来数据分析和图形化的高级语言。早在 1998 年，ACM（Association for Computing Machinery，国际计算机学会）就将"软件系统奖"授予了 S 语言的主要设计者 John M. Chambers 用来表彰 S 语言取得的成就。这是迄今为止众多统计软件中"唯一"被 ACM 授奖的统计系统。当时 ACM 是这样评价 S 语言的：永久地改变了人们分析、可视化、处理数据的方式，是一个优雅的、被广泛接受的、不朽的软件系统。

而 Scheme 语言是 LISP 语言一个方言或者可以说是一个变种。与其他 LISP 不同的是，Scheme 是可以编译成机器码的。1975 年 Scheme 诞生于麻省理工学院，对于这个有着近 30 年历史的编程语言来说，在国外得到广泛应用，就像国内的 C++/Java 那样受到商业领域的青睐。Scheme 的主要特征是可以像操作数据一样操作函数调用，其主要目的是训练人的机器化思维，以其简洁的语言环境和大量的脑力思考而著称。后期演化的 R 语言正式参考了 Scheme 的语法。

在 1993 年，Ross 和 Robert 将 R 语言的部分二进制文件放到卡耐基·梅隆大学统计系的 Statlib 中，并在 S 语言的新闻列表上发布了一个公告。随后有人开始下载使用并提出一些反馈，其中以苏黎世理工学院的 Martin M 最为突出，Martin 在邮件中极力劝说两位原作者公布源代码，让 R 语言成为自由软件。终于于 1995 年 6 月在 Martin 的劝说下，R 语言的源代码正式发布到自由软件协会的 FTP 上。

随着 R 语言的进一步开发，程序版本的归档又成了一个问题。维也纳工业大学的 Kurt Hornik 承担了这个任务，在维也纳建立了 R 程序的归档。这使得程序版本的发布变得更加规范。同时世界各地也出现了 R 程序的镜像，类似 Statlib 等。

随着时间的推移，1997 年中期 R 核心团队正式成立，包含 11 位早期成员，包括现在 R 语言版本依然是由 R 开发核心团队负责开发的。截至 2013 年，R 核心团队已经达到 20 人，成员主要来自世界各地的大学，如牛津大学、加拿大西安大略大学等，也有来自企业的成员，比如 AT&T 实验室的 Simon Urbanek 等。由于 R 语言自身扩展性非常强，随着发展和使用人数增多，也吸引了大量用户编写的自定义的函数包供更多人使用。这些附件包可以从世界各地的 CRAM 镜像网站上下载。

截至目前，R 语言源程序已经更迭了超过 70 个以上的版本。目前最新版本是 3.0.0。而源程序大小也由 1997 年 R 核心团队成立时的 959KB 增加到今天的 51.5MB（Windows 版本）。从版本更新和文件大小来看，R 语言的发展速度的确非常快，而且整个软件体系一直都保持着非常小的优势，这几乎是任何一个商业软件都无法比拟的。

随着 R 语言的发展，在 R 语言开放源代码的 1993 年，S 语言的许可证被 MathSoft 公司买断，S-PLUS 成为其公司的主打数据分析产品。由于 S-PLUS 继承了 S 语言的优秀血统，所以，被世界各国的统计学家广泛使用。但好景不长，1997 年 R 语言正式成为 GNU 项目，大量优秀统计学家加入到 R 语言开发的行列。随着 R 语言的功能逐渐强大，S-PLUS 的用户渐渐地转到了同承一脉的 R 语言上。S 语言的发明人之一 John M.Chambers 最后也成为 R 语言的核心团队成员。S-PLUS 这款优秀的软件也几经易手，最后花落 TIBCO 公司。

现今，R 语言的邮件列表依然还是由苏黎世理工学院的 Martin Macher 提供支持。这些邮件列表主要包含四大类：R-announce 消息发布、R-help 附加包、R-help 帮助、R-develR 程序的开发。

R 语言除了官方文档外，还有创办于 2001 年的刊物 R News。该刊物主要用于介绍 R 语言的最新特征，CRAN 的动态，附加包的说明短文、编程技巧、手册和 FAQ 中没有介绍的小提示，以及 R 语言在数据分析中的应用实例。2009 年 R News 更名为 The R Journal。

虽然 R 语言诞生于新西兰，但后来的服务器却设到奥地利。现在 Windows 主程序的维护者在加拿大，Windows 附加包维护者在德国，Mac OS 版本维护者在美国，邮件列表维护者在瑞士。就是这样一个形式松散却有着共同目标的群体，数十年间以志愿者的身份坚持不懈地推动 R 语言的发展。众多统计学或相关领域的程序员也贡献自己的力量，将大量统计方法以附加包的形式发布出来，使那些不擅长编程的用户也可以以最快的速度运用上最新的统计方法。而封闭源代码的商业源代码则很难有这样的推送力量。在开源社区不断完善下，R 语言及其工具包得到了进一步发展，并同时也成就了 R 语言的今天。

其实 R 语言由来已久，如果算上第一个正式版本，它的出现比 Java 还要早。确切地说，R 语言是一门用于统计计算和作图的语言，它不单是一门语言，更是一个数据计算与分析的环境。统计计算领域有三大工具：SAS、SPSS、S，R 语言正是受 S 语言和 Scheme 语言影响发展而来的。其最主要的特点是免费、开源、各种各样的模块十分齐全，在 R 语言的综合档案网络 CRAN 中，提供了大量的第三方功能包，其内容涵盖了从统计计算到机器学习，从金融分析到生物信息，从社会网络分析到自然语言处理，从各种数据库各种语言接口到高性能计算模型，可以说无所不包、无所不容，这也是为什么 R 语言正在获得各行各业从业人员喜爱的一个重要原因。

随着数据呈现几何数量级的增加，数据挖掘需求的增长而使 R 语言日益得到普及。它虽源于 S 语言，但其发展却远远地超过了 S 语言。Google 首席经济学家 Hal Varian 说："R 的最让人惊艳之处在于你可以通过修改它来做所有的事情，而你已经拥有大量可用的工具包，这无疑让你是站在巨人的肩膀上工作。"R 语言在机器学习、统计计算、高性能计算领域得到广泛应用。大数据产品销售商，比如数据仓库与 Hadoop 数据过滤器尤其喜欢 R 语言。R 语言经过调整，Hadoop 集群的每个节点都可以对 Hadoop 集群上存储在 Hadoop 分布式文件系统中的数据进行本地 R 分析，并对这些计算的结果进行整合，类似 MapReduce 对非结构化数据的操作。

在 2012 年年初 Oracle 也加入了 R 语言行列，推出 Advanced Analytics 工具，作为 Oracle 数据库与 R 分析引擎之间的桥接。Advanced Analytics 是 Oracle 在其 11g R2 数据库中部署的 Data Mining 附件。当 R 程序员需要运行统计例程时，他们可以在数据挖掘工具箱中调用等同的 SQL 函数，并在该数据库中运行。如果没有这样的 SQL 函数，遍历数据库节点（如果为集群）的嵌入式 R 引擎将运行 R 例程，收集汇总数据并作为结果将其返回 R 控制台。

另外，Oracle 为其 Big Data Appliance 提供了一个名为 R Connector for Hadoop 的工具，这是一个在 Oracle Exa x86 集群上运行的 Cloudera CDH3 Hadoop 环境。该连接器可让 R 控制台与在 Big Data Appliance 运行的 Hadoop 分布式文件系统和 NoSQL 数据库进行通信。

R 语言起源于统计分析，随着大数据时代的来临，现在服务于数据，未来也会逐渐随着数据分布渗透到各个行业。

5.1.2　基本功能

R 语言是一套完整的数据处理、计算和制图软件系统。其功能主要包括：数据存储和处理系统；数组运算工具（其向量、矩阵运算方面功能尤其强大）；完整连贯的统计分析工具；优秀的统计制图功能等。

1．丰富的数据读取和存储能力

在数据的读取与存储方面，R 语言支持多种数据源数据的读取和存储。

（1）可以保存和加载 R 语言的数据，即与 R.data 的交互是通过 R 语言的 save( )函数和 load()函数实现的。比如：

```
> a <- 1:10
> save(a, file = "data/dumData.Rdata")    # 将 a 存为 rdata 文件
> rm(a)
> load("data/dumData.Rdata")
> print(a)
```

（2）能够加载和导出.csv 文件（write.csv()函数和 read.csv()函数）。下面的例子创建了一个名为 df1 的数据框（data.frame），并通过函数 write.csv()将 data.frame 中的数据存为一个.csv 文件。然后调用函数 read.csv()将数据框 df1 加载到数据框 df2 中。

```
> var1 <- 1:5
> var2 <- (1:5)/10
> var3 <- c("R", "and", "Data Mining", "Examples", "Case Studies")
> df1 <- data.frame(var1, var2, var3) #将前面三个 var 合并成 dataframe 框架。
> names(df1) <- c("VariableInt", "VariableReal", "VariableChar")
> write.csv(df1 "./data/dummmyData.csv", row.names = FALSE) #将 df1 写入.csv 文件。
> df2 <- read.csv("./data/dummmyData.csv") #从.csv 文件中读取数据到变量 df2。
> Print(df2)
```

（3）能够导入 SPSS/SAS/Matlab 等数据集。例如，foreign 包提供了函数 read.ssd()，该函数可以将 SAS 中的数据集导入 R 中，提供了 read.spss()函数将 sav 文件导入 R。例如：

```
# 导入 spss 的 sav 格式数据则要用到 foreign 扩展包，加载后直接用 read.spss 读取 sav 文件
> library(foreign)
> mydata=read.spss('d:/test.sav')
# 上面的函数在很多情况下没能将 sav 文件中的附加信息导进来，例如数据的 label，
```

```
# 那么建议用 Hmisc 扩展包的 spss.get 函数，效果会更好一些。
> library(Hmisc)
    > data=spss.get("D:/test.sav")
```

（4）可以通过 RODBC 接口，从数据库中导入数据，例如：

```
> library(RODBC)
> Connection <- odbcConnect(dsn="servername",uid="userid",pwd="******")
> Query <- "SELECT * FROM lib.table WHERE ..."
# Query <- readChar("data/myQuery.sql", nchars=99999) 或者选择从 SQL 文件中读入语句
> myData <- sqlQuery(Connection, Query, errors=TRUE)
> odbcCloseAll()
```

（5）可以通过 odbcConnectExcel 接口从 Excel 表格中导入数据，例如：

```
> library(RODBC)
> channel=odbcConnectExcel("d:/test.xls")
> mydata=sqlFetch(channel,'Sheet1') #如果是 Excel2007 格式数据则要换一个函数
# odbcConnectExcel2007
```

另外，如果只有很少的数据量，可以直接用变量赋值输入数据。若要用交互方式，则可以使用 readline()函数输入单个数据，但要注意其默认输入格式为字符型。scan()函数中如果不加参数，则可以用来手动输入数据。如果加上文件名则是从文件中读取数据。

2．丰富的数据处理功能

在数据挖掘中，需要花 70%以上的时间在数据处理上，R 语言拥有的众多数据包（如 dplyr 包）都提供了丰富的数据处理功能，这些功能主要包括：

（1）筛选操作: filter() 按给定的逻辑判断筛选出符合要求的子数据集，类似于 base 中的 subset() 函数。

（2）排列: arrange() 按给定的列名依次对行进行排序。

（3）选择操作: select() 用列名作参数来选择子数据集。

（4）变形: dplyr 包中的 mutate()或 base 中的 transformation()都可以对已有列进行数据运算并添加为新列。

（5）汇总操作：summarise() 对数据框调用其他函数进行汇总操作，返回一维的结果。

（6）分组操作：分组动作 group_by()。

以上 6 个动词函数已经很方便了，但是当它们与分组操作这个概念结合起来，那才叫真正的强大！当对数据集通过 group_by() 添加了分组信息后，mutate()、arrange() 和 summarise() 函数会自动对这些 tbl 类数据执行分组操作（R 语言泛型函数的优势）。

3．丰富的数据处理能力

R 语言是面向对象的，在 R 语言中，每个对象都有 2 个内在属性："类型"和"长度"。"类型"是对象元素的基本种类，共 4 种：数值型、字符型、复数型和逻辑型（FALSE 或 TRUE）。除此之外，R 语言还有不常用的类型，但是并不表示数据，如函数或表达式。"长度"是对象中元素的个数。

R 语言定义了一些常用的数据类型，如向量、因子、矩阵、列表、数据框和一些特殊值数据[3]。

1）向量（Vector)

R 语言处理数据的最基本单位是向量，而不是原子数据。所以，向量又称为原子向量（Atomic Vector），R 语言的数据单位中它最小（也最大，没有谁是它的父类）。但由于 vector 是虚拟类，不管用什么方式都不可能获得类型名称为"vector"的对象，只能获得它的直接子类的对象。下面的 *x* 是一个矩阵，虽然用 as.vector 函数进行转换，但获得对象的类名称是 integer 而不是 vector：

```
> x <- matrix(1:4, nrow=2)
> class(x)
[1] "matrix"
> class(as.vector(x))
[1] "integer"
```

在 R 语言中，一个向量可以是一串数字（*n* 个数字，向量长度为 *n*），也可以是 1 个数字（*n* 个数字，向量长度为 1）：

```
> x <- c(1,2,3)
> x
[1] 1 2 3
```

c()是 R 语言的一个函数，表示将括号中的内容连接起来成为一个向量。R 语言提供了一些产生特殊向量的函数，如 seq()和 rep()，具体用法直接在 R 语言中先输入问号（?）和函数名去查询。vector 是虚拟类，本身不指定数据的存储类型，但赋值以后就马上会有数字型（Numeric）、字符型（Character）、逻辑型（Logical）等实际类别，比如上面的变量 *x* 和 *y*，用 class( )函数获得的类型分别是数值型和字符型：

```
> class(x)
[1] "numeric"
> class(y)
[1] "character"
```

需要注意的是，向量元素的引用/提取用下标法，如 *x*[2]，R 语言的下标从 1 开始编号（而不是 0）。

2）因子（Factor）

R 语言定义了一类非常特殊的数据类型：因子。例如，我们的实验获得了 10 个数据，前 5 个数据来自对照样品 CK，其余属于处理样品 TR，R 语言中可以用下面的方法标识这 10 个数据的样品属性：

```
> sample <- rep(c("CK","TR"), each=5)
> sample<- factor(sample)
> sample
[1] CK CK CK CK CK TR TR TR TR TR
Levels: CK TR
```

因子的种类称为水平（level）。上面的样品 sample 因子有两个水平：CK 和 TR。使用因子类数据是因为 R 为针对统计应用的语言。使用因子以后，数据的统计会完全不同。例如，上面两个样品的 10 个测定数值如果是：

```
> value <- rnorm(10)
```

```
> value
[1]  1.44368380 -1.99417898  0.60279037  0.75186610  1.08372729 -0.16189030
[7] -0.05617801  1.03601538 -0.87932814 -0.32429184
```

求样品的平均值就可以这么做：

```
> tapply(value, sample, mean)
CK          TR
0.37757771  -0.07713458
```

3）数组（Array）

一维数据是向量，二维数据是矩阵，数组是向量和矩阵的直接推广，是由三维或三维以上的数组构成的。数组函数是 array()，语法如下：array(dadta, dim)，其中 data 必须是同一类型的数据，dim 是各维的长度组成的向量。比如产生一个三维数组：

```
> xx <- array(1:24, c(3, 4, 2)) #一个三维数组
```

其中，1:24 指定了数组中元素的取值范围为 1~24，*c*(3,4,2)指定了该数组的维数。通过在 R 语言运行环境的 Shell 中数据数组名可以查看该数组的元素：

```
> xx
, , 1
     [,1] [,2] [,3] [,4]
[1,]    1    4    7   10
[2,]    2    5    8   11
[3,]    3    6    9   12
 , , 2
     [,1] [,2] [,3] [,4]
[1,]   13   16   19   22
[2,]   14   17   20   23
[3,]   15   18   21   24
```

4）矩阵（Matrix）

矩阵的继承关系比较复杂，它和数组（Array）的关系既是父亲又是儿子，还是孙子，也可以把矩阵称为数组，但事实上它们是不同的类。生物类数据以二维数组/矩阵居多。

向量数据可以转成矩阵，下面的代码将 10 个元素的 *x* 转成 2 行 5 列的矩阵：

```
> x <- 1:10
> dim(x) <- c(2,5)
> x
     [,1] [,2] [,3] [,4] [,5]
[1,]    1    3    5    7    9
[2,]    2    4    6    8   10
> dim(x)
[1] 2 5
```

dim( )是一个函数，它获取或设置数据的维度。*x* 数据的行列排列顺序是先列后行。但是矩阵内数据的下标读取方式是先行后列。*x*[2, 1]是第 2 行第 1 列的值，*x*[2,]表示第 2 行的所有数据，*x*[,2]表示第 2 列的所有数据。

```
> x[2,1]
[1] 2
> x[2,]
[1] 2 4 6 8 10
> x[,2]
[1] 3 4
```

可以把 1 个向量转成矩阵，还可以使用 matrix( )函数，参数 nrow 设置行数，ncol 设置列数：

```
> matrix(1:10, nrow=2)
   [,1] [,2] [,3] [,4] [,5]
[1,]  1    3    5    7    9
[2,]  2    4    6    8   10
```

几个长度相同的向量也可以合并到一个矩阵，cbind( )函数将每个向量当成一列（按列）合并，rbind( )按行合并：

```
> x <- 3:6
> y <- 4:7
> z <- 1:4
> cbind(x,y,z)
     x y z
[1,] 3 4 1
[2,] 4 5 2
[3,] 5 6 3
[4,] 6 7 4
> rbind(x,y,z)
  [,1] [,2] [,3] [,4]
x  3    4    5    6
y  4    5    6    7
z  1    2    3    4
```

5）列表（List）

列表由向量直接派生而来，nameList 是它的子类，listOfMethods 是它的孙子。与 Matrix 不同，列表可以组合不同的数据类型，甚至可以是其他列表，各组成数据的类、长度、维数都可以不一样，比如：

```
> xx <- rep(1:2, 3:4)
> yy <- c('Mr A', 'Mr B', 'Mr C', 'Mr D', 'Mr E', 'Mr D', 'Mr F')
> zz <- 'discussion group'
> my_list <- list(group = xx, name = yy, decription = zz)
> my_list
$group
[1] 1 1 1 2 2 2 2
$name
[1] "Mr A" "Mr B" "Mr C" "Mr D" "Mr E" "Mr D" "Mr F"
$decription
```

[1] "discussion group"

6）数据框（DataFrame）

R 语言中，一个矩阵内的数据类型要求都要相同，这对表达人类信息的类数据不太适用，因为我们的数据经常是既有数字又有字符类标记。R 语言提供了另外一种更灵活的数据类型——数据框。它可以将几个不同类型但长度相同的向量用 data.frame( )函数合并到一个数据框，它的形式就像二维数组。但要注意：合并的几个向量长度必须一致。

下面的例子创建了一个名为 my_dataframe 的数据框，由 5 个向量组成，分别是 name、sex、age、height 和 weight。

```
> my_dataframe <- data.frame(
+ name=c("张三", "李四", "王五", "赵六", "丁一"),
+ sex=c("F", "F", "M", "M", "M"),
+ age=c(16, 17, 18, 16, 19),
+ height=c(167.5, 156.3, 177.3, 167.5, 170.0),
+ weight=c(55.0, 60.0, 63.0, 53.0, 69.5)
+ )
> my_dataframe
  name sex age height    weight
1 张三   F  16  167.5     55.0
2 李四   F  17  156.3     60.0
3 王五   M  18  177.3     63.0
4 赵六   M  16  167.5     53.0
5 丁一   M  19  170.0     69.5
```

数据框的每列是一个向量，称为列向量。列向量只有两种类型：数字型或因子型。从文件读取或其他类型数据转换成数据框的数据，如果不是数值型，会被强制转换成因子型。有时候数值型（尤其是整型）向量也会被转成因子，这一点应该注意。

数据框可以用数字下标取数据，也可以用列名称下标取数据，但是两种方式所获数据的类型是不一样的，按列名称下标方式取得的数据仍然是数据框：

```
> my_dataframe[1,]
  name sex age height height.1 weight
1 张三   F  16  167.5    167.5     55
> my_dataframe[,1]
[1] 张三 李四 王五 赵六 丁一
Levels: 丁一 张三 李四 王五 赵六
> my_dataframe["name"]
  name
1 张三
2 李四
3 王五
4 赵六
5 丁一
```

7）特殊值数据

为确保所有数据都能被正确识别、计算或统计等操作，R 语言还定义了一些特殊值
数据。

NULL：空数据。

NA：表示无数据。

NaN：表示非数字。

inf：数字除以 0 得到的值。

为了方便判断一个 object(x)是否属于这些类型，R 提供了相应的函数：

```
is.null(x)
is.na(x)
is.nan(x)
is.infinite(x)
```

8）获取数据类型信息的一些有用函数

R 语言的对象"类"很多，虽然我们不可能一一去详细学习，但接触到一类新数据
时我们需要了解一些基本信息才能进行进一步的操作。R 语言提供了一些非常有用的方
法（函数）。

getClass( )函数前面已经讲过了，它的参数是表示类的字符串。

class( )可获取一个数据对象所属的类，它的参数是对象名称。

str( )可获取数据对象的结构组成，这很有用。

mode( )和 storage.mode( )可获取对象的存储模式。

typeof( )可获取数据的类型或存储模式。

要了解这些函数，可以在 R 语言中查询，方法如下：在 R 环境的 shell 中用问号加
上面的函数名，如：

```
> ?str
```

5.1.3　常见的应用领域

R 语言早期主要是学术界统计学家在用，在各种不同的领域，包括统计分析、应用
数学、计量经济、金融分析、财经分析、人文科学、数据挖掘、人工智能、生物信息
学、生物制药、全球地理科学、数据可视化，等等。

近些年来，由互联网引发的大数据革命，让工业界的人开始认识 R 语言，加入 R 语
言。当越来越多的有工程背景的人加入到 R 语言使用者的队伍后，R 语言才开始向着全
领域发展，逐步实现工业化的要求。

- Revolution Analytics 公司的 RHadoop 产品，让 R 语言可以直接调用 Hadoop 集
  群资源。
- RStudio 公司的 RStudio 产品，给了我们对于编辑软件新的认识。
- RMySQL、ROracle、RJDBC 打通了 R 语言和数据库的访问通道。
- RMongoDB、RRedis、RHive、RHbase、RCassandra 打通了过 R 语言和 NoSQL
  的访问通道。

- Rmpi、snow 打通了单机多核并行计算的通道。
- Rserve、RWebSocket 打通了 R 语言的跨平台通信的通道。
- R 语言不仅是学术界的语言，将成为工业界必备的语言。

当数据成为生产资料的时候，R 语言就是人们能运用生产资料创造价值的生产工具，R 语言主要解决的是数据问题。

在很长的历史时期内，人类产生的数据都没有自互联网诞生以来产生的数据多。当 Hadoop 帮助人们解决了大数据存储的问题后，如何发现数据的价值，成为当前最火的话题。R 语言的统计分析能力就是数据分析最好的工具。

所以，R 语言要解决的问题就是大数据时代的问题，是时代赋予的任务。在大数据时代，R 语言应用最热门的领域主要包括以下几个方面。

- 统计分析：包括统计分布、假设检验、统计建模。
- 金融分析：量化策略、投资组合、风险控制、时间序列、波动率。
- 数据挖掘：数据挖掘算法、数据建模、机器学习。
- 互联网：推荐系统、消费预测、社交网络。
- 生物信息学：DNA 分析、物种分析。
- 生物制药：生存分析、制药过程管理。
- 全球地理科学：天气、气候、遥感数据。
- 数据可视化：静态图、可交互的动态图、社交图、地图、热图、与各种 JavaScript 库的集成。

5.2 R 与数据挖掘

数据挖掘（Data Mining）是从大量的数据中发现有趣知识的过程（Han and Kamber, 2000）。数据挖掘是一个涉及多个领域的交叉学科，包括统计学、机器学习、信息检索、模式识别及生物信息学。数据挖掘已经在许多领域中得到了广泛应用，如零售、金融、通信及社交媒体行业。

数据挖掘的主要技术包括分类与预测、聚类、离群点检测、关联规则、序列分析和文本挖掘，同时还包括一些新的技术，如社交网络分析和情感分析。在实际应用中，数据挖掘过程通常分为 6 个主要阶段：业务理解、数据理解、数据预处理、建模、评估和部署，其中建模是关键。

作为一个自由软件，R 语言主要用于统计计算和统计制图，它提供了大量的统计和制图工具（也就是 R 语言包）。R 语言可以通过程序包（简称 R 语言包）进行扩展。为了方便用户更快地找到所需要的 R 语言包，CRAN 提供了任务视图（Task View），将所有的 R 语言包按照不同的处理任务组组织起来（可以通过访问 https://mirrors.tuna.tsinghua.edu.cn/CRAN/ 进一步了解任务组信息）[2]。与数据挖掘有关的几个任务视图主要如下。

- MachineLearning：主要涉及机器学习和统计学习功能。
- Cluster：主要涉及聚类分析和有限混合模型。

- TimeSeries：主要涉及时间序列分析。
- Multivariate：主要用于多元统计分析及其算法。
- Spatial：主要用于空间数据分析。

5.2.1　R 软件包与数据挖掘

1．分类与预测算法

1）K-近邻算法

K-近邻算法（K-Nearest Neighbor，KNN）是一个理论上比较成熟的方法，也是最简单的机器学习算法之一。该方法的思路如下：如果一个样本与特征空间中的 K 个最相似（特征空间中最邻近）的样本中的大多数属于某一个类别，则该样本也属于这个类别。

R 语言扩展包 kknn 实现了 KNN 算法，并提供了 kknn 函数。下面以 R 语言基础包（base package）中内嵌的 "鸢尾花" 数据集为原始数据，阐述一下 kknn 函数的使用。

```
> library(kknn)
> data(iris)
> m <- dim(iris)[1]
> val <- sample(1:m, size =round(m/3), replace = FALSE,
> +prob= rep(1/m, m))
> iris.learn <- iris[-val,]
> iris.valid <- iris[val,]
> iris.kknn <- kknn(Species~.,iris.learn, iris.valid, distance = 5,
> +kernel= "triangular")
> summary(iris.kknn)
> fit <- fitted(iris.kknn)
> table(iris.valid$Species, fit)
            fit
            setosa    versicolor virginica
setosa        12          0          0
versicolor     0         21          0
virginica      0          0         17
```

这里训练集选取更随机化，从上面的 table 结果来看，分类完全正确。

2）决策树

决策树（Decision Tree）是一种依托于分类、训练上的预测树，根据已知预测、归类未来。一般来说，决策树的构造主要由两个阶段组成。

第一阶段，生成树阶段。选取部分受训数据建立决策树，决策树是按广度优先建立直到每个叶节点包括相同的类标记为止。

第二阶段，决策树修剪阶段。用剩余数据检验决策树，如果所建立的决策树不能正确回答所研究的问题，那么要对决策树进行修剪直到建立一棵正确的决策树。这样在决策树每个内部节点处进行属性值的比较，在叶节点得到结论。

从根节点到叶节点的一条路径就对应着一条规则，整棵决策树就对应着一组表达式规则。

R 语言的 party 包中提供了 ctree()函数来建立决策树，predict()用来对新数据进行预测。以 R 语言基础包（base package）中内嵌的"鸢尾花"数据集（即 iris 数据集）为原始数据，阐述一下 party 包中 ctree()和 predict()的用法。

在建模前，需要将 iris 数据集划分为两个子集：其中 70%的数据用于训练，30%用于验证。

```
> set.seed(1234)
> ind_iris<-sample(2,nrow(iris),replace=TRUE,prob = c(0.7, 0.3))
> trainData <- iris[ind_iris==1,]    #设置训练数据集
> testData <- iris[ind_iris==2,]     #设置验证数据集
> library(party) #加载"party"包
> my_formula <- Species~Sepal.Length + Sepal.Width + Petal.Length + Petal.Width
> iris_tree <- ctree(my_formula, data = trainData) #用 ctree 生成决策树
> plot(iris_tree, type= "simple") #绘制生成的决策树
```

图 5-1 所示即为 iris 数据集的决策树。接下来，就可以利用该决策树，对验证数据进行分类：

```
> testPred <- predict(iris_tree, newdata = testData)
> table(testPred, testData$Species)
```

testPred	setosa	versicolor	virginica
setosa	10	0	0
versicolor	0	12	2
virginica	0	0	14

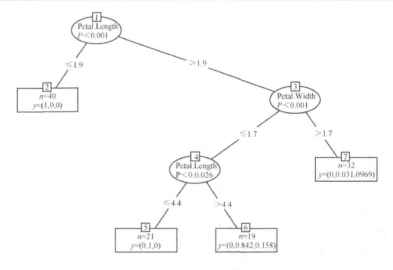

图 5-1　iris 数据集的决策树

3）支持向量机

支持向量机（Support Vector Machine，SVM）是一个二分类的办法，即将数据集中

的数据分为两类。SVM 的基本思想如下：在给定的数据集空间中找到一个分割面（称为超平面）将数据集中的数据分为两类（即两个子集），使它们满足如下两个条件，一是分别位于超平面的两侧（左侧和右侧），二是它们离分割面尽可能的远。

"它们离分割面尽可能的远"这个要求十分重要，它告诉我们为什么在图 5-2 中，右侧超平面比左侧超平面更加稳健。在实际应用中，我们只要存储虚线画过的点即可（因为在 $\vec{w} \cdot \vec{x} + b = -1$ 左侧，$\vec{w} \cdot \vec{x} + b = 1$ 右侧的点无论有多少都不会影响决策）。像图中虚线画过的，距离分割直线（比较专业的术语是超平面）最近的点，称为支持向量。这也就是这种分类方法之所以称为支持向量机的原因。

当选定超平面后，就可以据此对新的样本点进行分类，比如图 5-3 中，左上部的方框被划分到反方一侧，右下部的方框被划分到正方一次。

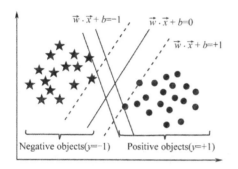

图 5-2　SVM 中的超平面对比

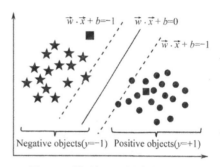

图 5-3　利用超平面分割数据集

任务视图 MachineLearning 中的 e1071 包提供了 svm()函数，通过该函数可以实现线性的 SVM 分类，下面是一个实例。

```
> library(e1071)
    > data(cats, package="MASS")
    > inputData <- data.frame(cats[, c (2,3)], response = as.factor(cats$Sex))
    > svmfit <- svm(response ~ ., data = inputData, kernel = "linear",
    > +cost = 10, scale = FALSE) # linear svm, scaling turned OFF
    > print(svmfit)
    > plot(svmfit, inputData)
```

在该实例中，利用 SVM 算法对 MASS 包中的 cats 数据集中数据按照性别进行了分类，结果如图 5-4 所示。

2．聚类算法及其 R 包

在介绍具体的聚类算法之前，先来了解一下什么是聚类，以及聚类和分类之间的区别。"聚类"是根据"物以类聚"的原理，将本身没有类别的样本聚集成不同的组（或称为簇），并对每个簇进行描述的过程。它的目的是使得属于同一个簇的样本之间应该彼此相似，而不同簇的样本应该足够不相似。

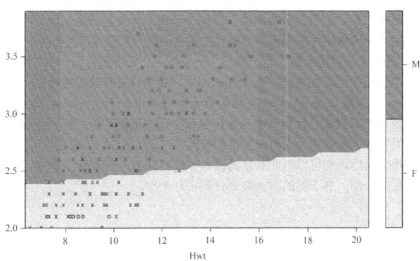

图 5-4　cats 数据集的 SVM 分割结果

　　"聚类"和"分类"都是对数据样本进行分组，都可以从历史数据记录中自动推导出对给定数据的推广描述，从而能对未来数据进行预测。但不同的是，"分类"算法需要用训练样本构造分类器，并且样本数据集中的每个样本（或称为元组）除了具有类别特征向量外，还具有类别标记。例如：一个具体样本的形式可表示为：（$v1, v2, \cdots, vn; c$）；其中 vn 表示字段值，c 表示类别事先知道数据样本分为几个组，以及每个组的特征。而聚类的样本没有标记，需要由聚类学习算法来自动确定。聚类分析研究的是如何在没有训练的条件下把样本划分为若干类。

　　常用的聚类算法主要包括 K-means 聚类、层次聚类和基于密度的聚类。

　　1）K-means 聚类

　　K-means 算法接受输入量 k；然后将 n 个数据对象划分为 k 个聚类以便使得所获得的聚类满足：同一聚类中的对象相似度较高；而不同聚类中的对象相似度较小。聚类相似度是利用各聚类中对象的均值所获得一个"中心对象"（引力中心）来进行计算的。下面以 R 基础包中的鸢尾花数据集为例，演示 K-means 聚类过程。首先，从 iris 数据集中移除 Species 数据，然后再对数据集 iris2 调用函数 kmeans()，并将聚类结果存放到 kmeans.result 中。

```
> iris2 <- iris
> iris2$Species <- NULL #移除 Species 数据
> kmeans.result <- kmeans(iris2,3)    #运行 kmeans 算法，k=3
  > table(iris$Species, kmeans.result$cluster)   #以 table 格式显示运行结果

             1      2      3
  setosa     0     50      0
  versicolor 2      0     48
  virginica 36      0     14
```

从上面的结果可以看出，"setosa"类与其他两类很容易就划分开了，"versicolor"与"virginica"之间存在小范围的重叠。

```
> plot(iris2[c("Sepal.Length", "Sepal.Width")],
+ col = kmeans.result$cluster) #绘制聚类结果，如图 5-5 所示。
points(kmeans.result$centers[,c("Sepal.Length", "Sepal.Width")
+col = 1:3, pch = 8, cex = 2)    #添加质心
```

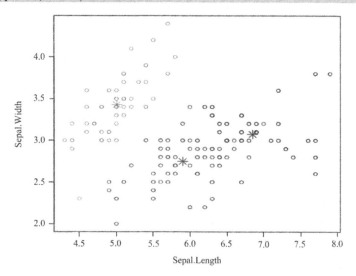

图 5-5　部分鸢尾花数据的 3-means 聚类结果

2）层次聚类

层次聚类是一种很直观的算法。顾名思义就是要一层一层地进行聚类，可以从下而上地把小的 cluster 合并聚集，也可以从上而下地将大的 cluster 进行分割。似乎一般用得比较多的是从下而上地聚集，因此这里只介绍这一种。

所谓从下而上地合并 cluster，具体而言，就是每次找到距离最短的两个 cluster，然后合并成一个大的 cluster，直到全部合并为一个 cluster。整个过程就是建立一个树形结构。

下面在 iris 数据集上使用函数 hclust()进行层次聚类。我们在 iris 中选取了一个包含20 条记录的样本进行层次聚类演示。

```
> idx <- sample(1:dim(iris)[1],20) #从 iris 中选取 20 个样本
> irisSample <- iris[idx,]
> irisSample$Species <- NULL          #清除所选样本中的 Species
> hc <- hclust(dist(irisSample), method = "ave")   #在选取的样本上执行层次聚类算法
> plot(hc, hang = −1, labels = iris$Species[idx]) #绘制层次聚类结果
> rect.hclust(hc, 3)      #用矩形框来突出得到的三个聚合大类
> groups <- cutree(hc, k = 3)
```

从图 5-6 中可以看出，"setosa"类与其他两簇的划分比较明确，"versicolor"与"virginica"之间存在小范围的重叠。

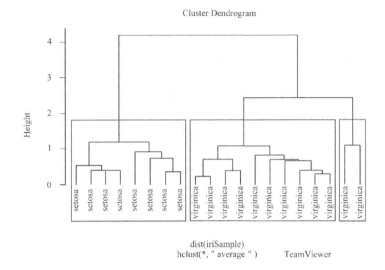

图 5-6　iris 数据集中 20 个样本的层次聚类结果

3）基于密度的聚类

基于密度聚类的基本思想是将密切相连的对象划分到同一个簇中，DBSCAN 算法有如下两个关键参数。

● eps：可到距离，用于定义邻域的大小。

● MinPts：最小数目的对象点。

如果 α 邻域（班级为 eps）内的点数不少于 MinPts，α 就称为密集点，而 α 邻域内的所有点从 α 出发都是密度可达的，将这些点与 α 划分在同一个簇内。

基于密度的距离的优势在于可以发现任意形状的簇，并且对噪声数据不敏感。相比之下，K-means 算法更倾向于发现球状的且大小相近的簇。fpc 包实现了 DBSCAN 算法。

在 “fpc” 包中含有一个 dbscan()函数，该函数实现了 DBSCAN 算法，该算法为数值型数据提供了基于密度的聚类。如图 5-7、图 5-8 所示。

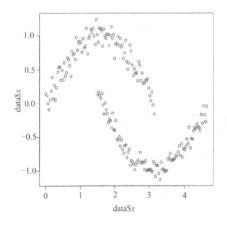

图 5-7　DBSCAN 算法的数据集

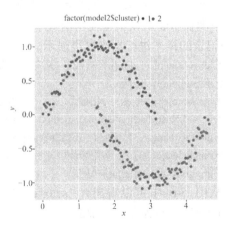

图 5-8　DBSCAN 算法的密度聚类结果

产生图 5-7 中所示数据集的代码和 plot 代码如下：

```
>　x1 <- seq(0,pi,length.out=100)
>　y1 <- sin(x1) + 0.1*rnorm(100)
>　x2 <- 1.5+ seq(0,pi,length.out=100)
>　y2 <- cos(x2) + 0.1*rnorm(100)
>　data <- data.frame(c(x1,x2),c(y1,y2))
>　names(data) <- c('x','y')
>　plot(data$x, data$y)
```

对图 5-8 中的数据集进行 DBSCAN 处理，并可视化处理结果的代码如下：

```
> library(fpc)
> library(ggplot2)
> p <- ggplot(data,aes(x,y))
> model2 <- dbscan(data,eps=0.6,MinPts=4)
> p + geom_point(size=2.5,
>+aes(colour=factor(model2$cluster)))+theme(legend.position='top')
```

BDSCAN 是基于密度计算聚类的，会剔除异常（噪声点）。

3．离群点检测与 R 包

在数据分析中，远离数据集中数据的整体分布情况的数据称为离群点（Outlier）或异常对象。通俗地讲，就是远离数据集中其他点的观测值的异常对象。包含有离群点的数据集往往是不可靠的，因此，在数据处理前，需要找出并剔除离群点。例如，为了了解房间内温度的总体情况，测量房间内的 10 个物体的温度，绝大多数都为 20～25℃，但烤炉的温度是 350℃，这样的数据集的中位数可能是 23℃，但均值可以达到 55℃，在这种情况下，中位数相比于均值更能反映房间内的随机采样的温度。因此，相对房间的整体温度来说，烤炉的温度测量值数据集中离群点，需要剔除。

在 R 语言中，常见的离群点检测方法主要有单变量离群点检测、多变量离群点检测和基于局部因子（Local Outlier Factor，LOF）的离群点检测方法。

1）单变量的离群点检测

在 R 语言中，单变量离群值的检测通常利用函数 boxplot.stats()来实现，该函数返回的统计信息用于绘制箱体图（或称为盒图）。由 boxplot.stats()返回的结果中有一个"out"组件，它存储了所有检测出的离群点，具体来说就是位于箱体图两条触须线截止横线之外的数据点。下面是一个单变量离群点检测的例子：

```
> set.seed(3141)
> x <- rnorm(500)    #产生 500 个数据点
> boxplot.stats(x)$out    #获取离群点
[1] -3.037131 -3.684021 -3.353710 -2.710842   3.083228
> boxplot(x)   #绘制箱体图
```

在图 5-9 中，小圆圈代表的数据就是离群点，上方 1 个，下方 4 个。

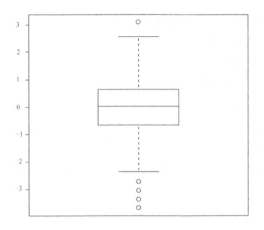

图 5-9　箱体图示例

2）多变量离群点检测

利用单变量离群点检测方法可以实现多变量离群点的检测，通常的方法是针对每个变量进行一次离群点检测，再从检测出的离群点中抽取出重叠的部分作为整个数据集的离群点。下面以 data.frame 数据结构为例，阐述一下多变量离群点的检测方法。

```
> set.seed(3147)
> x <- rnorm(200)        #产生 200 个点作为 x 变量
> y <- rnorm(200)        #产生 200 个点作为 y 变量
> df <- data.frame(x, y)  #利用 x 变量和 y 变量产生数据框 df
> attach(df)
The following objects are masked from df (pos = 3):
x, y
The following objects are masked from df (pos = 4):
x, y
> a <- which(x %in% boxplot.stats(x)$out)     #获取 x 中的离群点
> b <- which(y %in% boxplot.stats(y)$out)     #获取 y 中的离群点
> dettach(df)
> outlier_lst <- union(a, b)   #合并 x 和 y 中的离群点
> plot(df)   #绘制数据库 df 中的数据点
> points(df[outlier_lst,], col = "red", pch = "+", cex = 2.0)      #用"+"标定离群点
```

展示结果如图 5-10 所示，其中"+"代表数据框 df 的离群点。

3）局部离群点因子检测

LOF 算法（Local Outlier Factor，局部离群因子检测方法）是基于密度的局部离群点检测方法中一个比较有代表性的算法。使用 LOF 因子，将一个点的局部密度与其他邻域进行比较。如果前者远小于后者（也就是 LOF 值大于 1），则认为该点就是一个离群因子；如果接近于 1，则认为是正常点。

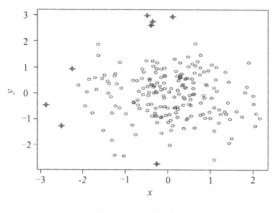

图 5-10　离群点

DMwR 包中的函数 lofactor()使用 LOF 算法计算数据点的 LOF 因子，下面演示如何利用 lofactor 函数进行离群点检测。

```
> library(lattice)
> library(grid)
> library(DMwR)
> iris2 <- iris[,1:2] #选取鸢尾花数据集的前两列
> outlier.scors <- lofactor(iris2, k = 4) #指定邻域的 MinPts 为 4，获取个点的密度得分
> plot(density(outlier.scors)) #绘制离散点的分密度图，如图 5-11 所示
```

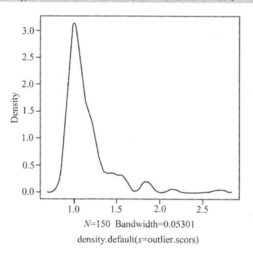

图 5-11　离散点的弥补分布图

另外，还可以通过 order 函数对各点的密度得分进行排序，比如下面获取并显示得分排前 5 的数据点：

```
> outliers <- order(outlier.scors, decreasing = T)[1:5]　#获取得分排前 5 的离散点
> print(outliers)　#打印获取的前 5 个离散点
[1] 110 109 118　77　85
此外，还可以用 paires 函数，以配对散布图矩阵的方式展示离群点。
```

```
> n <- nrow(iris2)    #获取 iris2 数据集中点的数目
> n
[1] 150
> pch <- rep("o", n)    #指定以圆圈方式绘制普通点
> pch[outliers] <- "+"    #以"+"方式绘制离群点
> col <- rep("black", n)    #指定普通的颜色为 black
> col[outliers] <- "red"    #指定离群点的颜色为 red
> pairs(iris2, pch = pch, col = col)#以配对散布图矩阵的方式绘制普通离散点，如图 5-12 所示。
```

4）用聚类方法进行离散点检测

另外一种异常检测的方法是聚类。通过把数据聚成类，将那些不属于任务一类的数据作为异常值。比如，使用基于密度的聚类 DBSCAN，如果对象在稠密区域紧密相连，它们将被分组到一类。因此，那些不会被分到任何一类的对象就是异常值。

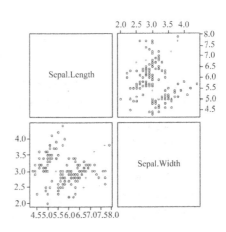

我们也可以使用 K-means 算法来检测异常。使用 K-means 算法，数据被分成 K 组，通过把它们分配到最近的聚类中心。然后，能够计算每个对象到聚类中心的距离（或相似性），并且选择最大的距离作为异常值。图 5-13 所示为一个基于 K-means 算法在 iris 数据上实现离群点检测的例子。

图 5-12　配对散布图矩阵的离散点

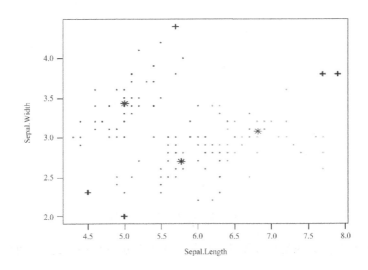

图 5-13　基于 K-means 算法的 iris 数据离散点检测结果

图 5-13 对应的 R 语言脚本如下：

```
> iris2 <- iris[,1:2]    #选取鸢尾花数据集的前两列
```

```
> kmeans.res <- kmeans(iris2, centers = 3)    #指定将数据点聚合为三类
> centers <- kmeans.res$centers[kmeans.res$cluster,]    #获取三类聚类的质心
> dist <- sqrt(rowSums((iris2 - centers)^2))    #计算到各聚类质心点的距离
> outliers <- order(dist, decreasing = T)[1:5]    #根据距离获取排行前 5 个的离群点
> print(outliers)
[1] 132    42    16  118    61
>
> plot(iris2[, c("Sepal.Length", "Sepal.Width")], pch = "o",
+ col = kmeans.res$cluster, cex = 0.3)    #以"o"绘出普通的
> points(kmeans.res$centers[, c("Sepal.Length", "Sepal.Width")],
+ col = 1:3, pch = 8, cex = 1.5) #以"*"绘出个聚类的质心
> points(iris2[outliers, c("Sepal.Length", "Sepal.Width")],
+ pch = "+", col = 4, cex = 1.5) #以"+"绘出离群点
```

4．关联规则与 R 包

关联规则（Association Rule）就是支持度（Support）和信任度（Confidence）分别满足用户给定阈值的规则。人们通过发现关联规则，可以从一件事情的发生来推测另外一件事情的发生，从而更好地了解和掌握事物的发展规律，等等，这就是寻找关联规则的基本意义。

假设 $I=\{i_1, i_2, \cdots, i_m\}$ 是项的集合。给定一个交易数据库 D，其中每个事务（Transaction）t 是 I 的非空子集。关联规则在 D 中的支持度（Support）是 D 中事务同时包含 X、Y 的百分比，即概率；置信度（Confidence）是 D 中事务已经包含 X 的情况下，包含 Y 的百分比，即条件概率。如果满足最小支持度阈值和最小置信度阈值，则认为关联规则是有趣的。由于置信度度量忽略了规则后件中出现的项集的支持度，高置信度的规则有时可能出现误导。 解决这个问题的一种方法是使用提升度（或称为相关系数）：

lift$(A, B) = P(B/A)P(B)$ 或 conf$(A \rightarrow B)/$sup(B)

如果提升度大于 1，表明 A 和 B 是正相关的；如果提升度小于 1，表明 A 和 B 是负相关的；如果提升度等于 1，说明 A 和 B 之间不相关。一般在数据挖掘中当提升度大于 3 时，我们才承认挖掘出的关联规则是有价值的。

关联规则挖掘是从事务集合中挖掘出这样的关联规则：它的支持度和置信度大于最低阈值（min_sup, min_conf），这些阈值是根据挖掘需要人为设定的。关联规则挖掘大致分为两步：一是从事务集合中找出频繁项目集；二是从频繁项目集合中生成满足最低置信度的关联规则。

最出名的关联规则挖掘算法是 Apriori 算法，它主要利用了向下封闭属性：如果一个项集是频繁项目集，那么它的非空子集必定是频繁项目集。

Apriori 算法与 R 包具体内容如下。

Arules 包中的函数 apriori()实现了 Apriori 算法。下面举例说明如何使用 Apriori()函数进行关联规则挖掘。Apriori()的默认设置是：①supp = 0.1；②conf = 0.8；③maxlen = 10，即关联规则的最大长度为 10。

```
> library("arules")
> data("Groceries")    #获取 arules 包中的数据集 Groceries
> rules <- apriori(Groceries, parameter = list(support = 0.001,
+ confidence = 0.5)) #运行 apriori 算法，其中 sup 为 0.001, conf 为 0.5
>   inspect(head(sort(rules, by = "lift"), 5)) #显示 lift 值最大的 5 条关联规则 lh srh ssupport
53    {Instant food products,soda}            => {hamburger meat}      0.001220132
37    {soda,popcorn}                               => {salty snack}          0.001220132
444   {flour,baking powder}                    => {sugar}              0.001016777
327   {ham,processed cheese}                   => {white bread}        0.001931876
55    {whole milk,Instant food products} => {hamburger meat}      0.001525165
confidence lift
53   0.6315789   18.99565
37   0.6315789   16.69779
444  0.5555556   16.40807
327  0.6333333   15.04549
55   0.5000000   15.03823
```

另外，还可以利用"arulesViz"包提供的可视化函数，对获取的关联规则进行可视化展示：

```
> library("arulesViz") #加载 arulesViz 包;
> plot(rules)  #展示 rules 的散点图，如图 5-14 所示;
```

除了能以散点图的方式显示关联规则外来，arulesViz 还可以实现基于分组矩阵的可视化和基于图的可视化。虑到 rules 中包含有 5668 条关联规则，在基于图的可视化展示中会很凌乱，为此，我们选择了 lift 值最大的 10 条关联规则进行展示，如图 5-15 所示，对应的 R 脚本如下：

```
> subrules2 <- head(sort(rules, by = "lift"), 10)
> plot(subrules2, method = "graph", control = list(type = "items"))
```

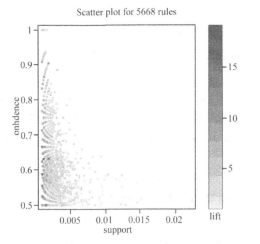

图 5-14　Groceries 数据集关联度的散点图

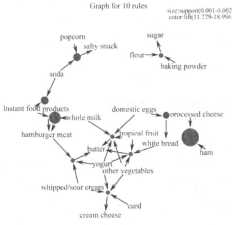

图 5-15　top-10 关联规则关系图

5．时间序列分类与 R 包

世界是在发展变化的，我们所关心的一些指标（如人口出生率等）随着时间变化而变化，这种按发生时间先后变化的指标称为时间序列（Time Series）[6]。这些变化是否有规律（比如是否具有周期性，是否有变化趋势等）？能否进行预测？能预测的话，预测精度如何？对时间序列变化规律的研究就称为时间序列分析或时间序列数据挖掘。

时间序列数据挖掘（Time Series Data Mining）主要包括 Decompose（分析数据的各个成分，如趋势、周期性和随机性等）、Prediction（预测未来的值）等。

1）分解

R 语言基础包中的 decompose() 函数可以实现时间序列数据的分解（decompose），下面以 NewYork 市在 1946 年 1 月—1959 年 12 月每个月的人口出生情况为例，说明一下时间序列数据分解。

```
> births <- scan("http://robjhyndman.com/tsdldata/data/nybirths.dat") #获取数据
> birthstimeseries <- ts(births, frequency=12, start=c(1946,1)) #转化为时间序列数据
    > birthstimeseriescomponents <- decompose(birthstimeseries) #解构时间序列数据
> plot.ts(birthstimeseries) #绘制人口出生率时间序列图，如图 5-16 所示
    > plot(birthstimeseriescomponents) #绘制出生率时间序列解构图，如图 5-17 所示
```

从图 5-17 中可以看出，出生率在 1947 年 1 月—1948 年 12 月有一个小幅下降，其后就开始稳步增长。对于每一年的人口出生率来说，7 月是高峰期，2 月是低谷期。

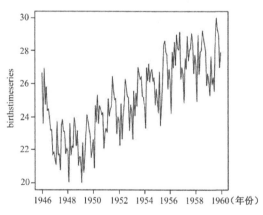

图 5-16　人口出生率时间序列图

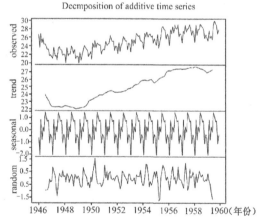

图 5-17　出生率时间序列解构图

2）预测

时间序列预测是根据历史数据来预测未来短期内的事件。两个比较常用的时间序列预测模型是自回归移动平均模型（ARMA）和自回归综合移动平均模型（ARIMA）。

下面使用 ARMA 模型来拟合 R 基础包中的 AirPassengers 集，并使用拟合模型进行预测。其拟合和预测 R 脚本如下：

```
> fit <- arima(AirPassengers, order = c(1,0,0),
```

```
+ list(order = c(2,1,0), period = 12)) #构建 arima 拟合模型
> fore <- predict(fit, n.ahead=24)    #利用 arima 拟合模型进行未来两年的数据预测
> u <- fore$pred + 2*fore$se  #获取 95%置信度的上界
> l <- fore$pred - 2*fore$se  #获取 95%置信度的下界
> ts.plot(AirPassengers, fore$pred, u, l, col = c(1,2,4,4),
+ lty = c(1,1,2,2))  #绘制时间序列图（包括预测部分）
> fore$se
       Jan      Feb      Mar      Apr      May      Jun      Jul      Aug
1961 11.96267 16.46600 19.63824 22.09347 24.07871 25.72521 27.11359 28.29798
1962 35.68346 38.94721 41.65083 43.92872 45.87078 47.54098 48.98693 50.24524
       Sep      Oct      Nov      Dec
1961 29.31703 30.19955 30.96776 31.63920
1962 51.34481 52.30891 53.15659 53.90364
> legend("topleft",c("Actual", "Forecast", "Error Bounds(95% Confidence)"),
+ col = (1,2,4), lty = (1,1,2)) #添加左上角的图例。
```

预测结果图如图 5-18 所示。

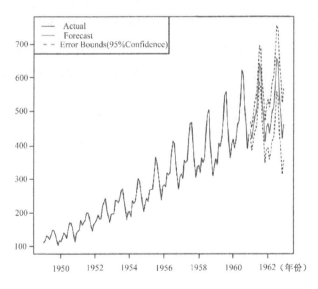

图 5-18　航空乘客数年度趋势预测图

6. 文本挖掘

要分析文本内容，最常见的分析方法是提取文本中的词语，并统计频率。频率能反映词语在文本中的重要性，一般越重要的词语，在文本中出现的次数就会越多。词语提取后，还可以做成词云，让词语的频率属性可视化，更加直观清晰[7]。

下面用 Rwordseg 包的 segmentCN 对李克强总理的 2015 年政府报告进行分词并统计每个词在报告中出现的频率，并用词频来反映词语的重要性，最后用 wordcloud 包来可视化报告中的词频。Rwordseg 对 rJava 有依赖关系，因此，安装 Rwordseg 之前必须先

安装 rJava。用 install.packages（"rJava"）命令安装 rJava 包时，确保宿主机安装了 JDK 并进行正确的环境变量配置，rJava 下载后需要对环境变量做些配置（详细配置参见：http://www.bubuko.com/infodetail-980159.html）。Rwordseg 包的安装方式：

```
install.packages（"Rwordseg", repos = "http://R-Forge.R-project.org"）。
```

另外，需要将政府报告从网上复制下来，存成 txt 文件。下面是用 Rwordseg 包对该 txt 文件进行分词并统计词频的 R 语言脚本：

```
> library("rJava")
> library("Rwordseg")
> mydata <- read.csv("D:/report2015.txt",stringsAsFactors = FALSE,
+ header=FALSE, fileEncoding = "GB2312") #以 "GB2312" 编码方式读入 2015 年政府报告
> words<-segmentCN(as.character(mydata)) #调用 segmentCN 包完成分词
> words.aslist<-unlist(words)    #将存放单词的列表转化成向量
> words.freq<-table(words.aslist)   #统计向量中每个单词出现的频率
> words.result<-words.freq[order(-words.freq)]   #按照单词出现的频率，由高到低进行排序
```

分词后，可以查看一下分词结果，考虑到分词后，words.result 中包含的词汇有上千个，我们用下列命令查看出现频率最高的 100 个词汇：

```
> words.result[1:100]
words.aslist
  的   和   发展  改革  要  经济  建设  等  社会  在  新  推进  是  加强  全面  政策  政府
 205  198  130   86   84  81   72   66   59  53  52   51  49   43   41   41   41
  我们  制度  创新  实施  企业  促进  加快  为  提高  增长  服务  中  工作  项目  以  完善  好  扩大
  40   38   37   37   36  35   35  35   34   32   31  31   30   30   30  28  27  27
  投资  不  对  深化  市场  推动  产业  积极  与  增加  基本  结构  就业  支持  坚持  重大  安全  更
  27  26  26   26   26   25   24   24  24   23   23   23   23   22   22   21  21
  国际  人民  实现  试点  稳定  有  大  公共  管理  国家  落实  让  文化  保障  合作  基础  居民  消费
  21   21   21   21   21  21  21  20   20   20   20  19  19   19   19   19   19   19
  中国  重点  把  财政  机制  建立  开放  农村  多  加大  教育  科技  必须  城镇  行政  今年  收入  向  治理
  19   19  18  18   18   18   18  17   17  17   17   17   16   16   16   16   16  16  16
  保持  标准  地区  都  继续  农业  全国  稳  综合  保护
  15   15   15  15  15   15   15  15  15   14
```

从上面的查询结果来看，分词后，words.result 中含有 "的" "和" "等" "在" "是" 等对分析政府报告无意义的词汇，可以通过停止词表将上述无效词汇过滤掉。网上（比如：http://www.cnblogs.com/ibook360/archive/2011/11/23/2260397.html）有停用词表，下载后存为 txt 文件（比如下面的例子中，停止词表为存放在 D 盘下的 stop_words.txt 文件）。

```
> stopword<-read.csv('D:/stop_words.txt',stringsAsFactors=FALSE,
+ header=FALSE, fileEncoding = "GB2312")  #加载停用词表
> stopword.v<-as.vector(stopword$V1)  #将停用词转换为向量格式
```

```
> word.pure<-setdiff(names(words.result),stopword.v)  #用停用词表过滤分词结果
> txt.pure<-words.result[word.pure]  #获取过滤后的分词结果
```

接下来，我们利用 wordcloud 包对政府报告中的分词结果进行可视化，考虑到分词结果中含有上千个词汇，我们仅对其中出现频率最高的 200 个词汇进行可视化，对应的 R 脚本如下：

```
> mycolors <- brewer.pal(8,"Dark2")
> wordcloud(names(txt.pure[1:200]),txt.pure[1:200],scale=c(3,0.5),
+ random.order=F,random.color=F,ordered.colors=F, colors=mycolors)
```

可视化结果如图 5-19 所示。

图 5-19 2015 年政府报告词频统计

从图 5-19 中能很直观地看到，工作报告的重心是"发展"，这是大方向，围绕发展的关键要素有经济建设、改革、企业创新等要素。

5.2.2 应用举例

河流中海藻的集中爆发不仅会对河流的生态环境造成破坏，还会影响河流的水质。因此，基于以往的观测数据，对河流中海藻的爆发情况进行预测并采取必要防范措施有助于提高河流的水质量。

本节将以 DMwR 包中自带海藻（Algae）样本数据（Sample Dataset）为数据集，通过数据挖掘的方式分析影响海藻爆发的主要因素，并通过构建预测模型，对海藻的爆发情况进行事先预测[5][8]。

1. 数据集的加载

在获取 algae 数据前，首先需要安装并加载 DMwR 包：

```
> install.packages("DMwR")  #安装 DMwR 包
> library(DMwR)  #加载 DMwR 包
> data(algae)  #获取 algae 数据集
```

完成数据加载后，可以通过 head()函数来查看 algae 数据集包含的字段信息：

```
> head(algae)
season  size  speed mxPH mnO2    Cl    NO3      NH4      oPO4
```

```
1 winter small medium 8.00   9.8 60.800   6.238 578.000 105.000
2 spring small medium 8.35   8.0 57.750   1.288 370.000 428.750
3 autumn small medium 8.10 11.4 40.020   5.330 346.667 125.667
4 spring small medium 8.07   4.8 77.364   2.302  98.182  61.182
5 autumn small medium 8.06   9.0 55.350 10.416 233.700  58.222
6 winter small   high 8.25 13.1 65.750   9.248 430.000  18.250
  PO4 Chla    a1   a2   a3   a4   a5   a6  a7
1 170.000 50.0   0.0   0.0   0.0 0.0 34.2  8.3 0.0
2 558.750   1.3   1.4   7.6   4.8 1.9  6.7  0.0 2.1
3 187.057 15.6   3.3 53.6   1.9 0.0  0.0  0.0 9.7
4 138.700   1.4   3.1 41.0 18.9 0.0  1.4  0.0 1.4
5   97.580 10.5   9.2   2.9   7.5 0.0  7.5  4.1 1.0
6   56.667 28.4 15.1 14.6   1.4 0.0 22.5 12.6 2.9
```

从显示信息来看，algae 数据集一共包含 18 个字段，比如，采集数据时的季节（season）、河流的大小（size）、水流速度（speed）、河水的 pH 值等。

2. 数据集中的数据分析

在 R 语言中可以通过 summary()函数来查看 algae 数据集的统计信息外：

```
> summary(algae)
 season         size         speed          mxPH
autumn:40    large :45    high :84     Min. :5.600
spring:53    medium:84    low :33      1st Qu.:7.700
summer:45    small :71    medium:83    Median :8.060
winter:62                              Mean :8.012    3rd Qu.:8.400    Max. :9.700
                                       NA's :1
 mnO2                Cl                  NO3
Min. : 1.500        Min.: 0.222        Min.: 0.050
1st Qu.: 7.725      1st Qu.: 10.981    1st Qu.: 1.296
Median : 9.800      Median : 32.730    Median : 2.675
Mean : 9.118        Mean : 43.636      Mean : 3.282
3rd Qu.:10.800      3rd Qu.: 57.824    3rd Qu.: 4.446
Max. :13.400        Max.:391.500       Max.:45.650
NA's :2             NA's :10           NA's :2
 NH4                oPO4                PO4
Min. :5.00          Min.:1.00          Min.:1.00
1st Qu.: 38.33      1st Qu.: 15.70     1st Qu.: 41.38
Median : 103.17     Median : 40.15     Median :103.29
Mean : 501.30       Mean : 73.59       Mean :137.88
3rd Qu.: 226.95     3rd Qu.: 99.33     3rd Qu.:213.75
Max. :24064.00      Max. :564.60       Max. :771.60
NA's :2             NA's :2            NA's :2
… … … …
```

从上面的汇总信息来看，season、size 和 speed 三个属性为名义变量（nominal

variables），对于名义变量，summary()函数显示了每种可能取值出现的频度。除了上述三个属性外，其余的 15 个属性为数值变量（numeric variables），对于数值变量，summary()函数会显示常见的统计信息，比如平均值（mean）、中位数（median）、最大值/最小值（maximum/minimum），以及 1 分位值和 3 分位值等。除此之外，对于存在无效值的属性列（比如 mxPH），还会显示无效值出现的次数，即 NA's 的统计信息。

除此之外，还可以通过可视化的方式来查看 algae 的统计信息。例如，可以通过 car 包中的 hist()和 lines()函数来查看某个字段的分布情况：

```
> install.packages("car")
> library("car")
> par(mfrow=c(1,2))     #指定在一张图上绘制两幅图片的图片布局模式
> hist(algae$mxPH, prob=T, xlab=",
+ main='Histogram of maximum pH value',ylim=0:1)    #绘制直方图
> lines(density(algae$mxPH,na.rm=T))    #直方图上添加拟合曲线
> rug(jitter(algae$mxPH))    #给直方图添加地毯图(即 x 轴下方的图)
> qq.plot(algae$mxPH,main = 'Normal QQ plot of maximum pH')  绘制 pH 值分布图
> legend("topleft", inset = .05, legend = c("Theoretical quantiles",
+ "95% Confidence"), lty = c(1, 3), bty = "n",
+ col = c("red", "red"))   #给 pH 值分布图添加图标
> par(mfrow=c(1, 1))   #恢复一张图上一幅图的图片布局模式
```

运行上述 R 脚本后，R 可以可视化的方式显示 algae 数据集中水质的 pH 值分布情况，如图 5-20 所示。

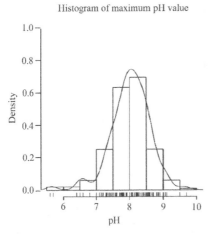 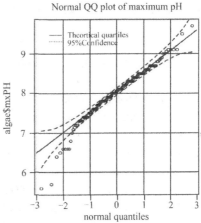

图 5-20　algae 数据集中河流水质的 pH 值分布

从图 5-20 中可以看到，在 algae 数据集中，河水的 pH 值基本上符合正态分布。

除了直方图外，还可以用 lattice 包或 Hmisc 包提供的工具来观察河流的 pH 值受河流水体大小（或流速）的影响。例如，用 Hmisc 包绘制河流的 pH 值在不同水体之中的分布情况。

```
> library(Hmisc)
```

```
> bwplot(size ~ mxPH, data=algae,panel=panel.bpplot,
+ probs=seq(.01,.49,by=.01), datadensity=TRUE,
> ylab='River Size',xlab='Algal mxPH')
```

通过图 5-21 可以看出：河流的水体越大，河流的 pH 的平均值（图中的黑点）越大；对于具有小水体的河流来说，其 pH 值的分布范围要大于大水体和中水体的河流的 pH 值的分布范围。

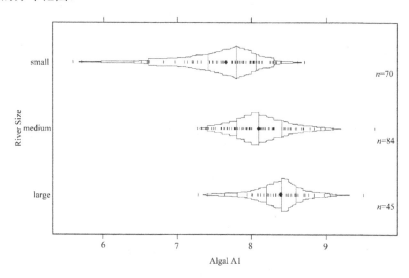

图 5-21　河流 pH 值随河流水体变化的分布

通过对数据集中数据的分析，可以对数据集中各变量的分布情况有一个初步了解，方便后续数据处理。

3. 无效数据的处理

在数据集中，通常都会存在一些无效数据或成为未知数据（Unknown Data），在进行数据挖掘前，需要对这些无效数据进行预处理，预处理的方式通常有以下几种：

- 移除无效数据。
- 利用（列）变量之间的相关性（Correlation），填充无效数据（给无效数据赋值）。
- 利用（行）实例之间的相似性（Similarity），填充无效数据（给无效数据赋值）。
- 利用一些能够处理无效数据的 R 工具来进行数据挖掘。

在 R 语言中，可以通过 na.omit() 函数来移除包含无效数据的实例（或称为"行"），比如：

```
> data(algae)     #重新加载 algae 数据集
> nrow(algae)     #显示 algae 的行数
[1] 200
> algae<-na.omit(algae)   #移除 algae 中包含无效数据（即 NA）的行
> nrow(algae)     #显示移除无效数据后的 algae 的行数
```

[1] 184

除了移除数据集中包含无效数据的行外，还可以基于前面的数据分析，采用适当的方法来对这些无效数据进行赋值（有时又称为无效数据填充）。对无效数据的填充，通常有两种方式："基于列数据分析"的填充和"基于行数据分析"的填充。

1）基于类数据分析的无效数据填充

通过前面的列数据分析，发现某些列的数据会集中分布在某个区间，如均值或中位数附近，如 mxPH 列服从正态分布，其值主要集中在均值左右。对于具有这种分布特性的列数据，可以用统计中心（Statistic of Centrality）来填充其中的无效数据，代码如下：

```
> data(algae)   #重新加载 algae 数据集
> algae[48,]    #显示第 48 行数据
season   size speed mxPH mnO2 Cl    NO3 NH4 oPO4 PO4 Chla    a1 a2 a3 a4 a5 a6u a7
48 winter small   low    NA 12.6 9 0.23 10    5   6       1.1 35.5 0 0  0  0  0   0
> algae[48, "mxPH"] <- mean(algae$mxPH, na.rm = T)   #用 mxPH 的均值来进行无效值填充
> algae[48,]    #显示填充后的第 48 行数据
season   size speed     mxPH    mnO2 Cl  NO3 NH4 oPO4 PO4 Chla    a1 a2 a3 a4 a5 a6
48 winter small    low 8.011734 12.6 9 0.23 10    5   6      1.1 35.5 0 0 0  0  0
a7
48 0
```

从上面的显示信息可以看出，填充后该行的 mxPH 值为 8.011734，即 mxPH 的平均值。

不过，当某列的数据分布比较分散时，用统计中心进行填充就不太合适了。此时，可以通过列之间的相关性分析来实现某列未知数据的填充。比如，通过分析 algae 数据集中 mxPH 列与其他列之间的相关性，可以发现那些与 mxPH 列具有较强的相关性列，可以基于该相关性，计算 mxPH 列中未知数据的值。

R 语言中的 cor()函数提供了研究变量（即列）之间相关性的功能，通过下面的 R 语言脚本，分析 algae 数据集中 mxPH 与其他列之间的相关性。

```
> cor(algae[, 4:18], use = "complete.obs")   #产生 mxPH 与其他数据变量间的相关系数矩阵
>  symnum(cor(algae[,4:18],use="complete.obs"))   #显示相关系数矩阵
mP mO Cl NO NH o P Ch a1 a2 a3 a4 a5 a6 a7
mxPH 1
mnO2    1
Cl          1
NO3            1
NH4            ,  1
oPO4   .  .         1
PO4    .  .       * 1
Chla .              1
a1          .  .. 1
a2    .          .     1
a3                 1
a4    .            1
a5                   1
```

```
a6            . .                    . 1
a7                                                1
attr(,"legend")
[1] 0 ' ' 0.3 '.' 0.6 ',' 0.8 '+' 0.9 '*' 0.95 'B' 1
```

从上面的相关系数矩阵来看，mxPH 与其他变量之间的相关性不强。但是 PO4 与 oPO4 之间具有较强的相关性，相关系数达到 0.9 以上（即"*"代表的值），因此，可以基于该相关性，用 oPO4 列的值来计算 PO4 中的无效值。

```
> data(algae)    #重新加载 algae 数据集
> algae <- algae[-manyNAs(algae),]    #从 algae 中去除含有较多 NA 的实例
> nrow(algae)    #显示去除包含角度 NA 的实例中，algae 的行数
[1] 198
> lm(PO4~oPO4, data = algae)    #计算 PO4 和 oPO4 之间的线性关系
Call:
lm(formula = PO4 ~ oPO4, data = algae)

Coefficients:
 (Intercept)          oPO4
42.897            1.293
```

通过上面线性模型（linear model）信息，可以知道 PO4 与 oPO4 之间的线性关系为：

PO4 = 1.293*oPO4 + 42.897;

因此，通过该线性关系，可以用 oPO4 中的值来完成 PO4 中无效数据的填充。

```
 > algae[28,]    #查看 algae 中的第 28 行数据，可以看到 PO4 的值为 NA
season   size speed mxPH mnO2 Cl   NO3 NH4 oPO4 PO4 Chla   a1  a2 a3 a4  a5  a6
28 autumn small   high  6.8 11.1  9 0.63  20   4  NA  2.7 30.3 1.9  0  0 2.1 1.4
a7
28 2.1
> algae[28, "PO4"] <- 42.897 + 1.293 * algae[28, "oPO4"]    #用相关性对 PO4 进行填充
> algae[28,]    #显示填充后的行数据
season   size speed mxPH mnO2 Cl   NO3 NH4 oPO4   PO4     Chla   a1  a2 a3 a4  a5
28 autumn small   high  6.8 11.1  9 0.63  20   4 48.069  2.7 30.3 1.9  0  0 2.1
a6   a7
28 1.4 2.1
```

从上面的显示可以看到，填充后 PO4 的值为 48.069。

如果数据集中的变量之间不存在较强的相关性，就无法用该方法来完成某列中未知数据的填充了，还可以通过分析行数据之间的相似度（Similaritie）来尝试填充某行中未知数据。

2）基于行数据分析的无效数据填充

在 R 语言中，knnImputation()函数提供了基于行数据之间相似度的未知数据填充。

```
> algae[115,]    #显示 algae 中 115 行数据，其中 Chla 字段包含无效值
season   size speed mxPH mnO2    Cl    NO3    NH4     oPO4    PO4  Chla a1   a2 a3 a4
116 winter medium   high  9.7 10.8 0.222 0.406   10 22.444 10.111    NA 41 1.5   0  0
a5 a6 a7
```

```
116  0  0  0
> algae <- knnImputation(algae, k = 10, meth = "median")   #基于相似度实现 NA 填充
> algae[115,]   #显示填充后的第 115 行数据
season    size speed mxPH mnO2    Cl   NO3 NH4   oPO4    PO4    Chla a1   a2 a3 a4
116 winter medium   high   9.7 10.8 0.222 0.406   10 22.444 10.111 1.35 41 1.5   0   0
a5 a6 a7
116  0  0  0
> nrow(algae)   #显示填充后 algae 中包含的行数
[1] 198
```

从上面的显示可以看出，填充后，Chla 的值为 1.35。另外，填充后，还可以用 summary(algae)命令来查看 algae 的统计信息，可以发现其中已经不包含 NA 值了。无效值处理完毕后，就可以用处理后的数据构建预测模型了。

4．预测模型的构建

构建预测模型的主要目的是预测某个变量在新的测试空间的值，具体到本节的案例，主要是预测 140 个水体样本中 7 种海藻的爆发频率。

预测模型的构建过程主要包括：①基于训练样本构建预测模型；②对预测模型进行评价与择优；③基于选定的模型对测试空间中的数据进行预测。

就预测海藻爆发这一专题，预测模型的构建可以从多元线性回归（Multiple Linear Regression）模型和回归树（Regression Tree）模型分别入手。

1）多元线性回归模型

多元线性回归模块就是用加性函数（Addictive Function）来研究因变量（Predicted Variable）与多个自变量（Predatory Variables）之间的相关性，即构建一个如下形式的数学公式：

$$y = h_\theta(x) = \theta_0 + \theta_1 x_1 + \theta_2 x_2 + \cdots + \theta_n x_n$$

其中，x_i 为自变量，y 为因变量，θ_i 为自变量 x_i 对应的系数。

多元线性回归的目的就是要找出自变量 x_i 对应的 θ_i。考虑到多元线性回归无法处理样本中的未知数据（即 NA 数据），因此，在进行多元线性回归模型构建前，需要先用前面讲述的方法完成对 NA 数据的填充。

```
> data(algae)   #algae 数据集加载
> algae <- algae[-manyNAs(algae), ]   #剔除 algae 中含有较多 NA 值的那些样本
> clean.algae <- knnImputation(algae, k = 10)   #对 algae 中剩余样本中的 NA 进行填充
```

R 语言中的 lm()函数可以实现线性回归模型的构建，下面以构建 algae 数据集中 a1 与其他变量之间的多元线性模型为例简要说明一下 lm()函数的用法。

```
> lm.a1 <- lm(a1~., data = clean.algae[, 1:12])
```

第一个参数 "a1~." 表示要建立一个用所有的其他变量预测 a1 的模型，第二个参数 "data = clean.algae[, 1:12]" 指明了构建 lm 模型时所需的数据集。模型构建完成后，可以用 summary()函数查看该模型的统计信息：

```
> summary(lm.a1)
Call:
```

```
lm(formula = a1 ~ ., data = clean.algae[, 1:12])
Residuals:
Min       1Q  Median      3Q      Max
-37.679 -11.893   -2.567   7.410   62.190
Coefficients:
Estimate Std. Error t value Pr(>|t|)
  (Intercept)   42.942055   24.010879    1.788   0.07537 .
seasonspring    3.726978    4.137741    0.901   0.36892
seasonsummer    0.747597    4.020711    0.186   0.85270
seasonwinter    3.692955    3.865391    0.955   0.34065
sizemedium      3.263728    3.802051    0.858   0.39179
sizesmall       9.682140    4.179971    2.316   0.02166 *
speedlow        3.922084    4.706315    0.833   0.40573
speedmedium     0.246764    3.241874    0.076   0.93941
mxPH           -3.589118    2.703528   -1.328   0.18598
mnO2            1.052636    0.705018    1.493   0.13715
Cl             -0.040172    0.033661   -1.193   0.23426
NO3            -1.511235    0.551339   -2.741   0.00674 **
NH4             0.001634    0.001003    1.628   0.10516
oPO4           -0.005435    0.039884   -0.136   0.89177
PO4            -0.052241    0.030755   -1.699   0.09109 .
Chla           -0.088022    0.079998   -1.100   0.27265
---
Signif. codes:   0 '***' 0.001 '**' 0.01 '*' 0.05 '.' 0.1 ' ' 1
Residual standard error: 17.65 on 182 degrees of freedom
Multiple R-squared:   0.3731,       Adjusted R-squared:   0.3215
F-statistic: 7.223 on 15 and 182 DF,   p-value: 2.444e-12
```

Summary()函数首先会显示线性回归模型 lm.a1 的残差（residual），也就是回归模型对 a1 的预测值与实测值（即 a1 在样本中的实际值）之间的误差。其次，summary()函数还会显示其他变量与 a1 之间的相关系数（即 Estimate 列）及其标准差（即 std.error 列）。从上面的信息中的 Pr(>|t|)列的值可以看出，具有较高的可信度表明：NO3 与 a1 之间具有相关性——Pr(>|t|)的值为 0.00674 告诉我们有 99.4%以上的可信度表明 NO3 与 a1 之间具有相关性。另外，summary()函数还显示了该线性模型的 R^2 值和调整后的 R^2 值，该值指明了模型对数据的拟合度，该值越接近 1，说明该模型的拟合度越好；反之越小说明拟合度越差。本例中的拟合度为 0.32 左右，并不理想。在上述信息中，F-statistic 的 p-value 的值指明了因变量 a1 与全部自变量没有相关性（即 0 假设）的可信度，p-value 值越小，表明没有相关性的可能性越小。

考虑到该模型对 a1 的拟合度不高，而且不同自变量与因变量之间具有相关性的可信度也不同，还可以利用 R 语言中的 step()函数来对初始线性模型进行逐步优化：

```
> final.lm <- step(lm.a1)
```

可以通过 summary()函数来查看简化后的模型 final.lm 的统计信息：

```
> summary(final.lm)
```

```
Call:
lm(formula = a1 ~ size + mxPH + Cl + NO3 + PO4, data = clean.algae[,
1:12])
Residuals:
Min      1Q  Median      3Q      Max
-28.874 -12.732  -3.741    8.424   62.926
Coefficients:
Estimate Std. Error t value Pr(>|t|)
  (Intercept) 57.28555    20.96132    2.733    0.00687 **
sizemedium    2.80050     3.40190    0.823    0.41141
sizesmall    10.40636     3.82243    2.722    0.00708 **
mxPH         -3.97076     2.48204   -1.600    0.11130
Cl           -0.05227     0.03165   -1.651    0.10028
NO3          -0.89529     0.35148   -2.547    0.01165 *
PO4          -0.05911     0.01117   -5.291 3.32e-07 ***
---
Signif. codes:  0 '***' 0.001 '**' 0.01 '*' 0.05 '.' 0.1 ' ' 1
Residual standard error: 17.5 on 191 degrees of freedom
Multiple R-squared:   0.3527,     Adjusted R-squared:   0.3324
F-statistic: 17.35 on 6 and 191 DF,   p-value: 5.554e-16
```

从上面的信息中可以看出，简化后 lm 模型的拟合度有所提高——从 32%提高到了 33%，但仍然不够理想。

下面利用回归树模型对 algae 爆发情况进行预测。

2）回归树模型

与多元线性回归模型不同，回归树模型对于数据集中的未知数据具有一定的容错能力，因此，在利用 R 包中的相关函数构建回归树之前，可以不用对其中的 NA 数据进行填充（但仍然需要剔除含有将多 NA 项的实例）。我们可以利用 rpart 包中的同名函数来构建回归树模型：

```
> library(rpart)
> data(algae)     #重新加载 algae 数据集
> algae <- algae[-manyNAs(algae),]      #剔除含有较多 NA 的数据集
> rt.a1 <- rpart(a1~., data = algae[, 1:12])    #利用处理后的 algae 数据集构建回归树模型
```

回归树实际上就是一个对自变量的层次化逻辑测试过程，回归树算法会自动选择一些与因变量（即本例中的 a1）相关性强的自变量来进行层次化逻辑测试，而不会将全部因变量用于逻辑测试。树的每个节点（叶子节点除外）都有两个分支——左分支和右分支，通过在该节点上对某个自变量的值进行判断来决定进入左分支还是右分支。

当利用回归树进行因变量值的预测时，会从根节点开始，沿着树枝依次对对应的自变量值进行判断，最后到达叶子节点。叶子节点中目标变量（也称为因变量）的平均值就是预测值。

创建好回归树后，可以用 DMwR 包中的 prettyTree()函数进行绘制。

```
> prettyTree(rt.a1)   #绘制回归树 rt.a1
```

该回归树的结构如图 5-22 所示，从图中可以看出，由根节点出发，当样本的 PO4 值大于或等于 43.82 时进入左分支，否则进入右分支。对于给定的 algae 训练集来说，有 147 个样本进入了左分支，剩余的 51 个样本进入了右分支。沿着左分支继续进行样本值匹配，当 Cl 值大于 7.806 时，继续向左分支前进，否则进入该节点的右分支。沿着分支继续前进，达到最后的叶子节点。最后取该叶子节点中目标变量的平均值作为其预测值。

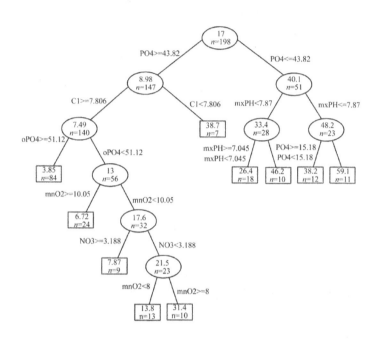

图 5-22　利用 prettyTree()函数绘制的 algae 数据集回归树

在用训练集生产回归树的过程中，有时会出现回归树的过拟合（Overfitting）。所谓过拟合，是指模型对训练集拟合得很好，就是训练集的点都在模型曲线上，同时也把训练集里面的误差拟合进模型了，导致用其他的测试集数据来拟合的时候效果不好。为了避免回归树对训练集中目标变量的过拟合，通常还需要对生成的树进行后期剪枝（Post-Pruning）处理。树裁减的目的是找到一棵满足预测精度要求的最小回归树，这样，在防止过度拟合的同时还能提高目标变量的预测速度。

在 rpart 包中，R 语言是用 cp 参数的值来控制树的大小的（cp 表示在回归树的计算过程中，偏差值的减小量小于了某一阈值）。可以通过 printcp()函数来查看 rpart 包在计算回归树时，树的大小与 cp 值之间的对应关系，代码如下：

```
>  printcp(rt.a1)
Regression tree:
rpart(formula = a1 ~ ., data = algae[, 1:12])
Variables actually used in tree construction:
[1] Cl    mnO2 mxPH NO3  oPO4 PO4
Root node error: 90401/198 = 456.57
```

```
n= 198
CP nsplit rel error    xerror    xstd
1 0.405740      0    1.00000 1.01019 0.13067
2 0.071885      1    0.59426 0.67986 0.11126
3 0.030887      2    0.52237 0.62994 0.10787
4 0.030408      3    0.49149 0.64232 0.11054
5 0.027872      4    0.46108 0.65430 0.11081
6 0.027754      5    0.43321 0.65361 0.11049
7 0.018124      6    0.40545 0.67025 0.10712
8 0.016344      7    0.38733 0.68343 0.10919
9 0.010000      9    0.35464 0.70272 0.11311
```

从上面的信息可以看出，为达到 0.01 的 cp 要求，rpart()函数计算了 9 棵回归树，最后一棵树的 cp 值为 0.01，与树根相比的相对误差（Relative Error）为 0.35464，十折交叉验证（ten-flod cross-validation）的平均相对误差为 0.70272，其标准差为 0.11311。编号为 3 的具有 0.62994 的最小平均相对误差。

根据预测精度的评价标准不同，回归树的选择方法有多种。比如，可以根据十折交叉验证的平均相对误差最优来选择，选择编号为 3 的回归树；或者根据 1-SE（1 倍标准差，Standard Error）规则来选择最小回归树，例如，选择十折交叉验证的平均相对误差值小于 0.62994+1×0.10787=0.73781 的那个最小回归树，即编号为 2 的那棵树，对应的 cp 值为 0.071885。

2 号树的选择可以通过下面的 R 语言脚本实现：

```
> rt2.a1 <- prune(rt.a1, cp = 0.08)    #选择 cp 值最接近 0.08 的那棵回归树
> rt2.a1    #显示 rt2.a1 树的信息
n= 198
node), split, n, deviance, yval
* denotes terminal node
1) root 198 90401.29 16.996460
2) PO4>=43.818 147 31279.12    8.979592 *
3) PO4< 43.818 51 22442.76 40.103920 *
```

5．模型的评价与选择

在获取了（多个）的回归模型后，还不能直接将它们用于数据预测，还需要经过模型评价和选择阶段，从中选择一个或多个满足我们需求的最佳模型。模型的选择基于模型的评价。常用的模型评价指标主要有模型的预测性能（Predictive Performance）、模型的可解释性（Model Interpretability）以及模型的计算效率（Computational Efficiency）。

回归模型的预测性能，是通过比较模型的预测值和目标变量的真实值之间的误差，并计算这些误差的某种平均差，如计算绝对误差的平均值。回归模型的预测值可以通过 predict()函数获取，如下列函数分别获取前面获得的线性回归和回归树模型的预测值：

```
> lm.predictions.a1 <- predict(final.lm, clean.algae)    #计算线性回归模型的预测值
> rt.predictions.a1 <- predict(rt.a1, algae)    #计算回归树模型的预测值
```

```
> mae.a1.lm <- mean(abs(lm.predictions.a1 - algae[, "a1"]))    #计算预测值的平均误差
> mae.a1.rt <- mean(abs(rt.predictions.a1 - algae[, "a1"]))    #计算预测值的平均误差
> mae.a1.lm        #显示线性回归模型预测值的平均误差
[1] 13.10681
> mae.a1.rt        #显示回归树模型预测值的平均误差
[1] 8.480619
```

从上面的平均差可以看出，回归树模型的预测值的平均误差要优于线性回归模型预测值的平均误差——回归树的 MAE（Mean Absolute Error，绝对误差的平均值）为 8.48，小于线性回归模型的 MAE 值 13.11。

除了平均误差外，我们还可以计算模型预测值的归一化均方误差：

```
> nmse.a1.lm <- mean((lm.predictions.a1-algae[,'a1'])^2)/
+ mean((mean(algae[,'a1'])-algae[,'a1'])^2)
> nmse.a1.rt <- mean((rt.predictions.a1-algae[,'a1'])^2)/
+ mean((mean(algae[,'a1'])-algae[,'a1'])^2)u
>
> nmse.a1.lm
 [1] 0.6473034
> nmse.a1.rt
[1] 0.3546432
```

从上面的归一化均方误差来看，回归树模型的预测效果要好于线性回归模型的预测效果（前者的 NMSE 值小于后者的 NMSE 值）。

实际情况果真这样吗？让我们用可视化的方式展示一下它们的预测值和实测值，如图 5-23 所示。

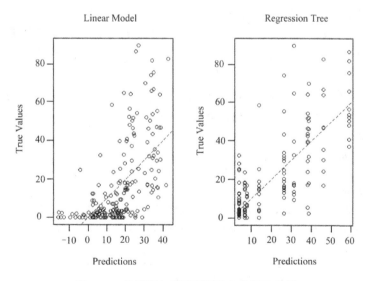

图 5-23　线性回归模型预测值与实测值比较

显示图 5-23 的 R 语言脚本如下：

```
> old.par <- par(mfrow = c(1, 2))    #更改绘图模式为一幅图上显示两张图
> plot(lm.predictions.a1, algae[, "a1"], main = "Linear Model",
    +  xlab = "Predictions", ylab = "True Values")   #绘制实测值的散点图——线形回归模型
> abline(0, 1, lty = 2)     #绘制线性回归模型的预测值曲线
> plot(rt.predictions.a1, algae[, "a1"], main = "Regression Tree",
    +  xlab = "Predictions", ylab = "True Values")    #绘制实测值的散点图——回归树模型
> abline(0, 1, lty = 2)      #绘制回归树模型的预测值曲线
> par(old.par)    #绘图模式恢复为一幅图上显示一张图
```

从图 5-23 中可以看出，在上述模型中，部分样本的实测值远离预测值，说明对于这些样本来说，这两个预测模型都不够理想。另外，从图 5-23 中的线性回归模型的预测情况来看，该模型的某些预测值为负值，考虑到预测的数据是海藻的爆发频率，这显然不符合实际情况。

上面的评估结果告诉我们，在本案例中回归树模型的预测效果似乎要好于线性回归模型的预测效果。但在做出最终的结论之前，还需要再次审视一下上述模型的训练过程：把样本分为两部分，即一份训练样本和一份测试样本，用这份训练样本构建模型，用剩余的那份测试样本来验证预测模型的性能。考虑到上述过程中训练样本和测试样本较为单一（各有一份），变化较少，难以保证模型预测——尤其针对新样本（比如：只有水质情况和水体情况，而无海藻爆发数据的样本水体）时预测的稳定性。另外，考虑到回归树模型存在着测试样本的过拟合问题，我们有必要采取措施要来保证模型预测的稳定性。

对于小数据集（比如本案例中的数据集大小），可以采用 k 折-交叉验证（k-flod Cross-validation）方式来训练模型。其基本思想如下：将训练模型随机的分为大小相同的 k 个子集，然后用其中的 $k-1$ 个子样本得到一个训练模型，用剩余的那份子样本验证模型的预测性能；随后会再次从 k 个子样本中选择 $k-1$ 个子样本重新训练一个预测模型，并用剩余的那个子样本进行验证；最终就可以得到 k 个预测模型。这样，就可以用前面的评价指标来验证模型预测的稳定性。

DMwR 包中的 experimentalComparison()函数可以用来评价模型预测的稳定性，以及模型的比较和选择。下面的 R 语言脚本说明了如何调用 experimentalComparison()函数完成模型的评价和选择。

```
> cv.rpart <- function(form,train,test,...) {    #定义 cv.rpart 函数,即回归树模型
+ m <- rpartXse(form,train,...)    #生成回归树并完成其剪枝
+ p <- predict(m,test)                #计算预测值
+ mse <- mean((p-resp(form,test))^2)    #计算预测值与实测值之间的标准差均值
+ c(nmse=mse/mean((mean(resp(form,train))-resp(form,test))^2))   #计算 mnse 值
+ }
> > cv.lm <- function(form,train,test,...) {    #定义 cv.lm 函数,即线性回顾模型
+ m <- lm(form,train,...)    #生成线形回归模型
+ p <- predict(m,test)          #计算预测值
+ p <- ifelse(p < 0,0,p)      #剔除无效值，即负值
+ mse <- mean((p-resp(form,test))^2)      #计算预测值与实测值之间的标准差均值
+ c(nmse=mse/mean((mean(resp(form,train))-resp(form,test))^2))      #计算 mnse 值
```

```
+ }
>
> res <- experimentalComparison(
+ c(dataset(a1 ~ .,clean.algae[,1:12],'a1')),
+ c(variants('cv.lm'),
+ variants('cv.rpart',se=c(0,0.5,1))),    #指定回归树模型的三个变体
+ cvSettings(3,10,1234))    #调用 experimentalComparison()函数完成模型评估
```

上述利用十折交叉验证的方法，用 clean.algae 中的数据训练 4 个预测 a1 数据的模型，其中，1 个线性回归模型和 3 个回归树模型。模型信息存放在 res 变量中。用 plot()函数可以可视化 4 个模型的 nmse 值，如图 5-24 所示。

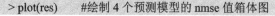

> plot(res)   #绘制 4 个预测模型的 nmse 值箱体图

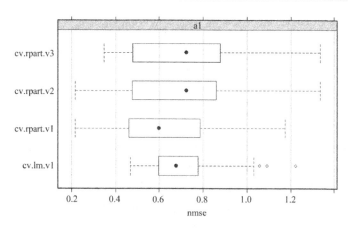

图 5-24　4 个预测模型的 nmse 值箱体图

从图 5-24 来看，cv.rpart.v1 模型的性能指标最好——mnse 值最小为 0.6 左右。

接下来，用 experimentalComparison()函数来分析一下上述两个模型对于 7 种海藻的爆发情况的预测情况，并 bestScores()函数输出对于每种海藻，预测情况最好的模型。

```
> DSs <- sapply(names(clean.algae)[12:18],
+ function(x,names.attrs) {
+     f <- as.formula(paste(x,"~ ."))
+     dataset(f,clean.algae[,c(names.attrs,x)],x)
+ },
+ names(clean.algae)[1:11])    #创建包含目标变量：a1,a2,…,a7 的列表
> res.all <- experimentalComparison(
+ DSs,
+ c(variants('cv.lm'),
+ variants('cv.rpart',se=c(0,0.5,1))),
+ cvSettings(5,10,1234))    #调用 experimentalComparison()函数完成模型评估
> bestScores(res.all)    #调用 bestScores()函数显示预测每种海藻爆发率的最优模型的得分
$a1
system     score
```

```
nmse cv.rpart.v1 0.64231
$a2
system    score
nmse cv.rpart.v3      1
$a3
system    score
nmse cv.rpart.v2      1
$a4
system    score
nmse cv.rpart.v2      1
$a5
system    score
nmse cv.lm.v1 0.9316803
$a6
system    score
nmse cv.lm.v1 0.9359697
$a7
system    score
nmse cv.rpart.v3 1.029505
```

从上面的 nmse 得分值可以看出，除了第一种海藻 a1 的最优预测模型 cv.rpart.v1 的得分还算理想外，其他 6 种海藻的爆发频率的得分值都不够理想——接近或超过 1.0。

考虑到线性回归模型和回归树这类单独的模型在预测海藻爆发频率方面不够理想，下面引入集成预测法。集成法（Ensemble Approach）的基本思想如下：通过产生大量的变体模型，然后综合它们的预测情况来预测因变量的值。

随机森林（Random Forest）方法是一种具有较为广泛应用的集成预测法。通过变换训练样本、分类变量、模型构建技术或集成预测值的获取方法，随机森林法可以利用回归树和分类树获取大量基于树的预测模型；然后通过平均这些树的预测结果来获取最终的预测结果。R 包 randomForest 实现随机森林算法。

在下面的预测中加入随机森林算法。

```
> install.packages(randomForest)
> library(randomForest)
 > cv.rf <- function(form,train,test,...) {    #定义随即森林模型 cv.rf
+ m <- randomForest(form,train,...)
+ p <- predict(m,test)
+ mse <- mean((p-resp(form,test))^2)
+ c(nmse=mse/mean((mean(resp(form,train))-resp(form,test))^2))
+ }
>
> res.all <- experimentalComparison(
+ DSs,
+ c(variants('cv.lm'),          #用线性回归模型 lm
+     variants('cv.rpart',se=c(0,0.5,1)),   #用回归树模型
```

```
+        variants('cv.rf',ntree=c(200,500,700))  #用随机森林模型
+),
+ cvSettings(5,10,1234))
```

下面我们 bestScores()函数来查看对于每种海藻预测情况最好的模型：

```
> bestScores(res.all)
$a1
system        score
nmse cv.rf.v1 0.5456826
$a2
system        score
nmse cv.rf.v3 0.7720026
$a3
system        score
nmse cv.rf.v3 0.9968958
$a4
system        score
nmse cv.rf.v1 0.97983
$a5
system        score
nmse cv.rf.v2 0.7877611
$a6
system        score
nmse cv.rf.v3 0.9091727
$a7
system        score
nmse cv.rpart.v3 1.029505
```

由上面的信息可以看出，除了 a7 的预测模型依然是回归树模型 cv.rpart.v3 外，其他 6 种海藻爆发频率的最优预测模型都变成了随机森林模型，比如，a1 的预测模型为 cv.rf.v1。获取了稳定的最优预测模型后，就可以利用这些模型来预测海藻的爆发情况。

6. 海藻爆发频率预测

下面利用已经获得的最优最优模型（也称为优胜模型）分别预测测试样本中每种海藻爆发率。下面的 R 语言脚本首先获取每种优胜模型的算法名称和配置参数（训练后的配置参数），然后根据配置参数重新生成 7 个优胜模型。

```
> bestModelsNames <- sapply(bestScores(res.all),
+        function(x) x['nmse','system'])  #获取优胜模型的名称
> learners <- c(rf='randomForest',rpart='rpartXse')  #定义 rf 和 rpart 代表算法名称
> funcs <- learners[sapply(strsplit(bestModelsNames,'\\.'),
+        function(x) x[2])]  #通过字符串抽取优胜模型的算法名称
> parSetts <- lapply(bestModelsNames,
+        function(x) getVariant(x,res.all)@pars)  #获取优胜模型的配置参数
> bestModels <- list()
> for(a in 1:7) {
```

177

```
+       form <- as.formula(paste(names(clean.algae)[11+a],'~ .'))    #定义 formula
+       bestModels[[a]] <- do.call(funcs[a],
+         c(list(form,clean.algae[,c(1:11,11+a)]),parSetts[[a]])) #重建优胜预测模型
+ }
```

模型重构成功后，接下来将用这 7 个优胜模型完成 DMwR 包中自带的测试样本 test.algae 海藻爆发率的预测。考虑到随机森林模型不能处理样本中的 NA 值，所以，在利用上述模型预测海藻的爆发率之前，需要先确认测试样本中是否包含无效数据 NA，如果有 NA 值，需要进行填充。通过 summary()函数可以查看测试样本中是否包含无效值 NA。

```
> summary(test.algae)
season          size          speed         mxPH            mnO2
autumn:40    large :38    high :58     Min.   :5.900    Min.   : 1.800
spring:31    medium:52    low  :25     1st Qu.:7.800    1st Qu.: 8.275
summer:41    small :50    medium:57    Median :8.030    Median : 9.400
winter:28                              Mean   :7.977    Mean   : 9.212
                                       3rd Qu.:8.340    3rd Qu.:10.800
                                       Max.   :9.130    Max.   :13.200
                                       NA's   :1
Cl               NO3             NH4              oPO4
Min.   :  0.50   Min.   : 0.000   Min.   :    5.00   Min.   :   1.00
1st Qu.: 11.01   1st Qu.:0.987   1st Qu.:   37.33   1st Qu.:  11.75
Median : 32.18   Median :2.174   Median :  119.72   Median :  34.39
Mean   : 40.93   Mean   :2.892   Mean   :  429.93   Mean   :  72.39
3rd Qu.: 57.32   3rd Qu.:4.035   3rd Qu.:  285.42   3rd Qu.:  84.72
Max.   :271.50   Max.   :12.130   Max.   :11160.60   Max.   :1435.00
NA's   :6
PO4              Chla
Min.   :   2.00   Min.   : 0.40
1st Qu.:  32.71   1st Qu.: 2.30
Median :  89.17   Median : 4.50
Mean   : 134.93   Mean   :11.08
3rd Qu.: 177.85   3rd Qu.:16.70
Max.   :1690.00   Max.   :63.50
NA's   :5         NA's   :11
```

从上面的统计信息来看，test.algae 数据集中含有无效值 NA，因此，需要对这些无效值进行填充，可以通过调用 knnImputation ()函数完成 NA 数据的填充。

```
> clean.test.algae <- knnImputation(test.algae, k = 10)
```

完成填充后，可以用下列 R 语言脚本实现海藻爆发率的预测：

```
> preds <- matrix(ncol=7,nrow=140)
> for(i in 1:nrow(clean.test.algae))
+     preds[i,] <- sapply(1:7,
+         function(x)  predict(bestModels[[x]],clean.test.algae[i,])
+     )
```

获取测试集的海藻爆发率预测值之后，还可以用测试集的实测数据来评价预测效果，以便进一步完善预测模型，DMwR 包自带了与测试集配对的实测数据集 algae.sols。下面的 R 语言脚本利用实测数据集计算了预测模型的评价指标 NMSE 得分：

```
> avg.means <- apply(algae[,12:18], 2, mean)   #获取测试集中每种海藻的平均爆发率
> apply( ((algae.sols-preds)^2), 2, mean)/
+ apply( (scale(algae.sols, avg.means, F)^2), 2, mean)   #计算预测得分
      a1        a2        a3        a4        a5        a6        a7
0.4871639 0.8704846 0.7936510 0.8644624 0.7200233 0.8243834 1.0000000
```

从得分情况来看，除了第 7 种海藻的预测效果不理想外，其他 6 种海藻爆发率的预测效果算可以。

5.3　SparkR

R 语言是一个非常优秀的统计分析和统计绘图的编程语言，它支持很多扩展以便支持数据处理和机器学习任务。然而，目前 R 语言的核心运行环境是单机的，能处理的数据量受限于单机的内存容量。大数据时代的海量数据处理对 R 语言构成了巨大的挑战。为了能够使用 R 语言分析大规模分布式的数据，UC Berkeley 给我们带来了 SparkR。

SparkR 很好地解决了 R 语言的短板、大数据分布式存储和处理、水平扩展能力。将 SparkR 合并到 Spark 项目中，可以使得 R 语言用户很轻易地使用 Spark，这会帮助 Spark 项目获得更多用户。

5.3.1　SparkR 简介

SparkR 就是用 R 语言编写 Spark 程序，它允许数据科学家分析大规模的数据集，并通过 R Shell 交互式地在 SparkR 上运行作业。值得庆幸的是，2015 年 4 月，SparkR 已经合并到 Apache Spark 中，并在 2015 年夏天随着 Spark 1.4 版本一起发布。

SparkR 的核心是 SparkR DataFrame。DataFrame 是数据组织成一个带有列名的分布式数据集。在概念上和关系型数据库中的表类似，或者和 R 语言中的 data frame 类似。DataFrames 作为 R 语言的数据处理基本对象，其概念已经被扩展到很多语言，同时 DataFrame 还提供了很多优化措施[13]。

1．taFrames 的数据来源非常广泛

taFrames 的数据来源：

（1）JSON 文件、Parquet 文件、Hive 数据表。

（2）本地文件系统、分布式文件系统（HDFS）及云存储（S3）。

（3）通过 JDBC 读取外部关系型数据库系统。

（4）通过 Spark SQL 的外部数据源（external data sources）API。

（5）第三方扩展已经包含 Avro、CSV、ElasticSearch 和 Cassandra。

2．高扩展性

在 SparkR DataFrames 上执行的所有操作都会自动分发到 Spark 群集中的所有机器

上进行处理。依赖 Spark 原有的分布式内存计算框架，可以轻易用于 TB 级数据的处理及水平服务器的扩展。

3．DataFrames 的优化

与 R/Python 中 Data Frame 使用的 eager 方式不同，Spark 中的 DataFrames 执行会被查询优化器自动优化。在 DataFrames 上的计算开始之前，Catalyst 优化器会编译操作，这将把 DataFrames 构建成物理计划来执行。因为优化器清楚操作的语义和数据的结构，所以，它可以为计算加速制定智能的决策。

第一，Catalyst 提供了逻辑优化，如谓词下推（predicate pushdown）。优化器可以将谓词过滤下推到数据源，从而使物理执行跳过无关数据。在使用 Parquet 的情况下，可能存在文件被整块跳过的情况，同时系统还通过字典编码把字符串对比转换为开销更小的整数对比。在关系型数据库中，谓词则被下推到外部数据库用以减少数据传输。

第二，为了更好地执行，Catalyst 将操作编译为物理计划，并生成 JVM bytecode，这些通常会比人工编码更加优化。例如，它可以智能地选择 broadcast joins 和 shuffle joins 来减少网络传输。同样存在一些较为低级的优化，如消除代价昂贵的对象分配及减少虚拟函数调用。

4．对 RDD API 的支持

对 RDD API 的支持：

数据缓存控制：cache()、persist()、unpersist()。

数据保存：saveAsTextFile()、saveAsObjectFile()。

常用的数据转换操作：如 map()、flatMap()、mapPartitions()等。

数据分组、聚合操作：如 partitionBy()、groupByKey()、reduceByKey()等。

RDD 间 join 操作：如 join()、fullOuterJoin()、leftOuterJoin()等。

排序操作：如 sortBy()、sortByKey()、top()等。

Zip 操作：如 zip()、zipWithIndex()、zipWithUniqueId()。

重分区操作：如 coalesce()、repartition()。

总体来看，SparkR 程序和 Spark 程序结构很相似。程序简洁易懂。毫无疑问，这将大幅度降低大数据统计分析使用门槛。

借助 Spark 内存计算、统一软件栈上支持多种计算模型的优势，高效地进行分布式数据计算和分析，解决大规模数据集带来的挑战。SparkR 必将成为大数据时代的数据分析统计又一门新利器。

除此之外，SparkR 还在进行很多特性的开发，比如使得 R 和机器学习（Machine Learning，ML）管道交互，支持 SparkR Streaming，使用 DataFrame，使用 RDD 的相关 API，支持对任何类型的数据进行排序，以及支持 Acccumulators。和 Scala 一样，SparkR 也支持多种的集群管理模式，其中就包括 YARN。

SparkR 遵循 Apache 2.0 License，除了要求用户在机器上安装 R 和 Java 之外，不需要依赖任何外部的东西。SparkR 的开发人员来自很多组织，其中包括 UC Berkeley、Alteryx、Intel 等。

5.3.2　SparkR 环境搭建

由于 SparkR 是一个 R 语言包，它为我们提供了一种在 R 语言中使用 Apache Spark 的轻量级方式。因此，在安装 SparkR 之前，首先需要安装 Apache Spark[9]。本节重点讲解 SparkR 环境的搭建，Apache Spark 环境搭建可以参考下列链接给出的文档：http://sofar.blog.51cto.com/353572/1352713。

下面重点讲解如何在 Linux 环境下安装 R 和 SparkR[11, 14]。

1．Linux 下安装 R（备注：Slave 机器上也要安装 R）

首先，去官网下载 R 的软件包，官网网址为 http://cran.rstudio.com/。

下载完成后，在存放下载 R 软件包的目录下，利用下列命名对下载的压缩包进行解压：

```
$ tar -zxvf R-3.1.2.tar.gz
```

备注：目前最新版的 R 为 3.1.2，建议用最新版，否则某些可用的包不支持。然后进入解压后的 R 目录：

```
$ cd R-3.1.2
```

为了防止后续安装时报错（依赖关系报错），需要通过下列命令完成 readline 库和 libXt 的安装和运行：

```
$ yum install readline-devel
$ yum install libXt-devel
```

然后运行：

```
 $ /configure   --enable-R-shlib --prefix=/home/ssdutsu/R-3.1.2
```

备注：值得注意的是，需要将命令中的"/home/ssdutsu/R-3.1.2"改成自己的 R 包所在的路径及其名称。

另外，如果使用 rJava 需要加上 --enable-R-shlib，即：

```
 $./configure   --enable-R-shlib --prefix=/usr/R-3.1.2
```

由于 SparkR 是需要 rJava 的，所以，建议后面这些参数最好加上。

然后运行下列命令，完成 R 包的安装。

```
$ make
$ make install
```

完成 R 包安装后，通过下列命令，完成环境变量配置。

```
$ vi .bash_profile
$ PATH=/usr/R-3.1.2/bin
```

这里的路径，必须与 R 路径相一致。

为了检查安装是否成功，还可以通过下列方式进行验证：

```
$ cd /opt/script/R       #进入存放 R 脚本的目录，可以根据需要创建该目录
$ vim t.R                #创建 R 脚本文件 t.R
#!/path/to/Rscript    #第一行，注释行
x<-c(1,2,3)             #R 语言代码，创建 x 向量
y<-c(102,299,301)      #R 语言代码，创建 x 向量
model<-lm(y~x)          #创建描述 y~x 关系的线性回归模型
```

```
summary(model)              #显示线性回归模型的概要信息
```

然后在当前服务器的 Linux 操作系统的 Shell 中运行 t.R 脚本，并查看运行结果：

```
$ R CMD BATCH --args /opt/script/R/t.R
$ more /opt/script/R/t.Rout    #查看执行的结果
```

如果 R 安装成功的话，屏幕上会显示如下类似信息：

```
Call:
lm(formula = y ~ x)
Residuals:
1       2       3
-32.5   65.0 -32.5
Coefficients:
Estimate Std. Error t value Pr(>|t|)
(Intercept)      35.00       121.60     0.288      0.822
x                99.50       56.29      1.768      0.328
Residual standard error: 79.61 on 1 degrees of freedom
Multiple R-squared:  0.7575,      Adjusted R-squared:  0.5151
F-statistic: 3.124 on 1 and 1 DF,   p-value: 0.3278
```

2．rJava 包安装

SparkR 包对 rJava 包有依赖关系，因此，在安装 SparkR 之前，需要先完成 rJava 包的安装。rJava 包对 java 有依赖关系，首先，需要通过在 Linux 的 Shell 中运行下列命令，完成 java 环境的配置。

```
$ R CMD javareconf
```

完成 Java 的环境配置后，便可以通过在 Linux 的 Shell 中键入 R 进入 R shell。然后通过下列命令完成 rJava 包的安装。

```
> install.packages( " rJava " )
```

这行代码运行完成之后，会提示选择一个镜像地址下载 rJava 文件，选择 Beijing 的镜像站。

命令允许完成后，可以在 R Shell 中通过下列命令确认 rJava 包是否安装成功：

```
> library(rJava)
> search()
```

在 search()命令执行后显示的 R 包列表中，如果出现"package:rJava"，则表明 rJava 包安装且加载成功。接下来，就可以进行 SparkR 的安装了。

3．SparkR 的安装

为了避免 Spark 版本的兼容问题，采用源码编译的方式来安装 SparkR。

首先，从网页 https://github.com/amplab-extras/SparkR-pkg 下载 SparkR 源代码。下载 zip 或者 tgz 文件之后，解压缩，然后通过 cd 进入解压缩之后的文件包。

然后利用下列命令，完成系统中已经安装的 Spark 和 Hadoop 版本的指定：

```
$ SPARK_VERSION=1.2.0 HADOOP_VERSION=2.4.0 ./install-dev.sh ./install-dev.sh
```

注意：实际的版本号必须与系统中的 SparkVersion 和 Hadoop Version 版本号一致。

另外，还需要在 spark 的 conf 目录下面修改 spark-defaults-conf 文件，添加一行

spark.master spark://Master 的 ip: Master 的端口。

运行完成之后，会在同一个目录下生成一个 lib 文件夹，lib 文件夹中就是 SparkR 文件夹，这个文件夹就是 R 语言能认识的 "SparkR 包"。

然后，在终端中运行 ./sparkR 这个可执行文件，就会自动进入 R 的 Shell，同时自动加载 SparkR 包。

如果想将 SparkR 运行于集群环境中，只需要将 master=local，换成 spark 集群的监听地址即可（sparkR.init（"spark://192.168.1.137:7077"））。

注意：worker 也就是 slave 上面也必须安装 SparkR。

5.3.3　SparkR 使用

正如 5.3.1 节介绍的那样，DataFrames 是 SparkR 的核心。SparkR 的使用也主要是围绕着 DataFrames 展开的[10]。

在 Spark 2.0.0 中，SparkSession（即 Spark 会话）是 SparkR 的切入点，它使得 R 程序和 Spark 集群相互通信。可以用 sparkR.session()来构建 SparkSession，然后可以给它传入应用程序名、Spark 依赖包等选项。而且，还可以通过 SparkSession 来使用 SparkDataFrames。如果要使用，必须先创建 SparkSession：

```
sparkR.session()
```

如果使用的是 SparkR shell，SparkSession 会自动构建好，不再需要调用 sparkR.session() 函数来创建 SparkSession。

有了 SparkSession，应用就可根据需要从本地 R 数据框（R data frame）、Hive 表（Hive table）或者从其他数据源创建 SparkDataFrmes。

比如，下列代码展示了如何用本地 R 数据库 faithful 创建 SparkDataFrame：

```
> df <- as.DataFrame(faithful)    #利用 R 数据库 faithful 创建 sparkdataframe
> head(df)        # Displays the first part of the SparkDataFrame
##   eruptions waiting
##1     3.600      79
##2     1.800      54
##3     3.333      74
```

此外，SparkR 还支持借助 SparkDataFrame 接口从多种数据源构建 DataFrame。read.df()提供了一种利用多种数据源创建 DataFrame 的方法。该方法会自动利用当前处于激活状态的 SparkSession，从指定的路径加载指定类型的数据源，并创建 DataFrame。有时读取某些数据类型，如 JSON、CSV 和 Parquet 等，还需要包含数据源连接器的 Spark 包（比如 Avro 包）来读取这些文件格式。比如：

```
> sparkR.session(sparkPackages = "com.databricks:spark-avro_2.11:3.0.0") #创建 SparkR 会话
>   people <- read.df("./examples/src/main/resources/people.json", "json") #读取 JSON 文件
> head(people)    #显示生成的 SparkDataFrame
## age      name
##1   NA Michael
##2   30     Andy
##3   19   Justin
```

```
# SparkR automatically infers the schema from the JSON file
> printSchema(people)
# root
#    |-- age: long (nullable = true)
#    |-- name: string (nullable = true)
# Similarly, multiple files can be read with read.json
> people <- read.json(c("./examples/src/main/resources/people.json",
+    "./examples/src/main/resources/people2.json"))
```

另外，SparkR 还可以将 DataFrame 保存为多种文件格式，比如将 people 保存为 parquet 文件格式。

```
> write.df(people, path = "people.parquet", source = "parquet", mode = "overwrite")
```

此外，SparkR 还可以利用 Hive 中的数据创建 DataFrame 或将 DataFrame 中的数据存放到 Hive 数据库中，操作方法将在下一节介绍。DataFrame 不但在概念上和关系型数据表类似，在操作方式上也与关系表类似，将在下一节阐述 DataFrame 的操作。

5.3.4　SparkR 与 HQL

Apache Hive 是一个构建在 Hadoop 基础设施之上的数据仓库。通过 Hive 可以使用 HQL（Hive QL，HQL 是一种类 SQL 的语言，这种语言最终被转化为 Map/Reduce）语言查询存放在 HDFS 上的数据。虽然 Hive 提供了 SQL 查询功能，但是 Hive 不能进行交互查询——因为它只能够在 Haoop 上批量执行 Hadoop。

在 SparkR 中，可以利用 Hive 表来创建 DataFrame。目前，SparkR 内嵌了对 Hive 的支持；默认情况下，SparkR 创建的 SparkSession 提供了对 Hive 的访问支持。下面是一个利用 Hive 表创建 SparkR 的 DataFrame 的代码段：

```
> sparkR.session()   #以默认方式创建 spark.session,缺省支持 HQL
> sql("CREATE TABLE IF NOT EXISTS src (key INT, value STRING)")   #创建 src 表
> sql("LOAD DATA LOCAL INPATH 'examples/src/main/resources/kv1.txt' INTO TABLE src")
# Queries can be expressed in HiveQL.
> results <- sql("FROM src SELECT key, value")   #将 src 表中的<key,value>对转换成 DataFrame
# results is now a SparkDataFrame
> head(results)        #显示 DataFrame 变量 results 的前几行
##   key    value
## 1 238 val_238
## 2   86   val_86
## 3 311 val_311
```

在 SparkR 中，还可以将 DataFrame 转化为 Spark SQL（即 Hive 支持的 QL——HQL）的临时视图，以便对 DataFrame 进行 SQL 查询。sql()函数使得应用程序以编程方式运行 SQL 查询，查询结果以 DataFrame 方式返回，比如：

```
> sparkR.session()   #以默认方式创建 spark.session,缺省支持 HQL
// A JSON dataset is pointed to by path.
// The path can be either a single text file or a directory storing text files
>   peopleDF <- read.df("./examples/src/main/resources/people.json", "json")#读取 JSON 文件
```

```
// The inferred schema can be visualized using the printSchema() method
> peopleDF.printSchema()
// root
//    |-- age: long (nullable = true)
//    |-- name: string (nullable = true)
// Creates a temporary view using the DataFrame
> peopleDF.createOrReplaceTempView("people")
// SQL statements can be run by using the sql methods provided by spark
> teenagerNamesDF <- spark.sql("SELECT name FROM people WHERE age BETWEEN 13 AND 19")
> teenagerNamesDF.show()
// +------+
// |  name|
// +------+
// |Justin|
// +------+
// Alternatively, a DataFrame can be created for a JSON dataset represented by
// an RDD[String] storing one JSON object per string
> otherPeopleRDD <- spark.sparkContext.makeRDD(
+"""{"name":"Yin","address":{"city":"Columbus","state":"Ohio"}}""" :: Nil)
> otherPeople -> spark.read.json(otherPeopleRDD)
> otherPeople.show()
// +---------------+----+
// |        address|name|
// +---------------+----+
// |[Columbus,Ohio]| Yin|
// +---------------+----+
```

虽然 SparkR 提供了对 HQL 的支持和 API，但是 Hive 适合用来对一段时间内的数据进行分析查询，例如，用来计算趋势或者网站的日志。Hive 不适合用来进行实时查询，因为它需要很长时间才可以返回结果。

5.3.5　SparkR 主要机器学习算法

SparkR 提供了对机器学习（Machine Learning，ML）的支持[4]，目前支持的机器学习算法主要有广义线性模型（Generalized Linear Model）、加速失效时间生存回归模型（Accelerated Failure Time (AFT) Survival Regression Model）、朴素贝叶斯模型（Naive Bayes Model）和 K-means 模型（K-Means Model）。

在底层，SparkR 利用 Spark 的机器学习库（MLlib）来训练模型。用户可以调用 summary()函数来显示拟合模型的概述信息，利用 predict()函数来对新数据进行预测，利用 write.ml()/read.ml()来保存或加载拟合模型。下面通过代码段，简要说明一下 SparkR 目前支持的机器学习算法。

1. 广义线性模型

广义线性模型（Generalized Linear Model，GLM）是简单最小二乘回归（OLS）的扩

展，在 OLS 的假设中，响应变量是连续数值数据且服从正态分布，而且响应变量期望值与预测变量之间的关系是线性关系。而广义线性模型则放宽其假设，首先，响应变量可以是正整数或分类数据，其分布为某指数分布族。其次，响应变量期望值的函数（连接函数）与预测变量之间的关系为线性关系。因此，在进行 GLM 建模时，需要指定分布类型和连接函数。

目前，SparkR 中的 GLM 模型支持的分布类型主要有高斯（Gaussian）分布、二项式（Binomial）分布、泊松（Poisson）分布和伽马（Gamma）分布。下面是展示 SparkR 中 GLM 模型的用法的一个用例，对 R 内嵌的鸢尾花数据集为原始数据，完成 GLM 模型的训练和对新数据集的预测。函数 spark.glm() 或 glm() 用来对 GLM 模型进行拟合。

```
> irisDF <- suppressWarnings(createDataFrame(iris))  #利用 R 内嵌的 iris 数据集创建数据框
# Fit a generalized linear model of family "gaussian" with spark.glm
> gaussianDF <- irisDF
> gaussianTestDF <- irisDF
> gaussianGLM <- spark.glm(gaussianDF, Sepal_Length ~ Sepal_Width + Species,
+    family = "gaussian")  #对 GLM 模型进行训练,选用高斯分布方式
# Model summary
> summary(gaussianGLM)  #显示拟合后模型概要信息,此处去掉了显示结果
# Prediction
> gaussianPredictions <- predict(gaussianGLM, gaussianTestDF) #用拟合后的 GLM 进行预测
> showDF(gaussianPredictions)  #显示预测结果,此处去掉了显示信息
# Fit a generalized linear model with glm (R-compliant)
> gaussianGLM2 <- glm(Sepal_Length ~ Sepal_Width + Species,
+    gaussianDF, family = "gaussian") #调用 glm()函数完成模型训练
> summary(gaussianGLM2)  #显示拟合后模型概要信息,此处去掉了显示结果
# Fit a generalized linear model of family "binomial" with spark.glm
> binomialDF <- filter(irisDF,
+    irisDF$Species != "setosa") #用过滤后的数据集创建数据框
> binomialTestDF <- binomialDF  #采用二项式分布方式
> binomialGLM <- spark.glm(binomialDF, Species ~ Sepal_Length + Sepal_Width,
+    family = "binomial")  #模型训练
# Model summary
> summary(binomialGLM)  #显示拟合后模型概要信息,此处去掉了显示结果
# Prediction
> binomialPredictions <- predict(binomialGLM, binomialTestDF)  #数据预测
> showDF(binomialPredictions) #显示拟合后模型概要信息,此处去掉了显示结果
```

2. 加速失效时间生存回归模型

AFT 模型将经典线性回归模型的建模方法直接拓展到了生存分析领域，即具有截尾生存时间的情形，更易于被广大的医学研究人员所接受。AFT 模型研究协变量与对数生存时间之间的回归关系，模型形式接近于一般的线性回归方程，回归系数的解释也与一般线性回归相似，对分析结果的解释更加简单、直观和易于理解。

SparkR 的 spark.survreg() 函数，可以用 DataFrame 中的数据拟合 AFT 生存回归模型。下面是 SparkR 官网提供的一个例子。

```
# Use the ovarian dataset available in R survival package
> library(survival)  #加载 survival 库
# Fit an accelerated failure time (AFT) survival regression model with spark.survreg
> ovarianDF <- suppressWarnings(createDataFrame(ovarian)) #创建 ovarian 数据框
> aftDF <- ovarianDF
> aftTestDF <- ovarianDF
> aftModel <- spark.survreg(aftDF, Surv(futime, fustat) ~ ecog_ps + rx)  #拟合 AFT 模型
# Model summary
> summary(aftModel) #拟合模型概要信息显示,此处删除了显示结果
# Prediction
> aftPredictions <- predict(aftModel, aftTestDF) #用拟合模型对数据进行预测
> showDF(aftPredictions) #显示拟合后模型概要信息,此处删除了显示结果
```

3. 朴素贝叶斯模型

Naïve Bayes（朴素贝叶斯，下面简称 NB）是 ML 中的一个非常基础和简单的算法，常常用它来做分类。贝叶斯分类器的分类原理是通过某对象的先验概率，利用贝叶斯公式计算出其后验概率，即该对象属于某一类的概率，选择具有最大后验概率的类作为该对象所属的类。

朴素贝叶斯模型在垃圾邮件分类、疾病诊断中都取得了很大的成功。它之所以称为朴素，是因为它假设特征之间是相互独立的，但是在现实生活中，这种假设基本上是不成立的。那么，即使是在假设不成立的条件下，它依然表现得很好，尤其是在小规模样本的情况下。但是，如果每个特征之间有很强的关联性和非线性的分类问题会导致朴素贝叶斯模型有很差的分类效果。

SparkR 支持 NB 算法，spark.naiveBayes()函数可以利用 DataFrame 格式的数据来训练朴素贝叶斯模型，下面是 SparkR 官网给出的 NB 模型用法的一个例子。

```
# Fit a Bernoulli naive Bayes model with spark.naiveBayes
> titanic <- as.data.frame(Titanic) #将 Titanic 转换成 R 的 data.frame 类型
> titanicDF <- createDataFrame(titanic[titanic$Freq > 0, -5])
> nbDF <- titanicDF  #朴素贝叶斯训练数据集
> nbTestDF <- titanicDF  #朴素贝叶斯模型测试数据集
> nbModel <- spark.naiveBayes(nbDF, Survived ~ Class + Sex + Age) #朴素贝叶斯模型拟合
# Model summary
> summary(nbModel)  #拟合模型概要信息显示,此处去掉了显示结果
# Prediction
> nbPredictions <- predict(nbModel, nbTestDF)  #用拟合模型进行数据预测
> showDF(nbPredictions)  #显示预测结果,此处去掉了显示结果
```

4. K-means 模型

正如 5.2.3 节讲述的那样，K-means 算法是很典型的基于距离的聚类算法，采用距

离作为相似性的评价指标，即认为两个对象的距离越近，其相似度就越大。该算法认为簇是由距离靠近的对象组成的，因此，把得到紧凑且独立的簇作为最终目标。

SparkR 提供了对 K-means 算法的支持。类似于 R 包中的 kmeans()函数，SparkR 提供了 spark.kmeans()函数拟合 K-means 模型。下面是 SparkR 官网给出的一个 K-means 模型应用例子。

```
# Fit a k-means model with spark.kmeans
> irisDF <- suppressWarnings(createDataFrame(iris))    #利用 R 中的 iris 创建 DataFrame
> kmeansDF <- irisDF    #训练数据集
> kmeansTestDF <- irisDF    #测试数据集
> kmeansModel <- spark.kmeans(kmeansDF,
+    ~ Sepal_Length + Sepal_Width + Petal_Length + Petal_Width, k = 3) #k-means 模型训练
# Model summary
> summary(kmeansModel)    #拟合后的 k-means 模型概要信息显示,此处省略了显示的信息
# Get fitted result from the k-means model
showDF(fitted(kmeansModel))
# Prediction
> kmeansPredictions <- predict(kmeansModel, kmeansTestDF)    #用得到的 k-means 模型进行预测
> showDF(kmeansPredictions)    #显示预测结果
```

5. 模型的保存与加载

模型训练好了以后，需要将训练好的模型保存起来，以便下一次再用，下面的代码展示如何保存和加载训练好的模型。

```
 > irisDF <- suppressWarnings(createDataFrame(iris))
# Fit a generalized linear model of family "gaussian" with spark.glm
> gaussianDF <- irisDF
> gaussianTestDF <- irisDF
> gaussianGLM <- spark.glm(gaussianDF, Sepal_Length ~ Sepal_Width + Species,
+    family = "gaussian")  #广义线性模型（GL）训练
# Save and then load a fitted MLlib model
> modelPath <- tempfile(pattern = "ml", fileext = ".tmp")   #指定存储模型数据的目录
> write.ml(gaussianGLM, modelPath)   #保存拟合好的 GL 模型
> gaussianGLM2 <- read.ml(modelPath)   #加载事先保存的 GL 模型
# Check model summary
> summary(gaussianGLM2)    #显示加载的 GL 模型概要信息,此处忽略了显示结果
# Check model prediction
> gaussianPredictions <- predict(gaussianGLM2, gaussianTestDF)   #利用加载的模型进行数据预测
> showDF(gaussianPredictions)    #显示预测结果,此处忽略了显示结果
> unlink(modelPath)    #解除模型路径连接
```

5.3.6 SparkR 应用举例

本节将利用 SparkR 提供的接口函数，在 Hadoop 集群环境中对"德国信用数据集"

进行处理，并利用训练得到的信用梯度损失模型对贷款人的信用度进行预测[12]。

在例子中，首先从 Hadoop 的 HDFS 系统中加载"德国信用数据集"，并将数据集分为训练数据集和测试数据集。然后，利用梯队损失算法训练信用评级模型。最后，利用得到的评级模型对测试集中的每个人的信用度进行评估，并对预测模型进行评价。

（1）加载 SparkR 包，从 HDFS 系统中读取德国信用数据文件。

```
# 加载 SparkR 包
> library(SparkR)
# 初始化 Spark context
> sc <- sparkR.init(master="集群 ip:7077",
+       appName='sparkr_logistic_regression',
+       sparkEnvir=list(spark.executor.memory='1g', spark.cores.max="10"))
# 从 hdfs 上读取 txt 文件，该 RDD 由 spark 集群的 4 个分区构成
> input_rdd <- textFile(sc,
+       "hdfs://集群 ip:8020/user/payton/german.data-numeric.txt", minSplits=4)
```

读取的信用数据文件以 RDD 方式存放在 input_rdd 变量中。

（2）解析读入的数据文件，并将解析得到的数据集分割为训练数据集和测试数据集。

```
# 解析每个 RDD 元素的文本（在每个分区上并行）
> dataset_rdd <- lapplyPartition(input_rdd, function(part) {
+       part <- lapply(part, function(x) unlist(strsplit(x, '\\s')))
+       part <- lapply(part, function(x) as.numeric(x[x != ""]))
+       part
+ })
# 我们需要把数据集 dataset_rdd 分割为训练集（train）和测试集（test）两部分，这里 ptest 为
测试集的样本比例，如取 ptest=0.2，即取 dataset_rdd 的 20%样本数作为测试集，80%的样本数作为
训练集
> split_dataset <- function(rdd, ptest) {
#以输入样本数 ptest 比例创建测试集 RDD
+       data_test_rdd <- lapplyPartition(rdd, function(part) {
+         part_test <- part[1:(length(part)*ptest)]
+         part_test
+     })
# 用剩下的样本数创建训练集 RDD
+ data_train_rdd <- lapplyPartition(rdd, function(part) {
+       part_train <- part[((length(part)*ptest)+1):length(part)]
+               part_train
  +})
# 返回测试集 RDD 和训练集 RDD 的列表
+ list(data_test_rdd, data_train_rdd)
+ }
```

完成数据集分割后，data_train_rdd 存放模型训练集数据，data_test_rdd 存放模型验证数据集。

（3）为了便于调用 SparkR 中的接口函数完成模型训练和数据预测，需要将两个数

189

据集转换成矩阵形式。

```
# 转化数据集为 R 语言的矩阵形式, 并增加一列数字为 1 的截距项, 将输出项 y 标准化为 0/1 的形式
> get_matrix_rdd <- function(rdd) {
+    matrix_rdd <- lapplyPartition(rdd, function(part) {
+        m <- matrix(data=unlist(part, F, F), ncol=25, byrow=T)
+        m <- cbind(1, m)
+        m[,ncol(m)] <- m[,ncol(m)]-1
m
+    })
+    matrix_rdd              .
+ }
```

由于该训练集中 y 的值为 1 与 0 的样本数比值为 7:3, 所以, 需要平衡 1 和 0 的样本数, 使它们的样本数一致

```
> balance_matrix_rdd <- function(matrix_rdd) {
+    balanced_matrix_rdd <- lapplyPartition(matrix_rdd, function(part) {
+        y <- part[,26]
+        index <- sample(which(y==0),length(which(y==1)))
+        index <- c(index, which(y==1))
+        part <- part[index,]
+        part
+    })
+    balanced_matrix_rdd
+ }
```

分割数据集为训练集和测试集

```
> dataset <- split_dataset(dataset_rdd, 0.2)
```

创建测试集 RDD

```
> matrix_test_rdd <- get_matrix_rdd(dataset[[1]])
```

创建训练集 RDD

```
> matrix_train_rdd <- balance_matrix_rdd(get_matrix_rdd(dataset[[2]]))
```

将训练集 RDD 和测试集 RDD 放入 spark 分布式集群内存中

```
> cache(matrix_test_rdd)
> cache(matrix_train_rdd)
```

（4）利用梯度下降算法优化损失函数和逻辑回归算法, 计算信用等级预测模型。

```
# 初始化向量 theta
> theta<- runif(n=25, min = -1, max = 1)
# logistic 函数
> hypot <- function(z) {
+    1/(1+exp(-z))
+ }
# 损失函数的梯度计算
> gCost <- function(t,X,y) {
+    1/nrow(X)*(t(X)%*%(hypot(X%*%t)-y))
# 定义训练函数
```

```
+    train <- function(theta, rdd) {
# 计算梯度
+        gradient_rdd <- lapplyPartition(rdd, function(part) {
+            X <- part[,1:25]
+            y <- part[,26]
+            p_gradient <- gCost(theta,X,y)
+            list(list(1, p_gradient))
+        })
+        agg_gradient_rdd <- reduceByKey(gradient_rdd, '+', 1L)
# 一次迭代聚合输出
+        collect(agg_gradient_rdd)[[1]][[2]]
+ }
# 由梯度下降算法优化损失函数
# alpha ： 学习速率
# steps ： 迭代次数
# tol ： 收敛精度
> alpha <- 0.1
> tol <- 1e-4
> step <- 1
> while(T) {
+    cat("step: ",step,"\n")
+    p_gradient <- train(theta, matrix_train_rdd)
+    theta <- theta-alpha*p_gradient
+    gradient <- train(theta, matrix_train_rdd)    #根据梯度下降算法进行模型训练
+    if(abs(norm(gradient,type="F")-norm(p_gradient,type="F"))<=tol) break
+    step <- step+1
+ }
```

（5）利用信用等级梯度下降模型对借款人的信用进行评级，并对模型进行评价。

```
# 用训练好的模型预测测试集信贷评测结果（"good"或"bad"），并计算预测正确率
> test <- lapplyPartition(matrix_test_rdd, function(part) {
+    X <- part[,1:25]
+    y <- part[,26]
+    y_pred <- hypot(X%*%theta)
+    result <- xor(as.vector(round(y_pred)),as.vector(y))
            + })
> result<-unlist(collect(test))    #预测信用等级
> corrects <- length(result[result==F])    #获取预测正确率
> wrongs <- length(result[result==T])
# 显示预测正确率
> cat("\ncorrects: ",corrects,"\n")
> cat("wrongs: ",wrongs,"\n")
> cat("accuracy: ",corrects/length(y_pred),"\n")
```

习题

1. R 语言是解释性语言还是编译性语言？
2. 简述 R 语言的基本功能。
3. R 语言通常用在哪些领域？
4. 简述 R 软件包的安装和加载过程。
5. R 语言常用的分类与预测算法有哪些？
6. 简述如何利用 R 程序包进行数据分析、建模和数据预测。
7. 如何使用"聚类"和"分类"对数据样本进行分组？
8. 查阅相关资料，实例演示 R 语言在数据挖掘中的应用。
9. 查阅相关资料，实例演示 SparkR 环境搭建。
10. SparkR DataFrame 的作用有哪些？
11. 简述 SparkR 与机器学习的关系。
12. 查阅相关资料，实例演示 SparkR 在数据分析中的应用。

参考文献

[1] https://www.r-project.org/about.html.

[2] http://www.cnblogs.com/549294286/p/3273294.html.

[3] http://blog.sina.com.cn/s/blog_800158330101dno5.html.

[4] http://blog.csdn.net/yujunbeta/article/details/14986219.

[5] Yan Chang Zhao. R 语言与数据挖掘——最佳实践和经典案例[M]. 陈健，黄琰，译.
北京：机械工业出版社，2014.

[6] http://littlebookofrtimeseries-zh-cn.readthedocs.io/en/latest/src/timeseries.html.

[7] http://www.ppvke.com/Blog/archives/29001.

[8] Luis Torgo, Data Mining with R: Learning with Case Studies. R. Campo Alegre, 823-
4150 Porto, Portugal, May 22, 2003.

[9] http://spark.apache.org/docs/latest/sparkr.html#overview.

[10] https://www.infoq.com/news/2014/02/sparkr-announcement.

[11] http://www.cnblogs.com/inspursu/p/4275701.html.

[12] http://amplab-extras.github.io/SparkR-pkg/rdocs/1.2/index.html.

[13] http://spark.apache.org/docs/latest/sparkr.html.

[14] http://www.cnblogs.com/payton/p/4227770.html.

第6章 深度学习

随着大数据高速发展，人工智能迎来了春天。作为人工智能发展的核心动力，深度学习引起了各界的关注。深度学习的概念起源于人工神经网络，是一种具有多隐含层的神经网络结构，其通过提取低层特征，组合成更加抽象的高层特征，以发现最能代表数据语义的特征表达。深度学习是机器学习的一个新领域，得益于海量数据，网络能学习出各种复杂的特征，其在语音识别、计算机视觉等领域有着广泛应用。

本章首先介绍深度学习的发展过程，结合人脑的工作原理，了解深度学习的相关概念和工作机制。接着，分别介绍深度学习在软硬件上的实现，在此基础上，分析基于 Caffe 框架的 MNIST 手写体数字识别实例。最后介绍深度学习在各领域的实际应用。

6.1 概述

深度学习（Deep Learning）的概念是由 Hinton、Yoshua Bengio 和 Yann Lecun 等人提出的，涉及神经网络、图建模、人工智能、模式识别、最优化理论和信号处理等领域。由于深度学习在各类竞赛中，相对于传统方法有着显著的性能提升，越来越多的学术机构和企业把目光转向了深度学习领域。例如，2010 年美国国防部 DARPA 首次资助深度学习项目。2012 年 11 月，微软在天津展示了全自动同声传译系统，用英文演讲，采用深度学习作为支撑，后台计算机自动完成了语音识别、中英机器翻译和中文语音合成。2013 年 1 月，百度创始人宣布成立百度研究院，其中第一个成立的就是"深度学习研究所"。2013 年 4 月，《麻省理工学院技术评论》杂志将深度学习列为 2013 年十大突破性技术之首。

近年来，深度学习在语音识别、计算机视觉、图像分类和自然语言处理等方面取得的了一定的成功，推动了人工智能的发展，人工智能的汽车无人驾驶、机器人、无人机、航空卫星等领域也开始转向了深度学习的研究。

6.1.1 人工智能简史

人工智能（Artificial Intelligence，AI）是一门综合性的学科[1]，对它的研究和开发主要用于模拟人类智能的理论、方法和技术的应用系统。人工智能的最终目的是掌握智能的本质，从而生产出一种与人类智能相似或相近的机器[2]。人工智能有着极其广泛的应用，存在巨大的开发潜力，已经成为一个活跃的研究课题，其发展历程大致可分为下列三个阶段：

（1）20 世纪 40 年代中期到 50 年代末期被称为人工智能的启蒙探索阶段。1950 年，英国数学家图灵在论文《计算的机器与智能》中讨论了人类智能机械化的可能性，不仅提出了图灵机的理论模型，而且提出了图灵试验的设想，即机器有着人类的思维，将无法分清与你对话的是人还是机器，为计算机的出现奠定了理论基础。同时期，W. McCullocli 和 W. Pitts 发表了《神经活动内在概念的逻辑演算》，证明了可以严格定义的神经网络，在原则上可以计算一定类型的逻辑函数，开创了人工智能符号论和联结论两大研究类别。

1956 年美国达特茅斯大学的一次暑期专题研讨会上第一次提出了人工智能，开创了人工智能的这一研究领域。会议的参加者 J. McCarthy、M. Minsky、A. Newell、A. Samuel 和 H. Simon 在接下来的数几十年来一直是人工智能领域的领军人物，他们及其学生写了很多对正常人来说非常震撼的程序，例如，1957 年 A. Newell 和 H. Simon 等人编写了逻辑理论机的数学定理证明的程序，该程序证明了《数学原理》书中的 38 个定理。1956 年 Samuel 编写的西洋跳棋程序，到 1959 年这个程序战胜了他本人，1962 年还击败了美国 Connecticut 州的跳棋冠军。

（2）20 世纪 60 年代初期到 80 年代末期被称为人工智能的发展阶段。自 20 世纪 60 年代以来，人们越来越重视人工智能的研究。为了揭示人工智能的有关原理，专家学者们对问题求解、博弈、定理证明、程序设计、机器视觉、自然语言理解等领域的课题进行了研究，并取得了一些显著性的成果。例如，1965 年 J.A.Robinson 提出了归结原理，推动了自动定理证明这一课题的发展。1968 年，第一个用于质谱仪分析有机化合物的分子结构的专家系统 DENDRAL 研制成功，这也标志着人工智能正走向实际应用。20 世纪 70 年代初，Winograd 提出了积木世界中理解自然语言的程序等。1974 年，N.J.Nillson 对之前的一些工作进行了综述，并写了一篇论文，把对人工智能的研究归纳为 4 个核心课题：知识的模型化和表示方法、各种推理方法、启发式搜索理论、人工智能系统结构和语言，以及 8 个应用课题：自然语言理解、专家咨询系统、博弈、自动程序设计、数据库的智能检索、定理证明、机器人学、组合调度问题[3]。

许多人工智能的提出者曾积极断言，经过一代人的努力，将会出现与人类拥有同等智能水平的机器。为了实现这一目标，上千万美元被投入到人工智能的研究中，但是在实际研究中他们遇到了很多困难。1974 年，由于 James Lighthill 的批评和美国国会的压力，美国和英国政府停止了对没有明确方向人工智能研究的拨款。在接下来的几年，人工智能一直处于冰河期。直到 1980 年早期，人工智能的研究者研究出了专家系统，并产生了巨大的经济效益。1982 年日本开始了使得逻辑推理与数值运算一样快的第五代计算机的研制计划。虽然该计划未能实现，但人们又开始转向人工智能的研究。同时期，生物物理学家 Hopfield 掀起了对神经网络的研究，提出了 Hopfield 模型，这个模型的能量单调下降性质可用于求解优化问题的近似计算，1985 年 Hopfield 利用这个模型成功求解了"旅行商"问题。1986 年，Rumelhart 提出了反向传播算法，用以解决人工神经元网络的学习问题，进而人们进一步转向对人工神经元的研究。1987 年，第一次神经网络国际会议在美国召开，宣告了这一新学科的诞生。之后，神经网络得到各国的重视并迅速发展，新的神经网络进入人们的视野，提出了很多新的神经网络模型，被广泛应用于模式识别、智能控制、预测和故障诊断等领域。

（3）20 世纪 90 年代初期到现在被称为人工智能的繁荣阶段。由于在人工智能理论方面和计算机速度方面的提高、计算机硬件方面的发展、存储容量的扩大、价格的降低及互联网技术的发展，使得对人工智能的研究出现了新高潮，之前很多无法完成的工作现在都可以实现。人工智能开始由单个智能主题研究转向采用分布处理的方法，通过人工神经网络来模拟人脑的智力活动，使人工智能更具有实用性。

1997 年 IBM 公司研制了"深蓝计算机"，首次在正式比赛中以 3.5∶2.5 的比分战胜了人类国际象棋世界冠军。2016 年 3 月 15 日，谷歌人工智能 AlphaGo 与围棋世界冠军李世石的人机大战，最终李世石与 AlphaGo 以 1∶4 认输结束。那么，为什么深蓝可以在西洋棋上赢过人类，而在围棋上却无法赢过人类？这是因为深蓝是以暴力穷举为核心算法的，这需要计算机有强大的计算能力。围棋的分支因子是 250，以围棋 19×19 的方阵来说，共有 361 个落子点，所以，整个围棋棋局的总排列组合数高达 10 的 171 次方，利用暴力解题法来找出最佳策略不现实，而 AlphaGo 本质上就是一个深度神经网络，采用卷积神经网络可以很好地解决这一问题，深度学习又进一步推动了人工智能的发展。

6.1.2　大数据与深度学习

随着科学技术的进步，许多领域比如用户数据、光学检测、传感器、互联网、金融等都产生了海量数据，但是只有极少量的数据被有效地分析和利用。BP 算法对于训练传统神经网络会出现梯度越来越稀疏、收敛到局部最小值和只能用有标签的数据来训练等缺点，人们希望把海量数据中蕴藏的信息充分挖掘出来，做出更准确的分析和决策。2006 年 Hinton 等人提出深度学习的概念，该方法基于深度置信网络，提出非监督逐层训练的算法，为解决深层结构相关的优化难题带来了希望，掀起了深度学习在学术界和工业界的浪潮。此外 Lecun 等人提出了卷积神经网络，它利用空间相对关系，减少参数数目以提高训练性能。

在工业界有一个非常流行的观点，即简单的机器学习模型要比复杂模型更有效。所以，要想充分挖掘数据中隐藏的信息，只有采用表达能力强的模型。传统的方式是依靠人工经验构造样本特征，进行浅层模型的分析和预测。采取这种方式，人工判断的特征的好坏将直接影响到系统的性能。但是，深度学习强调模型结构的深度，构建很多隐藏层和海量训练数据的每个阶段的权值，提取更有用的特征，构建结构复杂的模型，提高模型分类或预测的准确性。

随着 CPU 和 GPU 计算能力的大幅提升，深度学习使用更高效的硬件平台作为支撑。大数据时代的海量数据解决了早期神经网络由于训练样本不足出现的过拟合、泛化能力差等问题。因此，大数据需要深度学习，深度学习的发展又需要大数据的支撑。例如，2010 年 Hinton 采用深度学习方法和 GPU 的计算，让语音识别在计算速度方面提升了 70 倍以上。2012 年深度学习首次参加了 ImageNet 大规模视觉挑战大赛 ILSVRC[4]，将 120 万张照片作为训练集，5 万张作为测试集，进行 1000 个类别分组，与之前相比，正确率提高了 11%。而同年微软团队在发布的论文中显示，他们利用深度学习将 ImageNet 2012 数据集的错误率降到了 4.94%，比人类的错误率 5.1%还低。2015 年，微软使用 152 层深度学习网络，再度拿下 ImageNet 2015 冠军，此时错误率已经降到了

3.57%的超低水平。2012 年 6 月，《纽约时报》披露了 Google Brain 项目，由斯坦福大学教授 Andrew 和计算机专家系统 Jeff Dean 共同主导，训练 YouTube 上的 1000 万张 200×200 的未标记图片，用 16000 个 CPU Core 的并行计算平台训练一种叫做"深度神经网络"（10 亿个连接和 9 层神经网络）的机器学习模型，能够自动识别出猫脸。Facebook 采用 Deep Face 项目[5]，使用深度学习，利用 LFW 数据库中 4000 个人的 400 万张人脸，最终人脸识别率可以达到 97.35%。

由于深度学习能够深刻刻画海量数据中的内在信息，在未来几年，它将会被广泛应用于大数据的预测，而不是停留在浅层模型上，这将推动"大数据+深度模型"时代的来临，以及人工智能和人机交互的前进步伐。

6.1.3 人工智能的未来

人工智能一直处于计算机技术的前沿，计算机技术的发展方向将很大程度上依赖人工智能理论方面的研究和发现。人工智能对现代社会已经产生了巨大的影响，在工业领域尤其是制造业，已经成功地使用了人工智能技术，例如，智能设计、在线分析、仿真、虚拟制造、智能调度和规划等。在金融业，股票商利用人工智能系统进行分析、判断和决策，信用卡欺诈检测系统也得到了普遍应用。在传媒领域，新华网推出了自主研发的第一代生物传感智能机器人"Star"。人工智能还对人们的日常生活产生了影响，Siri、实时在线地图、语音搜索等一系列智能产品已经给我们的生活带来了极大的便利。

未来应该是一个人工智能的世界。一朵花可能拥有智能，根据主人的心情来开放；每个人都有一个智能伴侣，让我们更加理性地购物；甚至可能帮助信徒决定他们的人生信仰等。未来的人工智能将会在很多领域代替人类，并服务我们人类自身，处理我们日常生活中的一些问题。例如，人工智能结合大数据对病症做出比医生更准确的判断，有助于我们更高效地看病；在极端的施工场地承担危险的工作，帮助人类降低伤亡的风险；帮助人类从事诗歌写作、绘画艺术等复杂的精神活动；人工智能汽车还可以经预测降低交通事故的发生率；我们可以更轻松自在地利用人工智能家用电器等进行远程操控等。我们知道情感属于智能的一部分，而不是与智能相分离的，虽然 AlphaGo 战胜了人类，但是它无法像人那样拥有成功的喜悦，所以，我们期望未来的人工智能可以获得情感和自我意识。那么，这么强大的高科技的应用是否会发生科幻片中常见的悲剧结局呢？对于这件事情，李开复认为，我们真正需要担心的是随着人工智能取代人类工作，人类将面临大面积的失业，而不是这种科幻片中无根据的臆想。

我们能预测的是未来的人工智能一定可以在很多领域超越人类智能，至少在速度、容量、可复制性方面，现在已有所体现。

6.2 人脑神经系统与深度学习

从基本的功能来说，人工神经网络与生物意义上的神经网络是基本相似的。人工神经网络从信息处理角度，抽象了人脑神经元网络，模拟神经元的信息处理机制，建立起一个简单的模型，模型之间按照不同的连接方式组成了不同的网络。

因此，在了解人工神经网络之前，不妨先了解人脑是如何学习的。

6.2.1　探秘大脑的工作原理

大脑是人类活动的"信息处理中心"，支配着人类大多数的生命活动。大脑中存在着无数神经元，是大脑处理信息的基本单元。神经元之间相互连接，构成神经网络，不同区域的神经网络负责不同的功能，各区域相互协作，完成大脑的所有处理活动。

当外界信息通过感官系统传到大脑时，大脑对其做一个简单的模式分析和识别，再将其交给对应的处理区域。例如，当我们看到一朵荷花，大脑负责视觉区域的部分神经元就被激活，参与到荷花的信息处理中去。这个处理区域的神经网络提取荷花的颜色、形态等特征，并存储到大脑相应的记忆区域。此后，每当荷花出现，这个处理区域的神经回路就会被加强，对荷花的记忆将更加牢固、可靠。一旦大脑学习到了荷花这个特定的模式，哪怕只有模式的一部分出现，大脑也能迅速反应，将信息送到大脑相应的处理区域。

在学习过程中，大脑接收的信息越多，各个区域存储的模式以及模式之间的联系也就越多。如此积累下去，大脑逐渐理解模式分类的规则以及模式之间的联系，最终形成我们对各种事物的认知。

6.2.2　人脑神经元结构

了解了人脑的工作原理，下面介绍人脑处理信息的基本单元——神经元。

生物神经元又叫神经细胞，是一个长突起的细胞，主要由细胞体、树突、轴突、突触构成。生物神经元结构如图 6-1 所示。

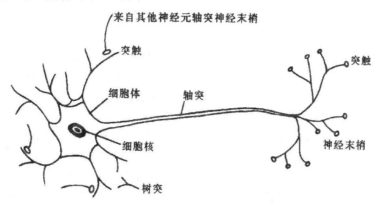

图 6-1　神经元结构示意图[6]

树突是神经元两端呈树枝状的突起，是接收其他神经元信息的入口。每个神经元可以有多个树突，它接收上一个神经元的突触所产生的化学物质，使神经内产生电位差，形成电流，从而传递信息。相当于人工神经元的输入端。

轴突是神经元中一个细长的突起，每个神经元只有一个，轴突端部有许多神经末梢，与其他目标神经元相连接，起传递神经冲动的作用。

突触是两个神经元传递冲动相互接触的地方。与其他神经元的树突相连，当兴奋达到一定阈值时，突触前膜向突触间隙释放神经传递的化学物质，实现神经元之间的信息传递。人工神经网络中的神经元模仿了生物神经元的这一特性，利用激活函数将输入结果映射到一定范围内，若映射后的结果大于阈值，则神经元被激活。

6.2.3　人脑神经网络

人的大脑中存在着无数神经元，各个神经元相互连结，构成一个较大的神经网络，用来处理人脑从外界接收的信息。但是，人类的大脑并不是从一开始就能处理一些复杂的问题的。婴儿刚出生时，大脑的神经元已产生，并且迁移到大脑相关部位去了，但是此时的神经元还只有少量的突触，连接较为简单，仅能做出基本的神经反射。出生之后，面对外界的新环境，婴儿的大脑不断接收外部信息，各种信息刺激了婴儿的脑部发育，脑内的神经元之间不断重组、连接，形成更复杂的神经网络，使个体渐渐具有其他的活动能力。

在幼儿发育初期，神经网络形成的过程中，大量突触不断产生和凋亡。此间，连接网络的突触的产生是随机的，但是凋亡却是由外界因素决定的。当信号传递进大脑时，引起神经元兴奋，兴奋传递到突触，突触释放神经递质给下一个神经元，同时释放某种化学因子，维持神经元之间的通路。当外界刺激消失时，神经元之间长久没有兴奋的信号传递，突触不被激活，失去维持通路的化学因子，于是渐渐凋亡消失。神经元这种自己决定与哪些神经元相连的特性，称为自组织特性。它构成了神经元的自主学习性，这与人工神经网络的模型训练是相对应的。

当幼儿发育到成人阶段，神经网络渐渐固定下来，突触的产生和凋亡都较少发生，数目渐渐趋于稳定。后期随着年龄的增加，突触又会有所减少。

6.2.4　人工神经网络

人工神经网络（Artificial Neural Network，ANN）简称神经网络（NN），是基于生物学中神经网络的基本原理，在理解和抽象了人脑结构和外界刺激响应机制后，以网络拓扑知识为理论基础，模拟人脑的神经系统对复杂信息的处理机制的一种数学模型，通过该方法建立的数学模型，在精度方面已越来越高[7-10]。

1943 年，McCulloch 和 Pitts 提出了沿用至今的"MP 模型"，他们通过"MP 模型"提出了关于神经元的数学描述，开创了神经网络研究的时代。20 世纪 60 年代，神经网络得到了进一步发展，提出了包括感知器和自适应线性元件等更完善的神经网络。自 20 世纪 80年代以来，从信息处理角度对人脑神经元进行抽象，神经网络成为人工智能的研究热点，并在模式识别、自动控制、医学、生物、智能机器人等领域有了很好的应用。

1．感知器

首先介绍一下感知器。受到 McCulloch 和 Pitts 早期工作的影响，1957 年美国计算机科学家 Rosenblatt 发明了感知器。下面看一下感知器是如何工作的。假设一个感知器接收 3 个二进制的输入 x_1, x_2, x_3，产生一个二进制的输出，如图 6-2 所示。

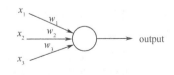

图 6-2　感知器示意图

Rosenblatt 提出了一个简单算法来计算输出：通过带权重 w_1, w_2, w_3 的连接，表示相应输入对输出的重要性，神经元的输出由加权和 $\sum_{i=1}^{n} w_i x_i$ 和阈值 θ 决定，具体的表达形式如下：

$$\text{output} = \begin{cases} 0, & \sum_{i=1}^{n} w_i x_i \leqslant \theta \\ 1, & \sum_{i=1}^{n} w_i x_i > \theta \end{cases} \tag{6-1}$$

通常可以有更多的输入和输出。感知器是一种权衡依据做出的决策方法，随着权重和阈值的变化，可以得到不同的决策模型。

2. 神经元

神经元是构成神经网络的基本单元，通过调整内部节点之间的相互连接关系，达到处理信息的目的。神经元与与感知器非常类似，都是模拟生物神经元特性，接受一组输入信号并产生输入。在生物神经网络中，每个神经元与其他神经元相连，每个神经元都有一个阈值，如果某神经元获得的输入信号超过了这个阈值，它就会被激活，即处于兴奋状态；否则，处于抑制状态。

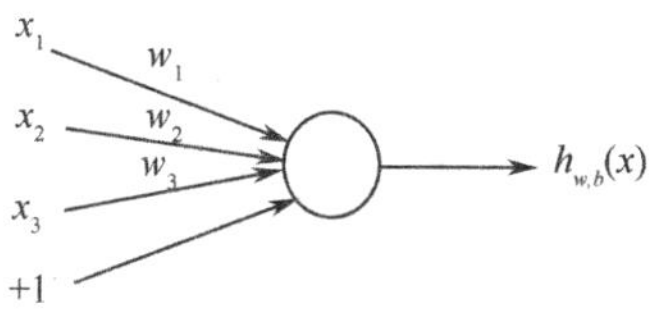

神经元使用一个非线性的激活函数，得到一个输出，以最简单的两层神经网络为例，如图 6-3 所示。

这个神经网络有 3 个神经元：$x_1, x_2, x_3,$，+1 表示偏置节点的运算，则相应的输出 $h_{w,b}(x)$ 为：

图 6-3　两层神经网络示意图

$$h_{w,b}(x) = f\left(\sum_{i=1}^{3} w_i x_i + b\right) \tag{6-2}$$

其中，w 为连接权重，b 表示偏置，函数 f 称为激活函数，常用的激活函数有：

（1）阶跃函数：$f(x) = \begin{cases} 1, & x \geqslant 0 \\ 0, & x < 0 \end{cases}$，函数图像如图 6-4 所示。

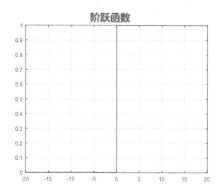

图 6-4　阶跃函数示意图

（2）Sigmoid 函数：$f(x) = \dfrac{1}{1 + e^{-x}}$，Sigmod 函数是一个输出在（0,1）的开区间的有界函数，函数图像如图 6-5 所示。

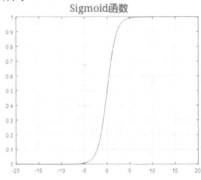

图 6-5　Sigmoid 函数示意图

（3）双曲线正切函数：$f(x) = \tanh(x)$，双曲正切函数是一个输出在（-1,1）开区间有界函数，函数图像如图 6-6 所示。

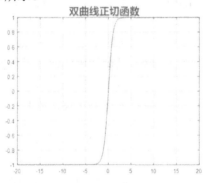

图 6-6　双曲线正切函数示意图

（4）Rectifier 函数：$f(x) = \max(0, x)$，函数图像如图 6-7 所示。

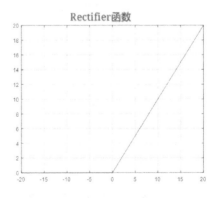

图 6-7　Rectifier 函数示意图

其中，当激活函数为阶跃函数时，神经元模型就是感知器。

3．神经网络的架构

一般的神经网络是层级结构，每层神经元与下一层神经元相互连接，同层神经元及跨层神经元之间相互无连接，每一层神经元的输出作为下一层神经元的输入，这种网络被称为前馈神经网络。例如，假设有一个三层神经网络，如图 6-8 所示。

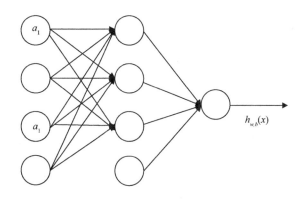

图 6-8　三层神经网络示意图

最左边的一层（第一层）称为输入层，其中的神经元称为输入神经元。最右边的一层（最后一层）称为输出层，其中的神经元称为输出神经元。中间一层则被称为隐藏层，既不是输入层也不是输出层。本例讨论的是只有一个输出和一个隐藏层。但是，在实际中神经网络可以有多个输出和多个隐藏层。这种多层网络有时被称为多层感知器。

多层神经网络中除了输入层，每个神经元都是一个多输入单输出信息处理单元。如图 6-9 所示，它表示了一个多层神经网络，需要注意，网络中所有连接都有对应的权重和偏置。但是图中只标出了 3 个权重 w_1，w_2，w_3。

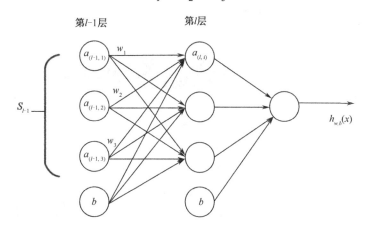

图 6-9　多层神经网络示意图

我们用 w 表示神经元之间连接的权重，b 表示偏置，z 表示每个神经元的输入加权和，a 表示神经元的激活值。s_{l-1} 表示其 $l-1$ 层有 s_{l-1} 个神经元，我们以第 l 层的第 i 个节点为例，则有以下关系：

其输入加权和为：

$$z_i = \sum_{j=1}^{s_{l-1}} w_j a_j + b \qquad (6\text{-}3)$$

用 f 表示对应的激活函数的算法法则，则其激活值为：

$$a_i = f(z_i) \qquad (6\text{-}4)$$

4. 误差逆传播算法

多层网络的学习能力比单层感知机强得多，如果想要训练多层网络，误差逆传播（Back Propagation 简称 BP）是迄今为止最杰出的神经网络学习算法。BP 是一种按误差逆传播算法训练的多层前馈网络，是目前应用最广泛的神经网络模型之一。

简单来说，BP 的反馈机制，就是输入层将数据传入到隐藏层，隐藏层通过数据之间联系强度（即权重）和传递规则（即激活函数）将数据传到输出层。输出层处理传入的数据，得到一个输出结果。若实际输出与期望输出不符，则比较两者得到一个误差。再利用误差对网络进行逆推，对网络中的连接权重进行反馈修正，从而完成整个学习的过程。

它的学习规则是使用最速下降法即梯度下降法，通过反向传播不断调整网络的权值和阈值，获得网络的最小误差平方和（正向传播的输出值与样例值的差的平方和），从而找到最接近正确结果的权值和偏置。

为了更清楚地了解梯度下降法的原理，我们给出一个示意图。如图 6-10 所示，它近似地表示了 E, w, b 之间的关系。首先给出一个随机初始点，接着让 E 沿坡度最陡峭的方向下降，直至到达最低点。由于存在多个低洼处，梯度下降过程中会存在仅到达局部最低点的情况。但是从实际应用看来，影响并不明显。

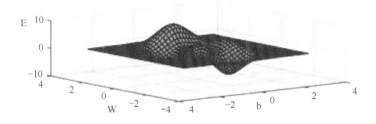

图 6-10　代价函数示意图

下面给出 BP 算法的训练流程。假设有 m 个样本的样本集 $\{(x_1,y_1),(x_2,y_2),\cdots,(x_m,y_m)\}$，采用梯度下降法[11]求解最小误差平方和。指定一个度量（代价函数）来衡量相对于训练样例的训练误差。具体来讲，对于单个样本 (x,y)，定义其二次代价函数为 $E_1(w,b)$，这是一个与各层权重、偏置相关的函数，用于表示预期值与真实值误差。为了防止过拟合，我们定义整体代价函数 $E(w,b)$ 代替二次代价函数。它通过减小权重的幅度，防止过拟合。

我们的目标是求解函数 $E(w,b)$ 的最小值。为了求解神经网络，先将参数 w 和 b 进行随机初始化，再对目标函数使用梯度下降法的最优化算法。梯度为对 $E(w,b)$ 求偏导，表示为 $\nabla_w = \dfrac{\partial E(w,b)}{\partial w}$ $\nabla_b = \dfrac{\partial E(w,b)}{\partial b}$，梯度下降法中每一次迭代都按照下列公式对 w 和 b 进行更新：

$$w = w - \eta \nabla_w \qquad (6\text{-}5)$$
$$b = b - \eta \nabla_b \qquad (6\text{-}6)$$

其中，$-\eta \nabla_w$，$-\eta \nabla_b$ 表示 w 和 b 是沿梯度反方向下降，即沿函数值下降最快的方向。η 是学习速率，决定梯度下降的步长。当步长太大时，可能会导致在最低点附近来回震荡。当步长太小时，则会导致极值的逼近速度太慢。

当梯度为 0 时，说明到了一个极值点。而在误差逆传播过程中，当梯度非常接近 0 时，就可以认为 $E(w,b)$ 到达了一个极值点。此时对应的权重 w 和偏置 b 取值最适合。

传统训练多层网络用的是 BP 算法，解决了多层前向神经网络的学习问题，证明了多层神经网络具有很强的学习能力，它可以完成许多学习任务，解决许多实际问题。目前，利用 BP 算法训练神经网络在人工智能领域最广的三种实际应用是实现联想记忆、图像处理、优化计算，成为人工智能领域不可或缺的一部分。

6.3　深度神经网络

6.3.1　整体架构

早期的神经网络是一个浅层的学习模型，它有大量的参数，仅在训练集上有较好的表现。同时，神经网络在理论分析及训练方式上都存在一定的难度，于是自 20 世纪 90 年代开始，神经网络逐步走入低潮。这种现象直到 2006 年 Hinton 提出深度学习[12]后才被打破。深度神经网络的复兴存在多方面的原因，其一，大规模的训练样本可以缓解过拟合问题；其二，网络模型的训练方法也有了显著的进步；其三，计算机硬件的飞速发展（如英伟达 Tesla 显卡的出现）使得训练效率能够以几倍、十几倍的幅度提升。

此外，深度神经网络具有强大的特征学习能力。虽然浅层神经网络也能模拟出与深度学习相同的分类函数，但其所需的参数要多出几个数量级，以至于很难实现。

深度学习发展到今天，学术界已经提出了多种网络模型，其中影响力较大的有卷积神经网络、深度置信网络、循环神经网络。

深度学习是一个快速发展的领域，新的网络模型、分支及算法不断被提出，例如，由深度信念网络 DBN 改进而来的深度玻耳兹曼机[13]，卷积深度置信网络[14]和深度能量模型[15]，以及由循环神经网络 RNN 改进而来的双向循环网络[16]、深度循环网络[17]和回声状态网络[18]等。这些改进模型都在各自的应用领域产生了深远的影响。本书在接下来的几节中将详细描述深度学习的几个具体的模型，如 CNN、DBN、RNN 等。

6.3.2 卷积神经网络

传统的神经网络已经成功地应用于某些图像分类任务中，例如，在手写数字识别方面可以达到 98%以上的准确率（MNIST 数据集），但是使用神经元间全连接的网络结构来处理图像任务存在若干缺陷。首先，全连接会导致维数灾难，无法很好地处理高分辨率图像；另外，这种传统的网络结构没有考虑到图像数据的空间结构，忽略了输入图像中像素间的相对位置信息；最后，在处理图像问题时，全连接会使得模型参数急剧增加，容易导致过拟合。

在机器学习领域，卷积神经网络[19]（Convolutional Neural Network，CNN）属于前馈神经网络的一种，网络结构与普通的多层感知机相似，但是受到动物视觉皮层组织方式的启发，神经元间不再是全连接的模式，而是应用了被称为局部感受区域的策略。此外，卷积神经网络引入了权值共享及降采样的概念，大幅减少了训练参数的数量，在提高训练速度的同时有效防止过拟合。下面对卷积神经网络的三个主要特点进行介绍。

1．局部感受区域

在卷积神经网络中，神经元只对视野中的某一区域产生响应，被称为局部感受区域，所以，网络中的神经元只与前一层中的部分神经元相连，即局部连接（Local Connectivity），也称为稀疏连接（Sparse Connectivity）。利用图像数据的空间结构，邻近像素间具有更强的相关性，所以，单个神经元仅对图像局部信息进行响应，相邻神经元的感受区域存在重叠，所以，综合所有神经元便可以得到全局信息的感知。

此处，我们可以通过动物视觉皮层的组织方式来了解神经元局部感受区域工作的机理。首先摄入原始信号，即从瞳孔摄入像素。接着进行初步处理，大脑皮层的某些区域的细胞从中发现边缘方向等特征。然后抽象出物体的形状，例如这是个圆形。最后进一步抽象，得出这是个气球或其他圆形物体的结论。

下面给出大脑进行人脸识别的过程，如图 6-11 所示。

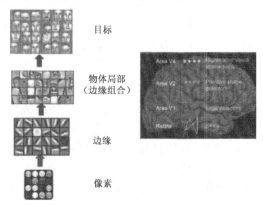

图 6-11　人脑人脸识别示意图

可以看出，最底层是摄入的原始信息——像素，往上逐渐组织形成一些边缘特征，再向上，边缘特征组合形成更有表现力的物体局部特征，如眼睛、耳朵等，到了最顶层，不同的高级特征组合起来，形成最终完整的人脸图像。

2．权值共享

局部连接的卷积核会对全部图像数据进行滑动扫描，权值共享的思想就是一个卷积层中的所有神经元均由同一个卷积核对不同区域数据响应而得到的，即共享同一个卷积核（权值向量及偏置），使得卷积层训练参数的数量急剧减少，提高了网络的泛化能力。此外，权值共享意味着一个卷积层中的神经元均在检测同一种特征，与所处位置无关，所以，具有平移不变性。

3．降采样

一般在卷积层后面会进行降采样操作（也叫池化操作），对卷积层提取的特征进行聚合统计。一般的做法是将前一层的局部区域值映射为单个数值，与卷积层不同的是，降采样区域一般不存在重叠现象。降采样简化了卷积层的输出信息，进一步减少了训练参数的数量，增强了网络的泛化能力。

以最大池化为例，最大池化的滤波器大小为 2×2，步长为 2。整个过程可以看成一个 2×2 窗口（滤波器），以大小为 2 的步长从 4×4 的图像中扫过，每扫过一个区域，取区域最大像素值，最后得到一个 2×2 的结果图。示意图如图 6-12 所示。

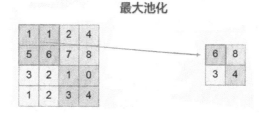

图 6-12　最大池化示意图

比较典型的卷积神经网络架构有 LeNet[20]、AlexNet[21]、GoogLeNet[22]、VGGNet[23]、ResNet[24]等，其中由 Alex Krizhevsky 等人在 2012 年提出的 AlexNet 具有开创性意义，下面结合该网络架构介绍卷积神经网络中的主要构件。

图 6-13 所示为 AlexNet 示意图。

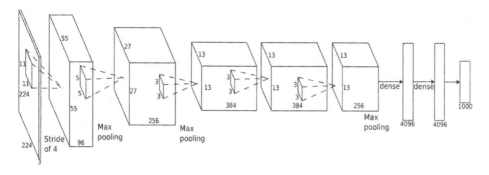

图 6-13　AlexNet 示意图

AlexNet 网络架构中共包含 6000 万个参数，65 万个神经元，5 个卷积层（Convolutional Layers），其中，#1、#2、#5 层后接池化层（max-pooling layers），3 个全连接层（fully-connected layers）。由图 6-10 可以看出，卷积神经网络是由不同功能层"堆叠"而成，通过不同的函数将输入数据转换为输出数据，常用的类型有卷积层、池化层、全连接层。

（1）卷积层（Convolutional Layer）。

卷积层是卷积神经网络中的核心部件。每个卷积层包含一组参数可学习的卷积核（或称为滤波器），一般同一个卷积层中的所有卷积核具有相同尺寸。在进行正向传播时，每个卷积核对输入数据进行滑动卷积操作，计算局部输入数据与卷积核的点积，产生一个二维的特征图（Feature Map），所有卷积核产生的特征图组成该卷积层的输出数据。可以将卷积层的操作看成特征提取，通过训练后的卷积核局部特征，组合后实现对全局特征的描述。

（2）池化层（Pooling Layer）。

卷积网络中另一个重要的概念就是池化，实现非线性降采样操作。将输入数据分成若干不重叠的矩形块，对每一个矩形块中的数据进行非线性操作得到单个数值。目前比较常用的是最大值池化（Max-Pooling）。另外，还有均值池化、2 范数池化等。池化层可以逐渐减少描述的空间尺寸，进而减少计算神经网络所需的参数，因此，可以避免过拟合。通常在卷积神经网络中会周期性地在两层卷积层中间插入池化层。

（3）全连接层（Fully Connected Layer）。

经过若干卷积层和池化层之后，卷积神经网络的高层表示通过全连接层实现。全连接层中的每个神经元与前一层中的所有输出值相连，与传统神经网络一般无二。

卷积神经网络相对于传统的神经网络结构，实现了局部特征的自动提取，使得特征提取与模式分类同步进行，并且网络结构更加精简，可以适用于处理更高分辨率的图像数据。此外，卷积神经网络考虑到图像数据的空间结构信息，对平移、尺寸变化、形变等具有更强的鲁棒性。目前，卷积神经网络在图像分类[21]、自然语言处理等领域中得到广泛的应用。

6.3.3 深度置信网络

传统的神经网络，比如仅含有一两个隐藏层的网络结构，可以利用 BP 算法进行训练，对于包含多个隐藏层的深度神经网络，BP 算法会出现梯度消失或者收敛到局部极小值等问题，无法有效地对深度神经网络进行训练，这一度使得深度神经网络的研究陷入低谷。2006 年，Hinton 等提出深度置信网络[12]（Deep Belief Network，DBN）。DBN 是第一个可训练的非卷积结构深层网络，打破了深度神经网络难以训练的观点。

深度置信网络可以看作由若干受限玻耳兹曼机（Restricted Boltzmann Machine，RBM）[25] "堆叠"而成，一个标准的受限玻耳兹曼机由隐层 h 和可视层 v 组成，层内无连接，层间全连接，两层之间的连接权重用 w 表示，其隐层与可视层中的单元通常是二值数据。它在玻耳兹曼机学习到训练数据内部的复杂规则，可以进行无监督学习的基础上，克服了其训练时间长、不能准确估计数据的联合概率分布的缺点。如图 6-14 所示，为受限玻耳兹曼机模型示意图。

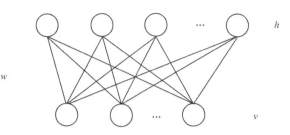

图 6-14　受限玻耳兹曼机模型示意图

多个 RBM 层组成了深度置信网络，DBM 是一种生成模型，结构如图 6-15 所示。和传统神经网络相似，DBM 网络中存在若干隐藏层，并且同一隐藏层内的神经元没有连接，隐藏层间的神经元全连接。最上面两层间为无向连接，其中包含标签神经元，称为联合记忆层。其他层间为有向连接，自上而下为生成模型，指定输出，神经网络经过"反向运行"得到输入数据，比如手写数字图像生成，通过手写数字数据集对网络进行训练，然后指定数字，网络反向生成该数字的图像。自下而上则为判定模型，可以用作图像识别等任务。

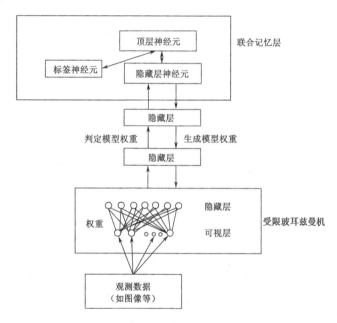

图 6-15　DBN 示意图

经过训练的受限玻耳兹曼机可以视作对输入数据进行概率重建，或者将受限玻耳兹曼机看做特征提取器。深度置信网络中，将每两层视作一个受限玻耳兹曼机进行训练，然后将参数固定，作为下一个受限玻耳兹曼机的可视层。

深度置信网络可以用做生成模型，但通常是利用它改进判定模型的性能。通过前期的逐层无监督学习，神经网络可以较好地对输入数据进行描述，然后把训练好的网络看做深度神经网络，联合记忆层中的标签神经元作为输出层，继而利用 BP 算法对除联合记忆层之外的参数进行微调，最后得到用于分类任务的深度神经网络。

Salakhutdinov 在 2009 年提出另一种深度生成模型深度玻耳兹曼机[13]（Deep Boltzmann Machine，DBM），其训练方法与深度置信网络相似，但与深度置信网络不同的是深度玻耳兹曼机是完全无向的模型，网络内部层间神经元均为无向连接。

深度置信网络可以用于图像识别、图像生成等领域。近几年，随着卷积神经网络和循环神经网络等在众多领域的成功应用，深度置信网络已经较少被提及，但是深度置信网络可以进行无监督或者半监督的学习，利用无标记数据进行预训练，提高神经网络性能。

6.3.4 循环（递归）神经网络

传统神经网络及之前介绍的深度神经网络都是"静态的"，本质上是从输入到输出的静态映射，即输出仅与当前输入有关，没有考虑先前的输入和网络状态对当前输出的影响，可以视做对静态系统的模拟。这些典型的前馈神经网络不会对内部状态进行存储，所以，无法对动态系统进行描述。

循环神经网络[26]（Recurrent Neural Networks，RNNs）与典型的前馈神经网络的最大区别在于网络中存在环形结构，隐藏层内部的神经元是互相连接的，可以存储网络的内部状态，其中包含序列输入的历史信息，实现了对时序动态行为的描述。图 6-16 所示为 RNN 示意图。

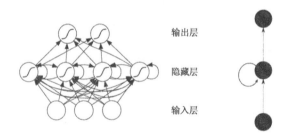

图 6-16　RNN 示意图

循环神经网络是一种专门用于处理时序数据的神经网络，这里的时序并非仅仅指代时间概念上的顺序，也可以理解为序列化数据间的相对位置，如语音中的发音顺序、某个英语单词的拼写顺序等，序列化输入的任务都可以应用循环神经网络来处理，如语音、文本、视频等。对于序列化数据，每次处理时输入为序列中的一个元素，比如单个字符、单词、音节，期望输出为该输入在序列数据中的后续元素。循环神经网络可以处理任意长度的序列化数据。图 6-17 所示为 RNN 网络架构展开示意图。

如果将循环神经网络按时序状态展开，可以更好地理解它的实现机制。如图 6-17 所示，可以将循环神经网络视作深层前馈神经网络，但是前后状态的隐藏层之间存在连接，隐藏层的输出循环反馈作为后续状态的输入，将先前状态信息进行传递。所以，在循环神经网络中，t 时刻的输出不仅与该时刻的输入有关，还与 $t-1$ 时刻的网络内部状态有关，而内部状态存储了所有先前输入的信息，所以，t 时刻的输出受到所有先前输入的影响。网络结构的数学表达为

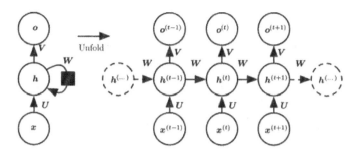

图 6-17　RNN 网络架构展开示意图

$$a^{(t)} = b + Wh^{(t-1)} + Ux^{(t)} \tag{6-7}$$

$$h^{(t)} = \tanh\left(a^{(t)}\right) \tag{6-8}$$

$$o^{(t)} = c + Vh^{(t)} \tag{6-9}$$

其中，x 表示输出神经元数值，h 表示隐藏层神经元激活值，o 表示输出层神经元数值，W 为 t-1 时刻隐藏层到 t 时刻隐藏层参数，U 为同一时刻输入层到隐藏层参数，V 为同一时刻隐藏层到输出层参数，b 和 c 表示偏置。上述式子表明，t 时刻隐藏层由 t 时刻输入和 t-1 时刻隐藏层输出计算得出，实现动态系统描述。

由图示及数学表达式可以看出，在各时间状态共用相同的参数（U、V、W），即参数共享。与卷积神经网络在空间域共享参数不同，循环神经网络在时间域共享参数，输出由先前输入通过相同的更新规则产生，这种参数共享策略使得循环神经网络可以处理任意长度的序列化数据。

循环神经网络中，输入序列数据中某一元素的输出误差是其先前序列元素所有输出误差的总和，网络的总体误差就是整个输入序列数据的误差总和，训练的任务就是使网络总体误差最小化。用于训练前馈神经网络的 BP 算法也可以用来训练循环神经网络，由于误差在时间域的累积，BP 算法需要在时间域进行误差反馈，称为时间域反向传播算法（Back Propagation Through Time，BPTT）。

循环神经网络可以用于语音识别、机器翻译、连写手写字识别[27]等。另外，循环神经网络和卷积神经网络结合可用于图像描述，将卷积神经网络用做"解码器"，检测并识别图像中的物体，将循环神经网络用做"编码器"，以识别出的物体名称为输入，生成合理的语句，从而实现对图像内容的描述。

6.4　软硬件实现

6.4.1　TensorFlow

TensorFlow 是大规模机器学习的异构分布式系统，最初由 Google Brain 小组（该小组隶属于 Google's Machine Intelligence 研究机构）的研究员和工程师开发出来的，开发目的是用于进行机器学习和深度神经网络的研究。但该系统的通用性足以使其广泛用于其他计算领域，例如，语言识别、计算机视觉、机器人、信息检索、自然语言理解、地理信息抽取等方面。

TensorFlow 是一个表达机器学习算法的接口，可以使用计算图来对各种网络架构进行实现。图 6-18 图描述的是传统神经网络，x 为输入数据，w、b 为输入层与第一个隐藏层之间的权重和偏置，均为可训练参数，其中 x、w 经过矩阵相乘运算（MatMul），然后与 b 进行相加运算（Add），最后经过修正线性单元的激活函数（ReLU），实现了输入层到第一个隐藏层间的前向传播，省略部分与上述操作类似，组合起来实现整个神经网络的前向传播计算。最后的节点 C 表示损失函数，评估神经网络预测值与真实值之间的误差。如此完成了整个神经网络模型的描述，然后利用 TensorFlow 中自动求导的优化器即可以对网络进行训练。

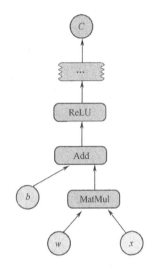

图 6-18　计算图示例

TensorFlow 系统中的主要构件称为 client 端，通过会话（Session）接口与 master 端进行通信，其中 master 端包含至少一个 worker 进程，每个 worker 进程负责访问硬件设备（包括 CPU 及 GPU），并在其中运行计算图的节点操作。TensorFlow 实现了本地和分布式两种接口机制。如图 6-19（a）所示为本地实现机制，其中 client 端、master 端和 worker 均运行在同一个机器中；如图 6-19（b）所示为分布式实现，它与本地实现的代码基本相同，但是 client 端、master 端和 worker 进程一般运行在不同的机器中，所包含的不同任务由一个集群调度系统进行管理。

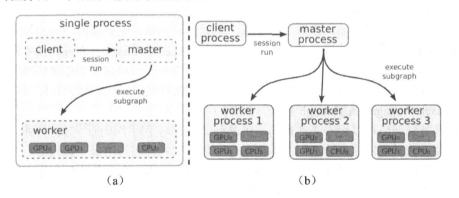

（a）　　　　　　　　　　　　　（b）

图 6-19　单机和分布式系统架构示意图

这种灵活的架构有如下优点：

（1）可以让使用者在多样化的将计算部署在台式机、服务器或者移动设备的一个或多个 CPU 上，而且无须重写代码。

（2）可被任一基于梯度的机器学习算法借鉴。

（3）灵活的 Python 接口。

（4）可映射到不同硬件平台。

（5）支持分布式训练。

6.4.2　Caffe

在计算机视觉等应用中，虽然深神经网络已经引起了极大的兴趣，但公布结果通常要花费研究人员或工程师几个月的时间，并且包含重复性工作。一些研究人员认为在论文上发布的训练模型不足以用于迅速研究和新兴的商业应用，而很少有工具箱提供使用最先进技术的现成的部署，但它们的计算效率不高，因此，也不适合商业部署。Caffe 的出现解决了此问题。

Caffe（Convolutional architecture for fast feature embedding）源自加州伯克利分校，目前已被广泛应用。它是一个清晰、高效的深度学习计算 CNN 相关算法的框架，核心语言是 C++，它提供了一个完整的工具包，用来训练、测试、微调和部署模型。其典型的功能计算方式如下：首先按照每一个大功能（可视化、损失函数、非线性激励、数据层）将功能分类并针对部分功能实现相应的父类，再将具体的功能实现成子类，或者直接继承层类。然后将不同的层组合起来就成了结构。在一个 K40 或者 Titan GPU 上，快速 CUDA 代码和 GPU 每天可以处理速度超过 4000 亿张图像，这适用了商业的需要，同时相同的模型可以在 CPU 或 GPU 模式用各种硬件的运行。

Caffe 有以下特点：

（1）模块化：Caffe 从一开始就设计得尽可能模块化，允许对新数据格式、网络层和损失函数进行扩展。可以使用 Caffe 提供的各层类型来定义自己的模型。

（2）表示和实现分离：Caffe 的模型定义是用 Protocol Buffer 语言写进配置文件的，为任意有向无环图的形式，且支持网络架构。Caffe 会根据网络的需要来正确占用内存。通过一个函数调用，实现 CPU 和 GPU 之间的无缝切换。

（3）测试覆盖：在 Caffe 中，每一个单一的模块都对应一个测试。

（4）Python 和 Matlab 接口。

（5）预训练参考模型：针对视觉项目，Caffe 提供了一些参考模型，这些模型仅可应用在学术和非商业领域，它们的许可证不是 BSD。

（6）速度快：能够运行海量的数据。

目前，Caffe 应用实践主要有数据整理、设计网络结构、训练结果、基于现有训练模型，使用其直接识别。同时也可以应用于视觉、语音识别、机器人、神经科学和天文学等领域。自从公布半年以来，Caffe 已经应用于在伯克利分校等高校大量的研究项目中，伯克利大学成员 EECS 还与一些行业合作伙伴合作，如 Facebook[28]和 Adobe[29]，通过使用 Caffe 获得了先进成果。

6.4.3　其他深度学习软件

上述已经介绍了两种流行的开源软件——TensorFlow、Caffe，下面介绍一些其他的深度学习软件。

1. CNTK

CNTK（Computational Network Toolkit）是微软出品的深度学习工具包，可以很容易地设计和测试的计算网络，如深神经网络。该工具包通过一个有向图将神经网络描述为一系列计算步骤，在有向图中，叶节点表示输入值或网络参数，其他节点表示该节点输入之上的矩阵运算。计算网络的目标是采取的特征数据，通过简单的计算网络转换数据，然后产生一个或多个输出。输出通常是由某种输入特征的决定。计算网络可以采取多种形式，如前馈、递归或卷积，并包括计算和非线性的各种形式。网络的参数进行优化，对一组给定数据和优化准则产生"最佳"的可能结果。

CNTK 有以下 5 个主要特点：

（1）CNTK 是训练和测试多种神经网络的通用解决方案。

（2）用户使用一个简单的文本配置文件指定一个网络。配置文件指定了网络类型，在何处找到输入数据，以及如何优化的参数。在配置文件中，所有这些设计的参数是固定的。

（3）CNTK 尽可能无缝地把很多计算在一个 GPU 上进行，这些类型的计算网络很容易向量化，并很好地适应到很多个 GPU 上。CNTK 是与支持 CUDA 编程环境的多个 GPU 兼容。

（4）CNTK 为了更有效地展现必要的优化，它自动计算所需要的导数，网络是由许多简单的元素组成，并且 CNTK 可以跟踪的细节，以保证优化正确完成。

（5）CNTK 可以通过添加少量的 C ++代码来实现必需块的扩展，也很容易添加新的数据读取器，以及非线性和目标函数。

若建立一个非标准神经网络，例如，可变参数 DNN，传统方法需要设计网络、推导出优化网络导数、执行算法，然后运行实验，这些步骤易出错并且耗时。而很多情况下，CNTK 只需要编写一个简单的配置文件。

2．MXNet

MXNet 出自 CXXNet、Minerva、Purine 等项目的开发者之手，是一款兼具效率和灵活性的深度学习框架。它允许使用者将符号编程和命令式编程相结合，从而最大限度地提高效率和生产力。其核心是动态依赖调度程序，该程序可以动态自动进行并行化符号和命令的操作。其中部署的图形优化层使得符号操作更快和内存利用率更高。这个库便携、轻量，而且能够扩展到多个 GPU 和多台机器上。

MXNet 有以下主要特点：

（1）其设计说明可以被重新应用到其他深度学习项目中。

（2）任意计算图的灵活配置。

（3）整合了各种编程方法的优势，最大限度地提高灵活性和效率。

（4）轻量、高效的内存，以及支持便携式的智能设备，如手机等。

（5）多 GPU 扩展和分布式的自动并行化设置。

（6）支持 Python、R、C++和 Julia。

（7）对云计算友好，直接兼容 S3、HDFS 和 Azure。

3．Theano

Theano，它是用一个希腊数学家的名字命名的，是由 LISA 集团（现 MILA）在加拿大魁北克的蒙特利尔大学开发，它是一个 Python 库，最著名的包括 Blocks 和 Keras。Theano 是 Python 深度学习中的一个关键基础库，是 Python 的核心。使用者可以直接用它来创建深度学习模型或包装库，大大简化了程序。Theano 也是一个数学表达式的编译器，它允许使用者有效地定义、优化和评估涉及多维数组的数学表达式，同时支持 GPUs 和高效符号分化操作。

Theano 具有以下特点：

（1）与 NumPy 紧密相关：在 Theano 的编译功能中使用了 Numpy.ndarray。

（2）透明地使用 GPU：执行数据密集型计算比 CPU 快了 140 多倍（针对 Float32）。

（3）高效符号分化：Theano 将函数的导数分为一个或多个不同的输入。

（4）速度和稳定性的优化：即使输入的 x 非常小，也可以得到 $\log(1+x)$ 的正确结果。

（5）动态生成 C 代码：表达式计算更快。

（6）广泛的单元测试和自我验证：多种错误类型的检测和判定。

自 2007 年起，Theano 一直致力于大型密集型科学计算研究，但它目前也被广泛应用在课堂之上，如 Montreal 大学的深度学习/机器学习课程。

4．Torch

Torch 诞生已经有十年之久，但真正起势得益于 2015 年 Facebook 人工智能研究院（FAIR）开源了大量 Torch 的深度学习模块和扩展，其核心是流行的神经网络，它使用简单的优化库，同时具有最大的灵活性，实现复杂的神经网络的拓扑结构。可以通过 CPU 和 GPU 等有效方式，建立神经网络和并行任意图；另一个特殊之处是采用了不太流行的编程语言 Lua（该语言曾被用来开发视频游戏）。Torch 目标是让用户通过极其简单的过程、最大的灵活性和速度建立自己的科学算法。Torch 有一个在机器学习领域大型生态社区驱动库包，包括计算机视觉软件包、信号处理、并行处理、图像、视频、音频和网络等，并广泛使用在许多学校的实验室，以及谷歌、NVIDIA、AMD、英特尔许多公司。

Torch 具有以下主要特点：

（1）很多实现索引、切片、移调的程序。

（2）通过 LuaJIT 的 C 接口。

（3）快速、高效的 GPU 支持。

（4）可嵌入、移植到 iOS、Android 和 FPGA 的后台。

5．Deeplearning4j

Deeplearning4j 由创业公司 Skymind 于 2014 年 6 月发布，不仅是首个商用级别的深度学习开源库，也是一个面向生产环境和商业应用的高成熟度深度学习开源库，Deeplearning4j 是一个 Java 库并且广泛支持深度学习算法的计算框架，可与 Hadoop 和 Spark 集成，即插即用，方便开发者在 APP 中快速集成深度学习功能。Deeplearning4j 包括实现受限玻耳兹曼机、深度信念网络、深度自编码、降噪自编码和循环张量神经网络，以及 word2vec、doc2vec 和 Glove。在谷歌 Word2vec 上，它是唯一一个开源的且 Java 实现的项目。其可应用于对金融领域的欺诈检测、异常检测、语音搜索和图像识别等，已被埃森哲、雪弗兰、IBM 等企业所使用。Deeplearning4j 可结合其他机器学习平台，如 RapidMiner 和 Prediction.io 等。

Deeplearning4j 有以下主要特点：

（1）依赖于广泛使用的编程语言 Java。

（2）集合了 Cuda 内核，支持 CPU 和分布式 GPU。

（3）可专门用于处理大型文本集合。

（4）Canova 向量化各种文件形式和数据类型。

表 6-1 比较了一下较为流行的深度学习系统。

表 6-1　各种深度学习开源软件比较

软件	开发语言	CUDA 支持	分布式	循环网络	卷积网络	RBM/DBNs
Tensorlow	C++、Python	√	√	√	√	√
Caffe	C++、Python	√	×	√	√	×
Torch	C、Lua	*	×	√	√	√
Theano	Python	√	×	√	√	√
MXNet	C++、Python、Julia、Matlab、Go、R、Scala	√	√	√	√	√
CNTK	C++	√	×	√	√	?
Deeplearning4j	Java、 Scala、 C	√	√	√	√	√

注：表中"？"表示可借助"ConvertDBN comman"实现，"*"代表第三方实现。

6.4.4　深度学习一体机

深度学习一体机是南京云创大数据科技股份有限公司自主研发的深度学习软硬件平台，包含 24U 半高机柜，最多可配置 4 台 4U 高性能服务器；每台服务器 CPU 选用最新的英特尔 E5-2600 系列至强处理器；每台服务器最多可插入 4 块 NVIDIA GPU 卡；可选配 GeForce Titan X、Tesla K40、K80 等各型号 NVIDIA GPU 卡；部署有 TensorFlow、Caffe 等主流的深度学习开源工具软件，并提供大量免费图片数据。根据操作手册用户可快速搭建属于自己的深度学习应用，从而提高了工作效率。深度学习一体机具有超高性价比、超高计算性能、超高可靠性等特性，能够为用户提供性能卓越、稳定、便捷、安全的深度学习计算服务。

图 6-20 所示为深度学习一体机外观图。

图 6-21 所示深度学习一体机服务器内部图。

图 6-20　深度学习一体机外观图

图 6-21　深度学习一体机服务器内部图

其中，几种常用 NVIDIA GPU 的参数如表 6-2 所示，用户可以根据预算和深度学习应用场景来选择合适的 GPU 型号。

表 6-2　NVIDIA GPU 参数表

GPU 型号	GeForce GTX 1080	Nvidia Titan X	K80
Peak single precision floating point performance	9 Tflops	11 Tflops	8.73 Tflops
CUDA cores	2560	3584	4992
Memory size	8 GB	12 GB	24 GB

根据表 6-3 所示的服务器配置参数表，用户可以根据需要灵活配置深度学习一体机的各个部件。

表 6-3　服务器配置参数

	极简型	经济型	标准型	增强型
CPU	Dual E5-2620 V4	Dual E5-2620 V4	Dual E5-2650 V4	Dual E5-2697 V4
GPU	GeForce GTX 1080×4	Nvidia Titan X×4	Tesla K80×2	Tesla K80×4
硬盘	240G SSD+4T 企业盘	240GSSD+4T 企业盘	480G SSD+4T 企业盘	800G SSD+4T*7 企业盘
内存	64GB	64GB	128GB	256GB
计算节点数	1	4	4	4
单精度浮点计算性能	36 万亿次/秒	176 万亿次/秒	64 万亿次/秒	128 万亿次/秒
系统软件	全套 Caffe、TensorFlow 深度学习软件、样例程序，大量免费图片数据			
是否支持分布式深度学习系统	否	是		

6.5　手写体数字识别项目实例

Caffe 是一个清晰、高效的深度学习框架，Caffe 安装包中自带了 MNIST（手写体数字）的例子。本节将通过利用 MNIST 具体实例，了解深度学习应用的整个流程。

6.5.1　数据准备

首先准备一批图像数据。将图像数据集分为测试集和训练集两个部分，并生成标签文件 train.txt 和 val.txt。训练集用来建立模型，测试集用来评估模型的预测能力，标签文件用来标明数据分类。

我们使用的 MNIST 数据集是一个手写体数字数据集，包含 60000 个训练样本和 10000 个测试样本，图像大小为 2×2 像素。Caffe 中自带了 MNIST 的例子，可以在 Caffe 根目录下执行./data/mnist/get_mnist.sh 直接下载 MNIST 数据包。

手写体数字图片如图 6-22 所示。

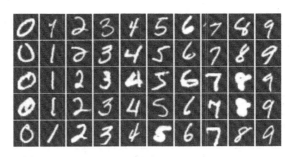

图 6-22　MNIST 手写数字图片

由于数据的类型多种多样，不能用一套代码实现所有数据类型的输入，所以 Caffe 规定了可用输入数据的类型。得到 MNIST 数据集后，运行脚本. /examples/mnist/create_mnist. sh 可将 MNIST 数据集转化成 Caffe 可用的 LMDB 格式文件。

6.5.2　模型设计

准备好数据集之后，接着编写脚本定义训练的网络结构，保存为.prototxt 格式文件。MNIST 使用的是 LeNet 网络结构，在 Caffe 中有现成的网络定义文件 lenet_train_test.prototxt，可以直接使用。

LeNet 模型是一个经典的卷积神经网络模型，在手写字体识别方面有出色的应用。模型的网络结构如图 6-23 所示。

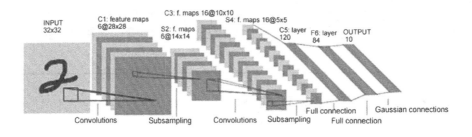

图 6-23　LeNeT 网络结构图

首先网络定义了两个数据层，输入 LMDB 格式的数据集，分别用于训练和测试阶段。

其次定义了卷积层 conv1、池化层 pool1、卷积层 conv2、池化层 pool2，用于逐层提取局部特征。

其次定义了全连接层 ip1，非线性层 relu1，全连接层 ip2，实现了卷积神经网络的高层表示，用于完成最后的分类。

最后定义了分类准确率层 accuracy，损失层 loss 用于计算分类的准确率 accuracy 和损失值 loss。

对于卷积和池化，此处再简述一下。

卷积，就是根据卷积窗口，进行数据的加权求和。过程可以理解为，使用一个过滤器（卷积核），过滤图像的每个小区域，得到每个小区域的特征值。

通过卷积获取特征后，下一步我们希望可以利用这些特征去做分类。可事实是，一个样例图像在卷积之后，会获得一个维度很大的卷积特征向量（百万级别）。利用这样一个特征向量做分类不仅十分不便，而且容易出现过拟合。为了解决这个问题，自然需要有一个办法，既能降低特征的维度，又能避免出现过拟合现象。

池化，即基于局部相关性原理对图片进行非线性降采样。在减少数据量的同时，又保留了图像的有效信息，提取了图像更加抽象的数据特征。池化的方法有很多种，如 Max pooling(最大值采样)、Mean pooling(均值采样)等。LeNeT 中采用的是最经典的 Max pooling。

6.5.3　模型训练

编写模型训练脚本，包括定义网络结构的文件路径、测试的迭代次数、训练的迭代次数、网络参数（学习率、动量、权重的衰减）、学习策略、最大迭代次数等。

Caffe 中 MNIST 现有的脚本文件为 train_lenet.sh，其中网络结构实际定义在 lenet_solver.prototxt 文件中。运行脚本，开始训练模型。训练结束后，指定路径下存储了最终的相关模型文件。模型权值保存在 .caffemodel 文件中，训练状态保存在.solverstate 中。

6.5.4　模型测试

利用最终训练好的模型权值文件，可以对测试数据集进行预测。命令如下：

```
./build/tools/caffe.bin test \
-model examples/mnist/lenet_train_test.prototxt \
-weights examples/mnist/lenet_iter_10000.caffemodel \
-iterations 100
```

命令指定了只进行模型预测，不进行参数更新，即只前向传播计算，不后向传播计算。指定了模型描述文本文件路径，模型训练好的权值文件以及测试的迭代次数。

若用 Caffe 提供的 MNIST 数据集，测试训练出来的 LeNet 网络，测试数据中 accruacy 的平均成功率达到98%。

当然，我们也可以用自己的数据测试网络模型。测试数字图像需满足以下条件：一是图像需是二值化图像，且为 256 位黑白色，像素大小为 28×28；二是，数字位于图像中间，四周无过多空白。

编写手写数字识别脚本，设置环境变量、图片路径、模型路径等参数后，即可载入模型，对自己的图片进行测试。

6.6　深度学习应用

6.6.1　语音识别

语音识别是实现人机自由交互、推动人工智能发展的关键技术。语音识别技术主要包括特征提取技术、模式匹配准则及模型训练技术三个方面。其应用领域非常广泛，常见的应用系统有语音输入系统、语音控制系统和智能对话查询系统。

1952 年贝尔研究所 Davis 等[30]人研究成功了世界上第一个能识别 10 个英文数字发音的实验系统。1960 年英国的 Denes 等人研究成功了第一个计算机语音识别系统。大规模的语音识别研究是在进入了 20 世纪 70 年代以后，在小词汇量、孤立词的识别方面取得了实质性的进展。进入 20 世纪 80 年代以后，研究的重点逐渐转向大词汇量、非特定人连续语音识别。在研究思路上也发生了重大变化，以知识为基础的语音识别的研究日益受到重视。传统的基于标准模板匹配的技术思路开始转向基于统计模型的技术思路[31]。隐式马尔可夫模型（HMM）[32]技术的成熟和不断完善成为语音识别的主流方法。

20 世纪 80 年代末，人工神经网络应用到语音识别的应用逐渐兴起，其中采用基于反向传播算法的多层感知网络居多。人工神经网络具有区分复杂的分类边界的能力，有助于模式的划分。由于其应用前景广泛，成为了语音识别应用的一个热点。随后由于其训练难度较大被高斯混合模型取代。但是传统的语音识别方法的理论基础和实际情况存在较大的差异，导致在实际应用中难以达到预期效果。

随着互联网的迅速发展，增加了我们获得语音数据的渠道，可以使我们获得海量的数据。深度学习理论的应用可用计算机强大的计算能力去处理海量的语音数据，对海量的数据进行挖掘，得到有用的内涵信息，从而提高识别能力。故以深度学习理论为基础，对语音识别及相关技术的研究更具有实用价值。

从 2009 年起，微软研究院的语音识别专家 Li Deng 和 Yu Dong 和深度学习专家 Hiton 合作。2011 年微软基于深度神经网络的语音识别取得的研究成果，彻底改变了语音识别原有的技术框架[33]。2012 年，微软研究院使用深度神经网络应用在语音识别问题上将识别错误率降低了 20%以上，是近十年来语音识别领域的突破进展，改变了语音识别一直以来的实现方法。百度通过实践发现，采用 DNN 进行声音建模的语音识别系统，相比于传统的 GMM 语音识别系统，错误识别率降低了 25％。2012 年 11 月，百度上线了第一款基于 DNN 的语音搜索系统。2015 年 11 月 17 日，在 2015 全球超级计算大会（SC15）上，浪潮集团联合全球可编程逻辑芯片巨头 Altera，以及中国最大的智能语音技术提供商科大讯飞，共同发布了一套面向深度学习、基于 Altera Arria 10 FPGA 平台、采用 OpenCL 开发语言进行并行化设计和优化的深度学习 DNN 的语音识别方案。

6.6.2　图像分析

在日常生活中，图像是比较常见的信息源。与其他信息源相比，图像信号包含了巨大的信息量，要使其和其他种类的信息源区分开。对图像信号有着较高的处理难度。在图像处理方面，人类视觉系统展示了特别出色的能力，故引起了许多研究者的关注。

传统的图像识别方法流程包括图像预处理、图像分割、特征提取、目标识别。在传统的图像识别算法中，最重要的步骤就是特征提取。由于分类器接收的输入信号是图像的特征，而不是原始像素图像，因此，直接影响着分类器的效果。对于特征的提取需要进行人工经验的选择，挑选出最适合的特征集。

图像是深度学习最早尝试的应用领域。早在 1989 年，LeCun 和他的同事们就发表了卷积神经网络（Convolution Neural Networks，CNN)的工作[34]。由于 CNN 在大规模图像上效果不好，所以，计算机视觉领域没有对其产生足够的重视。直到 2012 年 10 月，Hinton 和他的两个学生用更深的 CNN 在 ImageNet 挑战上获得了第一名，使图像识别向前跃进一大步[35]。传统计算机视觉方法在此测试集上最低的错误率是 26.172%，而 Hinton 研究小组利用 CNN 把错误率降到了 15.315%。Hinton 研究小组的准确率远远的超过第二名，这个结果在计算机视觉领域产生了极大的震动，并引发了深度学习的热潮。

在 ImageNet ILSVRC 2013 的比赛中，排名前 20 的小组使用的都是深度学习技术。获胜者是使用 Clarifai [36] 模型的纽约大学罗伯·费格斯（Rob Fergus）的研究小组，其对卷积神经网络结构作了进一步优化，使错误率降低为 11.197%。在 ImageNet ILSVRC 2014 比赛中， GooLeNet [22]以错误率 6.656%获得了胜利。其最大的特点是增加了卷积网络的深度，超过了 20 层。很深的网络结构给预测误差的反向传播带来了困难，难以更新参数。GooLeNet 采取的策略是将监督信号直接加到多个中间层，这说明中间层和底层的特征表示也要能够对训练数据进行准确分类。对于很深的网络模型，如何有效地训练仍是未来一个研究方向。

人脸识别是计算机视觉领域另一个重要的挑战。有研究表明[37]，如果用人眼去识别不包括头发在内的人脸的中心区域，则人眼在户外脸部检测数据库（Labeled Faces in the Wild，LFW）上的识别率是 97.53%。如果人眼对整张图像——包括背景和头发给人看进行识别，则识别率可达到 99.15%。Eigenface [38]——经典的人脸识别算法，在 LFW 测试集上只有 60%的识别率。使用非深度学习算法进行人脸识别，最高的识别率可达到 96.33% [39]。而在深度学习的算法中却可以达到 99.47%的识别率[40]。

相对于物体识别，物体检测任务更加困难。在一幅图像中，可能包含属于不同类别的多个物体，物体检测需要确定每个物体的位置和类别。2013 年，ILSVRC 的比赛增加了物体检测任务——在 4 万张互联网图片中检测出 200 类不同物体。参赛者以平均物体检测率（Mean Averaged Precision，MAP）为 22.581%，获得了胜利，并且手动选取特征。2014 年，在 ILSVRC 比赛中，深度学习将平均物体检测率提高为 43.933%。在物体检测中，RCNN [41]、Overfeat [42]、GoogLeNet [22]、DeepID-Net [43]、network in network [44]、VGG [23]都比较有影响力。RCNN[41]首次提出了基于深度学习算法的物体检测流程，并首先采用非深度学习方法（如 selective search [45]）提出候选区域，然后利用深度卷积网络从候选区域提取特征，最后利用支持向量机等线性分类器基于特征将区域分为物体和背景。DeepID-Net[43]进一步完善了这一检测流程，使检测正确率有了大幅提升，并且对每个环节的贡献做了详细的实验分析。

自 2012 年以来，深度学习应用于图像识别不但使得准确性大大提升，而且避免了消耗人工特征抽取的时间，从而大大提高了计算效率。所以，深度学习将取代人工特征的方法而逐渐成为主流图像识别与检测方法。

6.6.3　自然语言处理

除了语音识别和图像分析，自然语言处理（NLP）是深度学习的另一个重要的应用领域。它属于人工智能的一个分支，是计算机科学与语言学的交叉学科，又常被称为计算语言学。自然语言处理是用电脑处理人类的语言，如英语、汉语、法语等，其主要应用包括机器翻译、信息抽取等。

1956 年以前，人们主要进行自然语言处理的基础性研究工作。最早的自然语言理解方面的研究工作是机器翻译。1949 年，美国人威弗首先提出了机器翻译设计方案。20 世纪 60 年代，国外对机器翻译曾有大规模的研究工作，耗费了巨额费用，但由于自然语言的复杂性，语言处理的理论和技术均不成熟，所以进展不大。经过几十年的发展，基于统计的模型已经成为 NLP 的主流，条件随机场模型[46]是使用最多的模型。传统的自然语言处理，为了更好地提高性能，从而导致需要加入大量为特定任务指定的人工信息。由于大多数系统是浅层结构，并且分类器是线性的；为提高线性分类器的性能，系统必须融入大量为特定任务指定的人工特征，导致这些系统往往丢弃那些从其任务学来的特征。

近年来，神经网络语言模型被越来越多地应用于自然语言处理任务中。2003 年，加拿大蒙特利尔大学教授 Bengio 等[47]提出把词映射到一个矢量表示空间的嵌入方法，然后将 N-Gram 模型由非线性神经网络表示。世界上最早的深度学习用于 NLP 的研究工作诞生于 NEC Labs America[48]，其研究员 Collobert 和 Weston 提出了一种统一的神经网络架构及其学习算法，可用于词性标记、组块分析、命名实体识别和语义角色标记等多种自然语言处理任务。Richard Socher 等[49]通过使用递归神经网络完成了句法分析、情感分析和句子表示等多个任务，这也为语言表示提供了新的思路，斯坦福大学教授 Manning 等[50]在深度学习用于 NLP 的工作也值得关注。2013 年 Mansur 等[51]介绍了一种基于特征的神经网络语言模型，结合上文中的特征对词语的出现可能性进行估计。2014 年，pei 等[52]提出一种新奇的神经网络语言模型应用于中文分词任务，使用标记嵌入和基于张量的变换对词语特征之间的关系进行建模。

随着自然语言处理的发展和深入研究，新的应用方向、新的方法会不断呈现出来，相信深度学习在 NLP 方面有很大的探索空间。

习题

1. 简述人工神经网络定义。
2. 简述神经网络的架构。
3. 简述误差逆传播（Error BackPropagation）算法。
4. 大数据与深度学习之间有什么样的关系？
5. 查询相关资料，简述人工智能的未来发展。
6. 目前影响力比较大的深度学习模型有哪些？
7. 自动编码器主要有哪两种变体？
8. 卷积神经网络主要有哪些特点？
9. 降采样操作常用的类型有哪些？
10. 简述循环神经网络的架构。
11. 分别简述 CNTK、MXNet、Theano、Torch 深度学习软件的主要特点。
12. 简述深度学习在现实生活中的应用。

参考文献

[1] 胡国华，袁树杰. 人工智能研究现状与展望[J]. 淮南师范学院学报，2006，8(3): 22-24.

[2] 徐卓函. 大数据时代人工智能的创新与发展研究[J]. 科技资讯, 2015, 33: 30-31.

[3] 李红霞. 人工智能的发展综述[J]. 甘肃科技纵横, 2007, 36(5): 17-18.

[4] Deng J, Dong W, Socher R, etal. Imagenet: A large-scale hierarchical image database[C]//Computer Vision and Pattern Recognition, 2009. CVPR 2009. IEEE Conference on. IEEE, 2009: 248-255.

[5] Tang. Y, Yang.M, Ranzato MA, etal. Deep-Face: Closing the gap to human-level performance in face verification[C]//Proceeding of the IEEE Conference on Computer Vision and Pattern Recognition,Columbus,USA: IEEE Press, 2014: 1701-1708.

[6] http://tupian.baike.com/a1_01_02_01200000194335134401027982908_jpg.html

[7] 胡勤. 人工智能概述[J]. 电脑知识与技术, 2010, 06(13): 3507-3509.

[8] 张纯禹. 现代优化计算方法在材料最优化设计中的应用[J]. 材料科学与工程学报, 2003, 21(1): 44-47.

[9] 谌卫军, 林福宗, 李建民. 基于超立方体覆盖的构造性网络学习算法[J]. 清华大学学报:自然科学版, 2003, 43(1): 97-100.

[10] 刘国华, 包宏. 人工神经网络在材料设计中的应用及其若干共性问题的研究[J]. 计算机与应用化学, 2001, 18(4): 388-392.

[11] 周志华. 机器学习[M]. 北京: 清华大学出版社, 2016: 17001-27000.

[12] G.E.Hinton, S.Osindero, and Y.W. Teh. A fast learning algorithm for deep belief nets. Neural computation, 2006, 18(7): 1527-1554.

[13] Salakhutdinov R, Hinton G.E. Deep Boltzmann machines[C]// International Conference on Artificial Intelligence and Statistics 2009. Brookline, MA 02446, USA: Microtome Publishing, 2009: 448-455.

[14] Socher R, Huval B, Bhat B, etal. Convolutional-Recursive Deep Learning for 3D Object Classification[C]// Advances in Neural Information Processing Systems 25. Nevada, USA: NIPS, 2012:665-673.

[15] Ngiam J, Chen Z, Koh P W, etal. Learning Deep Energy Models[C]//The 28th International Conference on Maching Learning. New York, NY, USA: ACM, 2011:1105-1112.

[16] Schuster M, Paliwal K K. Bidirectional recurrent neural networks[J]. Signal Processing, IEEE Transactions on, 1997, 45(11): 2673-2681.

[17] Graves A, Mohamed A R, Hinton G. Speech Recognition with Deep Recurrent Neural Networks[J]. Acoustics Speech & Signal Processing. Icassp. International Conference on, 2013: 6645-6649.

[18] Jaeger H, Haas H. Harnessing nonlinearity: Predicting chaotic systems and saving energy in wireless communication[J]. Science, 2004, 304(5667): 78-80.

[19] LeCun, Y.. Generalization and network design strategies[C].Technical ReportCRG-TR-89-4, University of Toronto, 1989.

[20] LeCun, Y., Bottou, L., Bengio, Y., and Haffner, P.. Gradient based learningapplied to document recognition [J]. Proceedings of the IEEE, 1998, 86(11):2278-2324.

[21] Krizhevsky, A., Sutskever, I., and Hinton, G. ImageNet classification with deepconvolutional neural networks[J]. Advances in Neural Information Processing Systems, 2012, 25(2): 2012.

[22] Szegedy, C., Liu, W., Jia, Y., Sermanet, P., Reed, S., Anguelov, D., Erhan, D., Vanhoucke,V., and Rabinovich, A.. Going deeper with convolutions.Technical report[J]. arXiv: 1409.4842. 2014.

[23] K. Simonyan and A. Zisserman. Very deep convolutional networks for large-scale image recognition[J]. arXiv: 1409.1556, 2014.

[24] Kaiming He, Xiangyu Zhang, Shaoqing Ren, Jian Sun. Deep Residual Learning for Image Recognition[J]. arXiv: 1512.03385. 2015.

[25] Y. Freund and D. Haussler. Unsupervised learning of distributions on binary vectors using two layer networks[J]. 1994: 912-919.

[26] Rumelhart, D., Hinton, G., and Williams, R.. Learning representations byback-propagating errors[C]. Nature, 1986: 533–536.

[27] A. Graves, M. Liwicki, S. Fernandez, R. Bertolami, H. Bunke, J. Schmidhuber. A Novel Connectionist System for Improved Unconstrained Handwriting Recognition[J]. IEEE Transactions on Pattern Analysis and Machine Intelligence, 2009, 31(5).

[28] Bourdev L D. Pose-aligend networks for deep attribute modeling: IEEE, US20150139485[P]. 2015.

[29] Karayev S, Trentacoste M, Han H, etal. Recognizing Image Style[J]. Eprint Arxiv, 2013.

[30] Juang B H, Rabiner L R. Automatic Speech Recognition - A Brief History of the Technology Development[J]. Encyclopedia of Language & Linguistics, 2005.

[31] 刘加. 汉语大词汇量连续语音识别系统研究进展[J]. 电子学报, 2000, 28(1): 85-91.

[32] Rodbro C A, Murthi M N, Andersen S V, etal. Hidden Markov model[J]. Audio Speech & Language Processing IEEE Transactions on, 2006, 14(5): 1609-1623.

[33] Dahl G E, Yu D, Deng L, etal. Context-Dependent Pre-trained Deep Neural Networks for Large Vocabulary Speech Recognition[J]. IEEE Transactions on Audio Speech & Language Processing, 2012, 20(1): 4-30.

[34] Bay H, Tuytelaars T, Gool L V. SURF: Speeded Up Robust Features[J]. Computer Vision & Image Understanding, 2006, 110(3): 404-417.

[35] http://www.imagenet.org/challenges/LSVRC/2012/.

[36] http://www.clarifai.com/.

[37] Kumar N, Berg A C, Belhumeur P N, etal. Attribute and Simile Classifiers for Face Verification[C]// IEEE International Conference on Computer Vision. 2009: 365-372.

[38] Turk M, Pentland A. Eigenfaces for recognition[J]. Journal of Cognitive Neuroscience, 1991, 3(1): 71-86.

[39] Chen D, Cao X, Wen F, etal. Blessing of Dimensionality: High-Dimensional Feature and Its Efficient Compression for Face Verification[C]// 2013: 3025-3032.

[40] Sun Y, Wang X, Tang X. Deeply learned face representations are sparse, selective, and robust[J]. Computer Science, 2015.

[41] R. Girshick, J. Donahue, T. Darrell, and J. Malik. Rich feature hierarchies for accurate object detection and semantic segmentation[J]. IEEE Int'l Conf. Computer Vision and Pattern Recognition, 2014.

[42] P. Sermanet, D. Eigen, X. Zhang, etal. OverFeat: Integrated Recognition, Localization and Detection using Convolutional Networks[J]. Eprint Arxiv, 2013.

[43] C. Szegedy, W. Liu, Y. Jia, etal. Going deeper with convolutions[J]. arXiv: 1409.4842, 2014.

[44] M. Lin, Q. Chen, and S. Yan. Network in network[J]. arXiv: 1312.4400v3, 2013.

[45] J. R. R. Uijlings, K. E. A. Van de Sande, T. Gevers, et al. Selective search for object recognition[J]. International Journal of Computer Vision, 2013, 104: 154-171.

[46] Friedman N, Murphy K, Russell S. Learning the Structure of Dynamic Probabilistic Networks[J]. Computer Science, 2013: 139-147.

[47] Bengio Y, Schwenk H, Senécal J S, etal. A neural probabilistic language model[J]. Journal of Machine Learning Research, 2003, 3(6): 1137-1155.

[48] Collobert R, Weston J, Bottou L, etal. Natural Language Processing (almost) from Scratch[J]. Journal of Machine Learning Research, 2011, 12(1): 2493-2537.

[49] Socher R, Huang E H, Pennington J, etal. Dynamic Pooling and Unfolding Recursive Autoencoders for Paraphrase Detection[J]. Advances in Neural Information Processing Systems, 2011, 24: 801-809.

[50] Socher R, Lin C Y, Ng A Y, etal. Parsing Natural Scenes and Natural Language with Recursive Neural Networks[C]// International Conference on Machine Learning, ICML 2011, Bellevue, Washington, Usa, June 28 - July. 2011: 129-136.

[51] Murphy K P. Dynamic Bayesian Networks: Representation, Inference and Learning. Ph.D. thesis[J]. Probabilistic Graphical Models, 2002, 13: 303 - 306.

[52] Tahboub K A. Intelligent Human-Machine Interaction Based on Dynamic Bayesian Networks Probabilistic Intention Recognition[J]. Journal of Intelligent & Robotic Systems, 2006, 45(1): 31-52.

第7章　大数据可视化

随着互联网技术的发展，尤其是移动互联技术的发展，网络空间的数据量呈现出爆炸式增长。如何从这些数据中快速获取自己想要的信息，并以一种直观、形象的方式展现出来？这就是大数据可视化要解决的核心问题。数据可视化，最早可追溯到 20 世纪 50 年代，它是一门关于数据视觉表现形式的科学技术研究。数据可视化是一个处于不断演变之中的概念，其边界在不断地扩大，主要指的是技术上较为高级的技术方法，而这些技术方法允许利用图形图像处理、计算机视觉及用户界面，通过表达、建模，以及对立体、表面、属性及动画的显示，对数据加以可视化解释。与立体建模之类的特殊技术方法相比，数据可视化所涵盖的技术方法要广泛得多。本章将重点对大数据可视化的基础知识、基本概念及大数据可视化的常用工具进行详细讲解。

7.1　数据可视化基础

7.1.1　可视化的基本特征

数据可视化是数据加工和处理的基本方法之一，它通过图形图像等技术来更为直观地表达数据，从而为发现数据的隐含规律提供技术手段。视觉占人类从外界获取信息的80%，可视化是人们有效利用数据的基本途径。数据可视化使得数据更加友好、易懂，提高了数据资产的利用效率，更好地支持人们对数据认知、数据表达、人机交互和决策支持等方面的应用，在建筑、医学、地学、力学、教育等领域发挥着重要作用。大数据的可视化既有一般数据可视化的基本特征，也有其本身特性带来的新要求，其特征主要表现在以下 4 个方面。

1．易懂性

可视化可以使数据更加容易被人们理解，进而更加容易与人们的经验知识产生关联，使得碎片化的数据转换为具有特定结构的知识，从而为决策支持提供帮助。

2．必然性

大数据所产生的数据量已经远远超出了人们直接阅读和操作数据的能力，必然要求人们对数据进行归纳总结，对数据的结构和形式进行转换处理。

3．片面性

数据可视化往往只是从特定视角或者需求认识数据，从而得到符合特定目的的可视化模式，所以，只能反映数据规律的一个方面。数据可视化的片面性特征要求可视化模式不能替代数据本身，只能作为数据表达的一种特定形式。

4．专业性

数据可视化与专业知识紧密相连，其形式需求也是多种多样，如网络文本、电商交易、社交信息、卫星影像等。专业化特征是人们从可视化模型中提取专业知识的环节，它是数据可视化应用的最后流程。

7.1.2　可视化的目标和作用

数据可视化与传统计算机图形学、计算机视觉等学科方向既有相通之处，也有较大的不同。数据可视化主要是通过计算机图形图像等技术展现数据的基本特征和隐含规律，辅助人们认识和理解数据，进而支持从数据中获得需要的信息和知识。数据可视化的作用主要包括数据表达、数据操作和数据分析 3 个方面，它是以可视化技术支持计算机辅助数据认识的 3 个基本阶段。

1．数据表达

数据表达是通过计算机图形图像技术来更加友好地展示数据信息，方便人们阅读、理解和运用数据。常见的形式如文本、图表、图像、二维图形、三维模型、网络图、树结构、符号和电子地图等。

2．数据操作

数据操作是以计算机提供的界面、接口、协议等条件为基础完成人与数据的交互需求，数据操作需要友好的人机交互技术、标准化的接口和协议支持来完成对多数据集合或者分布式的操作。以可视化为基础的人机交互技术快速发展，包括自然交互、可触摸、自适应界面和情景感知等在内的新技术极大地丰富了数据操作的方式。

3．数据分析

数据分析是通过数据计算获得多维、多源、异构和海量数据所隐含信息的核心手段，它是数据存储、数据转换、数据计算和数据可视化的综合应用。可视化作为数据分析的最终环节，直接影响着人们对数据的认识和应用。友好、易懂的可视化成果可以帮助人们进行信息推理和分析，方便人们对相关数据进行协同分析，也有助于信息和知识的传播。

数据可视化可以有效地表达数据的各类特征，帮助人们推理和分析数据背后的客观规律，进而获得相关知识，提高人们认识数据的能力和利用数据的水平。

7.1.3　数据可视化流程

数据可视化是对数据的综合运用，包括数据采集、数据处理、可视化模式和可视化应用 4 个步骤。

1．数据获取

数据获取的形式多种多样，大致可以分为主动式和被动式两种。主动式是以明确的数据需求为目的，利用相关技术手段主动采集相关数据，如卫星影像、测绘工程等；被动式是以数据平台为基础，由数据平台的活动者提供数据来源，如电子商务、网络论坛等。

2．数据处理

数据处理是指对原始的数据进行质量分析、预处理和计算等步骤。数据处理的目标是保证数据的准确性、可用性。

3．可视化模式

可视化模式是数据的一种特殊展现形式，常见的可视化模式有标签云、序列分析、网络结构、电子地图等。可视化模式的选取决定了可视化方案的雏形。

4．可视化应用

可视化应用主要根据用户的主观需求展开，最主要的应用方式是用来观察和展示，通过观察和人脑分析进行推理和认知，辅助人们发现新知识或者得到新结论。可视化界面也可以帮助人们进行人与数据的交互，辅助人们完成对数据的迭代计算，通过若干步数据的计算实验生产系列化的可视化成果。

7.2　大数据可视化方法

大数据可视化技术涵盖了传统的科学可视化和信息可视化两个方面，它以从海量数据分析和信息挖掘为出发点，信息可视化技术将在大数据可视化中扮演更为重要的角色[1]。根据信息的特征可以把信息可视化技术分为一维、二维、三维、多维信息可视化，以及层次信息可视化（Tree）、网络信息可视化（Network）和时序信息可视化（Temporal）可视化[2]。多年来，研究者围绕上述信息类型提出众多的信息可视化新方法和新技术，并获得了广泛的应用。

7.2.1　文本可视化

文本信息是大数据时代非结构化数据类型的典型代表，是互联网中最主要的信息类型。当下比较热门的物联网各种传感器采集到的信息，以及人们日常工作和生活中接触，的电子文档都是以文本形式存在的。文本可视化的意义在于，能够将文本中蕴含的语义特征（例如，词频与重要度、逻辑结构、主题聚类、动态演化规律等）直观地展示出来。

1．标签云

如图 7-1 所示是一种称为标签云（Word Clouds 或 Tag Clouds）的典型的文本可视化技术。它将关键词根据词频或其他规则进行排序，按照一定规律进行布局排列，用大小、颜色、字体等图形属性对关键词进行可视化。一般用字号大小代表该关键词的重要性，该技术多用于快速识别网络媒体的主题热度。

文本中通常蕴含着逻辑层次结构和一定的叙述模式，为了对结构语义进行可视化，研究者提出了文本的语义结构可视化技术。图 7-2 所示是两种可视化方法：DAViewer[5]将文本的叙述结构语义以树的形式进行可视化，同时展现了相似度统计、修辞结构及相应的文本内容；DocuBurst[3]以放射状层次圆环的形式展示文本结构。基于主题的文本聚类是文本数据挖掘的重要研究内容，为了可视化展示文本聚类效果，通常将一维的文本信息投射到二维空间中，以便于对聚类中的关系予以展示。例如，Hipp[4]提供了一种基于层次化点排布的投影方法，可广泛用于文本聚类可视化。上述文本语义结构可视化方法仍建立在语义挖掘基础上，与各种挖掘算法绑定在一起。

图 7-1　标签云举例

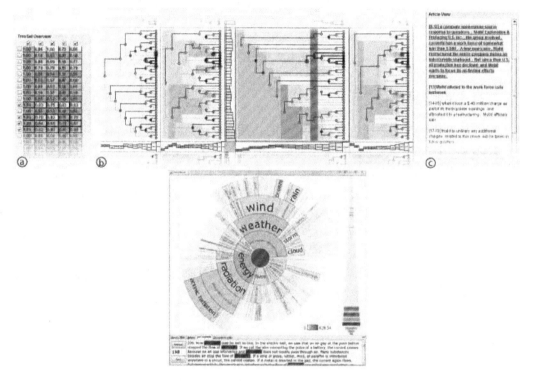

图 7-2　文本语义结构树

2．动态文本时序信息可视化

有些文本的形成和变化过程与时间是紧密相关的，因此，如何将动态变化的文本中时间相关的模式与规律进行可视化展示，是文本可视化的重要内容。引入时间轴是一类主要方法，常见的技术以河流图居多。河流图按照其展示的内容可以划分为主题河流图、文本河流图及事件河流图等。

主题河流图（ThemeRiver）以河流的隐喻方式，从左至右的流淌代表时间轴，文本中的每个主题用一条色带表示，主题的频度以色带的宽窄表示。图 7-3（a）所示是基于河流隐喻，提出的文本流（TextFlow）方法，进一步展示了主题的合并和分支关系以及演变。图 7-3（b）所示为事件河流图（EventRiver），其中将新闻进行了聚类，并以气泡的形式展示出来。

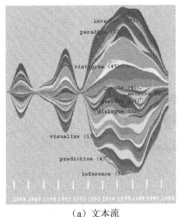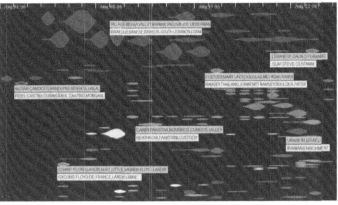

| （a）文本流 | （b）事件流 |

图 7-3　动态文本时序信息可视化

7.2.2　网络可视化

　　网络关联关系在大数据中是一种常见的关系，在当前的互联网时代，社交网络可谓是无处不在。社交网络服务是指基于互联网的人与人之间的相互联系、信息沟通和互动娱乐的运作平台。Facebook、腾讯微博、新浪微博、Twitter 等都是当前互联网上较为常见的社交网站。基于这些社交网站提供的服务建立起来的虚拟化网络就是社交网络。

　　社交网络是一个网络型结构，其典型特征是由节点与节点之间的连接构成的。这些一个个的节点通常代表一个个人或者组织，节点之间的连接关系有朋友关系、亲属关系、关注或转发关系（微博）、支持或反对关系，或者拥有共同的兴趣爱好等。例如，图 7-4 所示为 NodeXL 研究人员之间的组织（社会）关系，节点表示成员或组织机构，两个节点之间的边代表这两个节点存在隶属关系。

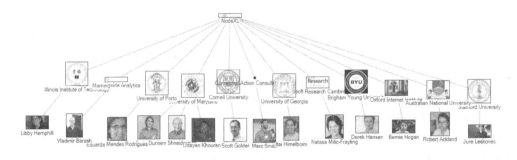

图 7-4　NodeXL 研究人员及其组织机构社会网络图

　　层次结构数据也属于网络信息的一种特殊情况。基于网络节点和连接的拓扑关系，直观地展示网络中潜在的模式关系，例如，节点或边聚集性，是网络可视化的主要内容之一。对于具有海量节点和边的大规模网络，如何在有限的屏幕空间中进行可视化，将是大数据时代面临的难点和重点。此外，大数据相关的网络往往具有动态演化性，因此，如何对动态网络的特征进行可视化，也是不可或缺的研究内容。研究者提出了大量网络可视化或图可视化技术，Herman 等人综述了图可视化的基本方法和技术，如图 7-5 所示。经典的基于节点和边的可视化，是图可视化的主要形式。图中主要展示了具有层次特征的图可视化的典型技术，例如，H 状树（H-Tree）、圆锥树（Cone Tree）、气球图（Balloon View）、放射图（Radial Graph）、三维放射图（3D Radial）、双曲树（Hyperbolic Tree）等。对于具有层次特征的图，空间填充法也是常采用的可视化方法，例如，树图技术（Treemaps）及其改进技术，如图 7-6 所示是基于矩形填充、Voronoi 图填充、嵌套圆填充的树可视化技术。Gou 等人综合集成了上述多种图可视化技术，提出了 TreeNetViz，综合了放射图、基于空间填充法的树可视化技术。这些图可视化方法技术的特点是直观表达了图节点之间的关系，但算法难以支撑大规模（如百万个以上）图的可视化，并且只有当图的规模在界面像素总数规模范围以内时效果才较好（如百万个以内），因此，面临大数据中的图，需要对这些方法进行改进，例如，计算并行化、图聚簇简化可视化、多尺度交互等。

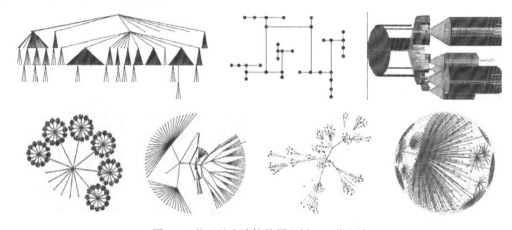

图 7-5 基于节点连接的图和树可视化方法

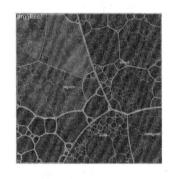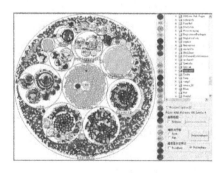

图 7-6 基于空间填充的树可视化

大规模网络中，随着海量节点和边的数目不断增多，例如，规模达到百万个以上时，可视化界面中会出现节点和边大量聚集、重叠和覆盖问题，使得分析者难以辨识可视化效果。图简化（Graph Simplification）方法是处理此类大规模图可视化的主要手段：一类简化是对边进行聚集处理，如基于边捆绑（Edge Bundling）的方法[5]，使得复杂网络可视化效果更为清晰，图 7-7 展示了 3 种基于边捆绑的大规模密集图可视化技术。此外，Ersoy 等人还提出了基于骨架的图可视化技术[6]，主要方法是根据边的分布规律计算出骨架，然后再基于骨架对边进行捆绑。另一类简化是通过层次聚类与多尺度交互，将大规模图转化为层次化树结构，并通过多尺度交互来对不同层次的图进行可视化。这些方法将为大数据时代大规模图可视化提供有力的支持，同时我们应该看到，交互技术的引入，也将是解决大规模图可视化不可或缺的手段。

图 7-7　基于边捆绑的大规模密集图可视化

动态网络可视化的关键是如何将时间属性与图进行融合，基本的方法是引入时间轴。例如，StoryFlow[7]是一个对复杂故事中角色网络的发展进行可视化的工具，该工具能够将《指环王》中各角色之间的复杂关系随时间的变化，以基于时间线的节点聚类的形式展示出来。然而，这些例子涉及的网络规模较小。总体而言，目前针对动态网络演化的可视化方法研究仍较少，大数据背景下对各类大规模复杂网络如社会网络和互联网等的演化规律的探究，将推动复杂网络的研究方法与可视化领域进一步深度融合。

7.2.3　时空数据可视化

时空数据是指带有地理位置与时间标签的数据。随着传感器与移动终端的迅速普及，时空数据已经成为大数据时代典型的数据类型。时空数据可视化与地理制图学相结合，重点对时间与空间维度，以及与之相关的信息对象属性建立可视化表征，对与时间和空间密切相关的模式及规律进行展示。大数据环境下时空数据的高维性、实时性等特点，也是时空数据可视化的重点。为了反映信息对象随时间进展与空间位置所发生的行为变化，通常通过信息对象的属性可视化来展现。

1.　流式地图（Flow Map）[8]

流式地图是一种将时间事件流与地图进行融合的典型方法，图 7-8 所示为使用 Flow Map 分别对 1864 年法国红酒的出口情况，以及拿破仑进攻俄罗斯的情况可视化的例子。当数据规模不断增大时，传统 Flow Map 就出现了图元交叉、覆盖等问题，这也是大数据环境下时空数据可视化的主要问题之一。为解决此问题，研究人员借鉴并融合大规模图可视化中的边捆绑方法，图 7-9 所示是对时间事件流做了边捆绑处理的 Flow Map。此外，基于密度计算对时间事件流进行融合处理也能有效解决此问题，图 7-10 所示是结合了密度图技术的 Flow Map。

（a）法国 1864 年红酒出口

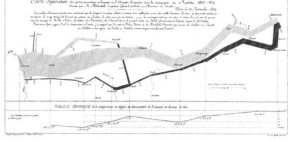
（b）拿破仑 1812 年进攻俄罗斯帝国

图 7-8 流式地图

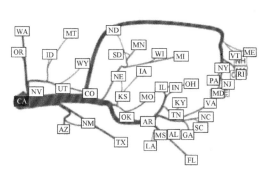
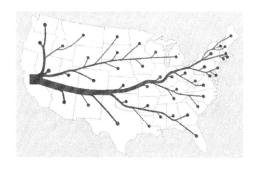

图 7-9 结合了边捆绑技术的流式地图

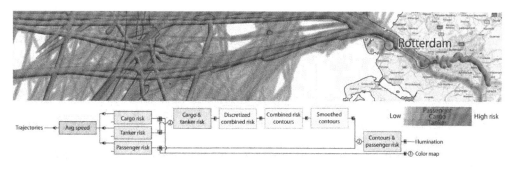

图 7-10 结合了密度图技术的流式地图

2．时空立方体

为了突破二维平面的局限性，研究人员提出了一种以三维方式对时间、空间及事件直观展现出来，这种方法被称为时空立方体（space-timecube）。图 7-11 所示是采用时空立方体对拿破仑进攻俄罗斯帝国情况进行可视化的例子，能够直观地对该过程中地理位置变化、时间变化、部队人员变化及特殊事件进行立体展现。然而，时空立方体同样面临着大规模数据造成的密集杂乱问题。一类解决方法是结合散点图和密度图对时空立方体进行优化，如图 7-12 所示；另一类解决方法是对二维和三维进行融合，引入了堆积图（Stack Graph），在时空立方体中拓展了多维属性显示空间，如图 7-13 所示。上述各类时空立方体适合对城市交通 GPS 数据、飓风数据等大规模时空数据进行展现。当时空信息对象属性的维度较多时，三维也面临着展现能力的局限性，因此，多维数据可视化方法常与时空数据可视化进行融合。

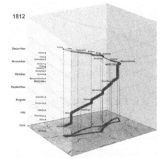

图 7-11   时空立方体

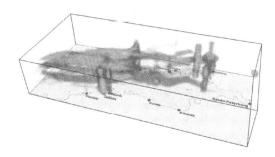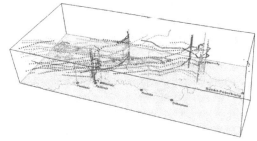

图 7-12   融合散点图与密度图技术的时空立方体

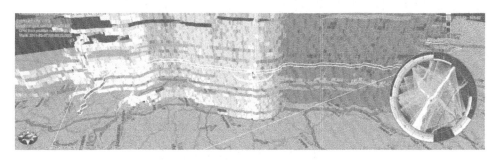

图 7-13   融合堆积图技术的时空立方体

7.2.4   多维数据可视化

多维数据指的是具有多个维度属性的数据变量，广泛存在于基于传统关系数据库及数据仓库的应用中，例如，企业信息系统及商业智能系统。多维数据分析的目标是探索多维数据项的分布规律和模式，并揭示不同维度属性之间的隐含关系。Keim 等人[9]归纳了多维可视化的基本方法，包括基于几何图形、基于图标、基于像素、基于层次结构、基于图结构及混合方法。其中，基于几何图形的多维可视化方法是近年来主要的研究方向。大数据背景下，除了数据项规模扩张带来的挑战，高维所引起的问题也是研究的重点。

1. 散点图

散点图（Scatter Plot）是最为常用的多维可视化方法。二维散点图将多个维度中的两个维度属性值集合映射至两条轴，在二维轴确定的平面内通过图形标记的不同视觉元素来反映其他维度属性值，例如，可通过不同形状、颜色、尺寸等来代表连续或离散的属性值，如图 7-14（a）所示。

二维散点图能够展示的维度十分有限，研究者将其扩展到三维空间，通过可旋转的 Scatter Plot 方块（dice）扩展了可映射维度的数目，如图 7-14（b）所示。散点图适合对有限数目的较为重要的维度进行可视化，通常不适于需要对所有维度同时进行展示的情况。

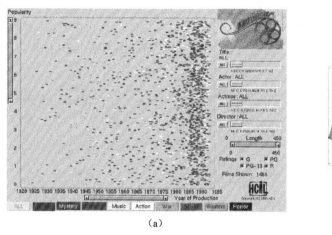
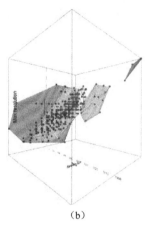

（a）　　　　　　　　　　　　　　　　　　　　（b）

图 7-14　二维和三维散点图

2. 投影

投影（Projection）是能够同时展示多维的可视化方法之一。如图 7-15 所示，VaR 将各维度属性列集合通过投影函数映射到一个方块形图形标记中，并根据维度之间的关联度对各个小方块进行布局。基于投影的多维可视化方法一方面反映了维度属性值的分布规律，同时也直观地展示了多维度之间的语义关系[10]。

3. 平行坐标

平行坐标（Parallel Coordinates）[11]是研究和应用最为广泛的一种多维可视化技术，如图 7-16 所示，将维度与坐标轴建立映射，在多个平行轴之间以直线或曲线映射表示多维信息。近年来，研究者将平行坐标与散点图等其他可视化技术进行集成，提出了平行坐标散点图 PCP（Parallel Coordinate Plots）[12]。如图 7-17 所示，将散点图和柱状图集成在平行坐标中，支持分析者从多个角度同时使用多种可视化技术进行分析。Geng 等人[13]建立了一种具有角度的柱状图平行坐标，支持用户根据密度和角度进行多维分析。大数据环境下，平行坐标面临的主要问题之一是大规模数据项造成的线条密集与重叠覆盖问题，根据线条聚集特征对平行坐标图进行简化，形成聚簇可视化效果，如图 7-18 所示，将为这一问题提供有效的解决方法。

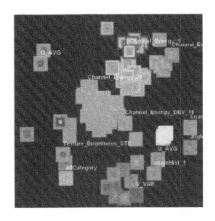

图 7-15　基于投影的多维可视化

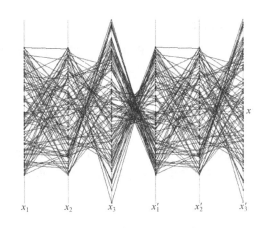

图 7-16　平行坐标多维可视化技术

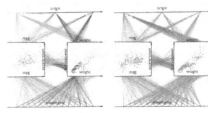

图 7-17　集成了散点图和柱状图的平行坐标工具 FlinaPlots

图 7-18　平行坐标图聚簇可视化

7.3　大数据可视化软件与工具

7.3.1　Excel

Excel 是 Microsoft Office 的组件之一，是由 Microsoft 为 Windows 和 Apple Macintosh 操作系统的计算机编写和运行的一款表格计算软件。Excel 是微软办公套装软件的一个重要组成部分，它可以进行各种数据的处理、统计分析、数据可视化显示及辅助决策操作，广泛地应用于管理、统计、财经、金融等众多领域。本书重点讨论一下 Excel 在数据可视化处理方面的应用。

1. 应用 Excel 的可视化规则实现数据的可视化展示

Excel 2007 版本开始为用户提供了可视化规则，借助于该规则的应用可以使抽象数据变得更加丰富多彩，通过规则的应用，能够为数据分析者提供更加有用的信息，如图 7-19 所示。

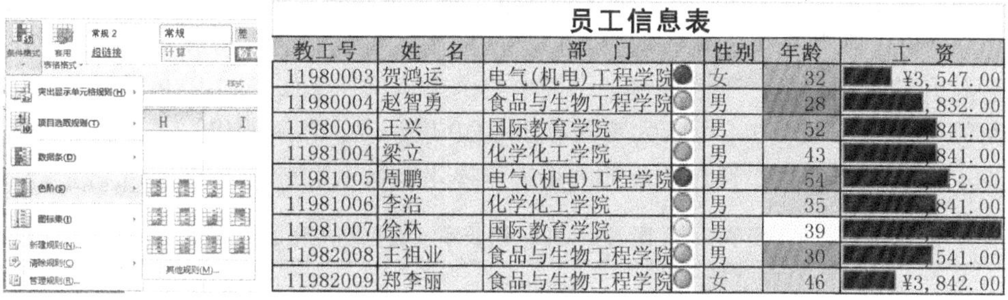

图 7-19　利用 Excel 的可视化规则实现数据的可视化展示

2. 应用 Excel 的图表功能实现数据的可视化展示

Excel 的图表功能可以将数据进行图形化，帮助用户更直观地显示数据，使数据对比和变化趋势一目了然，从而达到提高信息整体价值，更准确、直观地表达信息和观点。图表与工作表的数据相链接，当工作表数据发生改变时，图表也随之更新，反映出数据的变化。本书以 Excel 2010 版本为例（见图 7-20），它提供了柱形图、折线图、散点图等常用的数据展示形式供用户选择使用。图 7-21 所示是利用 Excel 图表中的折线图对员工信息表中的年龄和工资信息进行的可视化展示。

图 7-20　Excel 图表样式

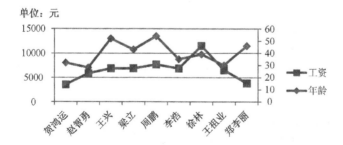

图 7-21　利用 Excel 图表中的折线图制作的"工资"和"年龄"数据展示

7.3.2　Processing

Processing 是一个开源的编程语言和编程环境，支持 Windows、Mac OS X、Linux 等多个操作系统。Processing 就是一种具有革命前瞻性的新兴计算机语言，以数字艺术为背景的程序语言，它的用户主要面向计算机程序员和数字艺术家。Processing 是 Java

语言的延伸，并支持许多现有的 Java 语言架构，不过在语法上简易许多，并具有许多人性化的设计。不需要太高深的编程技术便可以创作震撼的视觉表现及互动媒体作品。Processing 还可以结合 Arduino 单片机等硬件，制作出回归人际现实世界的互动系统。

Processing 在数据可视化领域有着广泛的应用，可制作信息图形、信息可视化、科学可视化和统计图形等。下面通过一个简单实例来认识一下如何利用 Processing 实现数据的可视化展示。如表 7-1 所示为美国各州 GDP 增长率。该示例将一系列随机数据呈现在地图上，将数值的大小通过圆点的大小来可视化地显示出来。

表 7-1　美国各州 GDP 增长率（数据随机生成）

State Name	Location-x	Location-y	value
Alabama(AL)	439	270	0.1
Alaska(AK)	94	325	−5.3
Arizona(AZ)	148	241	3
Arkansas(AR)	368	247	7
California(CA)	56	176	11
Colorado(CO)	220	183	1.5
Washington(WA)	92	38	2.2
West Virginia(WV)	496	178	5.4
Wisconsin(WI)	392	103	3.1
Wyoming(WY)	207	125	−6

第一步，声明（初始化）变量，代码如下：

```
PImage mapImage;
Table locationTable;
Table nameTable;
int rowCount;

Table dataTable;
float dataMin = MAX_FLOAT;
float dataMax = MIN_FLOAT;
```

第二步，初始化画布，加载（生成）数据，代码如下：

```
void setup() {
  size(640, 400);
  mapImage = loadImage("map.png"); //加载地图
  locationTable = new Table("locations.tsv");//加载位置信息
  nameTable = new Table("names.tsv");//加载名称信息
  rowCount = locationTable.getRowCount();

  dataTable = new Table("random.tsv");//加载随机数据
  for (int row = 0; row < rowCount; row++) {
    float value = dataTable.getFloat(row, 1);
    if (value > dataMax) {
      dataMax = value;
```

```
    }
    if (value < dataMin) {
      dataMin = value;
    }
  }
  PFont font = loadFont("Univers-Bold-12.vlw");
  textFont(font);

  smooth();
  noStroke();
}
```

第三步，调用绘制函数绘制图形，代码如下：

```
void draw() {
  background(255);
  image(mapImage, 0, 0);

  for (int row = 0; row < rowCount; row++) {
    String abbrev = dataTable.getRowName(row);
    float x = locationTable.getFloat(abbrev, 1);
    float y = locationTable.getFloat(abbrev, 2);
    drawData(x, y, abbrev);
  }
}

void drawData(float x, float y, String abbrev) {
  float value = dataTable.getFloat(abbrev, 1);
  float radius = 0;
  if (value >= 0) {
    radius = map(value, 0, dataMax, 1.5, 15);
    fill(#333366);   // blue
  } else {
    radius = map(value, 0, dataMin, 1.5, 15);
    fill(#ec5166);   // red
  }
  ellipseMode(RADIUS);
  ellipse(x, y, radius, radius);

  if (dist(x, y, mouseX, mouseY) < radius+2) {
    fill(0);
    textAlign(CENTER);
    String name = nameTable.getString(abbrev, 1);
    text(name + " " + value, x, y-radius-4);
  }
}
```

图 7-22 所示是该段代码执行后的结果。由图可以清楚地看出，浅色表示 GDP 为正增长，深色为负增长，圆圈的半径代表了数据的绝对值大小。

图 7-22　和地理位置相关的数据可视化展示效果

7.3.3　NodeXL

NodeXL（Network Overview Discovery Exploration for Excel）是由微软研究院 Marc Smith 团队及众多研究机构为网络可视化分析而开发的一个 Excel 外接程序。NodeXL 不仅具备常见的分析功能，如计算中心性、Page Rank 值、网络连通度、聚类系数等，还能对暂时性网络进行处理。在布局方面，NodeXL 主要采用力导引布局方式。NodeXL 的一人特色是可视化交互能力强，具有图像移动、变焦和动态查询等交互功能。其另一特色是可直接与互联网相连，用户可通过插件或直接导入 E-mail 或微博网页中的数据。

接下来将通过一个简单的实例来介绍如何利用 Excel 的 NodeXL 模板来制作一个 NodeXL 的社会网络组织表。表 7-2 列出了在 NodeXL 的研究发展过程中做出了重要贡献的研究人员及其所在的组织机构信息。从这个列表很难一眼看出共有多少个研究机构参与了研究，也不太容易看出有哪些研究人员来自于同一个研究机构。

1．准备数据

从开始菜单中打开一个 NodeXL 的模板，在"Edges"工作表中输入准备好的数据，如图 7-23 所示。每条边包含两个 Vertex 及其相关的属性（Color、Width、Label 等）。

表 7-2　NodeXL 主要研究人员及其所在研究组织

Researchers	Research Organization
Natasa Milic-Frayling	Microsoft Research Cambridge
Marc Smith	Connected Action Consulting Group
Ben Shneiderman	University of Maryland
Derek Hansen	Brigham Young University
Cody Dunne	University of Maryland
Eduarda Mendes Rodrigues	University of Porto
Udayan Khourana	University of Maryland
Jure Leskovec	Stanford University
Bernie Hogan	Oxford Internet Institute
Itai Himelboim	University of Georgia
Libby Hemphill	Illinois Institute of Technology
Robert Ackland	Australian National University
Scott Golder	Cornell University
Vladimir Barash	Morningside Analytics

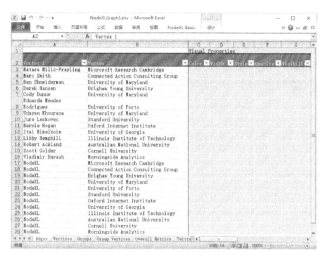

图 7-23　在"Edge"工作表中输入边的信息

2. 生成顶点

在"Edge"工作表中录入边的信息后，打开"Graph Metrics"对话框（见图 7-24），勾选所有可选项，单击"Calculate Metri"按钮，此时系统会自动识别出所有的顶点信息，并将其记录在"Vertex"工作表中，同时还可以得到图形度量方面的有关数值，例如，图形类型、顶点个数、边数目、重复的边数目、总边数、图形密度等数据。然后，打开"Autofill Columns"对话框（见图 7-25），设置自动填充的选项值（这些值来自计算出的图形度量数据）。用户也可以在"Vertex"工作表中对每个顶点的属性（color、shape、Label、Position、Width 等）进行自定义设置，使得最终的网络图呈现出不同的样式。本例中设置每个顶点"Shape"属性值为"Image"，"Image File"输入顶点的图片地址（也可以是 URL）。图 7-26 所示是本例中生成的 Vertex 工作表数据。

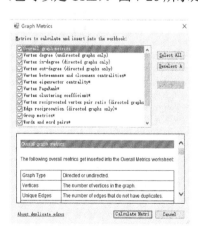

图 7-24　"Graph Metrics"对话框

图 7-25　"Autofill Columns"对话框

图 7-26 系统生成的"Vertex"工作表数据

3. 生成网络图

上述两个步骤设置完毕后,单击"Refresh Graph"按钮即可看到最终的网络图,如图 7-27 所示。从网络图中可以清楚地看到参与 NodeXL 研究的组织机构(内层节点)及研究人员(外层节点)。

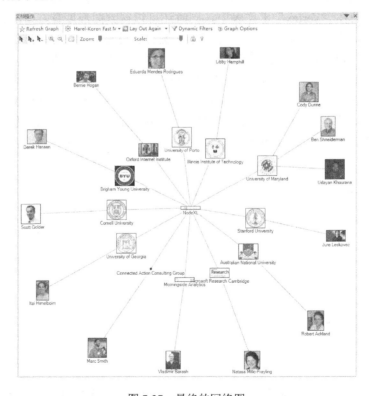

图 7-27 最终的网络图

使用可以得到图形度量方面的有关数值,这些数值清晰明了,获得的基本数值有图形类型、顶点个数、边数目、重复的边数目、总边数、图形密度等数据。

7.3.4　ECharts

ECharts 是商业级数据图表（Enterprise Charts）的缩写，是百度公司旗下的一款开源可视化图表工具。ECharts 是一个纯 JavaScript 的图表库，可以流畅地运行在 PC 和移动设备上，兼容当前绝大部分浏览器（IE6/7/8/9/10/11、Chrome、Firefox、Safari 等）。它的底层依赖轻量级的 Canvas 类库 ZRender，提供直观、生动、可交互、可高度个性化定制的数据可视化图表。创新的拖拽重计算、数据视图、值域漫游等特性大大增强了用户体验，赋予了用户对数据进行挖掘、整合的能力[14]。

ECharts 自 2013 年 6 月正式发布 1.0 版本以来，在短短两年多的时间，功能不断完善，截至目前，ECharts 已经可以支持包括折线图（区域图）、柱状图（条状图）、散点图（气泡图）、K 线图、饼图（环形图）、雷达图（填充雷达图）、和弦图、力导向布局图、地图、仪表盘、漏斗图、事件河流图 12 类图表，同时提供标题、详情气泡、图例、值域、数据区域、时间轴、工具箱 7 个可交互组件，支持多图表、组件的联动和混搭展现。图 7-28 所示为利用 ECharts 可以制作的部分图表展示 [14]。

图 7-28　ECharts 制作的图表

ECharts 图表工具为用户提供了详细的帮助文档，这些文档不仅介绍了每类图表的使用方法，还详细介绍了各类组件的使用方法，每类图表都提供了丰富的实例。用户在使用时可以参考实例提供的代码，稍加修改就可以满足自己的图表展示需求。接下来结合 ECharts 提供的一个 2010 年世界人口分布图的实例来详细介绍一下 ECharts 的使用方法。表 7-3 所示是 2010 年世界人口数据。

表 7-3　2010 年世界人口数据

国　　家	人口数量
China	1 359 821 465
India	1 205 624 648
United States of America	312 247 116
United Kingdom	62 066 350
...	...

实现代码：

```
option = {
    title : {
        text: 'World Population (2010)',
```

```
            subtext: 'from United Nations, Total population, both sexes combined, as of 1 July (thousands)',
            sublink : 'http://esa.un.org/wpp/Excel-Data/population.htm',
            left: 'center',
            top: 'top'
        },
        tooltip : {
            trigger: 'item',
            formatter : function (params) {
                var value = (params.value + '').split('.');
                value = value[0].replace(/(\d{1,3})(?=(?:\d{3})+(?!\d))/g, '$1,')
                        + '.' + value[1];
                return params.seriesName + '<br/>' + params.name + ' : ' + value;
            }
        },
        toolbox: {
            show : true,
            orient : 'vertical',
            left: 'right',
            top: 'center',
            feature : {
                mark : {show: true},
                dataView : {show: true, readOnly: false},
                restore : {show: true},
                saveAsImage : {show: true}
            }
        },
        visualMap: {
            min: 0,
            max: 1000000,
            text:['High','Low'],
            realtime: false,
            calculable : true,
            color: ['orangered','yellow','lightskyblue']
        },
        series : [
            {
                name: 'World Population (2010)',
                type: 'map',
                mapType: 'world',   //world、china、europe 等
                roam: true,
                itemStyle:{
                    emphasis:{label:{show:true}}
                },
        data:[     //此处是我们要展示的数据（如果是网络动态数据，可以在程序中用 json 数据实时
```

传递过来

```
        {name : 'China', value : 1359821.465},
        {name : 'India', value : 1205624.648},
        {name : 'United States of America', value : 312247.116},
        ……
        ]
            }
        ]
};
```

习题

1. 数据可视化有哪些基本特征？
2. 简述可视化技术支持计算机辅助数据认识的 3 个基本阶段。
3. 数据可视化对数据的综合运用有哪几个步骤？
4. 简述数据可视化的应用。
5. 简述文本可视化的意义。
6. 网络（图）可视化有哪些主要形式？
7. 多数据可视化主要应用在哪种场景？
8. 大数据可视化软件和工具有哪些？
9. 如何应用 Excel 表格功能实现数据的可视化展示？
10. 查阅相关资料，实例演示 Processing 的使用。
11. 查阅相关资料，实例演示 NodeXL 的使用。
12. 查阅相关资料，实例演示 EChart 的使用。

参考文献

[1] 任磊. 大数据可视分析综述[J]. 软件学报，2014，25(9)：1909-1936.

[2] Card SK, Mackinlay JD, Shneiderman B. Readings in Information Visualization: Using Vision To Think[M]. San Francisco: Morgan- Kaufmann Publishers, 1999.

[3] Collins C., Carpendale S., Penn G. DocuBurst: Visualizing document content using language structure[J]. Computer Graphics Forum, 2009, 28(3).

[4] Paulovich FV, Minghim R. Hipp: A novel hierarchical point placement strategy and its application to the exploration of document collections[J]. IEEE Trans. on Visualization and Computer Graphics, 2008, 14(6): 1229.

[5] Cui W., Zhou H., Qu H., et al. Geometry-Based edge clustering for graph visualization. IEEE Trans[J]. on Visualization and Computer Graphics, 2008, 14(6): 1277.

[6] Ersoy O., Hurter C., Paulovich FV, et al. Skeleton-Based edge bundling for graph visualization. IEEE Trans[J]. on Visualization and Computer Graphics, 2011, 17(12):

2364-2373.

[7]　Liu S., Wu Y., Wei E, et al. Storyflow: Tracking the evolution of stories[J]. IEEE Trans. on Visualization and Computer Graphics, 2013, 19(12): 2436-2445.

[8]　Tobler W. Experiments in migration mapping by computer[J]. The American Cartographer, 1987, 14(2): 155-163.

[9]　Keim DA, Kriegel HP. Visualization techniques for mining large databases: A comparison[J]. IEEE Trans. on Knowledge and Data Engineering, 1996, 8(6): 923-938.

[10]　Yang J., Hubball D., Ward MS, et al. Value and relation display: Interactive visual exploration of large data sets with hundreds of dimensions[J]. IEEE Trans. on Visualization and Computer Graphics, 2007, 13(3): 494-507.

[11]　Inselberg A., Dimsdale B. Parallel coordinates: A tool for visualizing multi-dimensional geometry. In: Kaufman A, ed. Proc. of the Visualization[J]. San Francisco: IEEE Press, 1990: 361-378.

[12]　Claessen JHT, van Wijk JJ. Flexible linked axes for multivariate data visualization. IEEE Trans[J]. on Visualization and Computer Graphics, 2011, 17(12): 2310-2316.

[13]　Geng Z., Peng Z., Laramee RS, et al. Angular histograms: Frequency-Based visualizations for large, high dimensional data. IEEE Trans[J]. on Visualization and Computer Graphics, 2011, 17(12): 2572-2580.

[14]　http://echarts.baidu.com/echarts2/doc/doc.html.

第8章　互联网大数据处理

近年来随着互联网的发展，人类社会的数据量激增，这个数据量是异常庞大的，它往往以 PB 为单位进行计算。目前全球互联网每天约产生 1000PB 的数据量，互联网正处于以 PB 为数据单位的新时代。互联网本身就是大数据的海洋，人们的生活似乎淹没在了数据的海洋中。简单来说，它会让我们的生活更困难或者更容易，这取决于是否拥有处理互联网大数据的技术，是否能分析出大数据的价值。互联网大数据处理包括互联网信息抓取、文本分词、倒排索引、查询处理与网页排序 4 个主要步骤，本章将分别介绍相关内容，并在本章的最后介绍作者研发的面向历史领域的搜索引擎。

8.1　互联网信息抓取

随着网络的迅速发展，Internet（万维网）成为当今世界最大的信息载体，每天又有不可计数的新数据涌入 Internet 中。如今，人们面临的一个巨大的挑战就是如何从海量数据中提取有效信息并加以利用。"要处理数据，就要先得到数据"，从 Internet 上将数据获取下来，是进行数据处理的第一步。互联网信息自动抓取，最常见且有效的方式是使用网络爬虫（Web Crawler、Web Spider）。

8.1.1　概述

网络爬虫有很多名字，例如，"网络蜘蛛"（Web Spider）、"蚂蚁"（Ant）、"自动检索工具"（Automatic Indexer）。网络爬虫是一种"机器人程序"，其作用是自动采集所有它们可以到达的网页，并记录下这些网页的内容，以便其他程序进行后续处理。例如，搜索引擎可以对已爬取的网页进行分拣、归类，使用户可以更快地进行检索[1]。

在人类社会中，有一个著名的"六度分离理论"（Six Degrees of Separation）[2]："你和任何一个陌生人之间所间隔的人不会超过五个，也就是说，最多通过五个人你就能够认识任何一个陌生人。"类比到互联网世界，每一个网页就像人类社会中的一个人，超链接将网页联系起来，使它们互相"认识"。因此，互联网世界的每个网页，都可经过有限个超链接相互到达。爬虫的爬行是从一些被称为"种子"的网页开始进行的，这些"种子"是一个包含很多超链接的列表，爬虫依次访问每一个超链接，得到网页内容，将网页内容存储到数据库中供其他程序进行后续处理，同时提取该网页内的所有超链接，并循环执行"访问网页—记录信息—提取并记录超链接"这一过程。爬虫的初始种子是非常重要的，为了保证抓取/覆盖尽可能多的网页，初始种子越完备越好。一个对应的解决方案是通过 DNS 服务器所在机构获取所有注册的域名。爬虫爬取过的网页也有可能发生变化（例如，网页内容被删除或修改了），为了保证这些变化能够被及时获取，爬虫需要根据一定的策略对这些网页重新爬取。

爬虫可以被分为两类：一类叫作"通用爬虫"，搜索引擎背后的数据采集工作大多是由通用爬虫来做的。这种爬虫追求大的爬行覆盖范围，对于在网页中提取到的超链接会"照单全收"，能够爬取到尽可能多的网站，获取到各式各样的信息。另一类叫作"聚焦爬虫"，与通用爬虫不同的是，它会对提取到的超链接进行过滤，只对特定网站或者特定领域的网站进行爬取。这类爬虫的应用也很广泛，例如，可以在招聘网站上收集所有公司的信息，分析公司所在地分布状况和公司规模分布状况。

爬虫程序使用的技术很多，在超链接访问顺序策略中，最常用的是"广度优先搜索"和"深度优先搜索"。在重新抓取策略中，需要根据网站更新记录得到更新规律，确定重新抓取间隔。爬虫可以收集"原始"的网页，但这些网页由于信息混杂，不便于被检索。这时，就需要对原始网页进行分析和组织，例如，文本分词、数据抽取、文本聚类和建立索引等。

目前成熟的网络爬虫有很多，其中不乏 Googlebot、百度蜘蛛（见图 8-1）这样的广分布式多服务器多线程的商业爬虫和 GNU Wget、Apache Nutch 这样的灵活方便的开源爬虫（爬虫搜索引擎）。

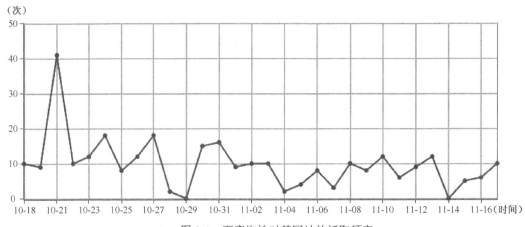

图 8-1　百度蜘蛛对某网站的抓取频率

Googlebot 使用计算机集群，每天获取（或称为"爬取"）数十亿张网页，同时使用各种算法来计算需要获取哪些网站、获取网站的频率和从每个网站上获取网页的数量。目前，Googlebot 不仅可以抓取静态 HTML 页面，还可以执行 JavaScript 语言并且抓取由 Ajax 动态生成的内容[3]。百度蜘蛛的调度程序采用深度优先和权重优先结合的抓取策略来控制蜘蛛的抓取行为，并将下载回来的网页放到"补充数据区"，通过计算后再放入"检索区"，形成稳定的排名，供用户进行检索[4]。

Nutch 是一个包含 Web 爬虫和全文搜索功能的开源搜索引擎，使用 Java 语言实现。相对于商用的搜索引擎，它的工作流程更加公开透明，拥有很强的可定制性，并且同样可以运行在服务器集群上。

8.1.2　Nutch 爬虫

1．Nutch 版本的选择

Nutch1.x 是基于 Hadoop 集成环境的，Nucth 的数据是存储在 HDFS 上的。Nutch2.x 是基于 Apach Gora 的，Nutch 可以访问 HBase、Cassandra、MySQL 等，所以，在编译 Nutch 之前，需要先安装 HBase，另外 Nutch 的编译需要 ant 命令，所以，在编译 Nutch 之前还要安装 Ant。另外，1.x 版本的 Nucth 是已经编译好的，而 2.x 版本的 Nutch 只是源文件，需要用户自己编译。本书使用 Nutch-2.2.1 最新版。

2．Nutch 工作环境

（1）Nutch 仅支持在 Linux 系统下使用，本书使用的是 Ubuntu 14.04.3 LTS，若要在 Windows 下使用 Nutch，需要安装模拟 Linux 操作系统的软件 Cygwin。

（2）JDK：可在 Oracle 官方网站下载最新版本的 JDK，本书使用的是 jdk-8u51-linux-x64.tar.gz（http://www.oracle.com/technetwork/java/javase/downloads/index.html）。

（3）HBase：可从 http://archive.apache.org/dist/hbase/hbase-0.90.4/hbase-0.90.4.tar.gz 下载最新版。

（4）Ant：可到 Ant 官方网站下载最新版本，本书使用的是 apache-ant-1.9.6-bin.tar.gz（http://ant.apache.org/bindownload.cgi）。

（5）Nutch-2.2.1：可在 Nutch 官方网站 http://nutch.apache.org/downloads.html 下载最新版本的 Nutch，如要获得历史版本，可在 http://archive.apache.org/dist/nutch/下载。

（6）Tomcat：可在官方网站 http://tomcat.apache.org/download-80.cgi 下载最新版本的 Tomcat，本书使用的是 apache-tomcat-8.0.24.tar.gz。

3．Nutch 的安装与配置

1）JDK 的安装与配置

进入 JDK 包所在目录，解压 JDK 包：

```
$ tar zxvf jdk-8u51-linux-x64.tar.gz
```

首先在 home 目录下建立了一个文件夹目录 pgfls/java，并把解压后的 JDK 包移动到该文件夹下并重命名为 jdk：

```
$ mv jdk1.8.0_51 /home/pgfls
$ mv jdk1.8.0_51 jdk
```

打开 profile 设置环境变量：

```
$ vim /etc/profile
```

在 profile 文件的最后添加如下配置信息：

```
export JAVA_HOME=/home/pgfls/java/jdk
export CLASSPATH=.:$JAVA_HOME/jre/lib/rt.jar:
$JAVA_HOME/lib/dt.jar:$JAVA_HOME/lib/tools.jar
export PATH=$PATH:$JAVA_HOME/bin
```

使用以下命令，使环境变量生效：

```
$ source /etc/profile
```

最后检查 JDK 是否安装成功，查看 JDK 版本：

```
$ java -version
```

若以上命令执行后没有显示版本号，请仔细检查前面的操作。

2）下载并解压 HBase

（1）下载并解压 HBase：

```
$ wget http://archive.apache.org/dist/hbase/hbase-0.90.4/hbase-0.90.4.tar.gz
$ tar zxf hbase-0.90.4.tar.gz
```

（2）进入 HBase 目录并修改 hbase-site.xml 配置文件：

```
$ cd hbase-0.90.4
$ gedit conf/hbase-site.xml
```

修改后的内容如下：

```
<configuration>
  <property>
    <name>hbase.rootdir</name>
    <value>file:///DIRECTORY/hbase</value>
  </property>
  <property>
    <name>hbase.zookeeper.property.dataDir</name>
    <value>/DIRECTORY/zookeeper</value>
  </property>
</configuration>
```

（3）启动 HBase：

```
$ ./bin/start-hbase.sh
starting Master, logging to logs/hbase-user-master-example.org.out
```

出现 starting Master, logging to logs/hbase-user-master-example.org.out，说明启动成功。

（4）试用一下 shell，测试是否启动成功：

```
$ ./bin/hbase shell
hbase(main):001:0>
```

出现 hbase(main):001:0>，说明 HBase 启动成功并可以使用。

（5）退出 shell：

```
$ hbase(main):002:0>exit
```

（6）停止 HBase：

```
$ ./bin/stop-hbase.sh
```

（7）start-hbase.sh：

```
starting Master, logging to logs/hbase-user-master-example.org.out
```

3）Ant 的安装与配置

进入 Ant 包所在目录，解压 Ant 包：

```
$ tar zxvf apache-ant-1.9.6-bin.tar.gz
```

解压后得到 apache-ant-1.9.6 文件，移动到/home/pgfls 下并重命名为 ant。

```
$ mv apache-ant-1.9.6 /home/pgfls
```

```
$ mv apache-ant-1.9.6 ant
```

打开 profile 设置环境变量：

```
$ vim /etc/profile
```

在 profile 文件的最后添加如下命令：

```
export ANT_HOME=/home/pgfls/ant
export PATH=$PATH:$ANT_HOME/bin
```

使用以下命令，使环境变量生效：

```
$ source /etc/profile
```

查看 Ant 版本：

```
$ ant -version
```

4）Nutch 的安装与配置

（1）Nutch 的下载：

```
$ wget http://archive.apache.org/dist/nutch/2.2.1/apache-nutch-2.2.1-src.tar.gz
```

（2）解压：

```
$ tar zxfv apache-nutch-2.2.1
```

（3）进入 apache-nutch-2.2.1 目录并查看目录内容：

```
$ cd apache-nuch-2.2.1
$ ls -al
```

可以看到以下文件：

会发现 2.x 版本的 Nutch 不再有 bin 目录，替而换之的是 ivy 目录。

（4）Nutch 的编译：

```
$ ant runtime
```

编译的过程需要一些时间，请耐心等待。编译的过程中可能会出现以下错误信息：

```
Trying to override old definition of task javac
    [taskdef] Could not load definitions from resource org/sonar/ant/antlib.xml. It could not be found.


ivy-probe-antlib:


ivy-download:
    [taskdef] Could not load definitions from resource org/sonar/ant/antlib.xml. It could not be found.
```

这些错误并不影响 Nutch 的编译，可以忽略这些信息。

（5）Nutch 编译完成以后，可以查看以下 Nutch 的主目录：

```
$ ls -al
```

会得到以下文件：

可以看出 Nutch 编译完以后，会自动生成 build 文件和 runtime 文件。

（6）修改 conf 文件下的 nutch-site.xml 和 gota.properties 配置文件，以及 ivy 文件下的 ivy.xml 配置文件：

```
$ gedit conf/nutch-site.xml
```

修改 nutch-site.xml 后的内容如下：

```
<configuration>
  <property>
     <name>storage.data.store.class</name>
     <value>org.apache.gora.hbase.store.HBaseStore</value>
     <description>Defaultclass for storing data</description>
  </property>
</configuration>
```

执行下面的命令：

```
$ gedit conf/gora.properties
```

找到 gora.datastore.default=org.apache.gora.mock.store.MockDataStore，并将其修改为 gora.datastore.default=org.apache.gora.hbase.store.HBaseStore。

```
$ gedit ivy/ivy.xml
```

找到<!-- <dependency org="org.apache.gora" name="gora-hbase" rev="0.3" conf="*->default" /> -->，并将外层注释去掉。

将上面的配置文件修改完成后，需要重新编译 Nutch。重新运行 ant 命令即可。

5）将 Nutch 和 Solr 集成在一起

（1）下载并解压 Solr：

```
$ wget http://apache.fayea.com/lucene/solr/5.3.1/solr-5.3.1.tgz
$ tar zxf solr-5.3.1.tgz
```

（2）运行 Solr：

```
$ cd solr-5.3.1/example
$ java -jar start.jar
```

（3）验证 Solr 是否启动成功。用浏览器打开 http://localhost:8983/solr/admin/，如果能看到页面，说明 Solr 启动成功。

（4）停止 Solr：

```
$ java -jar stop.jar
```

（5）修改 Solr 配置文件。将 solr-5.3.1/solr/collection1/conf/schema-solr4.xml 删除，然后将 apache-nutch-2.2.1/conf/schema-solr4.xml 复制到 solr-5.3.1/solr/collection1/conf/schema- solr4.xml，并重命名为 schema.xml。

打开 schema.xml 配置文件，在<fields>...<fields>中的最后添加一行：

`<field name="_version_" type="long" indexed="true" stored="true" multiValued="false"/>`

（6）重新启动 Solr：

`$ java -jar start.jar`

4．Nutch 的简单使用

1）一站式抓取

进入 apache-nutch-2.2.1/runtime/local 目录查看一站式抓取命令：bin/crawl。

```
eve@eve-HP-Pro-3385-MT:/home/pgfls/apache-nutch-1.10/runtime/local$ bin/crawl
Usage: crawl [-i|--index] [-D "key=value"] <Seed Dir> <Crawl Dir> <Num Rounds>
        -i|--index          Indexes crawl results into a configured indexer
        -D                  A Java property to pass to Nutch calls
        Seed Dir            Directory in which to look for a seeds file
        Crawl Dir           Directory where the crawl/link/segments dirs are saved
        Num Rounds          The number of rounds to run this crawl for
eve@eve-HP-Pro-3385-MT:/home/pgfls/apache-nutch-1.10/runtime/local$
```

-i|--index：用于告知 Nutch 将抓取的结果添加到配置的所引器中。

-D：用于配置传递给 Nutch 调用的参数，可以将索引器配置到这里。

Seed Dir：种子文件目录，用于存放种子 URL，也就是爬虫初始抓取的 URL。

Crawl Dir：抓取数据的存放路径。

Num Rounds：循环抓取次数。

下面介绍一个一站式抓取实例。

新建 urls 文件夹：

`mkdir urls`

在 urls 文件夹中新建用于存放 url 的种子文件：

`touch urls/seed.txt`

向 seed.txt 文本添加初始抓取的 URL：

`echo http://www.hao123.com >> urls/seed.txt`

开始一站式抓取网页（前提是确保 solr 已经成功启动）：

`bin/crawl -i -D solr.server.url=http://localhost:8983/solr urls/ data/ 2`

待抓取完毕后，向浏览器中输入 http://localhost:8983/solr/，选择 collection1，就可以在里面通过关键字搜索到已经建立索引的内容，如图 8-2 所示。

图 8-2　Nutch 查询界面

2）分布式抓取

分布式抓取可以帮助我们熟悉网页抓取的过程，在这里需要用到上面 seed.txt 所保存的 URL 信息，并且需要把 data/crawldb、data/linkdb、data/segments 文件夹下的文件全部删除，以便观察分布抓取的效果。

（1）Nutch 数据文件夹组成。执行 crawl 命令后，在 runtime/local 下面自动生成一个 data 文件夹，其中包含 3 个文件夹：crawldb、linkdb、segments。

- Crawldb：它包含 nutch 所发现的所有 URL，它包含了 URL 是否被抓取、何时被抓取的信息。
- linkdb：它包含了 nutch 所发现的 crawldb 中的 URL 所对应的全部连接、源 URL 和锚文本。
- segments：里面包含多个以时间命名的 segment 文件夹，每个 segment 就是一个抓取单元，包含一系列的 URL，每个 segment 包含如下文件夹。
  - ➢ crawl_generate：待抓取的 URL。
  - ➢ crawl_fetch：每个 URL 的抓取状态。
  - ➢ content：从每个 URL 抓取到的原始文本。
  - ➢ parse_text：从每个 URL 解析得到的文本。
  - ➢ parse_data：从每个 URL 解析得到的外链和源数据。
  - ➢ crawl_parse：包含外链 URL，用来更新 crawldb。

将 URL 列表注入到 crawldb 中：

```
bin/nutch inject data/crawldb urls
```

（2）生成抓取列表。为了抓取指定 URL 的页面，需要先从数据库（crawldb）中生成一个抓取列表。

```
bin/nutch generate data/crawldb datal/segment
```

generate 命令执行后，会生成一个待抓取页面的列表，待抓取列表存放在一个新建的 segments 文件夹中。segment 文件夹根据创建的时间命名（本教程使用的文件夹名为 20151013101828）。

开始抓取：根据 generate 生成的抓取列表抓取网页。

```
bin/nutch fetch data/segments/20151013101828
```

解析：

```
bin/nutch parse data/segments/20151013101828
```

更新数据库：根据抓取的结果更新数据库。

```
bin/nutch updated data/crawldb -dir data/segments/20151013101828
```

反转连接：在建立索引之前，首先对所有的连接进行反转，这样才可以对页面的来源锚文本进行索引。

```
bin/nutch invertlinks data/linked -dir data/segments/20151013101828
```

将抓取到的数据加入 Solr：首先，对抓取到的资源建立索引。

```
bin/nutch index data/crawldb -linkdb data/linkdb -params solr.server.url=http://localhost:8983/solr -dir data/segments/20151013101828
```

去除重复 URL：一旦建立了全文索引，它必须处理重复的 URL，使得 URL 是唯一的。

```
bin/nutch dedup
```

清理：从 Solr 移除 HTTP301、404 及重复的文档。

至此，使用分布抓取的方式完成了所有的抓取步骤，正常抓取的情况下，就可以在 http://localhost:8983/solr 进行搜索了。

8.1.3　案例：招聘网站信息抓取

考虑如下场景：现在需要通过调查全国所有公司的规模和分布情况，来评估每个省份的经济实力。我们要做的第一步就是数据的收集工作。但是普通的人工收集方式由于速度慢、花费大、容易遗漏，不能满足需要，而直接从网络上收集数据，特别是从招聘网站上的公司介绍页面获取数据，便成为不二之选。这时，可以通过编写爬虫程序，自动进行数据收集工作。下面的示例中[5]，将使用 Python 实现一个简单的聚焦爬虫来完成这项任务。图 8-3 所示为某招聘网站上某公司的信息。

图 8-3　某招聘网站上某公司的信息

1．为什么使用聚焦爬虫而不是通用爬虫

这是由任务需求决定的。这只爬虫所爬取的网站范围限定在拉勾网，并且不需要保存整个页面进行分词、做索引等处理，只需要在网页的特定地方提取出来特定信息保存即可。这样"特定"的需求决定了我们需要的是一只小巧的聚焦爬虫，而不是一只通用的爬虫。

2．生成"种子"

浏览拉勾网，并没有找到一个"包含所有公司名录"的页面作为"种子"。但是我们发现，拉勾网的 URL 是有规律的：每一家在拉勾网上注册的公司都有一个"公司 ID"（例如，百度在拉钩网上的公司 ID 为 1575），此公司介绍页面的 URL 是 http://www.lagou.com/gongsi/公司 ID.html。也就是说，可以通过枚举的方式遍历所有的公司介绍页面。于是，我们可以自行构造一个"种子"，并添加到爬行疆域里。代码如下：

```
class Spider:
def __init__(self):
    self.queue = []
def addUrlBlock(self, start=100, end=200):
    for index in range(start, end):
        # 构造 URL
        url = 'http://www.lagou.com/gongsi/' + str(index) + '.html'
```

```
        # 将 URL 添加到爬行疆域
        self.addUrl(url)
def addUrl(self, url):
    if not url in self.history:
        # 添加 URL
        self.queue.append(url)
```

3. 依次打开每一个 URL，得到页面 HTML

对于待抓取队列中的每一个 URL，需要用一定的策略来决定 URL 的打开顺序。由于本例中的所有页面并没有"权重"关系，所以，可以任选策略来打开这些 URL。在这种情况下，广度优先是最常用的方法：将整个爬行疆域看做一个队列，每次从队列头部取出一个 URL 进行访问。如果这个 URL 对应的页面中发现了新的未访问过的 URL，则将新 URL 加入队列尾部。然后，可以使用 Python 的 requests 模块进行页面的请求操作，并用 BeautifulSoup 模块处理请求结果，得到网页 HTML 代码。程序代码如下：

```
class Spider:
def getUrl(self):
    while self.queue:
        url = None
        # 获得 URL（将爬行疆域看做队列）
        if self.queue:
            url = self.queue.pop(0)
        # 返回 URL
        yield url
    raise StopIteration
def run(self):
    for url in self.getUrl():
        try:
            # 打开 URL，得到响应数据
            response = requests.get(url, timeout=5, allow_redirects=False)
            # 使用 BeautifulSoup 处理响应数据，得到 HTML
            data = BeautifulSoup(response.text)
            # 处理 HTML，得到所需信息
            self.findInfo(url, data)
        except:
            pass
```

4. 对 HTML 进行解析，提取需要的信息

这些关键信息的出现位置几乎都是固定的。查看源代码会发现，在"公司名称""公司所在地"和"公司规模"这几个我们想要的信息前面都有明显的 HTML 标记，有些是 id，有些是 class。例如，"公司名称"是这样出现的：

```
<h1 class="ellipsis">
<a href="http://www.immomo.com/" class="hovertips" target="_blank" rel="nofollow" title="北京陌陌科技有限公司">
```

```
        陌陌
    </a>
</h1>
```

公司所在地是这样出现的：

```
<li class="location">
<i></i>
<span>北京</span>
</li>
```

这样，就可以通过 BeautifulSoup 模块快速提取出我们想要的信息：

```
class Spider:
def findInfo(self, nowUrl, data):
    info['name'] = data.h1.a.text.strip()
    info['location'] = data.find('ul', 'info_list_with_icon').find(attrs={'class': 'location'}).span.text
    info['scale'] = data.find('ul', 'info_list_with_icon').find(attrs={'class': 'scale'}).span.text
    return info
```

然后便可以将这些信息保存到磁盘上，或者保存到数据库中。

5. 使用多线程

使用多线程，可以提高网络利用率，使爬虫能更快地工作，极大地加快爬虫的爬取速度。按照"爬取一个公司信息需要 2 秒钟"来计算，将拉勾网上的十万家公司全部爬取完毕，约需要 55 小时。但如果使用 20 个线程，抓取十万家公司信息只需不到两小时。

```
class Spider:
def run(self,thread):
    self.thread = thread
    self.THREADS = []
    # 生成线程并开启线程
    for i in range(self.thread):
        self.THREADS.append(threading.Thread(target=self.runThread))
        self.THREADS[i].start()
    # 等待线程完成
    for i in range(self.thread):
        self.THREADS[i].join()
```

下面是抓取结果示例。

name	Scale	location
泽维信息	15~50 人	上海
百夫长信息	15~50 人	上海
捎客网络	15~50 人	杭州
纵横	15~50 人	北京
梆梆安全	50~150 人	北京
阿里巴巴	2000 人以上	杭州
考拉 FM	500~2000 人	北京
猎豹移动	500~2000 人	北京

8.1.4　案例：舆情信息汇聚

舆情是"舆论情况"的简称，是指在一定的社会空间内，围绕中介性社会事件的发生、发展和变化，作为主体的民众对作为客体的社会管理者、企业、个人及其他各类组织及其政治、社会、道德等方面的取向产生和持有的社会态度。它是较多群众关于社会中各种现象、问题所表达的信念、态度、意见和情绪等表现的总和[6]。

网络舆情是以网络为载体，以事件为核心，是广大网民情感、态度、意见、观点的表达、传播与互动，以及后续影响力的集合。带有广大网民的主观性，未经媒体验证和包装，直接通过多种形式发布于互联网上[7]。网络舆情主要通过微博、朋友圈、贴吧、新闻、新闻评论、聚合新闻、论坛等途径进行传播。

各单位可通过网络信息自动抓取等技术手段，便捷、高效地获取与自己相关的网络舆情，不仅信息保真，而且覆盖全面。通过网络舆情监控系统[8]最终形成专题简报、专题追踪、舆情简报等，为各单位全面掌握网络舆情动态，正确引导舆情动向，提供了可靠、有力的数据分析依据。

通常情况下，网络舆情监控系统由采集层（舆情采集模块）、分析层和呈现层（分析浏览模块）实现，系统基本架构如图8-4所示。

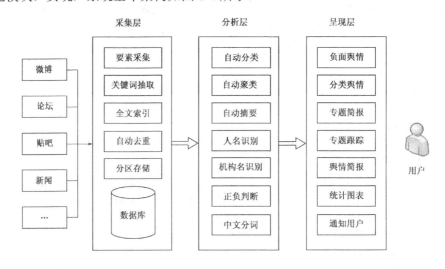

图 8-4　舆情监控系统架构

舆情信息的采集需要用户指定一个或一组网站链接，通过定时抓取，用户不仅可以得到这个或这组网站中所有新闻的标题、发布时间、作者等信息，还可以对获取到的信息进行关键词检索，等等。下面通过河南大学舆情信息汇聚的实例来加深对舆情信息汇聚的了解。

抓取河南大学新闻网新闻主题的部分代码如下：

```
//(NewsHenu)获取河南大学新闻网-学校新闻所有主题
url="http://news.henu.edu.cn/html/mthd/1.html";//指定抓取网址
public void NewsHenuTopics(String url) throwsIOException
```

```
{
    urlNewsHenu = url;
    //获取本地已存在的主题及网址
    ltl = newLocalTopicsList("data\\NewsHenuTopics.txt");
    //获取河南大学新闻网-学校新闻主题列表
    for(inti = 0; i<4; i++)
    {
        ListNewsHenu(urlNewsHenu);//获取当前页面所有主题
        NextPageNewsHenu(urlNewsHenu);//获取当前页面的下一页网址
    }
    ListNewsHenu(urlNewsHenu);
}


//(NewsHenu)获取指定网址中所含主题
public void ListNewsHenu(String url) throwsIOException
{
    //获取当前页主题列表，通过查找标签、元素的方法
    doc = Jsoup.connect(url).timeout(5000).get();
    Element divList= doc.getElementsByClass("news").first();
    Elements divSubject = divList.getElementsByTag("li");
    //获取每一个主题及对应网址
    for(Element e:divSubject)
    {
        String subjectHref =
        e.getElementsByTag("a").first().absUrl("href");
        String subjectStr = e.text();
        String subject = subjectStr.substring(0,subjectStr.lastIndexOf("(")).trim();
        //保存（网址，主题）到 txt 文件中
        if(ltl.lm.containsKey(subjectHref)==false)
        {
            ltl.lm.put(subjectHref, subject);
            newList += ("\n" + subject + "\n" +subjectHref + "\n");
            System.out.println(subjectHref+"-"+subject);
            //将（网址，主题）写入到 txt 文件中
            File file = newFile("data\\NewsHenuTopics.txt");
            BufferedWriterbw=newBufferedWriter(newFileWriter(file,true));
            bw.write(subjectHref+"-"+subject+"\r\n");
            bw.flush();
            bw.close();
        }
    }
}

//(NewsHenu)获取指定网址的下一页网址
```

```
public void NextPageNewsHenu(String url) throwsIOException
{
    //获取当前页下一页的网址
    doc = Jsoup.connect(url).timeout(5000).get();
    Element divNext = doc.select("a[class=ecms_pagenav]").first();
    String linkHref = divNext.absUrl("href");
    urlNewsHenu = linkHref;
}
```

代码运行效果如图 8-5 所示。

图 8-5　抓取河南大学新闻网新闻主题

舆情信息汇聚系统使用的网站解析工具为 jsoup。jsoup 是一款 Java 的 HTML 解析器，可直接解析某个 URL 地址、HTML 文本内容。它提供了一套非常省力的 API，可通过 DOM、CSS 及类似于 jQuery 的操作方法来取出和操作数据[9]。在此不对该工具做过多的阐述。

对于每一个新闻网页，舆情信息汇聚系统都可以提取出新闻标题、作者、发布时间、主要内容等信息。

新闻网页关键信息提取的部分代码如下：

```
//解析河南大学新闻网
public void NewsHenu(String str) throwsIOException
{
    //判断是 URL 或本地文件
    if(str.toLowerCase().startsWith("http"))
    {
        //解析 URL
        doc = Jsoup.connect(str).timeout(5000).get();
    }
    else
    {
        //解析本地 HTML
        File input = newFile(str);
        doc = Jsoup.parse(input,"gb2312","http://news.henu.edu.cn/");
    }
```

```
        //提取标题
        Element divTitle = doc.getElementsByClass("w928").first();
        title = divTitle.getElementsByTag("h2").text();
        //提取作者
        String ss = divTitle.getElementsByTag("p").text();
        String authorStr = ss.substring(ss.indexOf("新闻作者：")+5, ss.indexOf("来自")).trim();
        author = authorStr.replace("?", "");
        //提取时间
        String updateStr = ss.substring(ss.indexOf("录入时间：")+5, ss.indexOf("[打印此文]"));
        update = updateStr.replace("?", "").substring(0, 10);
        //提取正文
        String contentStr = ss.substring(ss.indexOf("】")+1, ss.indexOf("录入时间：")).trim();
        content = contentStr.replace("?", " ");
}
```

运行效果如图 8-6 所示。

标题：《郑州日报》首届“互联网+”大学生创新创业大赛河南17项目获奖
作者：记者 王红
时间：2015-10-23
内容：
本报讯（记者 王红）首届中国“互联网+”大学生创新创业大赛落幕，我省河大、郑大等14所高校的17个项目获奖，其中，河南大学“农二代的O2O”捧得金奖。　据了解，此次大赛由教育部主办，旨在进一步激发高校学生的创新创业热情，展示高校创新创业教育成果。大赛吸引了1878所高校的57253支团队报名参加，提交项目作品36508个，参与学生超过20万人。其中，我省共有129所高校的2469个项目报名参赛。经过校级初赛、省级复赛，最终产生300支优秀团队进入全国总决赛。参赛项目分为“互联网+”传统产业、“互联网+”新业态、“互联网+”公共服务、“互联网+”技术支撑平台四类，共产生金奖34个、银奖82个、铜奖184个。　我省14所高校、17个创业项目获奖。其中，河南大学“农二代的O2O”项目获得金奖，郑州大学“绿泉农业”等7个项目摘得银奖，河南城建学院“电饭宝”等9个项目获得铜奖。　据了解，我省参赛项目数和获奖项目数均居全国前列。

图 8-6　河南大学新闻网页关键信息提取

舆情信息汇聚系统还为用户提供了关键词检索功能。

关键词检索的部分代码如下：

```
//逐个查找关键词
for(String ss:searchList)
{
    //如果 hashmap 中包含所查找的关键词，取出其对应的值（网址列表）
    if(map.containsKey(ss))
{
        webList = map.get(ss);
        //将网址列表中的网址逐个放入 hashmap 中
        for(inti=0; i<webList.size(); i++)
        {
            webSite = webList.get(i).toString();
            //如果 hashmap 中包含该网址，则该网址对应的值（计数包含的关键词个数）+1
            if(hmOut.containsKey(webSite))
            {
                int a = Integer.parseInt(hmOut.get(webSite).toString());
```

```
            hmOut.put(webSite, a+1);
        }
        //如果 hashmap 中不包含该网址，则该网址对应的值（计数包含的关键词个数）标记为 1
        else
        {
        hmOut.put(webSite, 1);
        }
    }
    count ++;
    }
}
```

运行效果如图 8-7 所示。

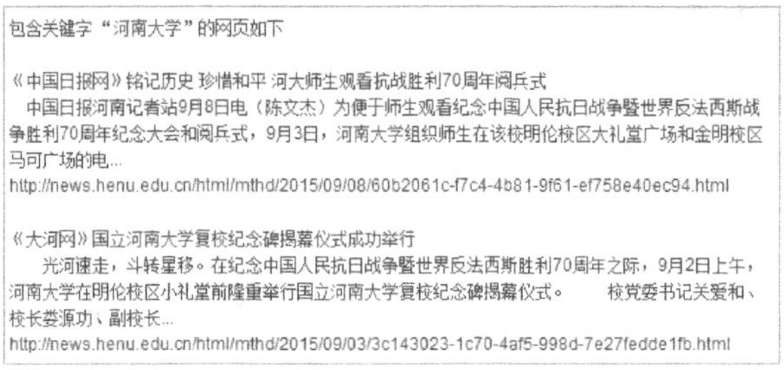

图 8-7 河南大学新闻网页关键字检索

除上述功能之外，舆情信息汇聚系统还提供了舆情历史发布记录分析、舆情自动定时抓取策略等功能，在此不一一列举。

8.2 文本分词

8.2.1 概述

文本分词[10]是将字符串文本划分为有意义的单位的过程，如词语、句子或主题。由计算机实现的文本分词结果也应该满足人类思维阅读文本时的处理模式。在现实中，英文词组是以单词为单位，以空格为分隔，在分词上具有巨大的便利性。例如，英文句子"What will the big data bring"，用中文表示则为"大数据将带来什么"。计算机可以很简单地通过空格符号将 data 读取成一个单词，但是却很难明白"大""数""据"这 3个单独的字合起来才能完整地表示一个词。

中文分词也叫作切分，是将中文文本分割成若干个独立、有意义的基本单位的过程。相对于英文而言，中文文本常以词语、短语、俗语等表现形式构成，因此，计算机在处理中文分词的问题上具有很大的不确定性。经过多年的研究和发展，我国在中文分词问题上已经取得巨大的成就，实现了一系列具有较高的分词准确率和效率的分词系统，并且在 1992 年我国就制定了《信息处理用现代汉语分词规范》，旨在为中文信息处理提供一个国家标准化的使用标准[11]。它对规范化处理汉语信息，以及不同的汉语信息处理系统之间的兼容性起到了重要的作用。

现实生活中，人类可以通过已有的知识来判断一句话中哪些是词、哪些是短语等，分词算法就是实现让计算机也能像人类思维一样分割文本信息的过程。其基本的工作原理是根据输入的字符串文本进行分词处理、过滤处理，输出分词后的结果，包括英文单词、中文单词及数字串等一系列切分好的字符串。分词原理图如图 8-8 所示。

图 8-8　分词原理图

现有的中文分词算法可以分为以下 3 类[12]。

（1）基于字符串匹配的分词方法，即机械分词方法。它是将待处理的中文字符串与一个"尽可能全面"的词典中的词条按照一定的规则进行匹配，若某字符串存在于词典中，则认为该字符串匹配成功，即该字符串为识别出的一个词[12]。

（2）基于统计的分词方法，也叫作无词典分词法或统计取词方法。由于词是特定的字组合方式，那么在上下文中，相邻的单字共同出现的频率越高，则在该种字组合方式下就越有可能是构成了一个词[12]。

（3）基于理解的分词方法，即人工智能方法。该方法通过语义信息和语句信息来解决歧义分词问题，并且在分词的同时进行语义和句法分析[12]。

衡量分词系统的主要指标是切分准确率和时间效率，到目前为止，每种方法都有自己的特点，无法证明哪一种方法优于其他方法，各方法简单的对比如表 8-1 所示[13]。

表 8-1　各种分词方法的优劣对比

分词方法	基于字符串匹配的分词方法	基于理解的分词方法	基于统计的分词方法
歧义识别	差	强	强
新词识别	差	强	强
词库	需要	不需要	不需要
语料库	不需要	不需要	需要
规则库	不需要	需要	不需要
算法复杂性	容易	很难	一般
技术成熟度	成熟	不成熟	成熟
实施难度	容易	很难	一般
分词准确度	一般	准确	较准
分词速度	快	慢	一般

8.2.2　MMSEG 分词工具

中文文本的计算分析中存在的问题是：常规的中文文本中没有单词边界。为了对中文文本进行更高层次的分析，确定中文文本中的基本单位——单词就显得十分必要。为解决中文分词问题，Chih-Hao Tsai 实现了中文分词器 MMSEG4J，该分词器基于 MMSEG 分词算法[14]，包括两种匹配算法、四种消除歧义的规则和一个词典。简单来说，MMSEG 分词算法就是一种带有 4 个歧义消解规则的正相匹配算法。

MMSEG 分词算法中有两个重要的概念——Chunk 和规则（Rule）。其中，一个 Chunk 就是一段字符串文本的一种分割方式，包括根据上下文分出的一组词及各个词对应的 4 个属性。规则的目的是过滤掉不符合特定要求的 Chunk。为便于理解，我们可以将规则看做过滤器。Chunk 中各属性的含义如表 8-2 所示。

表 8-2　Chunk 中各属性及其含义

属　　　性	含　　　义
长度（Length）	Chunk 中各个词的长度之和
平均长度（Average Length）	长度/词数
标准差的平方（Variance）	标准差的平方
自由语素度（Degree of Morphemic Freedom）	各单字词词频的对数之和

需要注意的是，这 4 个属性采用的计算方式是 Lazy 方式，即只有在需要用到某属性的值时才进行一次计算。

例如，"研究大数据"这句话有多种 Chunk，如"研究|大数据""研究|大|数据"等。

MMSEG 分词算法中包含了 4 种符合汉语语言中基本的成词习惯的歧义消解规则[15]，分别是：

规则 1：取最大匹配的 Chunk（Maximum matching）。

规则 2：取平均词长最大的 Chunk（Largest average word length）。

规则 3：取词长标准差最小的 Chunk（Smallest variance of word lengths）。

规则 4：取单字词自由语素度之和最大的 Chunk（Largest sum of degree of morphemic freedom of one-character words）。

下面简单了解一下 MMSEG 分词算法中两种匹配算法的分词过程。简单最大匹配（Simple maximum matching）仅仅使用了规则一对 Chunk 进行过滤，而复杂最大匹配（Complex maximum matching）依次使用上述 4 种规则来过滤 Chunk，直至剩下一个 Chunk，取该 Chunk 的第一个词为中文字符串切分出的第一个词。然后对文本字符串中除去第一个词的剩余部分继续重复上述操作，直至切分完字符串文本。

例如，"研究大数据"使用复杂最大匹配算法的分词过程。

例句匹配出的 Chunk 如表 8-3 所示。

表 8-3　MMSEG 算法匹配结果

编　　号	Chunk	长　　度
1	研|究|大	3
2	研|究|大数	4
3	研究|大|数	4
4	研究|大|数据	5
5	研究|大数|据	5
6	研究大|数|据	5

根据规则 1，取最大匹配的 Chunk，可选出 Chunk4、Chunk5 和 Chunk6；

Chunk4. 研究|大|数据（Length=5，Average Length=5/3）

Chunk5. 研究|大数|据（Length=5，Average Length=5/3）

Chunk6. 研究大|数|据（Length=5，Average Length=5/3）

根据规则 2，取平均词长最大的 Chunk，可选出 Chunk4、Chunk5 和 Chunk6；

Chunk4. 研究|大|数据（Length=5，Average Length=5/3，Variance=4/9）

Chunk5. 研究|大数|据（Length=5，Average Length=5/3，Variance=4/9）

Chunk6. 研究大|数|据（Length=5，Average Length=5/3，Variance=4）

根据规则 3，取词长标准差最小的 Chunk，可选出 Chunk4 和 Chunk5；

Chunk4. 研究|大|数据（Length=5，Average Length=5/3，Variance=4/9）

Chunk5. 研究|大数|据（Length=5，Average Length=5/3，Variance=4/9）

在上述 3 个规则都无法决定最终留下哪一个 Chunk 的时候，就需要使用最后一个规则。可以看出，这两个 Chunk 中都包含两个双字词和一个单字词，在 MMSEG 分词算法中，我们会更倾向于关注单字词。在日常场景中，很明显 "大" 字的词频要高于"据"字，因此，依赖一个词频字典"大"的词频决定了最终选出 Chunk4。

Chunk4. 研究|大|数据（Length=5，Average Length=5/3，Variance=4/9）

至此，就不需要继续过滤了，即可分出第一个词"研究"，再对剩下的部分"大数据"继续重复以上的步骤，最终得到分词结果"研究|大|数据"。

MMSEG 分词算法分词示例的部分代码如下：

```
File dicfile = newFile("data");
Dictionary dic = Dictionary.getInstance(dicfile);
Segseg = null;
seg = newComplexSeg(dic);
String text = "研究大数据";
System.out.println(text);
MMSegmmSeg = newMMSeg(newStringReader(text), seg);
Word word = null;
System.out.print("Complex:    ");
while((word = mmSeg.next())!=null)
{
    if(word != null)
    {
        System.out.print(word+"|");
    }
}
```

运行结果如下：

```
研究大数据
Simple: 研究 | 大数 | 据
Complex：研究 | 大 | 数据
```

8.2.3　斯坦福 NLTK 分词工具

斯坦福大学 NLP（Natural Language Processing）小组是闻名世界的自然语言处理研

究小组，它们提供了包括分词器（Word Segmenter）、命名实体识别工具（Named Entity Recognizer）、词性标注工具（Part-of-Speech Tagger）及句法分析器（Parser）在内的一系列开源文本分析工具，为了更好地支持中文文本的分析处理，斯坦福 NLP 小组特意为上述工具提供了相应的中文模型[16]。

斯坦福的分词器依赖于一个线性条件随机场（Conditional Random Fields，CRF 或 CRFs）模型[17]，该模型将分词过程视为一个二元决策任务，使用的三类特征分别是字符标识 n-grams、形态和字符重叠特征。由于训练 CRF 模型是非常耗时的，通常使用 CRF 模型实现的分词工具虽然分词准确率很高，但是处理速度比较慢。斯坦福的分词器在 2005 年的国际中文处理比赛 Bakeoff 中获得了两个语料的测试第一。

CRF[18]是一种经常应用于模式识别和机器学习领域的统计建模方法，其目的是为了结构化预测。由 John Lafferty 等人最早用于 NLP 技术领域，主要用于中文分词和词性标注等词法分析工作。简单来说，CRF 分词的原理就是把分词当作另一种形式的命名实体识别，利用特征建立概率图模型后，用 Veterbi 算法求最短路径的过程，其原理易于理解。

下面通过实例来加深对 CRF 分词原理的理解。

（1）CRF 将分词视为字的词位分类问题，字的词位信息分为 4 种，分别是词首（B）、词中（M）、词尾（E）和单字词（S）。

（2）CRF 分词的过程就将词位标注后，把词首和词尾之间的字及单字词构成完整的分词结果。

（3）分词实例。

例句：我喜欢大数据

CRF 标注后：我（S）喜（B）欢（E）大（S）数（B）据（E）

分词结果：我|喜欢|大|数据

斯坦福的分词器有两个不同的分词标准，分别为 Chinese Penn Treebank（CTB）标准和 Peking University（PKU）标准[15]。其中，PKU 模型提供的词汇量和测试数据上的 OOV 率都要低于 CTB 模型。在 2008 年发布的版本中，该分词器已添加外部词典功能，通过与外部词典结合，提高切分的一致性，并在 Bakeoff 数据上的训练和测试取得了更高的 F measure 值。

斯坦福分词器使用实例。

部分代码如下：

```
Properties props = newProperties();
props.setProperty("sighanCorporaDict", basedir);
props.setProperty("NormalizationTable", "data/norm.simp.utf8");
props.setProperty("normTableEncoding", "UTF-8");
// below is needed because CTBSegDocumentIteratorFactory accesses it
props.setProperty("serDictionary", basedir + "/dict-chris6.ser.gz");
if (args.length> 0) {
        props.setProperty("testFile", args[0]);
}
```

```
props.setProperty("inputEncoding", "UTF-8");
props.setProperty("sighanPostProcessing", "true");
CRFClassifier<CoreLabel>segmenter =
newCRFClassifier<CoreLabel>(props);
segmenter.loadClassifierNoExceptions(basedir + "/ctb.gz", props);
for (String filename : args) {
    segmenter.classifyAndWriteAnswers(filename);
}
String sample = "我喜欢研究大数据。";
List<String> segmented = segmenter.segmentString(sample);
```

运行结果如下：

```
serDictionary=data/dict-chris6.ser.gz
NormalizationTable=data/norm.simp.utf8
sighanCorporaDict=data
normTableEncoding=UTF-8
inputEncoding=UTF-8
sighanPostProcessing=true
LoadingclassifierfromD: \ workspace \ WordSegmenter \ data \ ctb.gz…LoadingChinesedictionaries
from1file:data/dict-chris6.ser.gz
Done.UniquewordsinChineseDictionaryis:423200.
Done[24.5sec].
INFO:TagAffixDetector:useChpos=false｜useCTBChar2=true｜usePKChar2=false
INFO: TagAffixDetector: building TagAffixDetector from data/character_list and data/dict/in.ctb
Loading character dictionary file from data/dict/character_list
Loading:affix dictionary from data/dict/in.ctb
[我，喜欢，大，数据。]
```

需要注意的是，由于斯坦福的分词器占用内存比较大，所以，使用时需要设置 VM arguments，否则会出现内存溢出。根据上述代码和运行结果可以看出，分词器需要的源语料就是 norm.simp.utf8 文件。

8.3 倒排索引

倒排索引（Inverted Index）也被称为"反向索引"或"反向文件"，是一种索引数据结构。倒排索引在"内容"（例如，单词、数字）和存放内容的"位置"（例如，数据库、文件、一组文件）之间建立映射，其目的在于快速全文检索和使用最小处理代价将新文件添加进数据库。通过倒排索引，可以快速地根据"内容"查找到包含它的文件。倒排索引是目前文件检索系统中使用最广泛的数据结构，被广泛用于搜索引擎中[19]。

倒排索引有两种不同的索引形式：一种是"给定一个词语，查找出所有包含这个词语的文档"；另一种是"给定一个词语，不仅能查找出所有包含这个词语的文档，还能查找出这个词语在这篇文档中文档位置"。显然，后者可以提供更多的功能（例如，短语搜索），但是需要更多的时间和空间来创建索引。

8.3.1 倒排索引原理[20]

1. 词语和文档的关系

"文档"是以文本形式存在的存储对象，它是一个比较宽泛的概念：一个 Word 文件、一条短信都可以称为一个文档。在搜索引擎中，文档一般指的是"互联网网页"。将多个文档聚集在一起，就形成了"文档集合"，或称为"语料库"[20]。

如果使用一个矩阵来描述词语和文档之间的关系，不难得出如下"词语-文档矩阵"。其中，每一列代表一个文档，每一行代表一个词语，每一个单元格代表"此文档中出现此词语的次数"。

出现次数	文档 1	文档 2	文档 3	文档 4
词语 1	4			1
词语 2	3		4	
词语 3	3	1		
词语 4		3	9	

矩阵中的第一列说明"在文档 1 中，词语 1 出现了 4 次、词语 2 和词语 3 均出现了 3 次，并且文档 1 中不再有其他词语出现"。同理，矩阵中的第一行则说明"词语 1 在文档 1 中出现在 4 次，在文档 4 中出现 1 次，在其他文档中不出现"。其他行列同理。

人们关心的是"一篇文档中出现了哪些词语"，但搜索引擎更关心"一个词语在哪些文档中出现"，并且需要快速地把这些文档全部呈现出来。搜索引擎的索引实际上就是上述"词语-文档矩阵"这一概念数据模型的一种具体实现形式[20]，倒排索引便是其中一种比较有效的实现方式，通过倒排索引，可以根据单词快速获取包含这个词语的文档列表。除此之外，搜索引擎中经常用到的还有"签名文件""后缀树"等。

2. 倒排索引的数据结构

倒排索引可以使用这样一个 Map 来实现：如图 8-9 所示，每一个词语都是 Map 中的一个键（Key），这个键对应的 Value 是一个集合，里面保存着包含这个词语的文档的编号。存储形式为：Map< String key, Set< Struct< DocID > value > >。

同理，如果要在倒排索引中加入更多信息，可以在 Value 中增加记录项目，如图 8-10 所示。例如，加入"此词语在此文档中出现次数及位置"等信息。

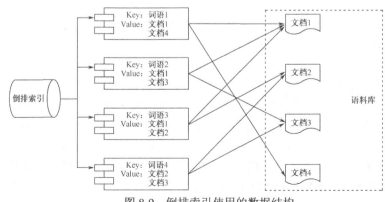

图 8-9　倒排索引使用的数据结构

图 8-10　可以在倒排索引的 Value 项里增加信息

3. 倒排索引的建立实例[21]

假设现在有两篇文档，每篇文档的内容如下：

文档	内容
文档 1	The quick brown fox jumped over the lazy dog.
文档 2	Quick brown foxes leap over lazy dogs in summer.

1）文章本分词

我们需要将一整段的字符串拆分成为一个一个的词语，即文本分词。英文句子由于单词间有空格分隔，比较容易处理，但中文不同，词语之间并没有空格分开。这时就需要借助专业分词工具将句子正确地切分成词语。例如，将"中国科学家屠呦呦获得诺贝尔医学和生理学奖"可以被拆分成"中国 科学家 屠呦呦 获得 诺贝尔 医学 和 生理学 奖"。

2）去除无关词语

英文中存在大量的"a""the""too"之类的对搜索没有实际帮助的词语，中文中的"的""是""这"等字也通常无具体含义。这些词语都可以直接被去除掉。另外，所有标点符号也可以一并去除。

3）词语归一化

我们通常希望在查询"fox"的时候将包含"Fox""FOX""foxes"的文章一同查询出来，并且在查询"jump"的时候能将包含"jumped""jumps"的文章也一并查询出来。这时就要做统一大小写、统一词语的格式等操作。

经过上述操作，上述两个文档内容会"变成"以下文档：

文档	内容
文档 1	quick brown fox jump over lazy dog
文档 2	quick brown fox leap over lazy dog summer

4）建立词语-文档矩阵

可以根据上述分析结果快速写出如下词语-文档矩阵：

出现次数	文档 1	文档 2
quick	1	1
brown	1	1
fox	1	1
jump	1	
over	1	1
lazy	1	1
dog	1	1
leap		1
summer		1

5）建立到排索引

可以根据上述词语-文档矩阵建立如下倒排索引：

Key（词语）	Value（在哪些文档中出现）
quick	{1,2}
brown	{1,2}
fox	{1,2}
jump	{1}
over	{1}
lazy	{1,2}
dog	{1,2}
leap	{2}
summer	{2}

4．倒排索引的更新策略

更新策略主要有 4 种：完全重建策略、再合并策略、原地更新策略及混合策略。

（1）完全重建策略：新文档并不立即被解析和加入索引中，而是先进行"文档暂存"。待文档暂存区中的文档达到一定数量后，将这些新文档和旧文档混在一起，对所有文档重建新索引，替换旧索引。这种方法代价极高，但主流商业搜索引擎有时会采用这种方法更新索引。

（2）再合并策略：新文档会立即被解析，但解析结果并不会立刻加入到旧索引中，而是进行"索引暂存"。索引暂存其实也是一个建立索引的过程。待索引暂存区达到一定数量后，暂存区中的索引和旧索引进行合并。

（3）原地更新策略：新文档立刻被解析，解析结果立刻被加入旧索引中。这种方法有较好的时效性，在理论上是一种比较优秀的策略。为了加快索引速度，索引内部一般都有一个"调优"的机制，例如，移动某些文件在磁盘上的位置，使索引过程中磁头移动距离尽可能小，磁盘等待时间尽量少。如果新文档立刻进入旧索引，那么索引内部就会不停地执行"调优"过程，有时反而会使性能下降。

（4）混合策略：其思想是混合地使用上述几种策略，取长补短，以达到最好的性能。

8.3.2　倒排索引实现

在下面的例子中[22]，我们将对前一节中讲述的倒排索引做一个简单的实现。

1．任务概述

现在有 5 个文档，内容如下：

文档	内容
文档 1	dog cat sheep pig mouse
文档 2	sheep whale mouse
文档 3	fish dog cat mouse
文档 4	cat fish mouse
文档 5	pig pig fish cat cat cat mouse

现要求对这些文件建立倒排索引，使之能够被方便地查询。例如，在倒排索引中查

询"fish"，查询结果返回"文档 3、文档 4、文档 5"。

2．遍历读取文件

因为所有的文件都存放在文件夹中，所以，首先要把这些文件读取出来，才能进行后续处理。

```
class InvertedIndex:
def makeTextIndexFromFloder( self ):
    dir='data'
    for filename in os.listdir( dir ):
        self.processOneFile( dir + os.sep + filename )
```

3．对单个文件进行处理

对单个文件所做的处理包括文本分词、去除无关词语、词语归一化和建立单个文件的信息统计表，得到"词语–出现次数"统计表。这个统计表就是"词语–文档矩阵"中的一列。

在这里作为例子，只实现了最简单的读取英文单词（使用空格进行分割）并进行统计，并没有实现单词的大小写转换、词语归一化等功能。这些内容留给读者自行完成。

```
class InvertedIndex:
def __init__( self ):
    self.invertedTable = {}
def processOneFile( self, filename ):
# 建立对于单个文件的"词语–出现次数"统计表
    dictInOneFile = {}
    with open( filename, mode = 'r' ) as inputFile:          # 打开文件
        content = inputFile.read().split()          # 获取到文件所有词语（单词）
        for word in content:                        # 对于每一个单词
            if word in dictInOneFile:               # 增加计数
                dictInOneFile[word] += 1
            else:
                dictInOneFile[word] = 1
    # 将单个文件信息和总体的到排表进行合并
    self.mergeTables( dictInOneFile, filename )
```

4．将单个文件信息和总体的倒排表进行合并

在创建倒排索引时，需要对每一个文件的信息进行合并，转变"词语–出现次数"统计表为"词语–文件–出现次数"倒排表。

```
class InvertedIndex:
def mergeTables(self,dictInOneFile,filename):
    for key, value in dictInOneFile.items():
        if not key in self.invertedTable:
            self.invertedTable[key] = {}
        self.invertedTable[key][filename] = value
```

5. 查询处理

有了上面的倒排索引，"查询"似乎是顺理成章的事情：只需要通过 Key 查找到对应的 Value 即可。

```
class InvertedIndex:
def query(self,word):
    if word in self.invertedTable:
        result=self.invertedTable[word]
        for filename,times in result.items():
            print('词语%s 在%s 中出现'%(word,filename))
    else:
        print('查询项不存在')
```

上述程序的调用代码如下：

```
if __name__ == '__main__':
invertedFile = InvertedIndex()
invertedFile.makeTextIndexFromFloder()
invertedFile.query('fish')
```

在 Python3 下执行上述代码，可以在控制台看到如下输出：

```
词语 fish 在 data/doc4.txt 中出现
词语 fish 在 data/doc5.txt 中出现
词语 fish 在 data/doc3.txt 中出现
```

这里仅仅作为例子，实现了一个简易的倒排索引。读者可以自行加以改进，例如，加入中文分词等功能。

8.4 网页排序算法

在能将"包含某关键字的网页迅速查找出来"之后，另一个问题出现在我们面前：应该如何对查找结果内的每一张网页进行"打分"和"排序"，以保证排在前面的文档是"最重要的""最符合搜索意图的"文档？这个问题看起来似乎很容易，但是解决的方法却没有我们想象的那么简单。

8.4.1 概述

网页排序算法大致可分为 4 种：基于访问量的排序算法、基于词频统计和词语位置加权的排序算法、基于链接分析的排序算法、基于智能化的排序算法[23]。

1. 基于访问量的排序算法

这种算法的主要思想如下：越是重要的网页，访问量就会越大。访问量越大的网页，排名越靠前。但是这种排名算法有两个很显著的问题：一是它只能够抽样统计，统计数据不一定准确，并且访问量的波动较大，想要得到准确的统计，需要大量的时间和人力，统计结果有效期很短；二是访问量并不一定能体现一个网页的"重要程度"。

2．基于词频统计和词语位置加权的排序算法

利用查询关键词在文档中出现的频率和出现位置对文档进行排序是搜索引排序的一种主要思想。这种技术发展最为成熟，应用非常广泛，是许多搜索引擎的核心排序技术。查询关键词在文档中出现的频率越高，出现的位置越重要，则认为此文档越符合搜索意图、此文档越"重要"。这种技术有两个关键步骤：词频统计和词位置加权。

1）词频统计

查询关键词在文档中出现的频率（词频）越高，则认为此文档和查询关键词的相关度越大。但当查询关键词为常用词（例如，"的""这个"）时，其对相关性判断的意义非常小。在基于词频的统计算法中，著名的算法有 TF-IDF 算法、BM25 算法等。

2）词位置加权

由于网页文件是带有版面格式信息（HTML 标签等）的，这些信息对于搜索关键词的加权起着十分重要的作用。例如，如果搜索关键词出现在了标题中，或搜索关键词在正文中被加粗，那么，可以对此关键词的这次出现分配更大的权值。

3．基于链接分析的排序算法

在文献索引机制中，一篇论文被其他论文引用次数越多，或被越权威的论文引用，则这篇论文的重要性越大。在链接分析中，一个网页被其他网页引用次数越多，说明这个网页的内容越受欢迎，被越权威的网页所引用，说明这个网页的质量越高，其价值越大。链接分析排序算法大致可以分为如下几类：

（1）基于随机漫游模型的链接分析算法，例如 PageRank 和 Reputation 算法。

（2）基于概率模型的链接分析算法，如 SALSA、PHITS 等。

（3）基于 Hub 和 Authority 相互加强模型的链接分析算法，如 HITS 及其变种。

（4）基于贝叶斯模型的链接分析算法，如贝叶斯算法及其简化版本。

所有的算法在实际应用中都结合传统的内容分析技术进行了优化。

4．基于智能化的排序算法

目前，主流搜索引擎都在研究新的排序方法，来提升用户的满意度。但是上述几类算法都或多或少存在相关性差问题和搜索结果单一化的问题[24]。

1）搜索结果相关性差的问题

相关性是指检索关键词和网页的相关程度，相关性分析越精准，用户的搜索效果就会越好。由于语言是一个很复杂的系统，仅仅通过网页的表面特征及链接分析来判断检索词与页面的相关性得到的结论往往是片面的。例如，我们检索关键词为 A，有些网页整篇都在介绍 A 的相关知识，但全篇都没有出现 A 这个关键词，这个网页根本无法被搜索引擎检索到。提升搜索相关性的方法是使用语意理解来分析检索关键词与网页的相关程度，同时剔除那些相关性低的网页。

2）搜索结果单一化问题

一般情况下，在搜索引擎中，不同的人搜索同一个关键词，得到的搜索结果是完全

相同的，但是这并不能满足我们的需求。例如，普通人搜索"感冒"，一般是想得到感冒的预防知识和如何治疗感冒，但医学工作者可能更想得到关于感冒的论文。解决搜索结果单一的方法是通过 Web 数据挖掘，建立用户模型（如用户职业、兴趣、行为、风格），提供个性化服务。

8.4.2　TD-IDF 算法

TF-IDF（Term Frequency-Inverse Document Frequency）是一种统计方法，不仅可以用于评估一个词语对于语料库中某一份文档的重要程度，还可以对搜索结果进行排序，使"重要的"和"贴合搜索关键词的"网页排在前面。基于 TF-IDF 的网页评分系统在搜索引擎中被广泛使用。它不仅可以自动过滤掉那些无意义的词（例如，"的""是""这个"等），还可以自动提取出文章的关键词，用以对文章进行自动分类。它的总体思想是：一个词语的重要性随着它在单个文档中出现次数的增加而增加，但同时会随着它在语料库中出现频率的增加而下降。

1．词频（Term Frequency，TF）

TF 是某个词在某个文档中出现的次数或者频率。这是一个很容易想到的思路：某个词语 A 在某篇文档 B 中出现的次数很多，但在其他文档中出现的次数很少，那么对于文档 B 来说，词语 A 可能更能反映文档 B 的特性，词语 A 就很"重要"。TF 的计算公式很多，最简单的形式为

$$TF = \frac{某个词语A在文档B中出现的次数}{文档B的长度} \tag{8-1}$$

2．逆文档频率（Inverse Document Frequency，IDF）

只使用词频进行统计显然是不够的：通常情况下，文档中会大量出现"的""是""这个""this""a""the"这样的对搜索结果毫无帮助的词语（也称为"常用词"或"停止词（Stop Words）"）。于是我们给每一个词语增加这样一个权重：如果这个词在语料库中的每个文档中均频繁出现，那么这个词的权重就很小甚至为 0；相反，如果某个词只在语料库中的某几篇文档中大量出现，那么这个词的权重就很大。这里的"权重"就是"逆文档频率"，它计算公式也有许多，最简单的形式如下：

$$IDF = \lg\left(\frac{语料库中文档总数}{在语料中有多少个文档包含词语A}\right) \tag{8-2}$$

除了最简单的形式外，下面这种形式的计算公式也经常被使用：

$$IDF = \lg\left(\frac{N-n+0.5}{n+0.5}\right) \tag{8-3}$$

其中，N 为语料库中的文档数目，n 为语料库中包含词语 A 的文档数目。不难发现，使用上述公式计算出来的 IDF 值符合我们的预期。

图 8-11 所示为在 $N=1000$ 时的 IDF 函数曲线。

3．TF-IDF

一个文档的 TF-IDF 值可以通过将 TF 和 IDF 相乘得到：

$$TF\text{-}IDF = TF \times IDF$$

若同时查询多个关键字，则这个文档的 TF-IDF 值的计算公式为：

$$TF\text{-}IDF = \sum_{i=1}^{n} TF_i \times IDF_i$$

通过上面的计算公式，不难得出如下数据：

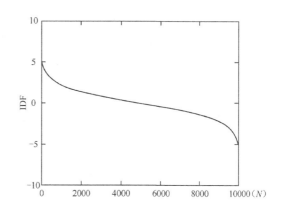

图 8-11 在 N=10000 时 IDF 函数曲线

词语 A 在文档 B 中出现频率	TF 值	词语 A 在语料库中出现频率	IDF 值	TF-IDF 值
小	小	小	大	小
小	小	大	小	小
大	大	小	大	大
大	大	大	小	小

上述数据比较符合我们的预期。

假定我们现在有 1 亿张网页的语料库，需要查询的词语序列为"工商银行的互联网金融"。在将查询序列分词为"工商银行/的/互联网金融"之后，进行如下计算：

假设语料库中有 20 万张网页包含"工商银行"关键词，全部网页都包含"的"，有 2.5 万张网页包含关键词"互联网金融"。则这 3 个关键词的 IDF 值分别为 lg(500)=2.699、lg(1)=0、lg(4000)=3.602。

假设某张网页 A，长度为 800 词，其中"工商银行"出现 13 次，"的"出现 74 次，"互联网金融"出现 8 次。则这 3 个关键词的 TF 值分别为 0.0163、0.0925、0.01。

则对于网页 A 来说，TF-IDF 值为 2.699×0.0163+0×0.0925+3.062×0.01=0.074613。

4．TF-IDF 的实现

回顾上面的例子，做如下修改：输出时要求按照每个文档的 TF-IDF 值从大到小的顺序进行输出。

下面的代码是对 12.3.2 节例子中的代码做了一些扩充而得到的。

（1）读取文件并建立倒排索引。

```python
class InvertedIndex:
    def __init__(self):
        self.fileLength = {}          # 每个文件的长度
        self.invertedTable = {}       # 倒排索引
        self.fileCount = 0            # 文件总数和单词总数
        self.wordCount = 0
```

```python
def makeTextIndexFromFloder(self, floderDir):
    filenames = glob.glob(floderDir + "/*")
    self.fileCount = len(filenames)
    for filename in filenames:
        dictInOneFile = {}
        with open(filename, mode='r') as inputFile:
            fileContent = inputFile.read().split()
            self.wordCount += len(fileContent)
            self.fileLength[filename] = len(fileContent)
            for word in fileContent:
                if not word in dictInOneFile:
                    dictInOneFile[word] = 0
                dictInOneFile[word] += 1
            self.mergeTables(filename, dictInOneFile)


def mergeTables(self, filename, dictInOneFile):
    for word, times in dictInOneFile.items():
        if not word in self.invertedTable:
            self.invertedTable[word] = {}
        self.invertedTable[word][filename] = times


def listOut(self, word):
    if word in self.invertedTable:
        return self.invertedTable[word]
    else:
        return {}
```

（2）查询操作：先查询出所有符合条件的文档，再对其进行排序，最后按顺序输出。

```python
class Searcher:
    def __init__(self, invertedFile, ranker):
        self.invertedFile = invertedFile
        self.ranker = ranker


    def search(self):
        rawWords = list(input("输入要查询的单词: ").split())
        result = {}
        for word in rawWords:
            singleWordSearchResult = self.invertedFile.listOut(word)
            singleWordSearchResult = self.ranker.getRank(word=word, arr=singleWordSearchResult)
            result = self.mergeTheResult(result, singleWordSearchResult)
        self.showResult(result=result)


    def mergeTheResult(self, lastTimeResult, thisTimeResult):
```

```
        if 0 == len(lastTimeResult):
            return thisTimeResult
        temp = {}
        for filename in lastTimeResult.keys():
            if filename in thisTimeResult:
                temp[filename] = lastTimeResult[filename] + thisTimeResult[filename]
        return temp


    def showResult(self, result):
        print("查询结果：")
        if len(result) == 0:
            print("\t 没找到（同时）包含这些关键词的文件")
        else:
            temp = sorted(result.items(), key=lambda x: x[1], reverse=True)
            for (file, rank) in temp:
                print("\t%s\t=>\t%f" % (file, rank))
        print()
```

（3）使用 IF-IDF 进行评分。

```
class TF_IDF:
    def __init__(self, referance):
        self.referance = referance


    def getRank(self, word, result):
        for filename in result.keys():
            tf = self.referance.invertedTable[word][filename] / self.referance.fileLength[filename]
            idf = math.log(self.referance.fileCount / len(self.referance.invertedTable[word]))
            result[filename] = tf * idf
        return result
```

（4）程序调用。

```
if __name__ == '__main__':
    fdir = "data"
    # 建立倒排索引
    invertedIndex = InvertedIndex()
    invertedIndex.makeTextIndexFromFloder(fdir)
    # 建立打分规则
    ranker = TF_IDF(invertedIndex)
    # 建立搜索器
    searcher = Searcher(invertedIndex, ranker)
    while True:
        searcher.search()
```

（5）程序运行结果。

输入要查询的单词：cat

查询结果：

data/doc5.txt	=>	0.095633
data/doc4.txt	=>	0.074381
data/doc3.txt	=>	0.055786
data/doc1.txt	=>	0.044629

输入要查询的单词：cat dog

查询结果：

| data/doc3.txt | => | 0.232185 |
| data/doc1.txt | => | 0.185250 |

输入要查询的单词：cat dog fish

查询结果：

| data/doc3.txt | => | 0.180354 |

8.4.3　BM25 算法

1．BM25 算法介绍

与 TF-IDF 类似，BM25（BM 是 Best Matching 的缩写）也是一种基于统计方法的排序算法，是二元独立模型的扩展，或者看作是 TF-IDF 算法的变形。此算法也是一种有效的相关性评分手段，被搜索引擎广泛使用。BM25 算法只关心"词语在查询中和在文档中的出现频率"，而不关心词语之间的内在联系（例如，先后顺序）。由于 Okapi 最早实现了此算法，故此算法也经常被称为"Okapi BM25"。

给出查询关键词 A，则语料库中某篇文档 B 的 BM25 分数定义如下：

$$\text{Score}(A,B) = \text{IDF}(A) \times \frac{f \times (k_1 + 1)}{f + k_1 \times (1 - b + b \times k_2)} \qquad (8\text{-}4)$$

在这里，IDF 是逆文档频率，f 是"词语 A 在文章 B 中出现的频率"，k_1 和 b 是两个调节参数，其中参数 b 用来调节文档长度对相关性影响的大小，通常使用的经验值为 $k_1 = 2$，$b = 0.75$，k_2 是文档的平均长度，如图 8-12 所示。

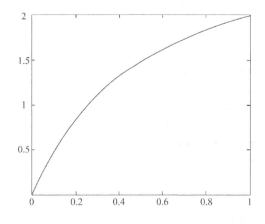

图 8-12　当取 IDF=1、k_1=2、b=0.75、k_2=200 时，BM25 公式的曲线

在实际使用中，可以对此公式做一些修改以适应不同场景的需要。

（1）如需完全忽略常用词，只需将它们的 IDF 值人为设为 0 即可。

（2）为了避免常用词被完全忽视，IDF 项可以设定一个最小值 ε。

（3）IDF 项可以用其他非线性函数代替。

（4）当词语 A 在于粮库中超过 50%的文档中均有出现时，IDF 值为负数。此时需要对 IDF 值做特殊处理。

2．BM25 算法实例

考虑上一节的例子。使用 BM25 算法来对查询到的网页进行评分。

在这里，只需要更改评分算法即可。关键代码如下：

```
class BM25:
def __init__(self, referance):
    self.referance = referance
    self.k1 = 2
    self.k2 = referance.wordCount / referance.fileCount
    self.b = 0.75
def getRank(self, word, result):
    for filename in result.keys():
        f = self.referance.invertedTable[word][filename]
        idf = math.log(self.referance.fileCount / len(self.referance.invertedTable[word]))
        result[filename] = (idf * f * (self.k1 + 1)) / (f + self.k1 * (1 - self.b + self.b * self.k2))
    return result
```

其余代码均不变。查询结果和上一节的结果几乎相同。

8.4.4　PageRank 算法

在 Google 诞生之前，流行的网页排名大多基于流量统计：某个网页被访问得越多，这个网页就越重要，它就会被排在检索结果的前面。1998 年，Larry Page 发表了一篇论文[25]，论文中提出了一种叫作 PageRank 的算法，这种算法的主要思想如下：越重要的网页，页面上的链接质量也越高，同时越容易被其他重要的网页链接。该算法完全利用网页之间互相链接的关系来计算网页的重要程度，摆脱了利用访问量加权的方法，将网页排序问题变成一个数学问题[26]。与其他网页排序算法相比，PageRank 算法将整个互联网视为一体，充分利用了网页之间的联系，而不是仅仅关注于某一张网页。

PageRank 算法的核心思想是让页面之间通过超链接来进行"投票"：页面 A 上有一个指向页面 H 的超链接，就相当于页面 A 给页面 H"投了一票"；一个网页被越多网页链接到，那么这个网页就越受大家信赖，此网页越重要，PageRank 值越高；一个很重要、PageRank 值很高的网页（如网页 B）链接到了其他网页，那么这些网页的 PageRank 值也会因此提高。

PageRank 算法的背后是马尔可夫链（Markov Chain）：PageRank 算法假设一个在网络上浏览网页的人，每看过一个网页之后都会随机点击网页上的某个链接以访问新的网页。如果当前这个人正在浏览网页 X，那么此网页上每个链接被点击的概率（可以用向

量 N_x 表示）也是确定的。在这种条件下，这个人点击了无限多次链接后，恰好停留在某个网页上的概率是多少？

如图 8-13 所示，考虑下面的三个页面：页面 A 上有指向页面 B 和 C 的链接，页面 B 上只有指向页面 A 的链接，页面 C 上只有指向页面 B 的链接。

在这里，我们构造每一次点击链接概率的矩阵 Z：

$$Z = \begin{pmatrix} 0 & 1 & 0 \\ 0.5 & 0 & 1 \\ 0.5 & 0 & 0 \end{pmatrix}$$

矩阵的第 i 列第 j 行 $A_{i,j}$ 表示"如果当前访问的网页是 i，那么点击一次链接跳转到网页 j 的概率是多少"。

同时，可以用向量 R_i 来表示点击了 i 次链接之后停留在每个网页上的概率。R_0 表示一开始就打开了某个网页的概率，在本例中，令 R_0 均取平均值 0.333，即初始时打开 3 个网页的概率相等：

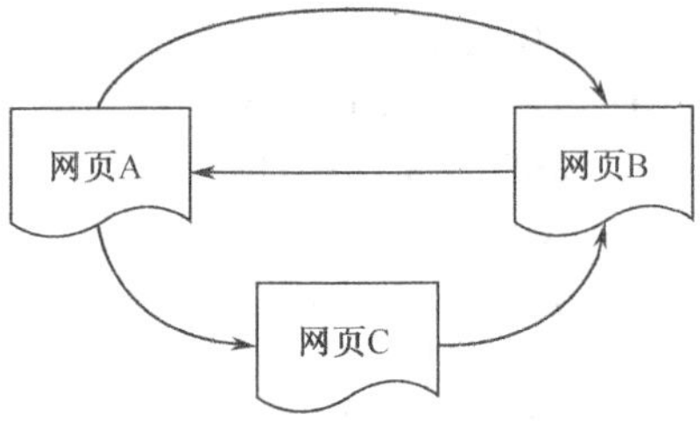

图 8-13　网页之间的链接关系

$$R_0 = \begin{pmatrix} 0.333 \\ 0.333 \\ 0.333 \end{pmatrix}$$

事实上，可以证明，R_0 的取值并不影响最终 PageRank 的计算。

将 A 和 R_{n-1} 相乘，可以得到点击 n 次链接后停留在某个页面上的概率，即

$$R_n = A \times R_{n-1} = A^n \times R_0$$

例如，进行一次点击后，我们可以得到：

$$R_1 = \begin{pmatrix} 0.333 \\ 0.5 \\ 0.167 \end{pmatrix}$$

对上面的例子不停地进行迭代，可以得到最终排序结果。

事实上，Google 几乎每天都在更新着它的网页排序算法，经典的 PageRank 算法更是申请了专利。目前，谷歌使用的排序算法是综合了 200 多种信息的更加稳定的排序算法[27]。PageRank 算法给了后来人很多的启示，以此衍生出 Reputation、SALSA 等一大批基于链接分析的网页排序算法。

8.5　历史信息检索

历史事件的发生不是孤立的，重大历史事件蕴含着当时社会文化发展的众多时空关联信息，普通大众在获取历史知识的学习过程中会有意无意地将历史割裂开来，变成了若干个零碎的片段。要客观全面地了解一个历史事件，就要求我们有一种整体观念，突

破事件本身的时空限制，挖掘事件之间的相互关联。

　　面向历史领域的智能信息检索引擎旨在为历史文化研究者提供一个系统的、全面的、基于史实的历史事件关联信息分析与可视化展示的平台；为历史文化研究者和普通大众提供一个准确的、智能的历史事件查询平台。

　　本节介绍面向历史领域的智能信息检索的系统架构和相关技术。

8.5.1　系统架构

　　面向历史领域的智能信息检索引擎，从互联网上抓取重大历史事件的网站内容，经过数据汇聚和整合从而在数据库中建立专门的数据库。通过在数据库中检索与用户查询条件匹配的相关记录，然后将查询结果进行优化，并按照一定的排序方式将最终结果返回给用户。全文检索系统架构图如图 8-14 所示。

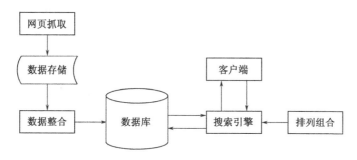

图 8-14　面向历史领域的智能信息检索引擎的系统架构

8.5.2　数据抓取与整合

　　历史信息检索引擎将采集与重大历史事件时空相关的各种数据资料，使用 3 种数据采集方式：①手动录入。提供内容输入的界面，由历史学家或者爱好者手动录入历史事件的事件、时间和年代、地点与地理位置、人物、原因、过程、结果、意义，以及关键词信息等。②半自动采集。由于手工在电脑上录入大量信息将耗费大量的时间和精力，将考虑海量历史数据的自动采集。通过自然语言处理、机器学习和人工标注相结合的方法自动抽取历史事件的关键要素。③面向历史领域的非结构化互联网数据抓取与集成。收录用户推荐的重要历史网站（如维基百科、百度百科等）和系统自动抓取的历史相关的网页。

8.5.3　查询引擎

　　在历史信息检索中，为了让用户体验尽量达到最好，每个搜索字段之间要保逻辑持"与"的关系（见图 8-15，历史事件字段、参与人物字段、未参与人物字段、历史事件地点字段、历史事件时间字段，它们之间是逻辑"与"的关系），相同字段之间搜索不同内容的时候也要保持逻辑"与"的关系（见图 8-15，参与人物字段不同的内容也必须是逻辑"与"的关系，即必须同时满足不同的参与人物条件）。其中，搜索字段可以单独查询，也可以多个混合查询。

图 8-15　历史信息检索字段

　　历史信息检索系统使用 Java 语言开发，为使代码保持较强的可读性和逻辑性，该系统使用 Hibernate 开源框架进行数据持久化操作。此框架是一个典型的对象-关系映射模型。系统是一个 Web 应用程序，使用 Struts2 框架进行开发降低了开发难度。Struts2 框架是一个 MVC 三层框架，分为模型 Model 层、视图 View 层、控制器 Controller 层，使用此框架可以保持程序代码的高度可读性和可维护性。另外，Struts2 框架原生支持将查询结果返回为 Json 对象，这使得在系统中可以很方便地使用 Ajax 异步加载技术，提升操作体验。

8.5.4　运行效果

　　本节将用历史信息检索系统实例的运行效果，加深读者对历史信息检索的理解。

　　在历史事件相关的字段查询时，可以精准地得到数据库中的相应数据项，查询界面如图 8-16 所示。

图 8-16　静态单字段查询界面

其查询结果如图 8-17 所示（以搜索"文字狱"为例）。

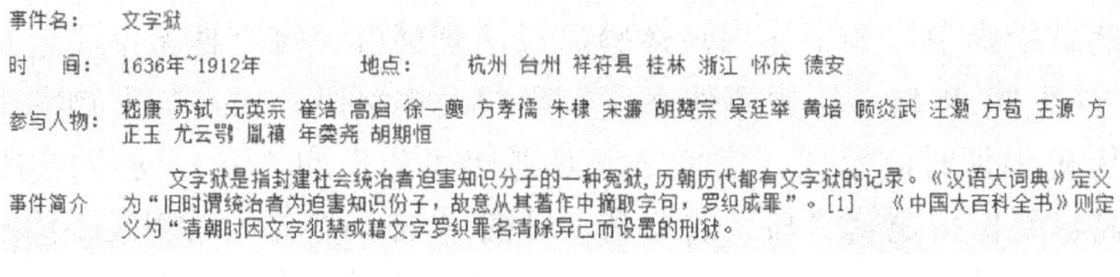

事件名：	文字狱		
时　间：	1636年~1912年	地点：	杭州 台州 祥符县 桂林 浙江 怀庆 德安
参与人物：	嵇康 苏轼 元英宗 崔浩 高启 徐一夔 方孝孺 朱棣 宋濂 胡赞宗 吴廷举 黄培 顾炎武 汪� 方苞 王源 方正玉 尤云鹗 胤禛 年羹尧 胡期恒		
事件简介	文字狱是指封建社会统治者迫害知识分子的一种冤狱，历朝历代都有文字狱的记录。《汉语大词典》定义为"旧时谓统治者为迫害知识份子，故意从其著作中摘取字句，罗织成罪"。[1]　《中国大百科全书》则定义为"清朝时因文字犯禁或藉文字罗织罪名清除异己而设置的刑狱。		

图 8-17　静态单字段查询结果

在对可动态增加的字段查询时，可以得到数据库中存在的所有的相关数据项，搜索界面如图 8-18 所示。

查询结果如图 8-19 所示（以搜索"曾国藩""李鸿章"为例）。

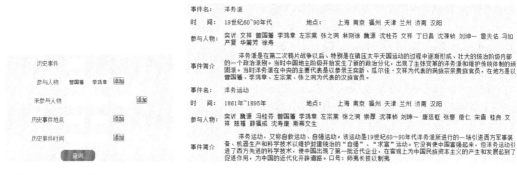

图 8-18　动态单字段查询界面　　　　　图 8-19　动态单字段查询结果

在对多个字段混合查询时，由于各字段间是逻辑"与"的关系，即同时满足关系时才能得到相应的结果。搜索界面如图 8-20 所示。

查询结果如图 8-21 所示（以搜索"曾国藩""天津""1861"为例）。

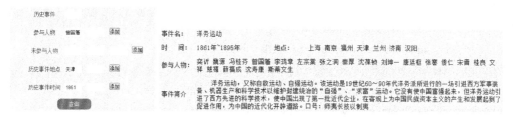

图 8-20　多字段混合查询界面　　　　　图 8-21　多字段混合查询结果

习题

1. 简述互联网信息抓取的方式。
2. 查阅相关资料，实例演示 Nutch 爬虫的安装与配置。
3. 熟练掌握 Nutch 爬虫的使用，实际操作一站式抓取和分布式抓取。
4. 简述舆情系统的组成架构。
5. 中文分词算法可以分为哪几类？
6. 常用的文本分词工具有哪些？
7. 简述倒排索引的原理。
8. 查阅相关资料实例演示倒排索引的建立和实现。
9. 常用的网页排序算法有哪些？
10. 简述 TD-IDF 算法主要思想。
11. 简述 BM25 算法主要思想。
12. 简述历史信息检索的系统架构。

参考文献

[1] http://baike.baidu.com/view/284853.htm.

[2] Guare J. Six degrees of separation: A play[M]. Vintage, 1990.

[3] http://baike.baidu.com/view/1848615.htm.

[4] http://baike.baidu.com/view/1847001.htm.

[5] http://www.tuicool.com/articles/amAVbu.

[6] http://baike.baidu.com/view/737646.htm.

[7] http://www.zwbk.org/MyLemmaShow.aspx?lid=283513.

[8] http://baike.baidu.com/view/2314806.htm.

[9] http://baike.baidu.com/view/4066913.htm.

[10] https://en.wikipedia.org/wiki/Text_segmentation.

[11] http://www.cnblogs.com/bad-heli/p/4515373.html.

[12] http://baike.baidu.com/view/19109.htm.

[13] http://www.blogjava.net/jiangyz/articles/ 238120.html.

[14] http://technology.chtsai.org/mmseg/.

[15] http://oldblog.0ssifrage.com/archives/78.

[16] http://nlp.stanford.edu/software/segmenter.shtml.

[17] https://en.wikipedia.org/wiki/Conditional_random_field.

[18] http://wenku.baidu.com/view/69e8fc1afad6195f312ba620? fr=prin.

[19] http://www.cnblogs.com/ywl925/articles/2811869.html.

[20] 张俊林. 这就是搜索引擎：核心技术详解[M]. 北京：电子工业出版社，2012.

[21] 饶琛琳. Elasticsearch 权威指南[M]. 北京：机械工业出版社，2015.

[22] http://my.oschina.net/004/blog/170688.

[23] L. Page, S. Brin, R. Motwani, T. Winograd. The PageRank Citation Ranking: Bring Order to the Web. Jan, 1998.

[24] http://www.guokr.com/article/65304/.

[25] 任丽芸，杨武，唐蓉. 搜索引擎网页排序算法研究综述[J]. 电脑与电，2010(5)：38-40.

[26] 王涛，徐洁. 搜索引擎排序技术研究[J]. 电脑知识与技术，2009(5)：1250-1252.

[27] http://www.changhai.org/articles/technology/misc/google_math.php.

第9章 大数据商业应用

大数据并不是一种全新的技术，它更多的是一种借助真实数据汇聚、数据分析及其可视化、分布式计算的，利用数据分析问题的思维方式和工作方法。面对大数据这一新业态，政府、企业更关心的是如何让大数据落地、产生实际的商业价值，增加销售额、获得利润突破。用户画像、广告推荐和互联网金融是大数据的3个典型商业应用。

9.1 用户画像与精准营销

9.1.1 用户画像概述

人在网络世界中的行为集合代表了其在网络世界中的"性格"，这个集合就描述了其网络个性和用户特征（User Profile）。从数据拥有者，也就是企业的角度来看，他们掌握了所有用户在网络世界中"某方面"的行为习惯，如用户浏览了哪些网页、搜索了哪些关键词、购买了哪些商品、留下了哪些评价等，企业都会收集汇总。如何将如此庞杂的数据转换为商业价值，成为现在企业越来越关注的问题。面对高质量、多维度的海量数据，如何建立精准的用户模型就显得尤为重要，用户画像的概念也就应运而生。

用户画像[1]，即用户信息的标签化，是企业通过收集、分析用户数据后，抽象出的一个虚拟用户，可以认为是真实用户的虚拟代表。用户画像的核心工作就是为用户匹配相符的标签，通常一个标签被认为是人为规定的高度精练的特征标识。

用户画像从多维度对用户特征进行构造和刻画，包括用户的社会属性、生活习惯、消费行为等，进而可以揭示用户的性格特征。有了用户画像，企业就能真正了解了用户的所需所想，尽可能做到以用户为中心，为用户提供舒适快捷的服务。

用户画像技术通过对用户的分析，让企业对用户的精准定位成为了可能。在这个基础上，依靠现代信息技术手段建立个性化的顾客沟通服务体系，将产品或营销信息推送到特定的用户群里中，既节省营销成本，又能起到最大化的营销效果。

9.1.2 用户画像的价值

用户画像的作用大体不离以下几个方面：

（1）精准营销，分析产品潜在用户，针对特定群体利用短信、邮件等方式进行营销。

（2）用户统计，比如中国大学购买书籍人数 TOP10，全国分城市奶爸指数等。

（3）数据挖掘，构建智能推荐系统，利用关联规则计算，喜欢红酒的人通常喜欢什么运动品牌，利用聚类算法分析，喜欢红酒的人年龄段分布情况等。

（4）进行效果评估，完善产品运营，提升服务质量，其实这就相当于市场调研、用户调研，迅速定位服务群体，提供高服务的水平。

（5）指导产品研发以及优化用户体验，在以用户需求为导向的产品研发中，企业通过获取的大量目标用户数据，进行分析、处理、组合，初步搭建用户画像，做出用户喜好、功能需求统计，从而设计制造更加符合核心需求的新产品，为用户提供更好的体验和服务。

9.1.3　用户画像构建流程

不同的平台和产品，其用户画像也不相同，但构建的思路却是一样的[2]，如图 9-1 所示，我们可以通过 3 个阶段来构建用户画像。

图 9-1　构建用户画像三阶段

1．数据收集与分析

构建用户画像是为了将用户信息还原，构建一个用户数据模型。因此，这些数据是基于真实的用户数据。

用户数据可以大致分为网络行为数据、服务内行为数据、用户内容偏好数据、用户交易数据这 4 类。

网络行为数据：活跃人数、页面浏览量、访问时长、激活率、外部触点、社交数据等。

服务内行为数据：浏览路径、页面停留时间、访问深度、页面浏览次数等。

用户内容偏好数据：浏览/收藏内容、评论内容、互动内容、生活形态偏好、品牌偏好等。

用户交易数据（交易类服务）：贡献率、客单价、连带率、回头率、流失率等。

当然，收集到的数据不会是 100%准确的，都具有不确定性，这就需要在后面的阶段建模进行再判断，比如某用户在性别一栏填的"男"，但通过其行为偏好可判断其性别为"女"的概率为 80%。

值得一提的是，储存用户行为数据时，最好同时储存下发生该行为的场景，以便更好地进行数据分析。

2．行为建模

该阶段是对上阶段收集到的数据的处理，进行行为建模，以抽象出用户的标签，这个阶段注重的应是大概率事件，通过数学算法模型尽可能地排除用户的偶然行为。

这时也要用到机器学习，对用户的行为、偏好进行猜测，好比一个 $y=kx+b$ 的算法，x 代表已知信息，y 是用户偏好，通过不断地精确 k 和 b 来精确 y。

在这个阶段，需要通过定性与定量相结合的研究方法来建立很多模型，为每个用户打上标签以及对应标签的权重。

定性化研究方法就是确定事物的性质，是描述性的；定量化研究方法就是确定对象数量特征、数量关系和数量变化，是可量化的。

一般来说，定性的方法，在用户画像中，表现为对产品、行为、用户个体的性质和特征做出概括，形成对应的产品标签、行为标签、用户标签。

定量的方法，则是在定性的基础上，给每个标签打上特定的权重，最后通过数学公式计算得出总的标签权重，从而形成完整的用户模型。

这里的标签表现了用户特征，即用户对此内容的兴趣、偏好和需求等。而权重表现了指数，用户的兴趣、偏好指数也可能表征用户的需求度，可以简单地理解为可信度、概率。

3. 构建用户画像

该阶段可以说是第二阶段的深入，要把用户的基本属性(年龄、性别、地域)、购买能力、行为特征、兴趣爱好、心理特征、社交网络大致地标签化。

当一切数据标签化并赋予权重后，即可根据构建用户画像的目的来搭建用户画像基本模型了。为什么说是基本模型？因为用户画像永远也无法 100%地描述一个人，只能做到不断地去逼近一个人，因此，用户画像既应根据变化的基础数据不断修正，又要根据已知数据抽象出新的标签，使用户画像越来越立体。

关于"标签化"，一般采用多级标签、多级分类，比如第一级标签是基本信息(姓名、性别)，第二级是消费习惯、用户行为；第一级分类有人口属性，人口属性又有基本信息、地理位置等二级分类，地理位置又分为工作地址和家庭地址等三级分类。在下一节中我们将介绍如何建立用户标签体系。

4. 数据可视化分析

如图 9-2 所示，这是把用户画像真正利用起来的一步，在此步骤中一般是针对群体的分析，比如可以根据用户价值来细分出核心用户、评估某一群体的潜在价值空间，以做出有针对性的运营。

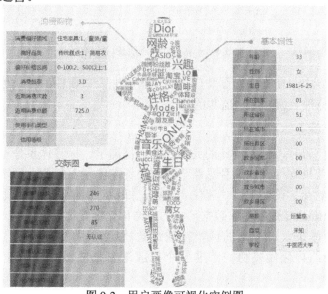

图 9-2 用户画像可视化实例图

9.1.4 用户标签体系

从技术层面看，用户画像的过程比较乏味。但如何设计用户画像的标签体系却是一个看起来最简单却最难以把握精髓的环节。

什么是标签体系？简单来说就是你把用户分到多少个类里面去。当然，每个用户是可以分到多个类上的。这些类都是什么，彼此之间有何联系，就构成了标签体系。标签体系的设计有两个常见要求，一是便于检索，二是效果显著。在不同的场景下，对这两点的要求重点是不同的。笔者见过很多做用户画像的产品经理，往往醉心于设计一个伟大、光荣、正确的标签体系，这往往只是形式主义的调调儿。

一般来说，设计一个标签体系有以下 3 种思路。

1. 结构化标签体系

简单地说，就是将标签组织成比较规整的树或森林，有明确的层级划分和父子关系。结构化标签体系看起来整洁，又比较好解释，在面向品牌广告主交流时比较好用。性别、年龄这类人口属性标签，是最典型的结构化体系。图 9-3 就是 Yahoo! 受众定向广告平台采用的结构化标签体系。

一级标签	二级标签
Finance	Bank Accounts, Credit Cards, Investiment, Insurance, Loans, Real Estate, ...
Service	Local, Wireless, Gas & Electric, ...
Travel	Europe, Americas, Air, Lodging, Rail, ...
Tech	Hardware, Software, Consumer, Mobile, ...
Entertainment	Games, Movies, Television, Gambling, ...
Autos	Econ/Mid/Luxury, Salon/Coupe/SUV, ...
FMCG	Personal care, ...
Retail	Apparel, Gifts, Home, ...
Other	Health, Parenting, Moving, ...

图 9-3　Yahoo! 用户标签体系图

不过，实践当中即使是面向品牌广告主，售卖非人口属性的受众也存在很大困难，因为这些标签从原理上就是无法监测的。

2. 半结构化标签体系

在用于效果广告时，标签设计的灵活性大大提高了。标签体系是不是规整就不那么重要了，只要有效果就行。在这种思路下，用户标签往往在行业上呈现出一定的并列体系，而各行业内的标签设计则以"逮住老鼠就是好猫"为最高指导原则，切不可拘泥于形式。图 9-4 是 Bluekai 聚合多家数据形成的半结构化标签体系。

当然，标签体系太过混乱的话，投放运营就比较困难。因此，实践中往往还需要对一定程度的结构化做妥协，除非整个投放逻辑是机器决策的（比如个性化重定向）。

类别	描述	数据来源	用户规模
Intent	最近输入词表现出某种产品或服务需求的用户	BlueKai Intent	160+MM
B2B	职业上接近某种需求的用户	Bizo	90MM
Past Purchase	根据以往消费习惯判断可能购买某产品的用户	Addthis, Alliant	65+MM
Geo/Demo	地理上或人口属性上接近某标签的用户	Bizo, Datalogix, Expedia	
Interest/LifeStyle	可能喜欢某种商品或某种生活风格的用户	Forbes, i360, IXI, …	103+MM
Qualified Demo	多数据源上达成共识验证一致的人口属性	多数据源	90+MM
Estimated Financial	根据对用户财务状况的估计作出的分类	V12	

图 9-4　半结构化标签体系图

3．非结构化标签体系

非结构化，就是各个标签就事论事，各自反映各自的用户兴趣，彼此之间并无层级关系，也很难组织成规整的树状结构。非结构化标签的典型例子是搜索广告里用的关键词。还有 Facebook 用的用户兴趣词意思也一样。

半结构化标签操作上已经很困难了，非结构化的关键词为什么在市场上能够盛行呢？这主要是因为搜索广告的市场地位太重要了，围绕它的关键词选择和优化，已经形成了一套成熟的方法论。

面向品牌的结构化标签体系，设计的好坏似乎并不太重要；而彻底非结构化的标签，也没有太多设计的需求。产品经理们碰到的难点，往往是如果设计合理的半结构化标签体系以驱动广告的实效。这里面最关键的诀窍是深入研究某个具体行业的用户决策过程。

站在上帝造万物的视角，以电视台分频道的方法将用户分到财经、体育、旅游等框架里去，其实并不难，也没有太大意义。真正务实的思维，是不要关注那么多的行业，把目光聚焦在目前服务的客户类型上。本来你接的都是电商客户，关注教育行业用户分类又有什么意义呢？

在确定了行业之后，要建立该行业的用户标签体系就有点儿挑战了。什么叫深入研究用户决策过程呢？说白了就是要洞察这个行业里用户决定买什么、不买什么的原因和逻辑。

9.2　广告推荐

9.2.1　推荐系统

个性化推荐在我们的生活中无处不在[3]。早餐买了几根油条，老板就会顺便问一下需不需要再来一碗豆浆；去买帽子的时候，服务员会推荐围巾。随着互联网的发展，这种线下推荐也逐步被搬到了线上，成为各大网站吸引用户、增加收益的法宝，如图 9-5 所示为豆瓣读书的"猜你喜欢"。

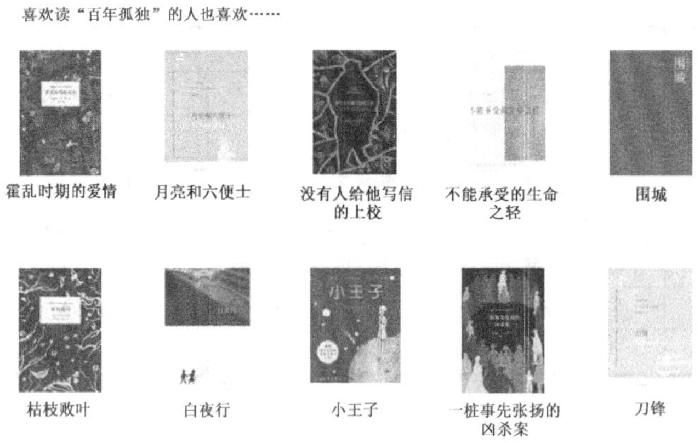

喜欢读"百年孤独"的人也喜欢……

霍乱时期的爱情	月亮和六便士	没有人给他写信的上校	不能承受的生命之轻	围城
枯枝败叶	白夜行	小王子	一桩事先张扬的凶杀案	刀锋

图 9-5 豆瓣读书的"猜你喜欢"

推荐系统的性能可以通过如下几个标准来判定：

（1）用户满意度：这是推荐系统最重要的指标，用来描述用户对推荐结果的满意程度[4]。用户满意度越高，此推荐系统性能越好。这是一个主观指标，一般通过对用户进行问卷调查或监测用户线上行为获得。

（2）覆盖率：推荐系统不应该只推荐畅销的物品、阅读量大的文章，而是应该充分发掘系统中的所有物品。例如，亚马逊图书销量的一半是几百种畅销书，另一半则是其他数万种不畅销的书。亚马逊公司的一个员工精辟地赞扬了他们的推荐系统："我们所卖的那些过去根本卖不动的书比我们所卖的那些过去可以卖得动的书多得多"[5]。一般来说，覆盖率通过推荐物品占总物品的比例和所有物品被推荐的概率分布来计算。

（3）预测准确度：描述推荐系统预测用户行为的能力[4]。推荐系统的推荐结果应尽可能接近用户的真实行为。此指标一般通过离线数据集上系统给出的推荐列表和用户行为的重合率来计算，重合率越大，预测准确度越高，此推荐系统性能越好[4]。

（4）推荐系统应能处理"冷启动"的问题：推荐系统运行初期或某用户刚刚进入推荐系统，由于系统数据较少、收集到的用户喜好数据较少，可能无法准确地进行推荐，这就是所谓的"冷启动"问题。如果系统运行初期或新用户加入系统时，系统仍能够进行准确的推荐，则说明此推荐系统性能较好。

（5）推荐系统应能避免"过度推荐热门"的问题：一些推荐系统会过度推荐浏览量较大、购买量较大的商品，从而导致"两极分化"。一方面，热门内容被持续推荐，可以被更多人浏览从而一直保持热门；另一方面，新生内容由于访问量小，而被推荐系统"冷落"。如果推荐系统能避免过度推荐热门问题，则说明此推荐系统性能较好。

除上述几个常用评价指标之外，针对不同的推荐系统，还可以使用一些"个性化"的评价指标，例如，"多样性"（描述推荐系统中推荐结果能否覆盖用户不同的兴趣领域）、"新颖性"（描述推荐系统对"新、奇、特"商品的推荐能力）、"惊喜度"（描述推荐结果是否可以给用户带来"惊喜"的感觉）等[4]。

功能强大的大型商业推荐系统（如亚马逊、淘宝、豆瓣的推荐系统）由于需要广泛收集数据并进行分析，一般都使用服务器集群+MapReduce 技术进行工作。对于个人用户来说，成熟的小型开源推荐系统有 SVDFeature、Python-recsys 等可供选择。

9.2.2　广告点击率及其预估

随着网络技术的发展，网站成为很有效的宣传平台。许多商家（广告主）将自己的产品广告付费发布在流量较大的网站上，供浏览者浏览，以达到宣传的目的。常用的计费方式包括按展示时间计费、按点击次数计费、按行动计费（不仅点击了广告，而且在商家的网站上进行消费等活动）等。

1．广告点击率

评价一个网络广告推广效果好坏的测量指标是多样的，例如，可以通过广告展示量、广告点击量、广告到达率、广告转化率等指标进行评价。其中，广告点击率（Click-Through-Rate，CTR）是当前最为普遍的评价方式，是反映网络广告推广质量最直接的量化指标。广告点击率的计算公式如式（9-1）：

$$广告点击率（CTR）=\frac{广告的点击次数}{广告的展示次数} \tag{9-1}$$

2．影响广告点击率的因素

影响广告点击率的因素有很多，大致可以归为如下几类[6]。

1）广告自身的影响

广告的类型和广告内容对点击量影响十分显著。网络广告可以通过文字介绍、声音、动画、音乐等多媒体手段来吸引用户的眼球，以达到提高点击率。

2）上下文环境的影响

网络广告的出现位置极其重要：一方面，在同一个网站内，处于首页的广告更容易被浏览者注意到并点击，而处于其他页面的广告点击率则会下降；另一方面，在同一张网页上，出现在正文开头和正文尾部的广告更容易被浏览者注意到并且点击，而出现在网页侧边栏和尾部的广告被点击的概率会大大下降。图 9-6 给出了人的目光聚焦习惯。

图 9-6　人们浏览网页时，目光聚集在哪里？

3）广告浏览者的影响

不同的人群有不同的喜好，这会导致对网络广告的"偏爱"不同，例如，计算机专业的人群更加关注手机、数码产品，中老年人更加关注保健品。向老年人投放新潮数码产品的广告可能会导致很低的收益回报。

每天都有大量的广告进入浏览者的视线，这在一定程度上降低了人们仔细浏览广告的可能性。同时，同一个广告的反复出现可能会导致浏览者的厌烦情绪，降低点击广告的愿望。

3．广告点击率的预估

对广告的点击率进行预测是十分有必要的。对展示广告的网站来说，针对不同页面、不同人群精准投放不同广告，可以使广告和网页做到紧密结合，使广告"无痕植入"，使浏览者在潜移默化中接受广告，提高广告被点击的可能性；对商家来说，不仅可以预估广告带来的收益，及时对广告进行调整，提升收益，还可以减少一些不必要的投放，减少支出；对浏览者来说，广告的精准投放更易被接受，不容易引起反感，增加点击广告的可能性。

当浏览者浏览带有广告位的网页时，网页会向广告点击率预估系统发送一个广告请求，同时这个请求中会携带着当前浏览者的特征和当前网页的特征。之后，广告点击率预估系统会将这些特征输入到某个预估模型中进行预估，并根据预估结果迅速在广告库中选出一个广告来填充这个广告位。同时，广告点击率预估系统还会根据浏览者是否点击了这些广告而调整预估模型。

广告点击率预估系统可以分为在线算法和离线算法。对于在线算法，浏览者每发出一次广告请求，预估系统就利用这次请求的特征学习并更新预估模型；对于离线算法，广告系统在收集到一批请求（例如，10 万次请求）或添加进一批新广告后，利用这些新的特征进行一次学习。一般来说，在线算法更新速度快，离线算法较稳定、命中率高。

广告点击率预估系统发展早期，使用最多的方法是"直接估计法"，其核心思想为：每一个广告被展示后，都有点击和不点击两种可能结果[7]。假设广告被点击的概率是 p，则不被点击的概率是 $1-p$。假设点击率 p 保持恒定，则广告在 n 次展现中被点击的次数 x 服从二项分布[7]，如式（9-2）：

$$p(x = k) = \binom{n}{k} p^k (1 - p)^{n-k} = b(k; n, p)(k = 0,1,\cdots,n) \tag{9-2}$$

直接估计法有很多不足。首先，为了得到某一个广告的历史点击率数据，此广告必须被尝试性地展示很多次，这很浪费流量；其次，点击率未必恒定不变，在特定的时候，某些特定的广告点击率会猛增或猛降，预估系统不能及时做出相应的调整[7]。

随着机器学习理论和技术的发展，使用机器学习的方法，训练出点击率预估模型来进行点击率预测的技术逐渐成熟并得到广泛应用。使用机器学习的方法进行点击率预估，大致都必须经过"信息离散化→特征提取与选择→训练点击率预估模型→使用预估模型进行预估"的过程。

点击率预估模型有很多，例如，逻辑回归（Logistic Regression，LR）、最大似然估计和基于拟牛顿的迭代计算等。但因为逻辑回归模型[8]拥有结构简单、实现简单、容易迭代、容易并行化、具有很好的可解释性等特点，被广告预估系统广泛使用，其核心思想是使用二元逻辑回归模型最小化负对数似然函数直接拟合"点击"与"不点击"及其相应概率[7]。其中核心如式（9-3）[7]和式（9-4）。

$$P(y=1|x)=\frac{1}{1+e-(\beta+\sum\beta_i x_i)}\tag{9-3}$$

$$\ln(\frac{p_1}{p_0})=\beta_0+\sum\beta_i x_i\tag{9-4}$$

基于拟牛顿的迭代计算也是一种常用的广告预估方法。此算法同样具有结构简单、运算速度快等特点。

点击率预估模型一般可以使用一段时间内的广告预测系统日志来进行训练。点击率预估模型的好坏可以通过多种方式来进行评估，如离线的 AUC（Area Under roc Curve）、MSE（误差均方）性能指标，线上的 CTR（点击率）指标等[7]。

9.2.3　基于位置的服务与广告推荐

基于位置的服务（Location Based Services，LBS）是基于地理信息技术将物理位置在电子地图上定位，并以此为基础而提供的空间信息服务，目的是可以随时（Anytime）、随地（Anywhere）为所有的人（Anybody）和事（Anything）提供实时的"4A"服务[9]。随着网络的发展和智能移动设备的普及，"位置信息的获取"变得越来越容易，特别是和社交网络相结合之后，基于位置的服务也变得更加丰富多彩：人们可以方便地通过手机获取当前地点的天气和交通情况、查找附近的娱乐设施和商家优惠，也可以在网络上和好友分享关于某个确切地点的见闻和感受，或者随时查询快递物品的位置。同时，位置信息成为社交网络的一个重要组成部分，成为联系"线上"和"线下"的桥梁，是分析用户行为、绘制用户画像的重要基础。

1．基于位置服务的关键技术

基于位置的服务是多种技术相融合的产物，其中关键技术有定位技术、电子地图技术、数据分析与数据挖掘技术等。

（1）定位技术：定位技术是基于位置服务的基础，目的是获取终端设备的物理位置。

（2）电子地图技术：电子地图是定位信息的承载体，可以将位置信息直观、形象地展示给用户，可以将平面的地图"立体化"。目前成熟的电子地图有 Google Map、高德地图、Bing Map 等。

（3）数据分析与数据挖掘技术：对获取的数据进行分析和挖掘是提供多元化服务的基础。例如，借助驾驶人的日常轨迹对其推荐他日常经过的商店和产品等。

2．基于位置的广告推荐

基于位置的广告（Location-Based Advertising，LBA）推荐是融合了定位技术、电子地图、基于位置的数据分析和信息挖掘、广告推荐等技术的新兴的推荐系统。与传统互联网广告不同，基于位置的广告推荐更多地会考虑"位置"这一选择条件，优先推荐当前地点附近的商家或产品，实现更加精准且个性化的广告投放，不仅能极大地提升用户体验，还可以迅速将用户从网上吸引到实体店面内，完成从线上到线下的无缝对接。

基于位置的广告推荐有两种形式: "主动式"和"被动式"[10]。

(1) "主动式"也称"推"式,指广告服务提供商根据用户所在位置,主动向客户发送广告,直到用户取消广告订阅或将广告屏蔽为止[10]。图 9-7 所示为主动式基于位置的广告推荐实例。

(2) "被动式"也称"拉"式,指用户通过关键词发起搜索,推荐系统根据搜索关键词、用户当前地理位置信息和用户其他特征返回推荐结果[10]。图 9-8 所示为被动式基于位置的广告推荐实例。

由于基于位置的广告推荐一般通过移动智能设备获取用户位置,而此类设备一般都处于开机状态,故可以持续获取用户位置,这也为分析用户移动轨迹、分析用户习惯、建立用户画像奠定了基础。例如,通过定位和关联规则,广告推荐系统可以分析出某用户"家"的位置和"单位"的位置,继而预测此用户的收入状况,再利用此用户点击广告的历史记录和搜索关键词记录,分析出此用户的职业。之后便可通过之前的预测,根据用户所处的位置进行推荐商品。

图 9-7 主动式基于位置的广告推荐实例　　图 9-8 被动式基于位置的广告推荐实例

由于涉及用户位置等隐私信息,基于位置的广告推荐服务的隐私问题备受关注[10]。另外,如果广告发送频率过于频繁,用户会产生对广告的厌烦情绪,此时广告提供商应加强广告质量审查、合理控制广告发送频率。

9.3 互联网金融

9.3.1 概述

互联网金融[11]是指传统金融机构与互联网企业利用互联网技术和信息通信技术实现资金融通、支付、投资和信息中介服务的新型金融业务模式。互联网金融不仅仅是互联网和金融业的简单结合,还是在实现安全、移动等网络技术的基础上,被用户熟悉接受后,自然而然地为适应新的需求而产生的新模式及新业务。互联网金融是传统金融行业与互联网精神相结合而衍生出的新兴领域。

互联网金融最重要的三要素为平台、数据、金融。目前市场不只是平台之争,特别随着这两年互联网金融爆发式的发展,已经形成了平台、数据、金融相互影响的格局。在这种形势下,破局点就在于连接平台、用户、金融等方面的工具——大数据,谁能合理利用大数据,谁就能掌握这场数据之争的未来市场。

9.3.2　大数据在互联网金融的应用方向

金融企业是大数据的先行者，早在大数据技术兴起之前，金融行业的数据量和对数据的应用探索就已经涉及大数据的范畴了。而今随着大数据技术应用日趋深入，大数据理念渐入人心，金融机构在保有原有数据技术能力的同时，通过内部传统数据和外部信息源的有效融合，在金融企业内部的客户管理、产品管理、营销管理、系统管理、风险管理、内部管理及优化等诸多方面得到有效提升。接下来我们介绍几种大数据的典型应用方向[12]。

1．金融反欺诈与分析

在互联网经济的冲击下，各类终端、渠道经常遭遇各类攻击，随着银行互联网化，银行在开展各类网络金融创新业务时，更是面临严峻挑战。然而，目前大部分欺诈分析模型都只是在账户有了欺诈企图和尝试之后才能够检测的，潜在的欺诈信号识别往往比较模糊。

对此，金融企业可以通过收集多方位的数据源信息，构建精准全面的反欺诈信息库和反欺诈用户行为画像，结合大数据分析技术和机器学习算法进行欺诈行为路径的分析和预测，并对欺诈触发机制进行有效识别。同时与业务部门合作，进行反欺诈运营支持，并帮助银行构建欺诈信息库。最终，帮助银行提前预测欺诈行为的发生，准确获得欺诈路径，极大地减少因欺诈而造成的损失。

2．构建更全面的信用评价体系

如何进行风险控制一直是金融行业的核心重点，也是金融企业的核心竞争力之一，而完善的信用评价体系不仅可以帮助金融企业有效降低信贷审批成本，而且能有效地控制信贷风险。构建信用评价体系，绝对不能以单纯的贷款标准去衡量一个客户能否贷款、能贷到多少款项，而必须融合外部交易信息和深入到行业中用行业标准衡量。大数据技术从以下 3 个方面帮助金融机构建立更为高效精准的信用评价体系：

（1）基于企业传统数据库丰富的客户基础信息、财务及金融交易数据，结合从社交媒体、互联网金融平台获取的客户信用数据，构建完备的客户信用数据平台。

（2）利用大数据技术，融合金融企业专业量化的信用模型和基于互联网的进货、销售、支付清算、物流等交易积累的信用和对企业的还款能力及还款意愿的评估结论，以及行业标准还原真实经营情况，对海量客户信用数据进行分析，建立完善的信用评价模型。

（3）应用大数据技术进行信用模型的分布式计算部署，快速响应，高效评价，快速放款，实现小微企业小额贷款和信用产品的批量发放。

3．高频交易和算法交易

交易者为获得利润，利用硬件设备和交易程序的优势，快速获取、分析、生成和发送交易指令，在短时间内多次买入卖出，且一般不持有大量未对冲的头寸过夜。现在的高频交易主要采取"战略顺序交易"，即通过分析金融大数据，以识别特定市场参与者留下的足迹。例如，如果一只共同基金通常在收盘前一分钟的第一秒执行大额订单，能够识别出这一模式的算法将预判出该基金在其余交易时段的动向，并执行相同的交易。该基金继续执行交易时将付出更高的价格，使用算法的交易商可趁机获利。

4．产品和服务的舆情分析

随着互联网的普及和发展，金融企业不仅将越来越多的业务扩展到了互联网上，客户们也越来越多地选择通过各种网络渠道发声，金融企业的一些负面舆情迅速在网络平台进行传播，可能会给金融业乃至经济带来巨大的风险。

金融机构需要借助舆情采集与分析技术，通过大数据爬虫技术，抓取来自社交渠道与金融机构及产品相关的信息，并通过自然语言处理技术和数据挖掘算法进行分词、聚类、特征提取、关联分析和情感分析等，找出金融企业及其产品的市场关注度、评价正负性，以及各类业务的用户口碑等，尤其是对市场负面舆情的及时追踪与预警，可以帮助企业及时发现并化解危机。同时，金融企业也可以选择关注同行业竞争对手的正负面信息，以作为自身业务优化的借鉴，避免错过商机。

9.3.3 客户风险控制

传统金融的风险控制[13]，主要是基于央行的征信数据及银行体系内的生态数据，依靠人工审核完成。在国内的征信服务远远不够完善的情况下，互联网金额风险控制的真正核心在于可以依靠互联网获取的大数据，如 BAT 等公司拥有大量的用户信息，这些数据可以用来更加全面地预测小额贷款的风险。而机器学习将是大数据时代互联网金融企业构建自动化风控系统的利器。

在企业数据的应用的场景下，最常用的主要是监督学习和无监督学习的模型[14]，在金融行业中一个天然而又典型的应用就是风险控制中对借款人进行信用评估。因此互联网金融企业依托互联网获取用户的网上消费行为数据、通信数据、信用卡数据、第三方征信数据等丰富而全面的数据，借助机器学习的手段搭建互联网金融企业的大数据风控系统。

除了在放贷前的信用审核外，互联网金融企业还可以借助机器学习在放贷过程中对借款人还贷能力进行实时监控，以及时对后续可能无法还贷的人进行事前干预，从而减少因坏账带来的损失。

目前互联网金融企业以及第三方征信公司在信用评估这方面比较常用的架构是规则引擎加信用评分卡。

1．信用评分算法

说到信用评分卡，最常用的算法是 Logistic Regression[15]，这也是被银行信用卡中心或金融工程方面奉为法宝的算法。的确，Logistic Regression 因其简单、易于解释、开发及运维成本较低而受到追捧。

在信用评估领域，假定有二值变量 y，它表示贷款申请人的"好"与"坏"，$y=1$ 时表示"坏"，$y=0$ 时表示"好"，现在我们要 预测 $P(y=1)$。对申请者而言，其 $y=1$ 发生的概率越高，则这个申请者的信用评分越低，反之亦然。理论上，信用分数是概率（y 发生的概率）的一种单调数学变换，信用分数与概率之间是一一对应关系。接下来的内容将以逻辑回归为主要的数据挖掘方法构建信用评分模型。

1）逻辑回归模型的概念

非线性模型，又称逻辑模型。其基本形式为一种非线性函数——逻辑函数［式（9-5)］：

$$p_i = F(z_i) = \frac{1}{1+\mathrm{e}^{-z_i}} = \frac{1}{1+\mathrm{e}^{-(\beta_0+\beta_1 x_i)}} \tag{9-5}$$

其中，$z_i = \beta_0 + \beta_1 x_i$，$p_i$ 为采取某选择的概率，x_i 为自变量。这个函数具有我们希望的良好性质，它的图形是一条 S 形曲线。

当 $z_i \rightarrow +\infty$ 时，$p_i \rightarrow 1$；

当 $z_i \rightarrow -\infty$ 时，$p_i \rightarrow 0$；

当 $z_i = 0$ 时，$p_i = 0.5$。

我们可以把左端的整体看做一个变量，于是便有了线性回归模型，如式（9-6）：

$$\ln\left(\frac{p_i}{1-p_i}\right) = \beta_0 + \beta_1 x_i + u_i \tag{9-6}$$

逻辑回归模型作为一种概率模型，可用于预测某事件发生的概率，主要解决二值变量的预测或分类问题。

2）逻辑回归所解决的问题

生活中面临着许多二值变量，需要去判断它的归属。所谓的二值变量，是指仅取两个值的变量，可以赋予任何两个不同的记号，一般用 0 和 1 标记。

判断二值变量的归属问题，要基于概率论和统计的知识。假定有一个二值变量，仅取 0 和 1 两个值，我们研究的对象是 probability=$P(y=1)$，简记 $p=P(y=1)$。个人信用评估领域，已知影响消费者信用品质的各种预测指标（也称中间变量），需要预测申请人的信贷风险概率（或申请人的"好"与"坏"）。

申请人的"好"与"坏"用 y 表示，$y=1$ 表示"坏"，$y=0$ 表示"好"，现在要预测 $P(y=1)$。

3）模型的形式

假定有 s 个样本，它们的预测指标 $x_0, x_1, \cdots, x_n$ 以及二值结果记号 y 已知。有了这些样本后，我们就可以建立逻辑回归模型了。

把具有下面形式的模型称逻辑回归模型，如式（9-7）：

$$\log\left(\frac{p}{1-p}\right) = \beta_0 + \beta_1 x_1 + \cdots + \beta_n x_n \tag{9-7}$$

其中，$p=P(y=1)$ 是我们感兴趣的二值变量中 $y=1$ 发生的概率，是需要预测的。$x_0, x_1, \cdots, x_n$ 是影响 $y=1$ 发生的 n 个预测变量。$\beta_0, \beta_1, \cdots, \beta_n$ 是我们需要估计的模型参数。

4）模型的解释

（1）$p=P(y=1)$ 的计算。

我们建立逻辑回归模型的最终目标是为了预测 $P(y=1)$，通过对这样的样本数据进行建模，待估计出 $\beta_0, \beta_1, \cdots, \beta_n$ 后，根据上面的模型表达式，对其进行简单的数学变换，就可以得到式（9-8）：

$$p = \frac{\mathrm{e}^{(\beta_0+\beta_1 x_1+\cdots+\beta_n x_n)}}{1+\mathrm{e}^{(\beta_0+\beta_1 x_1+\cdots+\beta_n x_n)}} \tag{9-8}$$

（2）模型的预测和解释。

现在有一个新的观测，它的预测变量 $x_1, x_2, \cdots, x_n$ 的值已知，我们把这些值代入上式就可以得到该观测变量 $P(y=1)$。

2. 分类模型的性能评估

分类模型应用较多的除上面讲的 Logistic Regression，还有 Decision Tree、SVM、Random forest[16]等。实际应用中不仅要知道会选用这些模型，更重要的是要懂得对所选用的模型的性能做评估与监控。

涉及评估分类模型的性能指标有很多，常见的有 Confusion Matrix（混淆矩阵），ROC，AUC，Recall，Performance，lift，Gini，K-S 之类。其实这些指标之间是相关与互通的，实际应用时只需选择其中几个或者是你认为重要的几个即可，无须全部关注。

1）混淆矩阵的概念

混淆矩阵如图 9-9 所示，是监督学习中的一种可视化工具，主要用于比较分类结果和实例的真实信息。矩阵中的每一行代表实例的预测类别，每一列代表实例的真实类别。

Confusion Matrix		Predicted	
		Negative	Positive
Actual	Negative	TN	FP
	Positive	FN	TP

图 9-9 混淆矩阵

如图 9-9 所示，在混淆矩阵中，每个实例可以划分为以下 4 种类型之一。

（1）真正(True Positive , TP)：被模型预测为正的正样本。

（2）假正(False Positive , FP)：被模型预测为正的负样本。

（3）假负(False Negative , FN)：被模型预测为负的正样本。

（4）真负(True Negative , TN)：被模型预测为负的负样本。

真正率(True Positive Rate , TPR)［灵敏度(sensitivity)］：TPR = TP /(TP + FN)，即正样本预测结果数/ 正样本实际数。

假负率(False Negative Rate , FNR)：FNR = FN /(TP + FN)，即被预测为负的正样本结果数/正样本实际数。

假正率(False Positive Rate , FPR)：FPR = FP /(FP + TN)，即被预测为正的负样本结果数 /负样本实际数。

真负率(True Negative Rate , TNR)［特指度(specificity)］：TNR = TN /(TN + FP)，即负样本预测结果数 / 负样本实际数 。

2）由混淆矩阵计算评价指标

基于以上混淆矩阵，可以引申出以下指标进一步评价分类器性能。

（1）精确度(Precision)：$P = TP/(TP+FP)$。

（2）召回率(Recall)：$R = TP/(TP+FN)$，即查全率。

（3）F-score：查准率和查全率的调和平均值，更接近于 P，R 两个数较小的那个：$F=2×P×R/(P + R)$。

（4）准确率(Accuracy)：分类器对整个样本的判定能力，即将正的判定为正，负的判定为负：$A = (TP + TN)/(TP + FN + FP + TN)$。

（5）灵敏度(Sensitivity)：将正样本预测为正样本的能力，Sensitivity=TP/(TP+FN)。

（6）特异度(Specificity)：将负样本预测为负样本的能力，Specificity=TN/(TN+FP)。

（7）ROC(Receiver Operating Charateristic)：ROC 的主要分析工具为画在 ROC 空间的曲线（见图 9-10），横轴为 1-特异性，纵轴为灵敏度。在分类问题中，一个阈值对应于一个特异性及灵敏度，并在 ROC 空间描出一个点 P，当阈值连续移动时，P 点也随即移动最终绘成 ROC 曲线。ROC 良好地刻画了不同阈值对样本的分辨能力，也同时反映出对正例和反例的分辨能力，方便使用者根据实际需求选用合适的阈值。一个好的分类模型要求 ROC 曲线尽可能靠近图形的左上角。

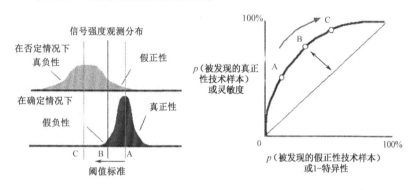

图 9-10　ROC 曲线图

（8）AUC(Area Under roc Curve) 值指处于 ROC 曲线下方的那部分面积大小；一个理想的分类模型其 AUC 值为 1，通常其值在 0.5～1.0，较大的 AUC 值代表了分类模型具备较好的性能。

9.3.4　案例：个人贷款风险评估

1．实战目的

银行贷款员需要分析数据，以便搞清楚哪些贷款申请者是"安全的"，银行的"风险"是什么。这就需要构建一个模型或分类器来预测类标号，其预测结果可以为贷款员放贷提供相关依据。

本次实验通过提取贷款用户相关特征（年龄、工作、收入等），使用 Spark MLlib 构建风险评估模型，使用相关分类算法将用户分为不同的风险等级，此分类结果可作为银行放贷的参考依据。本次实验为方便演示，选用逻辑回归算法将用户风险等级分为两类：高风险、低风险。有能力的同学可以尝试使用其他分类算法实现。

2．实验环境

操作系统：CentOS6.5。

编程语言：Scala 2.10.4。

相关软件：Hadoop2.6.0、Spark1.6.0。

3．实验过程

在使用分类算法进行数据分类时，均须经过学习与分类两个阶段。

1）学习阶段

学习阶段按以下步骤执行：

（1）选定样本数据，将该数据集划分为训练样本与测试样本两部分（划分比例自定），训练样本与测试样本不能有重叠部分，否则会严重干扰性能评估。

（2）提取样本数据特征，在训练样本上执行选定的分类算法，生成分类器。

（3）在测试数据上执行分类器，生成测试报告。

（4）根据测试报告，将分类结果类别与真实类别相比较，计算相应的评估标准，评估分类器性能。如果性能不佳，则返回第二步，调整相关参数，重新执行形成新的分类器，直至性能评估达到预期要求。

2）分类阶段

分类阶段按以下步骤执行：

（1）搜集新样本，并对新样本进行特征提取。

（2）使用在学习阶段生成的分类器，对样本数据进行分类。

4．实验数据

数据来源于：https://www.kaggle.com/。数据内容解释如下：

（1）risk-rating:0, 1；

（2）age: continuous；

（3）workclass: Private, Self-emp-not-inc, Self-emp-inc, Federal-gov, Local-gov, State-gov, Without-pay, Never-worked；

（4）fnlwgt: continuous；

（5）education: Bachelors, Some-college, 11th, HS-grad, Prof-school, Assoc-acdm, Assoc-voc, 9th, 7th-8th, 12th, Masters, 1st-4th, 10th, Doctorate, 5th-6th, Preschool；

（6）education-num: continuous；

（7）marital-status: Married-civ-spouse, Divorced, Never-married, Separated, Widowed, Married-spouse-absent, Married-AF-spouse；

（8）occupation: Tech-support, Craft-repair, Other-service, Sales, Exec-managerial, Prof-specialty, Handlers-cleaners, Machine-op-inspct, Adm-clerical, Farming-fishing, Transport-moving, Priv-house-serv, Protective-serv, Armed-Forces；

（9）relationship: Wife, Own-child, Husband, Not-in-family, Other-relative, Unmarried；

（10）race: White, Asian-Pac-Islander, Amer-Indian-Eskimo, Other, Black；

（11）sex: Female, Male；

（12）capital-gain: continuous；

（13）capital-loss: continuous；

（14）hours-per-week: continuous；

5．实验步骤

1）IDEA 配置

在 IntelliJ IDEA 中需要导入 Spark 开发包，Spark/lib 中的 jar 包能满足基本的开发需求，开发者可以在菜单 File→project stucture→Libraries 中设置，如图 9-11 所示。

图 9-11

2）代码步骤

获取源数据。

```
val path = "hdfs://master:8020/input/adult.csv"
val rawData = sc.textFile(path)
```

简单地清洗数据。

```
/**
  * 取第一列为类标，其余列作为特征值
*/
val data = records.map{ point =>
val firstdata = point.map(_.replaceAll(" ",""))
  val replaceData=firstdata.map(_.replaceAll(","," "))
val temp = replaceData(0).split(" ")
  val label=temp(0).toInt
  val feature s = temp.slice(1,temp.size-1)
                .map(_.hashCode)
                .map(x => x.toDouble)
  LabeledPoint(label,Vectors.dense(features))
}
```

按照一定的比例将数据随机分为训练集和测试集。

这里需要程序开发者不断调试比例以达到预期的准确率，值得注意的是，不当的划分比例会导致"欠拟合"或"过拟合"的情况产生。

```
val splits = data.randomSplit(Array(0.8,0.2),seed = 11L)
val traning = splits(0).cache()
val test = splits(1)
```

训练分类模型。

```
val model = new LogisticRegressionWithLBFGS().setNumClasses(2).run(traning)
```

预测测试样本的类别。

```
val predictionAndLabels = test.map{
```

```
case LabeledPoint(label,features) =>
val prediction = model.predict(features)
    (prediction,label)
}
```

计算并输出准确率。

```
val metrics = new BinaryClassificationMetrics(predictionAndLabels)
val auRoc = metrics.areaUnderROC()
println("Area under Roc =" + auRoc)
```

输出权重最大的前 10 个特征。

```
val weights = (1 to model.numFeatures) zip model.weights.toArray
println("Top 5 features:")
weights.sortBy(-_._2).take(5).foreach{case(k,w) =>
println("Feature " + k + " = " + w)
}
```

保存与加载模型。

```
val modelPath = "hdfs://master:8020/output/"
model.save(sc, modelPath)
val sameModel = LogisticRegressionModel.load(sc,modelPath)
```

3）代码实例

```
import org.apache.spark.mllib.classification.LogisticRegressionModel
import org.apache.spark.mllib.classification.LogisticRegressionWithLBFGS
import org.apache.spark.mllib.evaluation.{BinaryClassificationMetrics, MulticlassMetrics}
import org.apache.spark.mllib.regression.LabeledPoint
import org.apache.spark.{SparkConf, SparkContext}
import org.apache.log4j.{Level, Logger}
import org.apache.spark.mllib.linalg.Vectors

object LRCode {
    def main(args:Array[String]): Unit = {
    val conf = new SparkConf()
                    .setAppName("Logisitic Test")
                    .setMaster("spark://master:7077")

    val sc = new SparkContext(conf)

    //屏蔽不必要的日志信息
    Logger.getLogger("org.apache.spark").setLevel(Level.WARN)
    Logger.getLogger("org.eclipse.jetty.server").setLevel(Level.OFF)

    //使用 MLUtils 对象将 hdfs 中的数据读取到 RDD 中
    val path = "hdfs://master:8020/input/adult.csv"
    val rawData = sc.textFile(path)

    val startTime = System.currentTimeMillis()
```

```scala
println("startTime:"+startTime)

//通过 "\t" 即按行对数据内容进行分割
val records = rawData.map(_.split("\t"))

/**
  * 取第一列为类标，其余列作为特征值
  */
val data = records.map{ point =>
  //去除集合中多余的空格
  val firstdata = point.map(_.replaceAll(" ",""))
  //用空格代替集合中的逗号
  val replaceData=firstdata.map(_.replaceAll(","," "))
  val temp = replaceData(0).split(" ")
  val label=temp(0).toInt
  val features = temp.slice(1,temp.size-1)
    .map(_.hashCode)
    .map(x => x.toDouble)
  LabeledPoint(label,Vectors.dense(features))

}

//按照 3:2 的比例将数据随机分为训练集和测试集
val splits = data.randomSplit(Array(0.8,0.2),seed = 11L)
val traning = splits(0).cache()
val test = splits(1)

//训练二元分类的 logistic 回归模型
val model = new LogisticRegressionWithLBFGS().setNumClasses(2).run(traning)

//预测测试样本的类别
val predictionAndLabels = test.map{
  case LabeledPoint(label,features) =>
    val prediction = model.predict(features)
    (prediction,label)
}

//输出模型在样本上的准确率
val metrics = new BinaryClassificationMetrics(predictionAndLabels)
val auRoc = metrics.areaUnderROC()
//打印准确率
println("Area under Roc =" + auRoc)

//计算统计分类耗时
val endTime = System.currentTimeMillis()
```

```
    println("endtime:"+endTime)
    val timeConsuming = endTime - startTime
    println("timeConsuming:"+timeConsuming)

    //输出逻辑回归权重最大的前 5 个特征
    val weights = (1 to model.numFeatures) zip model.weights.toArray
    println("Top 5 features:")
    weights.sortBy(-._2).take(5).foreach{case(k,w) =>
      println("Feature " + k + " = " + w)
    }

    //保存训练好模型
    val modelPath = "hdfs://master:8020/output/"
    model.save(sc, modelPath)
  val sameModel = LogisticRegressionModel.load(sc,modelPath)

    //关闭程序
    sc.stop()
  }
}
```

4）服务器运行

（1）编译器打包。

① 菜单：File→project stucture (也可以按快捷键 ctrl+alt+shift+s)。

② 在弹窗最左侧选中 Artifacts→左数第二个区域点击 "+"，选择 jar，选择 from modules with dependencies，然后会有配置窗口出现，配置完成后，勾选 Build On make (make 项目的时候会自动输出 jar)→保存设置。如图 9-12 所示。

图 9-12

③ 然后菜单：Build->make project。

④ 最后在项目目录下找输出的 jar 包。

（2）代码运行。

① HDFS 中创建文件夹。

```
hadoop fs -mkdir /input
hadoop fs -mkdir /output
```

② 将数据提交至 HDFS。

```
hadoop fs -copyFromLocal /root/data/42/adult.csv /input
```

③ 将 jar 包提交服务器，执行以下命令。

```
./bin/spark-submit --class LRCode --num-executors 3 --executor-memory 1g --executor-cores 3 /root/data/42/Assessment.jar
```

6．实验结果

实验结果如图 9-13 所示。

```
16/12/15 08:47:26 INFO optimize.LBFGS: Step Size: 0.02914
16/12/15 08:47:26 INFO optimize.LBFGS: Val and Grad Norm: 0.410850 (rel: 7.87e-08) 0.00364139
16/12/15 08:47:27 INFO optimize.LBFGS: Step Size: 1.000
16/12/15 08:47:27 INFO optimize.LBFGS: Val and Grad Norm: 0.410850 (rel: 2.33e-06) 0.00304491
16/12/15 08:47:27 INFO optimize.LBFGS: Step Size: 1.000
16/12/15 08:47:27 INFO optimize.LBFGS: Val and Grad Norm: 0.410847 (rel: 6.03e-06) 0.00153929
Area under Roc =0.7124486446831049
endtime:1481791655150
timeConsuming:23579
Top 5 features:
Feature 5 = 5.439472541058384E-4
Feature 13 = 5.7454444176084154E-5
Feature 12 = 8.020666775361346E-7
Feature 11 = 1.8109722375846685E-7
Feature 6 = 1.3149771490424918E-9
16/12/15 08:47:35 INFO Configuration.deprecation: mapred.tip.id is deprecated. Instead, use mapreduce.task.id
16/12/15 08:47:35 INFO Configuration.deprecation: mapred.task.id is deprecated. Instead, use mapreduce.task.attempt.id
16/12/15 08:47:35 INFO Configuration.deprecation: mapred.task.is.map is deprecated. Instead, use mapreduce.task.ismap
16/12/15 08:47:35 INFO Configuration.deprecation: mapred.task.partition is deprecated. Instead, use mapreduce.task.partition
16/12/15 08:47:35 INFO Configuration.deprecation: mapred.job.id is deprecated. Instead, use mapreduce.job.id
16/12/15 08:47:40 INFO hadoop.ParquetFileReader: Initiating action with parallelism: 5
SLF4J: Failed to load class "org.slf4j.impl.StaticLoggerBinder".
SLF4J: Defaulting to no-operation (NOP) logger implementation
SLF4J: See http://www.slf4j.org/codes.html#StaticLoggerBinder for further details.
16/12/15 08:47:41 INFO mapred.FileInputFormat: Total input paths to process : 1
```

图 9-13

由图 9-13 可知，该分类模型准确率约为 71.2%，耗时为 23579ms，权重最大的前五个特征为第 5、6、11、12、13 个特征。

习题

1．简述对用户画像的认识。

2．简述构建用户画像的主要流程。

3．个性化推荐系统的性能可以通过哪些标准来判定？

4．简述对广告点击率计算公式的理解。

5．影响广告点击率的因素有哪些？

6．广告点击预估的方法有哪些？

7．分别简述基于位置的广告推荐的两种形式。

8．简述互联网金融的概念。

9．简述大数据在互联网金融的应用方向。

10．简述机器学习在大数据金融中的应用。

11．简述主流的信用评估算法有哪些。

12．简述分类模型的评价体系。

参考文献

[1] 牛温佳，刘吉强，石川，等．用户网络行为画像 大数据中的用户网络行为画像分析与内容推荐应用[M]．北京：电子工业出版社，2016．

[2] 刘鹏，王超．计算广告：互联网商业变现的市场与技术[M]．北京：人民邮电出版社，2015．

[3] http://t.10jqka.com.cn/pid_8036039.shtml.

[4] http://www.geekpark.net/topics/190041.

[5] 克里斯·安德森．长尾理论[M]．乔江涛，译．北京：中信出版社，2006．

[6] 任廷会．用户对 SNS 广告的态度及其影响因素研究[M]．重庆：西南师范大学出版社，2014．

[7] http://www.docin.com/p-785752573.html.

[8] http://yuedu.baidu.com/course/view/1488bfd5b9f3f90f76c61b8d?cid=504.

[9] 李清泉，乐阳．基于位置服务的分析与展望[J]．中国计算机学会通讯，2010．

[10] https://en.wikipedia.org/wiki/Location-based_advertising.

[11] 周茂清．互联网金融的特点、兴起原因及其风险应对[J]．当代经济管理，2014，36(10)： 69-72．

[12] 李博，董亮．互联网金融的模式与发展[J]．中国金融，2013(10)：19-21．

[13] 聂广礼，纪啸天．互联网信贷模式研究及商业银行应对建议[J]．农村金融研究，2015(2)：18-23．

[14] 周志华．机器学习[M]．北京：清华大学出版社，2016．

[15] Jiawei Han，Micheling Kamber，Jian Pei，等．数据挖掘 概念与技术（原书第 3 版）[M]．范明，孟小峰译．北京：机械工业出版社，2012．

[16] Jared Dean（杰瑞德·迪安）．数据挖掘与机器学习：工业 4.0 时代重塑商业价值[M]．林清怡，译．邓煜照，校．北京：人民邮电出版社，2015．

第 10 章　行业大数据

很多企业和单位对大数据的价值了解不多，不知道如何在所属行业中应用数据，如何利用数据创造价值。大数据在不同行业有不同的应用场景，大数据的应用本质上是数据的业务应用场景，是数据和数据分析在业务活动中的具体表现。随着大数据产业快速发展，大数据平台和技术的应用也普遍受到关注，大数据的应用成了很多企业和单位迫切需要了解的问题，也是大数据在行业应用的一个主要出发点。本章将以地震大数据、交通大数据、环境大数据和警务大数据为例，解读行业大数据的应用。

10.1　地震大数据

10.1.1　大数据时代和地震

美国政府宣布的大数据时代计划中，美国负责地震的地质调查局（USGS）承担了重要任务。由于全球地震数据近年来飞速增长，USGS 的约翰·韦斯利·鲍威尔的"分析与集成中心"启动了 8 个新的研究项目，目的是将地球科学的大数据转变成为科学发现。其中包括"地震复发率及最大震级地震全球统计模型"的研究。美国认为近期全球发生的一系列地震事件再次证明，即使是最好的地震监测网络也无法实现对有连续历史记录以来的最高级别地震的预测，这意味着人类预测地震能力之有限。计划的目标是重新评估发生在所有主要板块边界和板块内部环境的地震等级、发生频率和震级分布，以及最大震级，以改进地震预警（测）模型，并使美国的灾害评估建立在更为强大的全球数据及其分析基础之上。

在本书的第 1 章阐述了这样的观点：大数据就是巨量数据，巨量数据是怎么产生的？巨量数据的产生一定是：传感器和设备从精密到简单、从笨重到智能、从昂贵到低廉、从量少到量大。地震学是观测的科学，它又是地球科学，特别是固体地球科学的基础。高新技术和信息技术的发展，一直推动地震观测技术的进步。在移动互联网和物联网时代，微机电传感器（MEMS）技术和互联网智能技术使地震观测设备也遵循大数据产生的规律，即从精密到简单、从笨重到智能、从昂贵到低廉、从量少到量大。这完全是适应了地震预警和烈度速报应用需求，催生了密集地震观测网，也将地震行业带进了大数据时代。

10.1.2　密集地震观测网将地震带进大数据时代

1．地震烈度速报

汶川特大地震发生之后，尽管我国地震速报在震后快速测定了震中参数，但是我国那时还没有建立常规运行的地震烈度速报系统，无法提供有效的地震烈度速报图，因此，对于汶川地震的应急响应和紧急救援产生了巨大影响。地震烈度速报被紧急提到日程上。当一个破坏性地震发生以后，一般情况下能够立刻得到的信息是震级和震中位置。但是地震不是发生在一个单纯的点上。对一个大地震来说，一般都会在地下形成一个破裂带，造成地面破坏范围可能由震中到周围达几百千米之长。实际上震中信息只告诉我们哪里发生了地震，并没有告诉我们在哪个地方的震动最强烈。而当破坏性地震发生后，政府部门急需了解哪个地区震动最强烈、破坏最严重，以及需要准备什么样的应急物资等信息。过去这些信息主要通过烈度调查报告获得，烈度调查根据不同的情况可能需要几小时到几天的时间，烈度速报就是在破坏性地震发生时能够快速给出不同地区的烈度分布情况。它对应急救援和抢救生命意义重大。

美国自 1994 年北岭地震之后，开始对震动图（ShakeMap）进行研究[1]。在美国南加州台网，一个破坏性地震发生之后该网就能够快速提供峰值地面加速度、速度的空间分布图和仪器地震烈度分布图，称为地震动图 ShakeMap。由于现有的地震台网的台站的密度不够，烈度速报就需要增加台站，但是当时由于经费不允许，于是就采用地球模拟器的办法，在实际台站之间增加"虚拟地震台"来"加密"地震台网，获得地震以后的地震动图，它显示的是地震产生的地面运动和仪器烈度。

日本是一个多地震的国家，非常重视对地震的监测，快速向公众发布地震的信息，由于烈度速报比地震三要素的参数速报在处理上简单，速度快，公众容易理解，日本的地震速报就是烈度速报，一般一个地震发生后 1～2 分钟地震烈度的信息就可发布。这需要的就是建立有效的密集地震监测网，日本在 20 世纪阪神地震之后，投入巨资在全国建立具有 1000 多个地震台的 Hi-net，这使日本在烈度速报上非常迅速，Hi-net 目前已经发展到 3000 个台站。因此，日本是最早利用密集地震台网实现烈度速报的国家，突破了传统的以地震三要素测定的地震速报。

2. 地震预警

地震预警也是在汶川地震，特别是日本 3·11 地震之后被越来越多的人提起来，很多人把地震预警和地震预报等同起来，这就是因为在汉字里"预"字有预先之意，其实这是一个翻译的问题。地震预警这个词是从英文"Earthquake Early Warning"翻译过来的，日本称之为"地震紧急速报"，中文应翻译为"地震报警或地震警报"，而不应翻译成"地震预警"。翻译成地震预警容易和地震预报混淆。美国在西海岸新建立的地震预警试验系统就叫作"Shake Alert"系统，即震动报警系统[3]。广东地震局开发的"超快地震速报"也比较确切地表达了地震预警的真正含义。因此，目前所说的地震预警，就是地震警报。

之所以叫地震警报，就是在一个地方已经发生了地震，当地的地震监测仪器在测出了地震之后，发出警报：我这地震了！由于地震波的速度只有每秒几千米，相对电磁波的每秒 30 万千米要慢得多，所以，人们就将地震发生的消息用电磁波手段（电话、广播、电视、网络、手机）迅速地传给远方，在离地震发生比较远的地方，收到警报时地震波还未到达，这时采取紧急措施逃生和关闭电、气、水等生命线设施，地铁、高铁减速，等等，可以减少损失，避免次生灾害。这就和防空警报一样，知道敌机已经起飞了，拉响防空警报，提醒人们躲避（见图 10-1）。

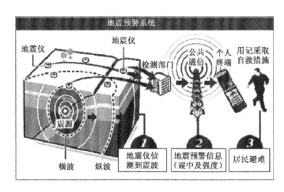

图 10-1　地震预警原理

如前所述，地震预警是一种报警技术，它是建立在现代地震观测技术和信息技术基础上发展起来的新技术。但是地震预警技术从原理上就存在"预警盲区"。如前所述地震预警是在大地震发生后，向远处发出大地震警报。从大地震发生到警报的发出，是需要时间的，这个时间是地震波从震源到达地震台的时间和地震台收到地震信号判定地震需要的处理时间总和。换句话说，地震发生了，并不能立刻拉警报，需要地震台（网）收到地震信号，并且确定是大地震后，才能拉警报。在这段时间地震波照样传播，由于大地震主要是由 S 波会造成破坏，这段时间对应的 S 波传播的距离，我们称之为盲区。即地震警报到达该地区时，地震波已经到达或已经过去。换句话说警报收到时，具有最大破坏力的 S 波已经扫过了。为了缩小地震的盲区，最重要的是和地震烈度速报一样，需要密集地震观测网，根据研究，地震预警网至少需要 10km 左右就要建立一个地震台站，如果用传统的技术建立地震台站，需要巨额投资。

3．MEMS 传感器烈度计和智能设备

中国地震局在发改委的支持下，在下一代互联网地震应用的开发项目中，开发了一系列移动互联网应用技术。特别是以智能手机为基础并结合 MEMS 技术开发了地震烈度计和动态地震烈度网技术（见图 10-2），这种技术可以适合大量密集地震观测网的布设[4]。

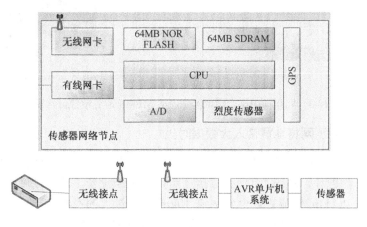

图 10-2　MEMS 烈度计和移动互联网传递地震信号

2013 年 10 月美国 BSSA 上发表一篇题为 *Suitability of low-cost three-axis MEMS accelerometers in strong-motion seismology: tests on the LIS331DLH (iPhone) accelerometer* 的文章，在该研究中，美国地震学家和技术人员检验了安装在 iPhone 手机中的 LIS331DLH MEMS 加速度计，这种微机电系统（MEMS）加速度计是用于手机倒换桌面屏幕的传感器。他们将这种 MEMS 传感器和地震观测用的传统强震仪 EpiSensor 力平衡加速计（Force-Balance Accelerometer，FBA）ES-T 做了比较和测试，得到的结论是，微机电系（Micro-Electro-Mechanical System，MEMS）为地震观测提供一种新的，可以大量布设的廉价方便的新的设备。

近年来移动互联网技术发展迅速，智能手机、PAD 等一系列移动互联网终端设备已经在很多应用上代替了计算机。移动互联网从技术层面的定义，以宽带 IP 为技术核心，可以同时提供语音、数据、多媒体等业务的开放式基础电信网络。从终端的定义，用户使用手机、上网本、笔记本电脑、平板电脑、智能本等移动终端，通过移动网络获取移动通信网络服务和互联网服务。MEMS 传感器地震烈度计技术和移动互联网技术相结合使密集地震观测网技术得以实现。

如果采用传统地震台网的做法，建设密集台网一定需要巨额的资金和人力。高新 MEMS 传感器技术、新型传感器技术和移动互联网及传感器网络技术，为地震预警和密集地震观测台网带来了低廉的、可靠的、智能的新型地震观测设备，这些设备不仅适应地震预警的需要，而且随着技术完善，它还将不断发展，进一步适用于实时地震动观测的需要，其成本却比传统地震仪便宜 20 倍。据称中国台湾地区研制的 Palert 地震预警设备的价格也只有传统地震仪的 1/10。图 10-3 是四川成都高新减灾研究所（左图）和中国台湾（右图）地区生产的 MEMS 地震预警台站设备。

四川成都高新减灾研究所生产的 MEMS 地震预警台站设备　　　　中国台湾地区生产的 MEMS 地震预警台站设备

图 10-3　四川和中国台湾地区生产的 MEMS 地震预警台站设备

4．密集地震观测网将地震带入大数据时代

如上所述，密集地震观测网完全遵循了大数据产生的规律，从精密的传统地震仪到简单的 MEMS 烈度计，从昂贵的设备到廉价的 MEMS 设备，从高精度仪器到智能化的设备，从 100～200km 稀疏的量少台站到 10km 左右量大的密集地震观测网。地震观测的数据从小数据变成了大数据。所以，密集地震观测网将会把地震带进大数据时代。

10.1.3　地震大数据一定是巨量数据

地震大数据的产生起源于密集地震观测网，密集地震观测网无论在空间采样，还是在时间采样上都是传统的地震观测网无法比拟的，我国密集地震观测网将会拥有数万到数十万个传感器，地震预警和地震烈度速报催生了密集地震台网，密集地震观测网无须精密传感器和精细选台，可以在任何地方布设；无须巨额投资，建设简单；数量多而密，代替了传统的少而稀且造价昂贵的地震台，而密集地震台网产生了巨量数据，它是地震大数据的基础。但是地震大数据绝不仅仅是专业密集地震观测网的数据，根据"互联网+"地震的技术，地震大数据还必须加上来自互联网的各种数据。这里有两个例子：一是云创公司生产的"环境猫"这样的智能设备，它内设的传感器包括甲醛、PM2.5、温度、湿度、振动等。据说它的室内测试设备很快就要突破 100 万台，它采集的所有数据都通过环境云平台进入互联网，这将比行业数据大得多。第二个例子就是日本的家庭地震报警器，据说已经有数十万台，这个报警器内设 MEMS 振动传感器，和互联网相连，已经是日本地震烈度速报九成数据的来源。图 10-4 所示为环境猫室内环境探测器和日本家庭地震报警器及其工作流程。

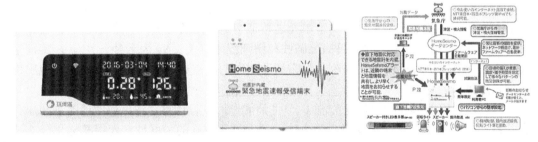

图 10-4　环境猫室内环境探测器和日本家庭地震报警器及其工作流程

10.1.4　地震大数据找关联

地震数据从小数据到大数据完全显示了大数据思维概念。地震小数据，由于地震台站观测仪器精密昂贵，地震观测技术复杂，因此，地震观测台站之间一般都有 100～200km 甚至数百千米，地震台网稀疏。信息的匮乏使地震研究趋向于采用因果关系范式，去理解问题并做出决策，因为数据少，希望能从这些少量的数据找出因果。但是如果处理出问题，可能因果关系并不存在。

但是大数据，假如各种地震观测手段都是密集观测网都产生海量数据。依照传统角度来看，这些数据量大、纷杂、混乱、无法使用、无法处理，甚至根本和地震"无关"，但是这就是所谓的"全量数据"也就是大数据。数据的纷繁杂乱才是数据的真正状态，呈现出世界的复杂性和不确定性特征，想要获得大数据的价值，承认混乱而不是对抗或避免混乱才是一种可行的路径。正如一个数据库专家所言："我们再也不能假装活在一个齐整的世界里。"

大数据时代对于数据的研究不再拘泥于对因果关系的探究，这将会使我们完全有条件向关联、非关联等相关关系的探究转变。一个超市在对消费者购物行为进行分析时发现，男性顾客在购买婴儿尿片时，常常会顺便搭配几瓶啤酒来犒劳自己，于是推出了将啤酒和尿布捆绑销售的促销手段。如今，这一"啤酒＋尿布"的数据分析成果也成了大数据技术应用的经典案例。

在地震大数据应用上，中国地震台网中心张崇立的前兆异常度的案例说明了大数据应用前景[5]。案例很简单，就是将汶川地震前每周会上提出的前兆数据异常数和在划分的二级块体里台站的比例称为前兆异常度。按照大数据的方式，不管这些数据的手段和学科（地震前兆观测数据包括地形变、地磁、地电、地下流体、地球化学、地表面振动、地震等学科合几百种观测手段和仪器），也不管它的空间维度和结构，只要出现异常就代入异常度公式计算。

我们定义"异常活动度"为"表示某一地块（或某一地质构造单元）在某一 t 时刻表现为异常活动的剧烈程度的参量"。一般地，理论上用下式表示：

$$A_{ZCL}(\varepsilon,t) = \lim_{\varepsilon \to S} \frac{N_A(\varepsilon,t)}{N(\varepsilon,t)} \qquad (10\text{-}1)$$

式中，A_{ZCL} 是一个无量纲的参量。S 用来量度与孕育某个震级水平的地震相匹配的、且不可再分的基本地质构造单元的理论空间尺度，它与根据研究对象的需要所设定的震级下限有关。ε 是对应于 S 的地质构造单元之特征空间尺度的参量，它是 S 的近似值，与"地震—构造活动"关系研究结果的准确性和精细程度有关。N_A 表示某一具有 ε 特征空间尺度的地质构造单元内在 t 时刻呈异常活动状态的质点数，N 表示与 ε 对应的地质构造单元内质点的总数。

对汶川地震前每周的异常度的前 6 个月到前一周进行计算。结果像发现啤酒和尿布有关系一样，发现前兆异常度和二级块体巴颜克拉有很好的关联性，而用其他划分方法找不到相关性。

使用大数据关联方法地震前兆异常度的研究表明：地震前兆观测数据是和构造体有关的，它们是相关联的。汶川地震前前兆异常度的变化，和巴颜克拉块体有关联，这和各方面研究成果是一致的。

10.1.5 数据处理从复杂到简单

1. 大数据使处理简单

传统的小数据时代，在数据的限制无法突破的情形下，数据处理算法的研究越来越深入，发明的算法越来越复杂。例如，测定地震参数的算法就是这样，现在地震的定位使用了数十种方法，越来越复杂，速度也越来越慢，需要的计算机能力越来越高。如前所述当数据量以指数级扩张时，原来在小数量级的数据中表现很差的简单算法，准确率会大幅提高。大数据的简单算法比小数据的复杂算法更有效。密集地震台网的定位基本就是最先到达台站的平均间隔，可能比传统台网定位准确。而震级的计算根本不需要再量取震相赋值，而是计算密集地震台网地震波扫过后最大震动的面积直接推算，这个面积其实就是金森博雄的矩震级公式，只需转换一下系数，处理快速简单而准确。

2．大数据使审慎决策变为快速决策

传统地震台网处理和决策都非常慎重，通过收集和分析数据来验证这种假设；如果有一些数据有问题，就影响原有假设，决策与行动是审慎的。小数据的地震速报可以较快地进行自动速报，但是处理复杂，要多中心审慎决策，特别是终报更需要审慎决策。原因是小数据依靠模型解算方程，由于空间数据间隔太大，往往初值确定度准确，大量计算可能仍然得不到可靠的结果，必然影响快速决策。

密集地震台网的大数据，不再受限于传统的方式，在密集的大数据中可以简单而准确地得到地震发生在哪里、多大，无须反复地检查和复核，足以做出快速决定，地震预警的警报可以在数秒发出，地震烈度速报可以在几分钟就发出。快速决策无疑对于大地震的减轻灾害和挽救生命具有重要的意义。

10.1.6　大数据推进地震新模式和新业态

大数据使"人类从依靠自身判断（依靠计算模型）做决定到依靠数据做决定的转变，也是大数据做出的最大贡献之一。"因此，大数据推进了新的模式和新业态，也给地震科学技术和地震行业带来了新模式，催生了新业态。

1．密集地震观测网带来的创新

如上所述密集地震观测网完全遵循这个规律，从传统的精密昂贵的地震台站到密集地震观测网的，从精密的传统地震仪到简单的 MEMS 烈度计，从高精度设备到智能化的仪器，从量少到量大，这样地震台网完全遵循大数据产生的规律。所以，密集地震观测网将会把地震带进大数据时代，它将会推动地震学的创新[6]。

密集地震观测网产生大量中小地震的观测数据，利用中小地震作为地下动态结构反演成像，像成都地震观测网，一年之内可以获得 2.5 级以上地震数据 500 多次，每一次地震成像就构成了动态"地下云图"，做到动态监视地下结构的变化。地震预测研究认为探索地震发生的机理是地震预报的战略之一，那就需要动态监视地下变化。密集地震观测网产生的大数据在使动态探测"地下云图"得以更好实现。这是传统的稀疏地震台网，产出的是小数据无法实现的。如果在一个密集地震台网覆盖的地区，除了使用中小天然地震源，还可以使用可控震源，那会使地下动态云图可以更好实现，为地震预测研究提供最基础的地下动态变化大数据基础，如图 10-5 和图 10-6 所示。

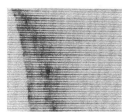

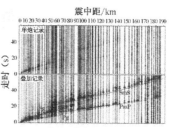

密集地震台网小震记录　　新疆呼图壁可控震源−水枪　　可控震源产生的地震记录

图 10-5　动态监视地下活动

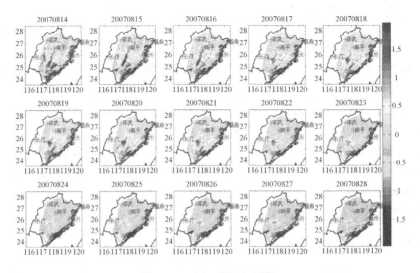

图 10-6　动态"地下云图"

2. 大数据为探寻地震前兆开辟新途径

如果探索地震前兆是地震预测战略之一，我国搞了几十年地震前兆的观测，总结和发现了一系列前兆观测的效能，如图 10-7 所示[7]。但是由于台站间距大，在时间和空间采样点都不够，往往很难发现大地震和所谓前兆观测的联系，这正是地震前兆观测的尴尬。在 20 世纪激情燃烧的年代，地震群测群防利用很多"土"仪器，发现很多前兆现象和大地震的关联，除了当时中国那时没有现在如此的工业活动，观测背景安静以外，就是观测点密集，类似大数据。但是时代不同了，不可能重复过去的群测群防做法。现代高新技术和互联网发展迅猛，各种新型传感器和信息技术，可以为地震前兆提供廉价的设备，为加密观测提供了条件。

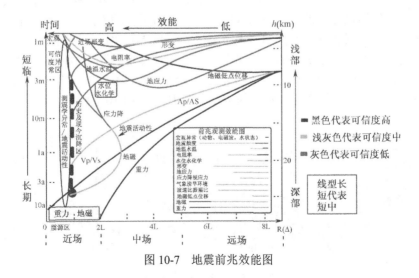

图 10-7　地震前兆效能图

因此，密集地震观测网不仅仅是地震（测震）观测网，而且还包括"密集地震前兆网"。如果将价格为百元的灵敏度为小数点后两位的地温计密集布设，将极便宜的气体探测器密集布设，将一般的地磁仪密集布设，应力应变仪密集布设，将会使地震前兆观测的空间和时间采样点大大增加，尽管这些仪器设备精度不高，但是密集，产出数据将是巨量的，巨量的数据将使地震前兆观测也进入大数据时代，探寻前兆观测和地下变化及和地震的关联，将会有新的突破。这也许是高技术时代的"群测群防"，"互联网+地震"，将推进地震科学的创新。

3. 大数据支撑地震应急救援

在"互联网+地震"时，就产生了地震互联网大数据，"中国地震台网速报"和"中国国际救援队"两个在新浪的微博，拥有 1200 万粉丝。一个地震微博将会影响数亿人，产生的数据足以称为大数据，它完全反映一个地震和各行各业的关联，反映社会在地震时的状态。根据互联网的大数据得到的和地震关联的数据信息，既快速又准确，加快了大地震应急和救援的速度和能力。例如，互联网大数据产生的热力图，表示了人口的实时流动，就是实时人口分布图，在发生大地震时它立刻指明了生命救援的方向，如图 10-8 所示[8]。

尼泊尔地震应急救援体现了互联网大数据的作用，地震发生后，地震专业队伍和志愿者队伍迅速从互联网的巨量数据中发现尼泊尔地震所在地区的人口、经济、破坏、道路等，根据这些信息国家救援队伍和志愿者救援队伍，以国际人道主义精神投入灾后救援。一个移动互联网微信平台的一个聊天群，就把地震现场、救援队、后方指挥部、所有参与应急的人员联在一起，文字、照片、图表、视频、语音都可以使用和相互传递，体现了大数据时代"互联网+"新的地震应急救援新模式，如图 10-9 所示。

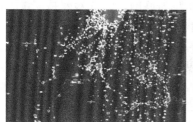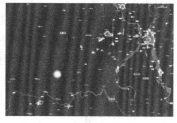

图 10-8　2015 年四川乐山 5.0 级地震人口热力图

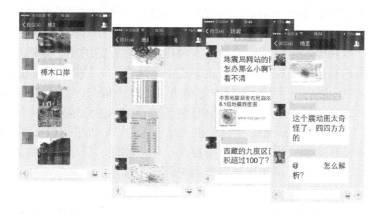

图 10-9　大数据和微信平台地震应急救援指挥

2010 年 1 月 2 日海地发生了 7.0 级强烈地震，造成 22 万人死亡。严重的灾害造成大量人口流动，使救援组织难以有效地进行救助和计划重建，利用移动电话运营商（Digicel）1900000 部手机大数据分析了地震 42 天之前到 341 天之后人口的流动，如图 10-10 所示。地震之后 19 天，导致首都太子港的人口减少了约 23%。研究表明人口的流动比较混乱，但是人口流动的轨迹明显，离开首都的人的目的地在地震后的前三个星期是高度相关。特别是他们的流动模式对于人道主义救援和灾后重建意义重大。研究结果表明在灾害中的人口变动使用大数据预测更为有效[9]。

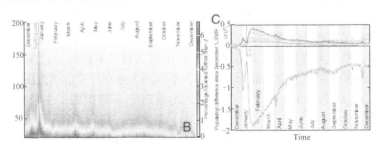

图 10-10　海地地震大数据人口流动分析

4．物联网大数据的地震应用

"目前我们的数据正在实现把机器连接起来，成为物联网，而未来一旦机器跟人体连接上网，7×24 小时源源不断收集数据、产生数据，一切都将数据化。"这就是物联网。移动互联网的重要发展就是物联网，也称万联网，物联网就是大量的传感器组成的传感器网络，传感器遍布所有 THINGS。物联网的另一个基础就是可穿戴设备。目前，可穿戴设备发展异常迅速，实际就是将各种传感器装备到可穿戴设备当中，和智能处理器一起组成智能终端。这些传感器包括温度、振动、位置、气压、磁场、压力、气体、声音、电磁辐射，等等。因为价格低廉，还可以根据需要布设。这就是万物互联（Internet of Everything，IoE），所有的一切都被连接起来，无论是设备、人、程序抑或数据。据估计到 2025 年包含超过一千亿个连接设备。

物联网大数据将给地震带来新的业态。2014 年 8 月 24 日美国旧金山纳帕发生了 6.0 级地震，根据消费电子公司 Jawbone 的数据，当时那些地区的居民绝大多数（占 93%）都被震醒了。Jawbone 公司对旧金山湾区成千上万的 UP 手环佩戴者进行了睡眠追踪，这个手环支持计步和睡眠追踪功能。数据表明在震中附近的纳帕、索诺玛等地，几乎所有入睡的手环用户都被地震惊醒。随着距离震中越来越远，地震能吵醒的人迅速减少，在旧金山和奥克兰地区有一半以上的 UP 穿戴者在地震中醒来。到了 75 英里外的莫德斯托和圣克鲁斯，睡着的用户几乎没有受到任何影响，45%接近地震震中的人在地震发生后没有再入眠。这被称为 Jawbone 手环绘出"地震源"[10]，如图 10-11 所示。

物联网的各种传感器大数据实际上会反映地球上物理、化学、生物的各种变化，探索和挖掘物联网大数据，发现和地震现象的关联，争取地震学新发现，将给地震学带来新的发展前景。

从地震烈度速报和预警到密集地震观测网络，从密集地震观测网络在到地震大数据，这是时代的发展，这就是大数据地震科学和技术带来的新模式和新业态。我们的时代是科技高速发展的时代，高科技会推动地震学的突破，但是更重要的是改变观念和思维，这样才能有创新。

UP 手环

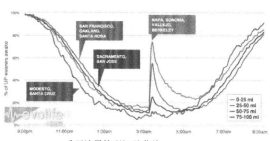

手环地震惊醒记录曲线　　　　　　　　　　手环惊醒"震动图"

图 10-11　物联网可穿戴手环绘出"地震源"

10.2　交通大数据

10.2.1　智慧交通与大数据

智慧城市和大数据这两个话题在行业内十分火热。在智慧城市的建设浪潮中，伴随着我国国民经济的持续快速发展及城镇化进程的加快，城市机动车数量与日俱增。交通拥堵和交通污染情况日益严重，交通违章与交通事故频繁发生，这些日益严重的"现代化城市病"，逐渐成为阻碍现代化城市发展的瓶颈，这是各大城市继续解决的交通管理问题。因此，智能交通备受公众关注。

交通管理需要大量传感器的介入，因此，势必产生大数据。在交通领域，海量的交通数据主要产生于各类交通的运行监控、服务，高速公路、干线公路的各类流量、气象监测数据，公交、出租车和客运车辆 GPS 数据等，数据量大且类型繁多，数据量也从TB 级跃升到 PB 级。在广州，每日新增的城市交通运营数据记录数据超过 12 亿条，每天产生的数据量为 150～300GB。

中国智能交通协会理事长吴忠泽曾说，未来大数据将实现交通管理系统跨区域、跨部门的集成和组合，可以更加合理地配置交通资源，从而极大地提高交通运行效率，提升安全水平和服务能力。大数据将产生正能量，使得交通管理的效率提高数倍。

为此，及时且准确地获取交通数据，并依此构建交通数据处理模型是建设现代化智慧交通的前提，而这一难题完全可以通过大数据技术解决。本章将从探索与应用两个方面，阐述备受关注的大数据技术究竟能在多大程度上助力智能交通。

10.2.2　大数据应用交通的意义

智慧交通整体框架分为三层，分别是物理感知层、软件应用层和分析预测管理层。其中，物理感知层负责通过硬件传感器，采集交通状况和交通数据；软件应用层则通过数据清洗、转换、聚合，用整理后的数据支撑分析预警与交通规划辅助决策等。分析预判测试通过数据挖掘算法，实现交通规划、道路实时路况分析、智能诱导等功能。

系统利用高清的视频监控、准确的智能识别等信息技术手段，增加管理容纳空间、减少管理耗费的时间和范围，不断提升管理质量和效率。整个系统由多种具有不同智能的智慧交通系统组成，以达到提高道路通行能力、减少道路交通事故、打击违法违章事件、提供准确出行信息服务 4 个目标。

大数据用于智慧交通的积极意义如下。

第一，大数据提供环境监测方式。在缓解道路交通堵塞、减少机动车运输对环境的影响等方面，大数据起到重要的作用。通过建立各区域的交通排放监测及预测模型，关联交通营运与环境数据，搭建交通运行与环境数据聚合分析系统，大数据技术可以准确且快速地分析交通对于环境的影响。同时，通过分析历史交通数据，大数据技术能捕捉数据中存在的关联性和规律，为降低交通拥堵和合理规划交通信号控制提供决策依据。

第二，大数据拥有信息集成优势和信息组合效率。大数据分析有助于综合性立体交通信息体系的建立，通过将不同范围、不同领域、不同种类的"数据集"加以综合，构建公共交通信息集成利用新模式，发挥交通的整体性功能，这样才能在信息的洪流中发现新价值和新机会。将气象、保险、交通的数据结合起来，可研究天气对交通安全的影响；IC 卡数据聚合抽样调查数据，能更快速、精确地测算城市交通分布情况。

第三，大数据的智能性可以合理配置公共交通资源。通过对大数据的分析处理，可以辅助交通管理制定出较好的统筹与协调解决方案。不仅可以减少交通部门运营的人力和物力成本，还可有效地提升交通资源的利用效率。例如，根据大数据挖掘结果，可以确定多种模式综合地面交通网络部署、人员分流策略和多层次地面交通主干网络绿波通行控制。

第四，提高交通安全水平。当前时代，主动安全和道路应急救援系统的广泛使用，有效改善了交通安全状况，在这方面，大数据技术的实时性和可预测性帮助交通安全系统提高数据处理能力。在自动检测驾驶员状态信息方面，驾驶员疲劳监测、车载酒精检测器等装置将可以实时检查驾车者身体是否处于正常驾驶状态。同时，结合道路探测器查询车辆运行轨迹，大数据技术可以快速整合车辆和其他道路信息，建立安全模型后，综合分析车辆行驶的安全性和稳定性，有效降低交通事故发生的可能性。在道路应急救援上，大数据通过其极短的反应时间和快速搭建的综合决策模型，提供道路应急指挥以决策辅助，提高道路应急救援能力，减少救援中的人员伤亡和财产损失。

在大数据时代，数据带来的影响不仅限于企业领域，它在产生商业价值的同时，还能产生极大的社会价值。随着通信技术的发展，交通中的数据从贫乏的困境转向丰富的环境，面对种类繁多、数据量庞大的交通数据，如何提取出真正有用的、利于决策的数据才是关键。同时，大数据技术在智慧交通中也面临着巨大的挑战，用户隐私、数据安全、数据采集效率、数据模型有效性等各种问题，还有待完善和解决。

10.2.3　交通大数据中的数据挖掘技术

1．智能交通系统中的交通数据

道路智慧交通系统分为动态系统和静态系统两个部分。其中，动态的智能交通子系统包括交通流量监测系统、信息控制系统、高清视频监控系统等，数据来源各种各样；而静态的系统如环境道路数据。交通流式数据作为道路智慧交通管理系统中的主要数据，同时也是交通系统控制和管理的对象。交通流式数据通常依照时间顺序获取，是一种数字型的数据序列。

以电子警察系统为例，智慧交通系统中海量的动态系统数据，所有的交通违法车辆的违法类别、违法过程和图像等数据都会保存在系统内，作为系统的数据支持。例如，车辆违法时间、地点、违法代码、类型、违法时车速、车牌全景照片、车牌照片等。

静态的道路环境数据包括道路通行能力、车辆数量、行车导向标志信息、限速标志信息、环境因子信息和异常事件等，如果现有的系统无法准确地提供某些道路环境信息，就需从其他系统中收集或人工方式采集。智慧交通系统不是单一的业务系统，它由多种不同类型的交通信息系统构成，包括超高清视频监控系统、高清卡口监控系统、数字信号控制系统、超高清电子警察系统、智能交通诱导系统、车流量采集系统等子系统。其采集的数据信息具有异构的特点。

按照不同的信息采集技术，智能交通系统中，交通流数据分为路段交通流数据和地点交通流数据。路段交通流获取交通信息主要是通过对移动车辆的移动定位，移动车辆中安装有特定设备，在车辆移动过程中，该设备自动记录车辆的信息，以及一段时间内的车辆移动信息，根据相关方法计算出该路段内的交通信息。如装有移动 GPS 定位设备的车辆可以获得车辆的速度、方向及经纬度信息，并可以通过计算获得车辆的瞬时速度、行车时间和行车速度等交通信息。另外，通过在固定位置安装流量检测器，来监视过往的车辆，可以采集路段的车流量、车道占有率及车辆行驶数据等信息。目前，主流的采集装置，采用基于磁频技术的感应线圈检测器，这种探测器价格低、故障率低、适应性强、测量精度高，是性价比很高的理想数据采集装置。

智能交通系统中的交通流数据是动态的数据序列，按照时间顺序排列，对按照时间顺序排列的数据的挖掘，时间序列的变化模式最为重要，对此类数据，要通过准确分析，得出数据序列随时间变化的规律，再开始诸如时间序列趋势分析、周期模式匹配模型等的建模。通过这种演变模式建立的交通数据模型，对时间序列中的数值型数据进行理性预测。智能交通系统中的交通流数据与数据采集的时间和地点有很大的关系，所以，具有很强的动态性。采集的车流量等数据只有与采集的时间、地点、路面状况相关联时才有价值，而对时空规则数据的分析应用及挖掘处理，在道路智能交通管理系统的预测功能中能体现出更重要的意义。

2. 智慧交通系统中数据挖掘的系统模型

智慧交通系统采集的交通数据种类很多，且交通数据具有异构多、层次多的特点。在各种智能交通应用系统中，交通数据挖掘来源于不同类型的操作数据库，且获得的数据需要通过清洗、装载、转换等一系列处理（俗称ETL），整合到智慧交通的数据库。数据挖掘在基于此数据库的大数据平台上，实现众多深度挖掘的功能，常见的有分类、聚类、关联算法等。在多个抽象层上，交互数据维度实现各种粒度的多维数据分析 OLAP 操作集成。

数据挖掘有 3 个主要阶段，分别为数据的准备、模型的发现、结果的表达和解释。

图 10-12 所示为传统交通大数据挖掘的系统模型。

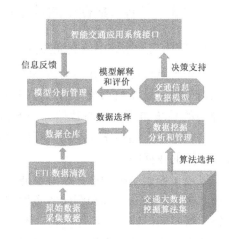

图 10-12　传统交通大数据挖掘的系统模型

数据预处理及 ETL 为交通信息的数据挖掘发现提供一个归约的、集成的、一致的、干净的交通信息数据库。在进行数据挖掘算法过程前，选择挖掘算法是首先要完成的任务。挖掘操作在数据库中选择符合挖掘算法的应用数据，通过对这些数据进行分析计算，得到相应的模式记录，并记录到交通信息模式库中。交通信息模式库的模型分析管理作为与其他智能交通系统应用的对接方式，根据接收到的反馈信息，对交通信息模型库的模式进行评价与解释。

10.2.4　大数据挖掘技术在智能交通中的应用

通过对交通数据进行宏观或微观的分析、统计和推理，分析不同属性因子之间存在的显性和隐形关系，利用现有的数据推断和预判未知的数据。数据挖掘是将人们对于交通信息的处理从最基本的查找、删改提高到了预测、预判。城市交通规划、交通管理、事件信息管理等都可以广泛使用数据挖掘。

由于篇幅所限，本书无法对各类算法一一详解，本节选择交通数据算法中最有代表性的交通拥堵算法，描述其模型的构建过程。

1. 拥堵定义及分析

交通拥堵是指在一定时间内想要通过某路段的车辆总数（交通需求）超过了某路段在该段时间内道路所能通过的最大车辆总数（道路的通行能力），从而导致车辆滞留在道路上的交通现象。道路对交通的供给，是通过道路的通行能力来反映的，导致路段单元道路通行能力变化的原因有很多，主要有以下几个方面：

（1）驾驶员和行人等的安全交通意识，如闯红灯、超车等。

（2）非机动车对交通的影响。

（3）雨、雪、雾等恶劣天气的影响。

（4）交通事故。

（5）道路本身的通行能力。

2．问题分析

车辆在以自由状态行驶的时候，时间是与距离成正比的，但是在实际的城市道路中，车辆不可能以自由状态行驶。行驶过程中会受到各种干扰因素的影响，或多或少阻碍了车辆运行过程中的通畅程度。

3．路段行驶时间和流量的关系建模

进行道路交通流量分析建模的主要目的如下：

（1）分析目前交通网络的运行状况。

（2）发现当前交通网络的缺陷，为后面交通网络的规划设计提供依据。

（3）评价交通网络规划方案的优劣性、合理性。

（4）最大限度地减少交通阻塞的发生，提高交通系统服务水平。

由交通流理论可知，交通量（Q）、速度（V）和密度（K）这 3 个参数之间的关系为

$$Q=KV \tag{10-2}$$

其中，Q 为路段的车流量，K 为路段车流密度，V 为路段行车速度。

当某段公路上的交通量逐渐增大，达到 $Q/C=1$ 时，道路上的车辆将开始产生拥挤，此时所计算到的交通密度称为最大密度，用 K_j 来表示，而 K_j 所对应的交通量就是路段通行能力 C。此时如果该路段的车辆仍不断增加，将最终导致交通阻塞，从而使速度最后达到零，整个路段道路（车道）被车辆全部占据，称此时道路上的交通密度为交通阻塞密度（又称为最大密度 K_{max}），对应的交通量显然为零。理论上通过该路段的时间为无限长，这种规律关系如图 10-13 所示。

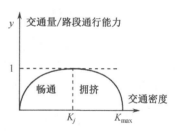

图 10-13　交通密度与 Q/C 的关系

又由速度—密度的线性关系表达式可知：

$$V(K)=V_f\frac{V_f}{K_{max}}K \tag{10-3}$$

其中，V_f 为自由流行驶时的行车速度，K_{max} 为路段拥堵到流量为 0 时的车流密度，其他的同式（10-2）。

由式（10-2）和式（10-3）可知路段流量和路段车流密度之间的关系为：

$$Q(K)=V_fK-\frac{V_f}{K_{max}}K^2$$

上述表达式令，可得，当 $V=$ 并且 $K=$ 时，$Q(K)$ 有最大值 C，即：

$$C=\frac{1}{4}V_fK_{max}$$

将上述公式化简，可得：

$$Q=-\frac{K_{max}}{V_f}V^2+K_{max}V$$

假设某路段 A 的长度为 l，则有：

$$t_0 = \frac{1}{V_f}, \quad V = \frac{1}{t}$$

其中，t_0 为在自由流状态下的路段 A 的行驶时间。

最终，可以得到路段流量与路段行驶所需时间的关系表达式为：

$$t = t_0 \left(\frac{2}{1 \pm \sqrt{1 - \dfrac{Q}{C}}} \right)$$

4．模型的实现

模型建立后，大数据中有多种模型的实现方式，实现方式的选择则需要根据实际情况决定。面对海量历史数据的拥堵模型实现，通常使用 MapReduce 进行离线分析计算。对于短时间的路况拥堵预测，使用 Spark 进行准实时的海量数据运算。对于实时路况的拥堵情况分析和统计，使用 Storm 或 Spark streaming 进行流式数据计算。在大数据的世界中，暂时还没有万能的问题解决工具，只有根据实际应用情况和客观、详尽的项目需求分析，才能决定最适用的方案。

10.2.5　河北交通卡口数据分析系统

近几年来，我国多省已经建设了以大数据为基础、"互联网+"为上层应用的智慧交通大数据平台，用于解决城市道路拥挤，提高行车安全和运输效率。本节将通过云创大数据在河北实现的交通卡口数据分析系统为例，探讨大数据在智慧交通中的实现。

1．简介

河北交通卡口数据研判分析系统充分利用交管局卡口系统建设成果，将各卡口采集的车辆号牌基础数据实时传送到公安网内，整合各类警务信息资源，通过集中整合整理、海量关联查询、多维智能比对、综合分析研判、信息对流互动等，供情报中心实现对被盗抢机动车、涉案嫌疑机动车、交通肇事逃逸车辆、重点管控车辆等黑名单车辆的实时查控和对"人、案、车"的研判分析，实现科技强警，向科技要警力的目标，对"护城河"工程和全省治安防控体系进行补充和完善，实现网上作战、智能分析等现代警务机制的创新发展。

2．设计原则

1）前瞻性技术与实际应用环境相结合

该系统把握技术正确性和先进性是前提，但是前瞻性技术实施必须在云计算平台的实际应用环境和实际监控流量的基础上进行，必须结合云计算平台的实际情况进行研究和开发，只有与实际应用环境相结合才有实际应用价值。

2）学习借鉴国外先进技术与自主创新相结合

在云计算平台用于超大规模数据处理方面，国内外几乎是在一个起跑线上；但在关键技术研究及既往的技术积累方面，国外一些大公司有着明显的优势。同时，云平台所将要面对的交通监控数据流高达 300 万条/天，是一个世界级的云计算应用。

3．系统基本组成和构架

从系统基本组成与构架来看，该共享平台由 7 个主要部分组成：历史数据汇总处理系统、上报数据上报系统、实时数据入库系统、交管数据存储系统、交管数据查询分析应用系统、数据管理系统及系统管理。

在基础设施构架上，该系统将构建在云计算平台之上，利用现有的计算资源、存储资源和网络资源，作为云平台的基础设施和支撑平台。

4．系统架构

基于以上基本的系统组成和构架，系统的详细总体构架和功能模块设计如图 10-14 所示。

图 10-14 中，自底向上分为 5 个层面。

倒数第一层是硬件平台层，这一层将使用云计算中心所提供的计算、存储和网络资源。从系统处理的角度看，这一层主要包括云存储计算集群、接口与管理服务器、综合分析计算集群。

倒数第二层是系统软件层，包括移动云存储系统、综合分析云计算软件平台、Web服务器。云存储系统将提供基于 MySQL 关系数据库的结构化数据存储访问能力，以及基于 HDFS 的分布式文件系统存储访问能力，分别提供基于 JDBC/SQL 的数据库访问接口，以及 HDFS 访问接口。综合分析云计算软件平台可提供对 HDFS、数据立方数据的访问，并提供 MapReduce 编程模型和接口，以及非 MapReduce 模型的编程接口，用于实现并行计算任务负载均衡和服务器单点失效恢复的 Zookeeper。

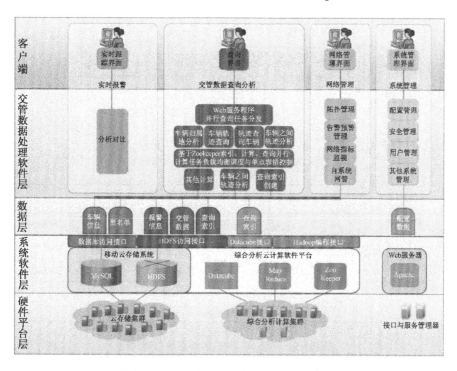

图 10-14　交通云平台总体架构与功能模块图

倒数第三层是云平台中的数据层，包括原始交管数据、索引数据、用于分析的中间数据及系统配置数据等。其中，原始交管数据、索引数据等海量数据将存储在云存储系统的分布式文件系统（HDFS）中，用 HDFS 接口进行存储和访问处理；而其他用于分析的中间数据等数据量不大，但处理响应性能要求较高的数据，将存储在云存储系统的关系数据库系统中，用 JDBC/SQL 进行存储和访问处理。

倒数第四层是交管数据处理软件层，主要完成云平台所需要提供的诸多功能，包括实时监控、报警监控、车辆轨迹查询与回放、电子地图、报警管理、布控管理、设备管理、事件检测报警、流量统计和分析、系统管理等功能。

倒数第五层是客户端用户界面软件，主要供用户查询和监视相关的数据信息，除了事件检测报警不需要用户界面外，其他部分都需要实现对应的用户界面。

5. 交管卡口数据入库功能与处理方案

交管卡口数据入库系统总架构如图 10-15 所示。

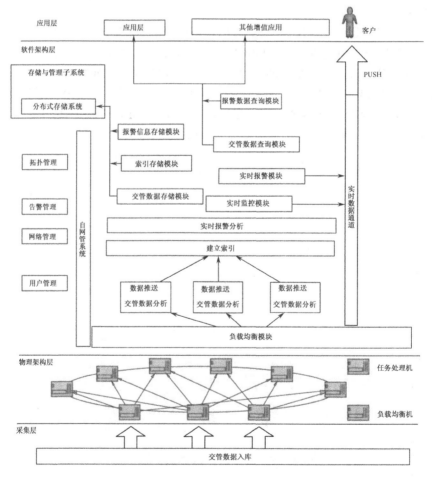

图 10-15　交管卡口数据入库系统总架构图

云平台通过实时卡口数据入库系统接入采集层的交管数据，数据分配进入负载均衡机，负载均衡机根据集群各节点负载情况，动态分配交管数据到各存储处理机，进行报警检测、建立索引等处理，同时将交管数据存入分布式存储系统。

负载均衡机功能：监控所集群机器负载情况，动态分配交管数据。监控所有集群机器，如果发现问题，那么就把分配给这台机器的交管数据重新分配到其他机器，去除单点故障，提高系统可靠性。

负载均衡机采用 Paxos 算法解决一致性问题，集群在某一时刻只有一个 Master 负责均衡能力，当 Master 宕机后，其他节点重新选举 Master。保证负载均衡机不会存在单点问题，集群机器一致性。

实时业务：对于实时性要求高的业务应用，如实时监控、实时报警，走实时专道。

6. 数据存储功能与处理方案

数据存储系统架构如图 10-16 所示。

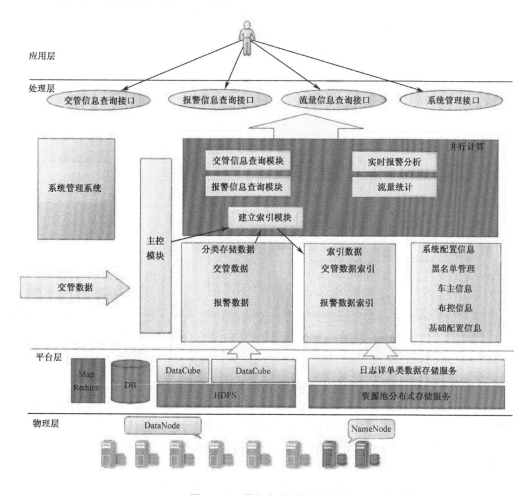

图 10-16　数据存储系统架构图

数据存储系统提供如下功能。

交管数据处理：接收来自数据汇总和数据入库系统的交管数据，索引模块实时生成索引，以提高查询速度。生成的索引存储到 HDFS 中，以供查询交管数据使用。

专题业务分析，通过 MapReduce 并行计算，同期提取业务数据，将结果分存两路，一路存入数据立方（DataCube）或日志详单存储，另一路存入关系型数据库。

报警数据处理：云平台对接收到的实时交管卡口数据进行计算，以判断这辆车是否符合报警条件。如果符合，会对报警信息入库，并同时通过对外实时报警的接口，将报警信息迅速展示到用户界面上。

7. 查询分析功能与处理方案

交管卡口数据架构如图 10-17 所示。

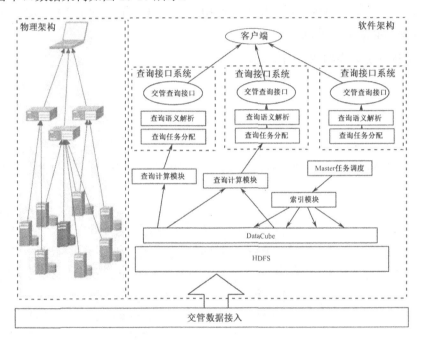

图 10-17　交管卡口数据架构图

当客户发起请求后，客户端把请求发向查询接口服务器，查询接口服务器解析查询请求，然后向 Master 任务调度机发送查询任务执行命令；Master 回应执行命令节点信息，查询服务器根据节点信息将查询命令发向查询计算模块，进行具体查询操作，将查询结果返回给客户端，呈现给用户。

8. 项目成果

该系统为河北省公安厅卡口数据分析系统实现了若干建设成果。

（1）全省卡口数据集中于统一的公安业务管理平台，便于省厅对全省车辆流动状况情报进行宏观掌控。

（2）提供车辆参数条件多维查询，实现高速精确查找在任意时段途经任意卡口任意车辆图片数据。

（3）卡口数据库内实时检测到符合侦查条件车辆数据入库，将自动提供报警提示。

（4）综合全省卡口数据，轻松实现针对特定车辆的移动轨迹分析和追溯，如套牌车辆、嫌疑车辆的追踪侦查等。

（5）避免了数据入库效率不足而产生的堆积现象，极大地提高了业务系统的工作效率。

（6）彻底解决硬件设备故障率带来的数据安全隐患，保障重要业务数据的高可用性和业务的连续性。

（7）采用 X86 架构服务器集群构建的云存储和处理平台，比传统的小型机加商用数据库方案节省 10 倍左右的成本，并具备良好的兼容扩展性。

10.3　环境大数据

近年来，伴随着互联网技术和物联网技术的迅猛发展，环境信息化进入了高速发展期。国家环保部门非常重视大数据应用，2016 年年初环保部审议通过的《生态环境大数据建设总体方案》就是一个明证。方案对生态环境大数据的建设和应用提出明确要求，并准备通过积极建设环境数据服务和环保云平台，以及借助大数据分析来推进空气质量的监测预报、生态监测监察等工作。不管从国家发展还是市场需求方面来看，环境大数据都具有非常大的发展前景。

环境大数据的意义主要体现在 3 个方面：第一，环境大数据可促进政府生态环境综合决策科学化、监管精准化、公共服务便民化；第二，环境大数据将有助于企业加快产业转型，发现新的商机，拓宽更广阔的市场；第三，环境大数据给公众生活带来更多便利，提升生活质量，也将吸引公众对生态系统和环保问题的关注和重视。

大数据的应用在相当大的程度上颠覆了传统的管理，生产和生活方式，环境大数据技术给我们提供了一个前所未有的全新视角，新商机和新商业模式也将不断涌现。近年来，与环境数据相关的公共服务平台如雨后春笋般不断推出，比如 PM25.in，PM2.5 云监测平台，中国天气网，环境云等。

10.3.1　环境大数据概念

1．环境数据的时空特性

环境传感器数据的一个重要特点是除了信息本身所包含的环境物理量的测量值之外，其信息本身的时间和空间特征，也就是其分布信息也是非常关键的。大多数情况下，缺乏时空分布信息的环境数据是局部的，不完整的，其使用价值也相当有限。

环境数据中的时间和空间信息有不同形式。比如固定地点布设的环境传感器，其发布的数据一般会包含一个采样时间戳，以及一个站点编号。站点编号对应了其经纬度坐标。移动设备在发送数据的时候往往会传送设备当前所在位置的坐标值。

在时间维度上，环境数据可分为历史数据和实时数据，而各种预报系统则可以产生预报数据。

我们看一个环境云（http://www.envicloud.cn）提供的大气监测站点的实测数据样本。

```
{
"so2_24h":"14",              // 二氧化硫指标 24 小时均值
"no2_24h":"27",              // 二氧化氮指标 24 小时均值
```

```
"so2":"32",                      // 二氧化硫指标实时值
"co_24h":"0.592",                // 一氧化碳指标 24 小时均值
"devid":"2237A",                 // 监测站点编号
"o3":"15",                       // 臭氧指标实时值
"pmvalue_24h":"40",              // PM2.5 指标 24 小时均值
"citycode":"101060301",          // 所属城市编号
"pmvalue":"42",                  // PM2.5 指标实时值
"prkey":"颗粒物(PM10)",          // 首要污染物
"co":"0.79",                     // 一氧化碳指标实时值
"publishtime":"2015102210"       // 数据发布时间，格式：yyyyMMddHH
"no2":"44",                      // 二氧化氮指标实时值
"pm10_24h":"52",                 //PM10 指标 24 小时均值
"aqi":"63",                      // 空气质量指数实时值
"pm10":"75",                     //PM10 指标实时值
"longitude":"129.502759",        // 监测站点经度
"latitude":"42.903183",          // 监测站点纬度
"o3_24h":"83",                   // 臭氧指标 24 小时均值
"o3_8h_24h":"67",                // 臭氧 8 小时指标 24 小时均值
"o3_8h":"9"                      // 臭氧 8 小时指标实时值
}
```

可以看到数据结构里包含了时间和经纬度坐标。

结合地理信息数据，我们便可以直观地在地图上展示及标识环境数据。

2. 多层次的数据采集

近年来，由于经济持续高速发展，以及工业化和城市化进程的加快，我国城市大气污染问题日益严重，雾霾天气频发，国家环保部和各省级环保部门对此非常重视，已投入大量资源在主要城市建立大气环境监测系统。比如目前在北京已建有 36 个大气环境监测站。这些专人值守或巡值的国控点和省控点监测项目全面，测量精确，但是设备本身及其运行维护成本很高，难以大规模布设，很多没有监测覆盖的地点通常需要采用如插值计算等间接方式来获得数据。

面对高精度专业大气质量监控设备所带来的数据成本高昂，数据样本不足的问题，一个解决思路是大量布建低成本的空气质量环境监测设备，这种设备测量特征因子对象较单一，测量精度也稍差，但其成本只有专业设备的几十分之一甚至几百分之一，而且运行和维护要求很低，可满足空气质量监测、数据传输功能，其采样数据通过与专业设备测量结果进行软件比对校准，修正数据可达到满意的综合监测效果，大量的低成本测量设备和现有的专业环境监测点形成有利互补，对空气质量数据的全面和准确评估有参考意义。

3. 多维度的环境数据整合

（1）气象气候数据。最为常用的环境数据是气象数据。主要的气象数据包括天气现象、温度、气压、相对湿度、风力风向、降雨量、紫外线辐射强度以及气象预警事件等。

（2）大气质量数据。通过特征因子检测仪器及 PM2.5 监测设备，可以有效地监测大

气中的主要污染因子，如 PM2.5、PM10、NO_2、SO_2、O_3 等空气中的主要污染物，对于特定区域如化工生产企业周边，还包括监测空气中 H_2S、NH_3、NO_2、SO_2，以及有机溶剂气体、可燃气体等污染因子的需求。空气中的花粉浓度、孢子浓度、大气背景的辐射强度在很多场合也是重要的环境监测对象因子。

（3）水体水质数据。监视和测定水体中污染物的种类、各类污染物的浓度及变化趋势，评价水质状况的过程。监测范围十分广泛，包括未被污染和已受污染的天然水（江、河、湖、海和地下水）及各种各样的工业排水等。主要监测项目可分为两大类：一类是反映水质状况的综合指标，如温度、色度、浊度、pH、电导率、悬浮物、溶解氧、化学需氧量和生化需氧量等；另一类是一些有毒物质，如酚、氰、砷、铅、铬、镉、汞和有机农药等。为客观地评价江河和海洋水质的状况，除上述监测项目外，有时需进行流速和流量的测定。

（4）土壤质量数据。通过对影响土壤环境质量因素的代表值的测定，确定环境质量（污染程度）及其变化趋势。监测因子包括 pH、湿度、氮磷含量等。

（5）自然灾害数据。台风、地震、洪水、龙卷风、泥石流、雷击等自然灾害的发生时间、地点、影响范围等也是环境数据中的一个重要分类。

（6）污染排放历史。城市或地区因人类生产或生活活动所产生的污染物及其他有害物质排放水平也是重要的一类环境数据。与此相关的数据还包括用水量、用电量、化石燃料的用量，这些数据可以定量地衡量地区的工业化和城市化的水平，因而越来越成为环境质量指标的重要组成部分。

必须提到的是，生态环境其实是一个综合的，复杂的系统，以上提到的各类环境数据之间其实存在着各种直接的或间接的、显式或隐含的、或强或弱的关联。例如，大气中污染物的移动受到风力风向、温度、湿度等各种因素的影响，过去在缺少测量数据的情况下，人们无法解释各种环境事件或现象间的内在关联，而大数据技术的出现，使人们能充分利用所采集和存储的大量的多维度的历史数据样本，通过数据挖掘技术，深度神经网络学习技术以及数值模型模拟等手段，揭示和发现数据间潜在的实质关联和规律。

10.3.2　环境数据的采集与获取

1. 环境数据类型

要掌握环境大数据，需要对各类环境数据进行测量和采集。环境数据的特点首先是海量，其次是数据应该包括时间和空间的信息，不同的来源的，测量的方式的频率也不尽相同，因此，需要针对不同特点的数据采取不同的采集策略。

每天我们都会关注天气预报，我们也会关注空气质量指数的预测值来决定是否需要携带口罩出门，等等。这些预报数据与我们的生活密切相关，而且大多数的预测数据都以天为频率进行更新，因此，采集这些环境预测数据，可以采用每天从相应的数据源获取的方式。

典型的环境预测数据包括中国天气网每日发布的天气预报，以及环境云大数据平台与南京大学大气科学学院大气环境研究中心联合发布的每日空气质量趋势预报等。

有时，拥有了每天的环境预测数据，并不能满足我们的需要。每天中各个小时的天气情况均有所差异，每小时的 PM2.5 浓度等也会随着气象条件的变化而改变。因此，有必要每小时从相应的数据源获取该时段的环境实况数据。

典型的环境实况数据包括中央气象台每小时发布的城市天气实况，以及第三方环境数据平台 PM25.in 每小时更新的全国空气质量实况等。

除了环境预测和环境实况数据，每年各类网站都会发布海量与环境相关的统计与监测数据，比如国家环保部数据中心提供的全国主要流域重点断面水质自动监测周报，以及公众环境研究中心提供的各省污染物排放年报数据等。对于这些统计与监测数据的采集，需要采取与数据源的发布频率一致的更新频率进行更新。

此外，由于物联网的普遍应用，各类环境传感器也会采集和上传海量的环境数据。要想获取并解析这些环境传感器上传的环境数据，则需要了解它们传输数据的格式定义。

2．环境数据采集策略的确定

由于各类环境数据源发布环境数据的方式不尽相同，因此，需要根据环境数据源发布数据的方式来确定该类环境数据的采集策略。

环境数据的来源基本包括以下几方面。

（1）各类传感器产生的环境数据，这些数据内容，结构各不相同，常见的数据结构包括二进制、JSON 和 XML 等，需要按照其相应数据格式进行实时解析。

（2）政府部门，权威机构环境监测系统对外提供的数据服务，如中国国家气象信息中心提供的天气数据服务、美国地质调查局（USGS）提供的全球实时地震信息服务。这种数据服务一般是以编程接口形式向用户开放。

（3）各类第三方环境数据源。有些环境数据源提供了获取环境数据的接口，比如 PM25.in 平台，调用相应的数据接口即可获取这类环境数据。也有些环境数据通过网页发布，比如国家环保部数据中心提供的全国主要流域重点断面水质自动监测周报等，这些环境数据需要采用网页爬虫方式来进行获取。还有些环境数据提供相应的数据文件，要采集这些环境数据，只需要对这些文件进行解析即可。

（4）政府职能部门，环保机构和非政府组织发表的与环境有关的报告。

3．环境数据采集有效性

环境数据种类繁多，数据源分散，难免会出现某项数据采集不到的情况。针对这些问题，需要采取一定的处理来保证环境数据采集的有效性。

首先，对于同一数据源，为了避免网络振荡造成的影响，应采取重传机制，即采集数据超时之后，立即或间隔很短的一段时间后再次进行尝试。

如果对于同一数据源多次尝试采集均失败，应该采用备用的数据源进行该类环境数据的采集，此时需要考虑不同的数据源提供的数据的差异，采取相应的处理。

对于采集到的数据，如果包含明显无效或异常的数据值，需要进行过滤处理，以保证只存储有效的环境数据采集值。

10.3.3　环境数据的存储与处理

1．环境数据存储策略的确定

从各类数据源获取到的环境数据有两个特点：一是规模上是海量，二是数据结构各异，因此，通常会用分布式数据存储技术如 Hadoop 集群方式存储数据。此外，无论是站点级别的环境监测数据，还是城市级别的环境预报数据，都离不开地理信息的支撑，而这些地理信息往往具有较强的关联性，可以采用关系型数据库（如 MySQL）来存储这些信息。

2．环境数据存储维度

采集并存储环境数据的目的是方便提供查询。通常，我们会查询指定时间指定站点或城市的环境数据，因此，在存储这些环境数据时，考虑到数据查询的效率，需要针对时间和空间两个维度给待存储的数据设定一个唯一标识。

环境数据存储通常采用数据发布的时间来作为时间维度，而空间维度可以采用站点或城市的编号和经纬度等信息进行设定。

3．数据存储与托管

由于大部分环境数据具有海量异构的特点，而存储这些海量异构数据需要大量的设备空间，在进行环境大数据研究时，往往并不具备这些条件。针对这种情况，可以采用数据仓库与托管平台来进行数据存储与托管，从复杂的底层硬件管理中脱离出来，专注于环境数据服务的实现。

选择这类数据仓库与托管平台时，需要综合考虑该平台的可靠性、拓展性、安全性、灵活性及成本等因素。

比较好用的数据仓库与托管平台有微软的数据仓库和云创公司的万物云平台等。

4．存储环境数据时的处理

上一节已经提到，为了节约存储空间，采集到的无效或异常值需要进行过滤。因此，在存储采集到的环境数据之前，需要预先设定异常值判定条件，来排除这些采集到的无效环境数据。

需要注意的是，原始环境数据值有时可能并不便于查询，譬如，一些环境监测站点所采集到的数据，通过站点编号并不清楚其所对应的城市。

这时便需要根据站点的经纬度来确定其所属的城市，并可以在存储原始站点数据的同时，来统计该城市所包含的所有站点数据值，并将这些统计数据也一并进行存储，以便提供城市级别的环境数据查询。

10.3.4　环境数据的应用

1．环境数据服务接口

由于国内近几年来雾霾、沙尘暴等环境问题的日益凸显，人们对环境保护的重视程度也越来越高，越来越多的人开始从事与环境相关的网站及 APP 的开发。

在环境数据的采集与获取小节中提到了 4 种环境数据采集策略，其中，最为便利的采集策略是调用接口获取环境数据。

目前包括百度 API Store 和京东万象等在内的大多数数据交易平台都提供了限定条件下免费或收费的第三方的环境数据服务接口，云创大数据推出的环境云—环境大数据服务平台（http://www.envicloud.cn）则另辟蹊径，通过接收云创自主布建的包括空气质量指标、土壤环境质量指标检测网络等在内的各类全国性环境监控传感器网络所采集的数据，并获取包括中国气象网、中央气象台、国家环保部数据中心、美国全球地震信息中心等在内的权威数据源所发布的各类环境数据，并结合相关数据预测模型生成的预报数据，依托数据托管服务平台万物云（http://www.wanwuyun.com）所提供的基础存储服务，提供了一系列功能丰富的、便捷易用综合环境数据 REST API 接口，向环境应用的开发者提供包括气象、大气环境、地震、台风、地理位置等与环境相关的可靠的 JSON 格式的数据，如图 10-18 所示。

图 10-18　环境云——环境大数据服务平台

企业或个人开发者在开发天气预报、空气质量等与环境相关的应用 APP 时，可以直接通过环境云网站查看支持的数据接口，并根据其说明来调试这些接口，降低环境应用开发成本，提高开发效率。

2．环境数据可视化

环境数据服务接口对于了解计算机编程的人来说是个很好的福利，但对于那些并不了解计算机编程的人来说，他们往往更倾向于能够直观地了解这些环境数据，因此，将环境数据进行可视化应用，就显得尤为重要。

前文已经提到，环境数据采集和存储时均采用了时间和空间两个维度，每个城市和测点也均有自己在地图上的经纬度坐标，因此，可以采用地图来展示这些城市和测点的环境数据。

环境云平台的数据地图直观地展示了全国 2500 多个城市的天气预报、历史天气、大气环境、污染排放、地质灾害及基本的地理位置等数据，让用户可以一目了然地了解自己所在城市的环境信息。

为了提高环境数据预测的准确率，人们往往还需要结合历史环境数据来进行分析。基于这些考虑，历史环境数据趋势的可视化也是一个很有意义的应用。环境云平台便提供了 2006 年至 2015 年的十年全国历史天气数据的可视化。

3．环境数据聚合

对于城市环境数据，天气预报、空气质量等数据往往需要综合起来进行分析，因此，聚合越多的城市环境数据，其潜在的价值就越有可能被挖掘出来。

环境云平台提供了城市主题页面，聚合了城市天气和空气质量实况、天气预报、空气质量预报、天气和空气质量的过去 24 小时历史、过去十年的年降雨量和最高/最低气温、近 5 年污染排放、最近地震数据等，为人们查看该城市的综合环境数据提供了极大的便利，如图 10-19 所示。

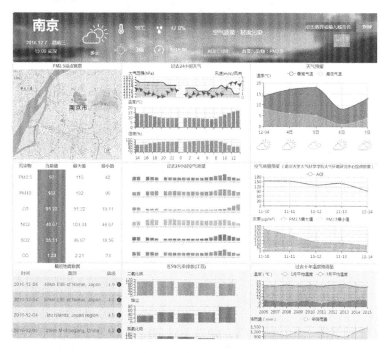

图 10-19　环境云城市主题页面

4．环境大数据的应用价值

随着"互联网+"概念的提出，环境数据正成为一个极具潜力的热点，广东佛山市已经发布《环境信息化建设方案》，推动政府环保数据开放，引导更多企业、社会组织、个人、高校、科研院所、创投机构对环境保护大数据进行挖掘、分析和商业模式创新，形成"数据采集—数据开放—数据消费"的良性循环。

通过对历史环境数据的挖掘与分析，可以发现某些环境数据之间的相关性，比如地震前后的天气变化、气象条件对大气污染物扩散的影响等等。通过总结这些环境数据的规律，可以更好地建立环境数据模型，从而提高环境数据预测的准确性。

图 10-20 是使用深度学习的方法，利用 LSTM（长短期记忆）网络进行对于 PM2.5 的 24 小时预测结果。该模型结合了以往的天气、气温、气压、湿度数据和预测当天的天气和空气质量实况数据来进行预测。

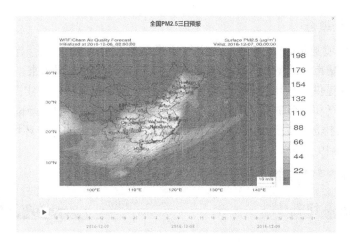

图 10-20　利用 LSTM 网络进行预测

　　此外，还可以结合环境数据和一些其他行业的数据来做综合分析，比如气象对交通的影响，关联环境数据和某些疾病发病数据可以跟踪流行病的发病趋势，环境对水利、电力、交通、农业的影响也可以通过对各种数据的时空关联来实现，针对干旱、暴雨洪涝、森林火险、冰雹、雷电等灾害性天气的气象灾害预警，为各相关行业提供有力的数据支撑，发挥环境数据应有的价值。

10.4　警务大数据

10.4.1　大数据时代警务新模式

　　数据是科学的度量、知识的来源，随着互联网特别是移动互联网的发展，一个以信息爆炸为特征的大数据时代已经到来。这对公安机关来说既是挑战，也是机遇。对此，必须以创新的理念和思维，把深入实施科技强警战略、大力推进科技创新摆上更加重要的位置，努力提升公安工作的信息化、科学化和现代化水平。

　　随着公安信息化建设的不断推进，如何有效实现传统警务向现代警务的转变，深入推进立体化社会治安防控体系建设，着力打造反恐维稳与应急处突的信息化手段，优化完善公安信息化整体架构，提高各警种各层级和各部门之间信息共享程度，深化发挥信息化建设成效，全面提升公安机关维护社会和谐稳定的能力和水平，正在逐渐成为公安信息化建设的核心任务[11]。特别是大数据技术的使用，为传统公安信息化的建设模式、方法、技术等方面带来了变革，通过对警务大数据的建设，使我国各级公安机关可以真正地围绕以应用驱动为根本导向、以基础设施建设为关键支撑、以大数据综合应用为发展龙头、以自主创新为重要途径、以信息安全为主要保障的业务目标，深化开展公安警务大数据应用的建设工作。

　　大数据时代警务新模式是以互联网、物联网、云计算、智能引擎、视频技术、数据挖掘等为技术支撑，以公安信息化为核心，通过互联化、物联化、智能化的方式，促进公安系统各个功能模块高度集成、协调运作，实现警务信息"强度整合、高度共享、深度应用"之目标的警务发展新理念和新模式[12]，标志着公安信息化正在走向数字化、网络化、智能化的高度融合。其运用先进信息技术手段，全面感测、分析、整合警务运行中的各项关键信息，通过对社会各个方面各个层次的公安需求做出明确、快速、高效、灵活的智能响应，为公安工作提供高效的警务管理手段和拓展便民服务的新空间。

10.4.2　警务大数据应用价值

大数据时代，公安机关通过全面采集和整合海量数据，对数据进行处理、分析、深度挖掘，发现数据的内在规律，为预防、打击犯罪提供强有力的支撑。以大数据推动公安信息化建设，是提高公安工作效率的重要途径，也是公安信息化应用的高级形态。

警务大数据的具体应用价值如下：

（1）警务大数据应用是公安数据得以共享的根本动力。

经过多年的公安信息化建设，各地公安机关已经建成了公安信息基础和业务系统，包括人口信息、在逃人员信息、违法犯罪信息、机动车信息、出租屋信息等，积累了大量基础和业务数据，但是由于地域或技术的限制，民警只在小范围内自己使用。在大数据背景下，可以使得大量数据能够进行共享使用，为跨区域的信息查询提供方便，节约警力，也提升了战斗力。

（2）警务大数据应用是应对高科技犯罪的迫切需要。

计算机和网络的发展，给高智商、跨国犯罪提供便利。电信诈骗、网络犯罪、微信诈骗等一些违法犯罪不断出现，这种利用高科技犯罪闪得快、藏得深，容易造成大范围的危害。大数据是一种综合资源，包括互联网记录文本、图片、音频数据、网页浏览、视频监控、住宿登记等，有很多数据可以为民警所用，为侦查人员提供侦破案件的线索，提高破案效率，有效应对高科技犯罪。

（3）警务大数据应用是增强公安情报洞察力的重要手段。

传统的公安情报工作，主要依托人力手段搜集情报，随着网络化程度逐渐提高，这种通过社会关系来搜集情报的方法产生很大的局限性。大数据带领我们进入用数据预测的时代，所谓"情报主导警务"，就是通过对海量数据的分析处理，掌握事件的关联性，从而揭示事件未来发展的趋势和规律，以此指导警务工作，使"捕捉现在，预测未来"成为可能。如香港警察就是通过搭建情报系统，以海量数据分析弥补传统线人工作的不足，有效提高侦查破案能力。

（4）警务大数据应用是预防犯罪维护社会稳定的有效方法。

在社会转型期，影响社会治安稳定的因素不断增加，各种社会矛盾集中凸显，特别是最近一段时期，恐怖主义活动频繁出现，给人民群众生命、财产造成巨大损失。大数据的分析和处理，能够时刻洞察社会秩序细小的变化，准确预测治安秩序的变化及动向，为决策者提供支持，也为采取行动赢得时间。

（5）警务大数据的应用是增强社会治理能力的重要支撑。

大数据技术在创新社会管理模式，增强社会治理能力方面具有显著优势。大数据技术与公共危机管理的有效对接，能够强有力地推动公共安全信息网络完善，促进跨部门、跨区域管理信息协同共享，提升公共危机事件的源头治理、动态监控、应急处置和事前预警能力；大数据技术与互联网、微信、微博等新媒体的深度融合，可以突破时间和空间的限制，从更深层次、更广领域促进政府与民众之间的互动，形成政府主导、公众参与、多元协同治理的新格局；同时大数据技术也是维护国家数据主权、增强信息和网络安全的新引擎。如让世界震惊的美国"棱镜门"事件，敲响了世界各国维护信息安全的警钟，也再次证明了大数据技术在维护国家数据主权中的重要价值。

10.4.3 如何开展警务大数据研发

1. 基本建设要求

警务大数据是面向各警种的大数据管理和分析平台，通过对海量数据的收集、整理、归档、分析、预测，从复杂的数据中挖掘出各类数据背后所蕴含的、内在的、必然的因果关系，找到隐秘的规律，促使这些数据从量变到质变，实现对海量数据的深度应用、综合应用和高端应用。通过大数据的建设，使新系统能够向各警种提供集中资源、集中管理、集中监控和配套实施统一的大数据应用环境，保障在今后一个较长时期内很好地担负起对全局各警实战应用的支撑、服务、保障作用。

综合分析目前已经运行的警务大数据系统，我们总结了以下几条基本要求。

（1）PB级数据存储管理。信息化建设在推进，数据规模随之飞速增长，为了满足大规模数据的存储和分析，存储系统规模应该在 PB 级以上，以满足未来数据爆发的存储需要。

（2）多种数据类型与协议支持。公安数据形式多样，包含文档、图片、视频、栅格、矢量等，因此该系统需要能够支持结构化、半结构化、非结构化等多种数据类型，提供 NFS/CIFS/JDBC/ODBC 等多种接口，以便业务对多种数据进行访问和操作。

（3）高质量的数据整合。好的数据质量是数据分析挖掘和有效应用的基本条件，面对公安行业交互复杂而繁多的系统，势必需要将这些多源异构的数据进行抽取、转换及装载，实现数据的整合、消重，提供高质量的数据，在此基础上进行关联、建模，为实战业务提供可用的数据。

（4）高效的数据分析能力。百亿条记录的检索、上千张表的碰撞、几百个小时的视频分析、大量的移动互联网和社交媒体数据处理等应用，无不对大数据系统的数据分析能力提出更高的要求。

（5）可管理和开放性。可管理、开放化、标准化的大数据技术体系架构，不仅可以为公安行业带来更高的性价比、更出色的扩展性，更能为警务建设在大数据平台上开展新探索、新应用解除后顾之忧。

（6）安全可靠。公安系统中很多数据关系着国家安全和人民生命财产安全，因此要求系统具备非常高的可靠性。同时，为进一步加强数据安全性，避免数据泄露，最好选用具备完全自主知识产权的国产设备和系统。

2. 系统架构规划

根据云计算的分层体系并结合公安信息化建设需求，警务大数据系统的总体架构应如图 10-21 所示。

　　警务大数据系统架构自下而上由 IaaS 层、PaaS 层、DaaS 层、SaaS 层等组成。其中，IaaS 层又细分为硬件基础设施层和基础设施管理层两个层次，PaaS 层主要由平台支撑软件层构成，DaaS 层为各类应用提供数据服务，SaaS 层细分为共享服务构建层和云应用系统层两个层次。

　　1）IaaS 层（基础设施即服务）

　　IaaS 层包含了构成大数据警务大数据系统最重要的大量硬件基础设施和物理资源，构成了各部门和各种警务应用系统共享使用的硬件资源池，主要包括计算资源、存储资源和网络资源。为了能有效调度和共享使用资源池中的物理资源，需要使用虚拟化软件对大量的物理计算服务器、存储服务器以及网络资源进行虚拟化。同时，为了能给应用系统提供动态和弹性扩展的资源分配能力，还需要使用基础设施管理软件对各种虚拟化资源和物理资源进行统一管理、调度分配和使用监控。

　　2）PaaS 层（平台即服务）

　　PaaS 层主要提供各种完成云计算和云存储所必需的平台支撑系统软件，主要包括云存储系统和云计算系统两大部分。云存储系统需要提供结构化数据的存储和快速查询能力，以及大量非结构化和半结构化海量数据的存储和处理能力。云计算系统主要用来进行海量数据的并行处理，完成各种海量警务数据的分析和挖掘，目前最为成熟的海量数据并行处理软件是开源的 Hadoop，它提供了 MapReduce、Spark 等并行计算框架。

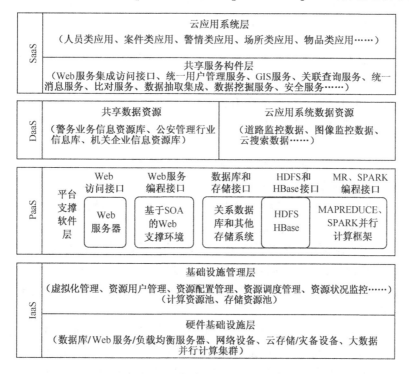

图 10-21　警务大数据系统架构图[13]

　　3）DaaS 层（数据即服务）

　　在 PaaS 层和 SaaS 层之间包含了一层基于云存储系统的警务应用 DaaS 层，其中包括各类共享数据资源、道路监控、图像监控、云搜索等海量云应用数据服务。

4）SaaS 层（软件即服务）

在 DaaS 层之上是 SaaS 层，主要包含了各类警务应用系统所公用的服务资源和警务大数据应用系统。警务大数据应用系统所公用的服务资源包括为各个系统所使用的门户服务、消息服务、地理信息服务、数据抽取集成服务、查询服务、统计分析和数据挖掘服务、安全服务，以及统一数据资源访问等公用服务模块和程序。

3. 常用数据挖掘方法的应用

当我们对公安数据进行初步归类整合后，可以发现依旧是海量且缺乏直观联系关系，无法为警方提供研判依据，为此需要借助专业的数据挖掘算法对这些数据进一步分析、整合。常用的数据挖掘方法有分类分析、回归分析、聚类分析以及关联分析。

1）分类分析

根据一定的分类准则将具有不同特征的数据划分到不同类别的过程。我们以犯罪风险行为中的应用为例，公安系统有登记在案的违法犯罪嫌疑人员数据，我们可以使用决策树算法进行数据挖掘，推断出一些规则。如嫌疑人文化程度较低并且无职业，犯罪程度较重；嫌疑人文化程度较低、没有犯罪记录以及自身具有特长，年龄在 20～30 岁的犯罪程度较低，年龄在 30～40 岁的犯罪程度较重；嫌疑人文化程度较低、没有犯罪记录以及自身没有特长时，常住人口的犯罪程度较低，非常住人口的犯罪程度则较重等。通过这些规则可有效地对犯罪风险行为进行评估。

2）回归分析

通过对自变量和因变量做一定的相关性分析，由此建立回归方程，用来预测变量的依赖关系。加利福尼亚警方曾利用火灾预警系统来预测建筑物火情以及分析纵火案。

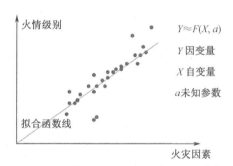

图 10-22　火灾级别与火灾因素的拟合函数[14]

如图 10-22 所示，加利福尼亚警方通过将一年内火灾案件与当天天气、建筑物自身因素等资料数据化，形成了一套火灾级别与火灾因素的拟合函数，火灾因素点越丰富，拟合出来的火灾隐情拟合函数曲线就越细腻平滑，精准度也就越高，进而形成经验数据，有效提升火灾预警能力。同时，警方也不放过那些异常点，因为往往异常点代表着具有"人为纵火"嫌疑，警方再通过对这些异常点的分析，找出隐藏在火灾背后的案情。

3）聚类分析

不同于分类分析，聚类分析没有先验知识，一般是将一堆看似毫无规则的数据根据某种特征进行划分，不同属性的数据分到不同的组。警方可以根据时间或者空间为基准属性，对采集到的身份证号、报警信息、手机串号等进行分组，进而发现可疑线索。

例如：应用聚类分析发现潜在的犯罪团伙[16]。聚类分析可以根据对象的内在属性，将其聚集成为不同的簇，每一个簇内部相似度高，簇之间差异度大，利用聚类分析的特点，将海量的犯罪情报进行智能化处理，可以运用划分聚类识别出潜在的犯罪人员群体，运用密度聚类发现相似的犯罪团伙，运用分层聚类提炼犯罪团伙之间的关系，对于公安机关识别犯罪人员、犯罪团伙及其关系，提前预防违法犯罪有着重要的意义与价值。

4）关联分析

用于在大量杂乱无章的数据中寻找有价值数据间的相关关系。通过分析犯罪嫌疑人的基本信息、亲朋好友、交通工具、银行账户以及出行记录等，就能绘制出一张犯罪嫌疑人的关系网，进而为警方快速掌握犯罪嫌疑人动向提供有力线索。

4．技术难点与突破方向

大数据本身是针对数据的存储、检索、关联、推导等有价值的挖掘，这些数据本身来说是通用的。但在公安领域，哪些数据是有用的，哪些是我们需要关心和提取的，这是目前在摸索的问题。也就是说，当前的困难在于如何让技术热点和相关业务进行结合，以提取更有价值的数据。

从技术上分析，主要有两个方面。

第一个方面是如何从非结构化的数据中提取结构化的数据。所谓非结构化的数据是指在视频里面进行特征的提取，这些可能是人不能理解和处理的；结构化的数据则是人可以理解和处理的，比如在视频里有几个活动目标、是人还是车。如果是人，身上穿的是什么样的衣服；如果是车，车牌号是多少、什么样的品牌型号、颜色、行进速度、方向等数据，这些都是可以转化为结构化数据为人所用。目前，公安的数据很多涉及视频数据，而视频数据本身是不能够被结构化的数据，也就不能被计算机直接所处理。所以未来摆在技术人员面前的课题是如何把视频数据转换成计算机能够处理的结构化或者半结构化数据。

第二个方面是寻找这些数据之间的关联和价值。数据是有关联没关联之分的，我们只能通过工具来找。所有这些存储的特征数据，包括公安行业、平安城市中每天产生的海量视频数据，可以为很多案件的侦查提供有价值的线索。现在技术需要攻克的难题就是能不能把这些数据通过相应的工具模块，通过大数据技术把原来被忽视的数据信息关联起来，找到或提取这些数据之间的相关性，为案件的侦破和方案决策提供科学的数据依据。

10.4.4　警务大数据应用场景

1．洛杉矶警方利用基于余震预测的模型预防犯罪

虽然地震仍然极难预测，但余震预测相对容易得多。每当地震发生，在一定的空间和时间内发生余震的可能性相对较高，犯罪数据就表现出了这种类似余震的模式，每当某个犯罪被实施时，就会在犯罪实施的空间和时间周围出现更多的犯罪行为。洛杉矶警方使用的大数据犯罪预测模型[15]由乔治·赫尔教授据此理论开发，他们将过去 80 年内的约 1300 万个犯罪数据输入至这个模型，利用庞大的数据集展现洛杉矶的犯罪热点所在，并预测可能发生犯罪行为的地区。

在试点项目启动之初，警方曾犹豫是否要使用该程序，也怀疑一个数据模型是否比他们自身经验更能预防犯罪。在一次实验中，分配了一个约 500 平方英尺的区域，模型预测该区域在 12 小时内可能发生犯罪，在这 12 小时内，警察在该区域内增加巡逻频率，寻找犯罪活动或犯罪活动即将发生的证据，洛杉矶犯罪监控中心也同时进行实时监控，实时监控结果证实了模型的有效性。随着程序的应用，犯罪确实在减少，如今该模型正实时升级，同步更新犯罪数据，以提高大数据的预测准确性。目前该模型已可识别犯罪热点地区，并服务于警方的日常工作。

2. 纽约和圣地亚哥等城市利用大数据预测犯罪

纽约和圣地亚哥等城市利用大数据技术，通过分析数据可以查明犯罪可能发生的区域，警方也可以据此加强对这些区域的巡逻，并采取一系列措施来预防犯罪，如调整器材设施、改善街面路灯照明、增加视频监控等。这种方法的主要难点是，必须全面收集历史犯罪案件并利用历史犯罪数据，但这在很多区域却不具备这样的条件，因此需要建立一种风险等级模型，通过分析某一区域的周边环境和某类案件发生的可能条件，从而对犯罪发生进行预测。该模型通过对犯罪高风险区域，如黑暗街巷或步行较长的道路进行分析，为警方提供犯罪可能发生区域的信息，其在预防犯罪方面发挥着奇效，而且通过现有的数据可以提供警力部署方案，以更好地维护社会公共安全。

3. 底特律建设大数据分析系统

底特律犯罪委员会由前 FBI 探员、密歇根州警察、底特律警察组成，主要打击密歇根州东南部的犯罪活动，该委员会的一个关键策略就是确定那些众所周知的从事危险犯罪活动的群体。因此，底特律犯罪委员会需要整合私有的、公共的与犯罪有关的数据来辅助调查，他们需要一个可以快速方便地整合数据，进行信息分析并能够预测犯罪行为的解决方案。经过对大数据分析工具的分析研究，底特律犯罪委员会建设了自己的大数据分析系统，用来整合、分析可视化大数据。该系统能够处理数据分析过程中所有的关键任务，可以从结构化和非结构化的数据源中快捷地提取大量的信息，支持快速分析和可视化结果展示，这样能够识别人与犯罪之间的关系，而这些关系以前通过简单的查看表格是看不到的。

10.4.5 警务大数据发展思路

第一，以应用为导向。公安行业的大数据应用不是搞底层研发，是要解决实际问题，大数据在公安行业现实的应用场景到底有哪些，这是我们要好好思考的问题。结合目前的应用实践来看，规律总结、人物刻画、趋势预判这三个方向是可行的，这个分类可能不是很合理，可能有交叉的地方，但是这三个方面是具备实践条件的。

第二，关于数据以及来源问题。这个问题非常关键，大数据没有可信的数据支撑，就会精确误导，如果只靠考核，靠大规模会战去获得数据，显然是不能满足大数据应用的需要的，目前我们具备大数据特征的数据有"人车物"动态轨迹、行为日志、音视频文件、传感器等数据。公安行业玩大数据，不能光靠自己的力量，要学会找到社会公众，包括其他单位部门的利益驱动点，发动大家来参与，围绕数据做文章，特别是学会跨领域使用数据。

第三，关于智库的共建与共享。发动公众参与的过程中，大家都会产生一些创意，我们要把这些创意集中起来建库管理，要进行归类、分析、优化、整合，最终形成大数据应用的一个知识库（智库），这个知识库是开放式的，大家可以去共享、去评价、去推荐。

第四，关于工具手段支撑。当前大数据应用要成功，肯定首先是"海量数据＋简单算法"的成功，这是一个目前已经证实的可行套路。大数据应用在业务逻辑层面不必想得太复杂，更重要的是大数据的建模工具，其中重点包括数据资源组织与预处理、分布式计算、流式计算等内容；还有就是大数据模型的标准化，大数据的模型一定要做到可复制，可扩展，可移植，这样才有应用的生命力。

习题

1．简述密集地震观测网的组成。
2．如何从地震大数据中找到关联性？
3．简述对异常活动的剧烈程度的参量公式的理解。
4．大数据从哪几个方面推进地震新模式和新业态？
5．大数据为智慧交通带来的意义有哪些？
6．应用于交通行业的数据挖掘技术有哪些？
7．数据挖掘的系统模型 3 个主要阶段分别是什么？
8．简述交通拥堵算法的模型的构建过程。
9．常用的环境数据可以分为哪几大类？
10．环境数据的来源包括哪些方面？
11．应采用何种存储策略存储环境数据？
12．应采用何种方式实现环境数据可视化？

参考文献

[1] 泽仁志玛，陈会忠，何加勇，等．震动图快速生成系统研究[J]．地球物理学进展，2006, 21(3)：809-813．

[2] http://www.jma.go.jp/jp/quake/.

[3] 张晁军，陈会忠，蔡晋安，等．地震预警工程的若干问题探讨[J]．工程研究–跨学科视野中的工程，2014(4).

[4] 何加勇．地震动参数速报技术研究[J]．国际地震动态，2010(2)：36-37．

[5] 徐韶光，熊永良，廖华，等．汶川地震同震形变的静态和动态分析[J]．大地测量与地球动力学，2010, 30(3)：27-30．

[6] Wu Y M, Chen D Y, Lin T L, et al. A High-Density Seismic Network for Earthquake Early Warning in Taiwan Based on Low Cost Sensors[J]. Seismological Research Letters, 2013, 84(6).

[7] 马宗晋，蔡晋安，陈会忠，等．中国陆区大震预测途径探索战略研究[M]．北京：地震出版社，2014．

[8] http://weibo.com/u/1904228041?topnav=1&wvr=6&topsug=1.

[9] 勇素华，杨传民，陈芳．大数据灾害预测与警情流转机制[J]．图书与情报，2015(2)：72-76.

[10] http://www.evolife.cn/.

[11] http://www.cpd.com.cn/n2275438/n28108492/n28108494/c32338090/content.html.

[12] 张兆瑞．"智慧警务"：大数据时代的警务模式[J]．公安研究，2014(6)：19-26.

[13] http://www.aiweibang.com/yuedu/158761723.html.

[14] http://cda.pinggu.org/view/19893.html.

[15] http://www.asmag.com.cn/tech/201503/72578.html.

[16] 吴绍忠．基于聚类分析的反恐情报中潜在恐怖团伙发现技术[J]．警察技术，2006（6）：18-21.

附录　大数据实验一体机

　　目前，各大高校普遍开设云计算与大数据课程，而准备实验环境和实验内容成为课程开设的一大难题。以前的计算机相关实验，每个人只要有一台机器即可。然而，大数据和云计算实验，每个人却需要一套集群。与此同时，配置集群的难度较高，每套实验集群都需要教师花费大量时间与精力去安装、配置，有时实验环境还会被破坏，在影响实验效果的同时，进一步增加了教师的工作量。同时，究竟开展什么样的实验也是一个令人苦恼的问题。高校教师一般缺乏大数据和云计算的相关经验，要建立完善的实验内容体系相对困难。为此，在刘鹏教授带领下，云创大数据（股票代码：835305，http://www.cstor.cn，微信公众号：cStor_cn）推出了 BDRack 大数据实验一体机。同时，可供大家远程试用的大数据实验平台也已经开放，网址是 https://bd.cstor.cn，需要用电脑访问。

1．简介

　　BDRack 大数据实验一体机采用 Docker 容器技术，通过少量机器虚拟出成百上千的 Hadoop、Spark、Storm 等实验集群，可同时为每个学生提供多套集群进行实验，即搭建了一个可供大量学生完成云计算与大数据实验的集成环境。例如，50 个学生做大数据实验，只需要小规模机器（比如 10 台）就可以同时为每个学生提供多套集群。而且每个学生的实验环境不仅相互隔离，可以高效地完成实验，而且实验彼此不干扰，即使某个学生的实验环境出现问题，对其他人也没有影响，只需要重启就可以重新拥有一套新集群，大幅度节省了硬件和人员管理的投入成本。其部署规划如图附-1 所示。

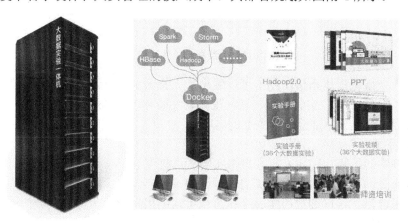

图附-1　BDRack 大数据实验一体机部署规划图

　　由图可以看出，为了易于管理、保证数据安全，实验室中全部采用虚拟化桌面系统，用户的操作系统和应用环境是在平台上虚拟出来的，通过网络将图像传输到终端上显示，因此应用的执行全部在服务器上，终端只作为一个输入输出设备，更加安全和可靠。

在搭建好的实验环境后，一方面通过大数据教材、讲义 PPT、视频课程等理论学习，帮助学生建立从大数据监测与收集、存储与处理、分析与挖掘直至大数据创新的完整知识体系；另一方面，搭配教学组件安装包及实验数据、实验手册、专业网站等一系列资源，使高校教学可在 36 个大数据实验和 6 个实战应用实验中任意挑选并轻松完成实验，大幅度降低大数据课程的学习门槛。

2．实验体系

当前大多数高校普遍缺乏实验基础，对大数据实验的实验内容、实验流程等并不熟悉，实验经验不足。因此，高校需要一整套软硬件一体化方案，集实验机器、实验手册、实验数据以及实验培训于一体，解决怎么开设大数据实验课程、需要做什么实验、怎么完成实验等一系列根本问题。针对上述问题，BDRack 大数据实验一体机给出了完整的大数据实验体系及配套资源。其体系架构如图附-2 所示。

图附-2　大数据实验体系

我们从大数据课程体系架构图上可以看出，完整的大数据课程体系及配套资源包含大数据教材、教学 PPT、实验手册、课程视频、实验环境、师资培训等内容，涵盖面较为广泛，我们将着重介绍部分最为主要的内容。

1）实验手册

针对各项实验所需，BDRack 大数据实验一体机配套了一系列包括实验目的、实验内容、实验步骤的实验手册及配套高清视频课程，内容涵盖大数据集群环境与大数据核心组件等技术前沿，详尽细致的实验操作流程可帮助用户解决大数据实验门槛所限。具体实验手册大纲如下。

实验一　大数据实验一体机基本操作

实验二　HDFS 实验：部署 HDFS 集群

实验三　HDFS 实验：读写 HDFS 文件

2）实验数据

基于大数据实验需求，与 BDRack 大数据实验一体机配套提供的还有各种实验数据，其中不仅包含共用的公有数据，每一套大数据组件也有自己的实验数据，种类丰富，应用性强。实验数据将做打包处理，不同的实验将搭配不同的数据与实验工具，解决实验数据短缺的困扰，在实验环境与实验手册的基础上，做到有设备就能实验，有数据就会实验。

3）配套资料与培训服务

作为一套完整的大数据实验平台，BDRack 大数据实验一体机还将提供以下材料与配套培训，构建高效的一站式教学服务体系：

（1）配套的专业书籍：《实战 Hadoop2.0——从云计算到大数据》及其配套 PPT。

（2）网站资源：国内专业领域排名第一的网站中国大数据（thebigdata.cn）、中国云计算（chinacloud.cn）、中国存储（chinastor.org）、中国物联网（netofthings.cn）、中国智慧城市（smartcitychina.cn）等提供全线支持。

（3）BDRack 大数据实验一体机使用培训和现场服务。

3. 实验环境

1）系统架构

BDRack 大数据实验一体机主要采用容器集群技术搭建实验平台，并针对大数据实验的需求提供了完善的使用环境，图附-3 为 BDRack 大数据实验一体机系统架构图。

基于容器 Docker 技术，BDRack 大数据实验一体机采用 Mesos+ZooKeeper+Mrathon 架构管理 Docker 集群。其中，Mesos 是 Apache 下的开源分布式资源管理框架，它被称为是分布式系统的内核；ZooKeeper 用来做主节点的容错和数据同步；Marathon 则是一个 Mesos 框架，为部署提供 REST API 服务，实现服务发现等功能。

实验时，系统预先针对大数据实验内容构建好一系列基于 CentOS7 的特定容器镜像，通过 Docker 在集群主机内构建容器，充分利用容器资源利用高效的特点，为每个使用平台的用户开辟属于自己完全隔离的实验环境。容器内部，用户完全可以像使用 Linux 操作系统一样的使用容器，并且不会被其他用户的集群造成任何影响，区区几台机器，就可能虚拟出能够支持几十个甚至上百个用户同时使用的隔离集群环境。

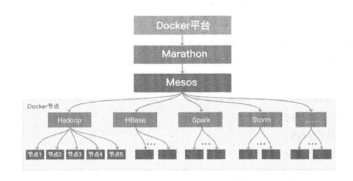

图附-3　BDRack 大数据实验一体机系统架构图

2）规格参数

BDRack 大数据实验一体机具有经济型、标准型与增强型三种规格，经济型通过发挥实验设备、理论教材、实验手册等资源的合力，可满足数据存储、挖掘、管理、计算等多样化的教学科研需求。具体的规格参数表如表附-1 所示。

表附-1　规格参数表

配套/型号	经济型	标准型	增强型
管理节点	1 台	3 台	3 台
处理节点	6 台	8 台	15 台
上机人数	30 人	60 人	150 人
理论教材	《实战 Hadoop2.0》50 本	《实战 Hadoop2.0》80 本	《实战 Hadoop2.0》180 本
实验教材	《实战手册》PDF 版	《实战手册》PDF 版	《实战手册》PDF 版
配套 PPT	有	有	有
配套视频	有	有	有
免费培训	提供现场实施及 3 天技术培训服务	提供现场实施及 5 天技术培训服务	提供现场实施及 7 天技术培训服务

3）软件方面

软件方面，搭载 Docker 容器云，BDRack 大数据实验一体机可实现 Hadoop、HBase、Ambari、HDFS、YARN、MapReduce、ZooKeeper、Spark、Storm、Hive、Pig、Oozie、Mahout、R 语言等绝大部分大数据实验应用。具体软件配置如表附-2 所示。

表附-2　规格参数表

核心组件	HDFS
	MapReduce2
	YARN
	ZooKeeper
	HBase
	Spark
基于 MapReduce 的数据分析组件	Tez
	Hive
	Pig
	Mahout
	Tajo
	Kylin
数据库类组件	Drill
	Accumulo
	Cassandra
	Phoenix
BSP 计算框架	Hama
	Giraph
部分常用处理框架	Storm
	Reef

续表

	Ignite
	Flink
工作流组件	Oozie
	Falcon
ETL 类组件	Flume
	Kafka
	Chuwka
	Sqoop
序列化与持久化	Avro
	Gora
	Parquet
安全性组件	Knox
	Sentry

4）硬件方面

硬件方面，BDRack 大数据实验一体机采用 cServer 机架式服务器，其英特尔®至强®处理器 E5 产品家族的性能比上一代提升多至 80%，并具备更出色的能源效率。通过英特尔 E5 家族系列 CPU 及英特尔服务器组件，可满足扩展 I/O 灵活度、最大化内存容量、大容量存储和冗余计算等需求。

4．成功案例

BDRack 大数据实验一体机已经成功应用于各类院校，国家"211 工程"重点建设高校代表有郑州大学等，民办院校有西京学院等。如图附-4 所示。

图附-4 BDRack 大数据实验一体机实际部署图

反侵权盗版声明

电子工业出版社依法对本作品享有专有出版权。任何未经权利人书面许可，复制、销售或通过信息网络传播本作品的行为；歪曲、篡改、剽窃本作品的行为，均违反《中华人民共和国著作权法》，其行为人应承担相应的民事责任和行政责任，构成犯罪的，将被依法追究刑事责任。

为了维护市场秩序，保护权利人的合法权益，我社将依法查处和打击侵权盗版的单位和个人。欢迎社会各界人士积极举报侵权盗版行为，本社将奖励举报有功人员，并保证举报人的信息不被泄露。

举报电话：（010）88254396；（010）88258888

传　　真：（010）88254397

E-mail：　dbqq@phei.com.cn

通信地址：北京市万寿路 173 信箱
　　　　　电子工业出版社总编办公室

邮　　编：100036